A. Frhr. v. Vietinghoff-Riesch

Die Rauchschwalbe

Die Rauchschwalbe

Von

Arnold Frhr. v. Vietinghoff-Riesch

Mit 23 Abbildungen

DUNCKER & HUMBLOT / BERLIN

Alle Rechte vorbehalten
© 1955 by Duncker & Humblot, Berlin
Gedruckt 1955 bei Berliner Buchdruckerei Union GmbH., Berlin SW 29

Meiner Frau und treuen Mitarbeiterin

Vorwort

Ein Buch über die Rauchschwalbe zu schreiben, das dem Wissenschaftler etwas sagt und den gebildeten und ornithologisch interessierten Laien nicht enttäuscht, bedeutet ein Wagnis. Noch vor 30 Jahren wäre ein solches Buch zu früh gekommen, denn die systematische Erforschung ihrer Lebensweise hat erst später eingesetzt.

Ob ein einzelner nach weiteren 30 Jahren noch in der Lage sein wird, das in geometrischer Progression anschwellende Schrifttum aller Länder über die verschiedenen Rauchschwalbenrassen zu übersehen, ist eine andere Frage. Vielleicht mußte ein solches Buch also grade jetzt geschrieben werden.

Trotzdem weist es starke Lücken auf, die zu beseitigen jedoch nicht immer in meiner Macht stand — und insofern ist es vielleicht doch zu früh geschrieben worden. So gut nämlich und so ins einzelne gehend die Fortpflanzungsbiologie der Rauchschwalbe erforscht wurde — bei ihrer Nähe zum Menschen ist das auch kaum verwunderlich —, so wenig kann man das von der Erforschung anderer Lebensgebiete sagen: Ihre geographische Verbreitung in Sibirien, der Mongolei, in Tibet (kommt sie hier überhaupt vor?), dem Irak und im Norden Norwegens weist noch viele Unklarheiten, ja sogar „weiße Flecken" auf. Die Rassenzugehörigkeit einzelner Populationen — z. B. in Sikkim, der Mandschurei und Israel — ist noch keineswegs geklärt, die Rassengliederung also seitens der Wissenschaft weiter im Fluß. Soviel Ballast die ornithologischen und allgemein naturwissenschaftlichen Zeitschriften aller Länder sich mit der Registrierung zweifelhafter Ankunftsdaten aufgehalst haben, so sehr wurden leider lokalfaunistisch einwandfreie Bearbeitungen unterlassen, so daß wir — um nur ein Beispiel zu erwähnen — mitten im Herzen Europas noch immer ganz ungenügend über die örtliche und höhenmäßig gegliederte Verbreitung der Rauchschwalbe von Österreich unterrichtet sind. Wir wissen noch sehr wenig über die Zugziele nordrussischer und westsibirischer Rauchschwalbenpopulationen: ob sie nach Afrika ziehen oder nach Indien; über die Frage, ob stets die gleichen Winterquartiere aufgesucht werden, oder ob darin ein spontaner Wechsel eintreten kann; ob ein Zusammenhalt von Bewohnern gleicher Ortschaften und gleicher Regionen das ganze Jahr über stattfinden kann, ob britische Rauchschwalben nur in der Südostecke Afrikas überwintern, oder ob sie — wofür Anzeichen vorhanden sind — noch überdies ein zentralafrikanisches Überwinterungsgebiet haben, aus dem die frühzeitig in England eintreffenden Rauchschwalben gespeist werden. Wir stehen noch im Anfang von „Volkszählungen" einzelner Staaten, mit denen Finnland einen rühmlichen Beginn gemacht hat, und im Anfang statistischer Erfassungen von Populationsschwankungen über längere Zeiträume hinweg. Wir wissen sehr wohl, von welchen Raubvögeln die Rauchschwalben in Europa bejagt werden, aber nie ist etwas darüber veröffentlicht worden, welche Räuber sie in ihren Überwinterungsgebieten bejagen. In der Ernährungsbiologie stehen wir ebenso erst an einem Anfang, zu dem uns wesentlich die Engländer verholfen haben, denn alles andere bedeutet ja nur einen Zufallstreffer. Und, gestehen wir es nur: Was bedeuten 70 Afrika-Rückfunde und der einzige Indonesienrückfund einer japanischen Ringschwalbe gegenüber den Hunderten von Millionen alljährlich nach Afrika und Indonesien ziehender Rauchschwalben? Hätten nicht die Sichtbeobachtungen der letzten Jahrzehnte grade bei der Rauchschwalbe zu hervorragenden Zugforschungsresultaten geführt, so stünden wir auch hier noch an einem bescheidenen Anfang.

Wenn man sich in einer verhältnismäßig späten Lebensepoche dazu entschließt, über ein einziges, dafür aber um so bekannteres Tier zu schreiben, so tut es einem leid, daß man nicht viel früher auf diesen Gedanken kam und schon von Jugend an allenthalben, wo man mit der Rauchschwalbe in Berührung kam, noch mehr auf sie geachtet hat.

Erst als ich in meiner ersten Ostvertriebenen-Herberge, einem stillen Forsthaus des Deister, des Glückes teilhaftig wurde, daß sich eine Rauchschwalbe in unserem Korridor ansiedelte, erwachte in mir der Gedanke, ihr Leben darzustellen.

Dieses Leben, das man im Gilgamesch-Epos, in der Bibel, bei Hesiod und Homer, Aristoteles und Plinius, Albertus Magnus und in den Physiologus-Schriften, bei Isidor von Sevilla und Aldrovandi, bei Olaus Magnus und Martin Luther, Conrad Geßner und — Fritz Reuter, August Strindberg, Ernst Toller (die Dazwischenlebenden aufzuzählen wäre zu mühsam) dargestellt und erwähnt findet, das den klassischen Ornithologen von Friedrich Naumann, C. L. Gloger und A. E. Brehm bis zu Ernst Hartert Stoff in Fülle gab, das die Künstler der Eiszeit und der mittelminoisch-griechischen Epoche bis zu den Entwürfen zu Briefmarken des Fürstentums Liechtenstein als Vorwurf diente und sogar heftige Reaktionen in der Unterwelt des Kitsches hervorrief.

Vor allem aber ist mir ein Legende in tröstlicher Erinnerung geblieben:

Als der Mensch aus dem Paradies vertrieben wurde, stand da der Engel mit dem flammenden Schwert und hieß alles zurückbleiben, außer ihm, dem mit der Erbsünde behafteten. Nur der Schwalbe gelang es, aus dem Paradies am wachenden Engel vorbeizuschlüpfen — und seit dieser Zeit teilt sie mit dem Menschen die Mühsalen des Erdenlebens.

Man müßte hinzufügen: . . . und hält die Verbindung zum verlorenen Paradies dadurch aufrecht, daß sie sein Glücksvogel ward!

Hann.-Münden, im Mai 1955.

Dr. Arnold Frhr. v. Vietinghoff-Riesch

Inhalt

	Seite
I. Geographische Verbreitung	1
1. Die westliche savignii-Gruppe	1
2. Die westliche rustica-Gruppe	1
3. Die östliche gutturalis-Gruppe	4
4. Die ostsibirische (amerikanische) tytleri-Gruppe	4
5. Hirundo rustica pseudogutturalis subsp. nov.	5
II. Äußere Gestalt, Gewicht, Geschlechtsverhältnis usw.	7
1. Gestalt	7
2. Gewicht	8
3. Geschlechtsverhältnis	8
4. Mißbildungen	8
5. Unterscheidungsmerkmale aus der Ferne	9
6. Abweichende Färbungen	9
III. Zug	12
1. Allgemeines	12
2. Wegzug	14
3. Eintreffen in Afrika	15
4. Zugrichtungen im Herbst	15
5. Heimzug	18
a) Heimzugrichtung in Afrika	19
b) Heimzug in Europa	21
c) Zugrichtung in Europa	23
6. Umsiedlungen	25
7. Verhalten beim Zug	26
8. Ziehen Alte und Junge getrennt?	27
9. Halten die Populationen unterwegs zusammen?	28
10. Vergesellschaftungen auf dem Zuge und in den Winterquartieren	29
11. Tag- oder Nachtzug	29
12. Schnelligkeit des Zuges	31
13. Höhe des Zuges	31
14. Breitfrontenzug und Massenzugwege	33
15. Stärke der Flüge	34
16. Rasten auf dem Zug, Massenübernachtung und Massendasein in den Überwinterungsgebieten	36
17. Übernachtung und Rast auf oder in Einzelbäumen, in Büschen oder Waldstücken	39
18. Zug und Wetter	41
IV. Probleme im Zusammenhang mit dem Zug	45
1. Überwinterung im Lande, Kältestarre	45
2. Aberglauben um die Überwinterung im Wasser und unter Eis	48
3. Geschichte der Schwalbenzugforschung	50
4. Schwalbenpost	52
5. Flug und Richtungssinn	54
6. Fluggeschwindigkeit	56

V. Fortpflanzungsbiologie ... 59
1. Geschichtliches ... 59
2. Auswahl des Nistplatzes ... 60
3. Nistplatztreue ... 61
4. Wann wird gebaut? ... 62
   a) Zu welcher Jahreszeit? ... 62
   b) Zu welcher Tageszeit? ... 62
5. Dauer des Nestbaues ... 63
6. Wer baut? ... 64
7. Welche Niststoffe werden verwendet? ... 65
   a) Halmnester ... 66
   b) Auspolsterung ... 67
8. Nestform ... 68
   a) Normales Nest ... 68
   b) Nester nach Art der Mehlschwalbe ... 69
9. Ausbesserungen ... 69
10. Nestbau-Versuche ... 70
11. Bau und Benutzung mehrerer Nester ... 71
12. Wie lange wird das Nest benutzt, und wie lange kann es stehen? ... 72
13. Nestparasitismus ... 73
    a) Rauchschwalbe parasitiert in Nestern anderer Vögel ... 73
    b) Parasitismus fremder Vögel am Rauchschwalbennest ... 73
14. Höhe des Neststandes ... 76
15. Begattung ... 77
    a) Balz und Balzkämpfe ... 77
    b) Ehe, Umpaarung, Inzucht ... 78
    c) Pränuptiale Schaustellungen ... 80
    d) Eigentliche Begattung ... 81
16. Die erste Brut ... 82
    a) Wann wird das erste Gelege gezeitigt? ... 82
    b) Das Rauchschwalbenei ... 83
       Ablage ... 83
       Zahl der Eier eines Geleges ... 84
       Maße und Gewicht ... 86
       Spar- oder Spüleier ... 86
       Aussehen der Eier ... 87
    c) Die Bebrütung ... 88
       Wer brütet? ... 88
       Brutdauer ... 91
    d) Das Schlüpfen der Jungen ... 91
    e) Bruteffekt der ersten Brut ... 92
    f) Gewicht und Aussehen ... 92
    g) Aufzucht der Jungen ... 93
       Geschichtliches ... 93
       Hudern ... 94
       Wühlen ... 95
       Kotentfernung ... 96
       Öffnen der Augen ... 98
       Fütterung ... 98
       Beteiligung der Geschlechter an der Fütterung ... 102
       Fütterungshilfe durch andere Schwalben ... 102

	Seite
Wetter und Fütterungsintensität	103
Kontrollflüge	104
Aufforderung zur Fütterung	104
Fremde Eindringlinge	105
Letzte Entwicklungstage vor dem Flüggewerden	105
Flüggewerden der ersten Brut	106
Nestlingsdauer (Hockperiode)	108
Fütterung im Freien	108
Verhalten von Alten und Jungen nach dem Ausfliegen der ersten Brut	109
17. Eine oder mehrere Bruten?	111
18. Die zweite Brut	112
a) In welchen Landstrichen findet eine Zweitbrut statt?	112
b) Termin der Anlage eines zweiten Geleges	113
c) Wieviel Tage liegen zwischen zwei entsprechenden Phasen der ersten und zweiten Brut?	114
d) Eizahl der Zweitbrut	115
e) Brutdauer	115
f) Bruteffekt	115
g) Hilfe durch die Jungen der ersten Brut	116
19. Drittbruten	116
20. Späte Bruten	117
21. Flüggewerden der zweiten und dritten Brut	117
22. Gesamt-Jungenzahl	118
23. Junge und Alte vom Ausfliegen der zweiten Brut an bis zum Wegzug	119
24. Ortstreue	119
a) Ortstreue der Jungschwalben im nächsten Jahr	119
b) Ortstreue der Altschwalben	121
VI. Die Mauser	122
1. Allgemeines und Verlauf in Europa-Afrika	122
2. Mauserverlauf in den asiatischen Überwinterungsgebieten	123
VII. Ökologie der Rauchschwalben	125
1. Natürliche Nisträume	125
a) Steilufer- und Kavernenbrüter	126
b) Baumnester	130
2. Bewohnen von Brücken und Schleusen	131
3. Nester in Brunnen, Schächten und in Steinbrüchen	133
4. Nester in Ruinen, Unterständen und Bunkern	135
5. Bewohner verschiedener Landschaftsformationen	136
a) Wald	137
b) Steppe	138
c) Wüste	138
6. Die Rauchschwalbe als Kulturfolger	139
7. Die Rauchschwalbe als Höhenvogel	142
7. Die Rauchschwalbe als Stadtbewohner	145
9. Kamine als Nistplatz	148
10. Garagen, Fabriken und Lagerräume	152
11. Die Rauchschwalbe als Bewohner geweihter Stätten	153
12. Außenwandbrüter	154
13. Toreinfahrten	156
14. Bahnhofsvogel	157

Inhalt

	Seite
15. Das ländliche Siedlungsgebiet	158
a) Hütten und Zelte	158
b) Dorfbewohner	159
c) Bewohner von Gaststätten	160
d) Bewohner von Abortanlagen	161
e) Ställe	161
f) Balken als Unterlagen	163
16. Ungewöhnliche Nistplätze	163
a) Bewohner von Transportmitteln	163
Schiffe	163
Eisenbahnwagen	164
Straßentransportwagen	164
b) Bewohner landwirtschaftlicher Maschinen und Geräte	164
c) Nester im Inneren von Wohnräumen	165
17. Unempfindlichkeit gegen Störungen und Hindernisse	167
VIII. Siedlungsdichte	169
1. Wieviel Paare nisten unter einem Dach?	169
2. Siedlungsdichte geschlossener Ortschaften	170
3. Siedlungsdichte ganzer Länder	172
IX. Todesrate und Lebenserwartung	174
1. Höhe der Todesrate	174
2. Der Vertilgerkreis	175
a) Allgemeines	175
b) Säugetiere	177
c) Raubvögel, Eulen und andere Vögel	178
d) Reptilien	184
e) Amphibien	185
f) Fische	185
g) Spinnentiere	185
h) Räuberische Insekten	186
i) Parasiten	186
k) Der Mensch als Feind der Rauchschwalbe	189
Abneigung und Abwehr	189
Fang und Jagd in der übrigen Welt	191
Fang und Jagd in Großbritannien, Deutschland und Österreich	194
3. Die Bestandsschwankungen der Rauchschwalbe (Zu- und Abnahme und ihre Gründe)	196
a) Zugkatastrophen im Heimatgebiet (Brutareal)	196
b) Zug- und Überwinterungskatastrophen in Afrika	208
4. Die Technik als Todesursache	208
5. Verfolgungen und Neckereien	211
a) Die Rauchschwalbe als Angreifer	211
b) Die Rauchschwalbe als Angegriffene	211
6. Lebensalter und Krankheiten	212
X. Beziehungen zur Mehlschwalbe	214
1. Rauch- und Mehlschwalbe in etwa gleicher Streuung	214
2. Rauch- und Mehlschwalbe schließen sich lokal aus	215
3. Rauchschwalbe häufiger als Mehlschwalbe	215
4. Mehlschwalbe häufiger als Rauchschwalbe	215
5. Bastarde zwischen Rauch- und Mehlschwalbe	216
6. Das Äußere der Bastarde und ihr Verhalten	217

Inhalt

	Seite
XI. Ernährungsbiologie	220
1. Nahrung wird am Boden trippelnd und höchstens emporflatternd aufgenommen	220
2. Nahrung wird fliegend und flatternd in der Luft, an Pflanzenteilen, Wänden und ähnlichen Stellen aufgenommen	221
a) Eintagsfliegen	221
b) Libellen	221
c) Ufer- oder Steinfliegen	222
d) Schnabelkerfe	222
Wanzen	222
Gleichflügler	222
Blattläuse	223
e) Termiten	223
f) Käfer	223
g) Hautflügler	225
Blattwespen	225
Bienen	226
Ameisen	227
Gallwespen	228
Schlupfwespen	228
h) Zweiflügler	228
Mücken	228
Fliegen	232
Lausfliegen	232
i) Köcherfliegen	232
k) Schmetterlinge	232
l) Spinnentiere	236
3. Jagdflüge und Nahrungsaufnahme	236
4. Vergesellschaftungen vornehmlich bei Jagdflügen	239
5. Nahrungsmenge	240
6. Niederschlag im wirtschaftlichen Denken des Menschen	241
XII. Verhalten	243
1. Natürliche Vertrautheit	243
2. Rauchschwalben als Schiffsgäste — Vertrautheit in Not	244
3. Zähmung und Aufzucht	245
4. Eigenschaften und Gewohnheiten	248
5. Unterscheidungsvermögen	249
6. Adoption	250
7. Heimfinden zum Nest auf Umwegen und Leiten	251
8. Ausbalancieren des Nestes und Sicherungen	251
9. Scheuchflüge	252
10. Rauchschwalben als Wetterpropheten	252
11. Beistand	253
12. Stimme	255
a) Gesang	255
b) Verschiedenheiten in der Lautäußerung beider Geschlechter	256
c) Individuelle Besonderheiten des Gesanges	256
d) Zwitschern und Locken	257
e) Der Alarmruf	258
f) Stimmlaute der Jungen	259
g) Das Schnabelknacken	260
h) Das Chorsingen	260

Inhalt

Seite

 i) Jahreszeit des Gesanges 261
 k) Tageszeitliche Verteilung des Gesanges 261
 l) Ort des Gesanges 261
 m) Spotten der Rauchschwalbe und Imitation des Rauchschwalbengesanges durch andere Vögel 262
 n) Die Bedeutung des Schwalbenliedes in der Antike 263
 o) Volkskundliche Deutungen des Schwalbengesanges 264
 13. Putzen — Baden — Trinken 265
XIII. Hege 268
 1. Allgemein 268
 2. Transport von Schwalben bei Zugkatastrophen 270
XIV. Fang zum Zwecke der Markierung 272
XV. Die Schwalbe in Brauchtum und Aberglaube 274
 1. Die Schwalbe als Bedeutungsträger 274
 2. Die Schwalbe in der Medizin 276
XVI. Die Schwalbe in den Schönen Künsten 279
 1. Die Schwalbe in der Dichtung 279
  a) Mythologie 279
  b) Bibel 279
  c) Legende 280
  d) Fabeln 281
  e) Märchen 282
  f) Die Schwalbe in Lied und Dichtung 284
 2. Die Schwalbe in der Kunst 295
 Literatur zu „Die Schwalbe in der Kunst" 301
 Bücher über die Rauchschwalbe 302

Abkürzungen und Zeichen

Im allgemeinen ist in diesem Buch von Abkürzungen abgesehen worden. Bei den Angaben der Himmelsrichtungen sind die internationalen Zeichen gesetzt. SEzE heißt also z. B. Südost zu Ost, NW = Nordwest usw.

♂ = Männchen, ♀ = Weibchen.

Abb. 1. Rauchschwalbe *(Hirundo r. rustica).* (Foto: Fischer-Wahrenholz)

I. Geographische Verbreitung

Bis in die neueste Zeit hinein ist die Rassenforschung bei der Rauchschwalbe in dauernder Entwicklung begriffen. Rassen, deren Unterscheidungsmerkmale sich nicht als konstant erwiesen haben, werden wieder eingezogen und dafür neue aufgestellt. Besonders die Systematik der nordasiatischen Formen ist bei der großen individuellen Variabilität nicht leicht zu übersehen. Hans Johansen[1] untersuchte in den Museen von Leningrad, Kopenhagen und Paris im ganzen über 300 alte Vögel aus den meisten Gebieten der Paläarktis und kam zur Unterscheidung von vier Populationsgruppen: je einer rotbäuchigen und je einer weißbäuchigen im Westen und im Osten.

1. Die westliche, sehr dunkel-rotbäuchige savignii-Gruppe aus Ägypten und Nubien mit ihrer Übergangsform transitiva in Palästina. Sie ist im Gegensatz zu allen anderen Rassen ein Stand-, höchstens Strichvogel.

2. Die westliche weißbäuchige rustica-Gruppe, also die, um welche es sich in diesem Buch vornehmlich handelt, hat eine sehr große Ausbreitung bis tief nach Asien hinein. Wir werden sie die „Eurasierin" nennen oder von der „Nominatrasse" sprechen[2]. Ihr Brutgebiet erstreckt sich über ganz Europa, Teile von Westsibirien, durchschneidet den Westzipfel der Äußeren Mongolei, zieht sich durch die chinesische Provinz Sinkiang nach Indien und längs der Südhänge des Himalaya bis Sikkim, meidet Tibet, führt zurück nach dem westlichen Pakistan, durchschneidet es in südwestlicher Richtung bis zum Arabischen Meer, umfaßt Iran, Teile des Irak, Syrien, springt — den Übergangsformen und Rassen in Palästina und Ägypten ausweichend — ein Stück über den Südostzipfel des Mittelländischen Meeres und zieht sich durch den nördlichen Gürtel des afrikanischen Kontinents bis zur Atlantikküste. Die geographische Variabilität der Gruppe ist nicht sehr groß. Die südlichen Populationen pflegen öfters hellrotfarbig auf der Unterseite zu sein als die nördlicheren, die Flügelmaße werden von West nach Ost etwas geringer. Im Grenzgebiet nach Osten ist ein deutlicher Übergang zu den Ostgruppen zu sehen. Stresemann hat in Sikkim eine Rasse beschrieben, die als Übergangsrasse zu gutturalis — der

---

[1] *Johansen*, H., Journ. f. Ornith., Bd. 96, 1955, S. 83.
[2] Frhr. *v. Vietinghoff-Riesch*, Arnold, Geographische Verbreitung und Zug der Rauchswalbe, Bonner Zoolog. Beitr., 1955, Sonderheft.

Geographische Verbreitung

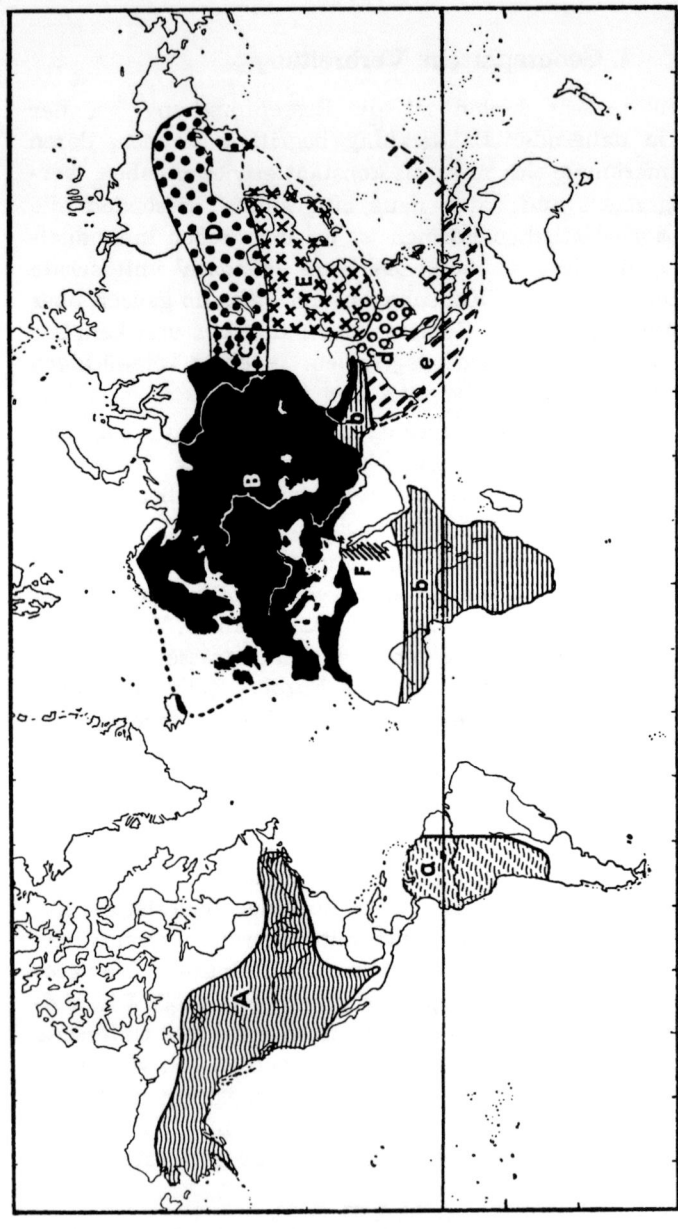

Abb. 2. Verbreitung der Rauchschwalbenrassen der Erde und deren entsprechende Überwinterungsgebiete (Original)

A = Brutgebiet von Hirundo r. erythrogaster, amerik. Rauchschwalbe
a = Überwinterungsgebiet der amerik. Rauchschwalbe
B = Brutgebiet von Hirundo r. rustica, der eurasischen Rauchschwalbe
b = Überwinterungsgebiet der euras. Rauchschwalbe
C = Brutgebiet v. Hirundo r. pseudogutturalis, der Übergangsform. Überwinterungsgebiete nicht fixiert
D = Brutgebiet von Hirundo r. tytleri, der ostsibirischen Rauchschwalbe
d = Überwinterungsgebiet der ostsibir. Rauchschwalbe
E = Brutgebiet von Hirundo r. gutturalis, der südostasiatischen Rauchschwalbe
e = Überwinterungsgebiet der Südostasiatin
F = Siedlungsgebiet von Hirundo r. savignii, der ägyptischen Rauchschwalbe

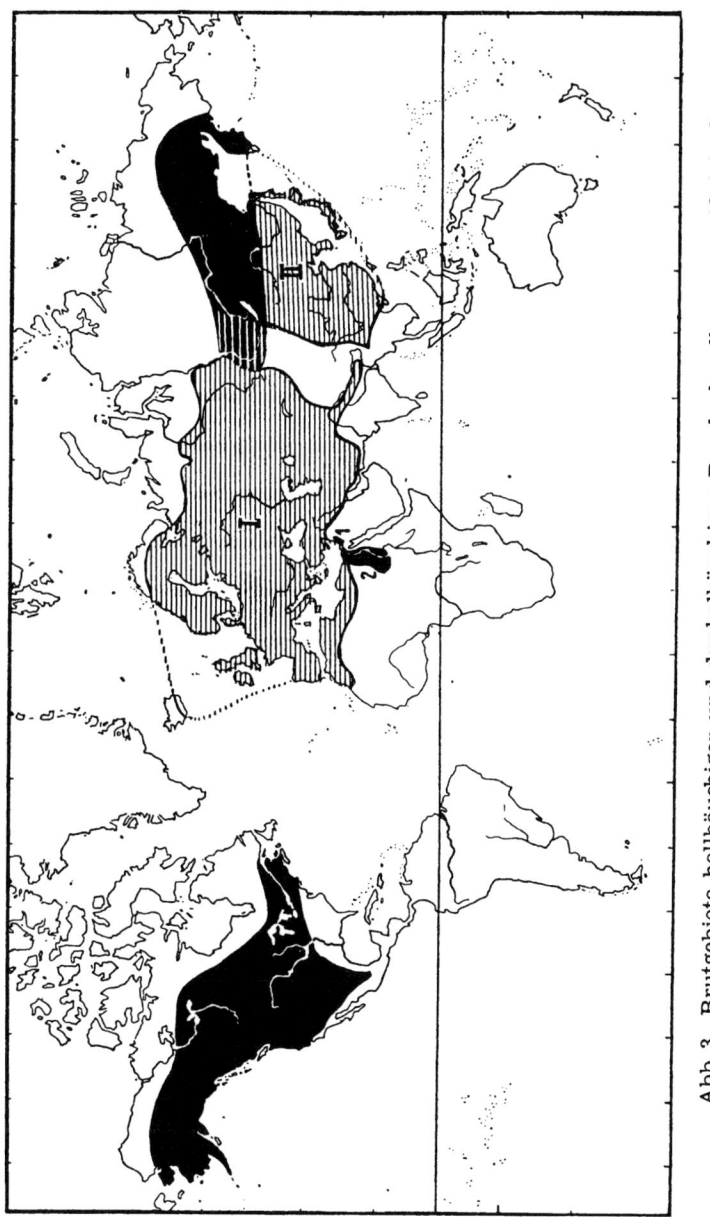

Abb. 3. Brutgebiete hellbäuchiger und dunkelbäuchiger Rauchschwalbenrassen (Original)
Brutgebiete hellbäuchiger ≡≡≡ (I u. II) und dunkelbäuchiger ■ Rauchschwalben, sowie Übergangsformen |||

Südostasiatin — gewertet wird, da sie noch das ununterbrochene Brustband der Nominatrasse hat, während die kleinen Flügel- und Schwanzmaße zur Südostasiatin hinweisen[3].

3. **Die östliche weißbäuchige gutturalis-Gruppe** unterscheidet sich nach H. Johansen — dem wir weiter folgen — von der rustica-Gruppe durch das unterbrochene Brustband, durch geringere Flügel- und Schwanzmaße und durch mehr grünlichen Glanz der blauen Oberseite. Außerdem hat sie häufig einen rosaroten Anflug auf der Unterseite. Die Verbreitung umfaßt den südlicheren Teil Ostasiens, etwa vom Amurfluß und Japan bis Südchina oder Indochina. Auch bei ihr scheint die geographische Variabilität nicht groß zu sein, die Populationen der nördlichen Gebiete[4] bilden mit der mehr rostfarbenen Unterseite wiederum ein Mischprodukt zu der nördlich anschließenden tytleri-Gruppe, der Nordostasiatin und wurden von Meise[5] als eine besondere Rasse beschrieben. Die ungefähre Grenze nach Westen habe ich in der Kartenbeilage zu meiner Arbeit in den „Bonner Zoologischen Beiträgen" skizziert, von der die Karte Seite 2 eine vereinfachende Verkleinerung darstellt.

4. **Die ostsibirische (amerikanische?) rotbäuchige tytleri-Gruppe** hat, wie gutturalis, das unterbrochene Brustband und den grünlichen Glanz der Oberseite, aber die Unterseite ist braunrot mit wechselnder Intensität, und die Flügelmaße sind etwas größer. Sie ist von Kamtschatka und Ostsibirien (nördlich des Amur) bis in das Baikalgebiet und die Nordostmongolei verbreitet. Johansen nimmt an, daß sie ursprünglich von der nordamerikanischen Rauchschwalbe, *Hirundo r. erythrogaster* abstamme, die ähnliche Kennzeichen hat, doch scheint es mir wahrscheinlicher, daß die amerikanische Rauchschwalbe von der ostsibirischen abstammt. Die geographische Variabilität ist ausgesprochen, denn es liegt eine Merkmalsprogression des Dunkler- und Größerwerdens von Ost nach West vor. Die typische erythrogaster aus Nordamerika hat eine relativ helle rostbräunliche Unterseite, die Flügellänge mißt ungefähr 110 bis 121 mm. Die Exemplare von Kamtschatka und der Ochotsker Gegend sind ähnlich, oft dunkler, aber sehr variierend und vielleicht etwas größer. Sie wurden von russischen Autoren gewöhnlich als *kamtschatica* oder

---

[3] *Stresemann*, E., Orn. Mbr. 1940, S. 89. Die Selbständigkeit dieser Rasse wird neuerdings wieder in Zweifel gezogen. Auffallend ist die Tatsache, daß zwischen ihr und den nächsten Angehörigen der gutturalis-Rasse räumlich ein ziemlich breites, rauchschwalbenfreies Gebiet zu liegen scheint. Stresemann nannte die Rasse *Hirundo rustica ambigua*.
[4] In der Mandschurei und Amurgegend.
[5] *Meise*, W., Abh. Mus. Tier- u. Völkerk., Dresden 1934.

als *erythrogaster* bezeichnet, doch ist ihr richtiger Name — wie Vaurie Johansen mitteilte, *saturatus Ridgway*. Die Westvarianten, von denen der Name der Ostsibirierin „tytleri" herrührt, und die aus dem Baikalgebiet und der Nordostmongolei stammen, sind bedeutend dunkler braunrot auf der Unterseite, und die Maße liegen zwischen 115 und 124 mm. Der Schiller der Oberseite ist weniger grünlich. Ihre Westgrenze liegt, wie Johansen mitteilt, zwischen dem Baikal und Jenissei. Weiter westlich haben wir wieder eine Mischzone, wo eine recht eigenartige, variable Form brütet, die fast die Größe von *rustica* hat, deren Brustband in den meisten Fällen jedoch unterbrochen ist. Das Blau der Oberseite spielt bald mehr ins Grünliche, bald mehr ins Purpurne, die Unterseite variiert von fast reinweiß bis fast braun und ist meist nur rosig angehaucht. Dieser Rasse, die bisher fälschlicherweise als angehörig zur gutturalis-Gruppe angesehen wurde, gab H. Johansen den Namen:

5. **Hirundo rustica pseudogutturalis subsp. nov.**
Ihre Verbreitung liegt im östlichen Westsibirien, vom Nordostaltai und Tomj-Fluß über das Jenissei-Gebiet bis Nisheudinsk und dem Tschuna-Fluß.

6. **Die Verbreitung der eurasischen Rauchschwalbe** zieht sich von Island[6] an die Westküste Norwegens, wo die nördlichsten Rauchschwalben am 69° n. Br. nisten. Von hier steigt sie in nordöstlicher Richtung nach Schwedisch-Lappland an, tritt erneut in norwegisches Gebiet und zieht dann nordostwärts nach Finnland, um zum dritten Male über den 70° N hinauszustoßen. Sehr bald wird nun die Sowjet-Union erreicht. Das Siedlungsgebiet der Rauchschwalbe durchschneidet, etwas nach Süden absinkend, die Halbinsel Kola und leitet bei Archangelsk das weitere Fallen unter den Polarkreis ein. Den Tiefpunkt bedeutet das südliche Umgehen des waldreichen Nordural. In Westsibirien wird der Unterlauf des Ob besiedelt, doch fällt das Brutgebiet dann neuerdings wieder nach Süden ab und steigt erst wieder an der Ostgrenze der Verbreitung der Nominatrasse nach Norden an. Von Jenisseisk ziehen sich die typischen Vertreter in weitem Bogen an den oberen Ob zurück und besiedeln anschließend den Altai. Auch in der Dsungarei liegen Brutvorkommen, denen nach Osten durch die Wüsten eine Grenze gesetzt wird. Vielleicht besiedeln einzelne wagemutige Vorposten Oasen der Wüste Gobi auf 40° N-94° Ost! — Das eisige, sturmgepeitschte, menschenarme Hochland von Tibet scheint völlig rauchschwalbenfrei zu sein, doch zieht sich seltsamer-

---

[6] Von dem nur die südlichen Teile, und auch diese wohl nur vorübergehend von einzelnen Brutpaaren besiedelt werden.

weise ein Schlauch von etwa 1500 km Länge und nur 150 bis 200 km Breite an den Südhängen des Himalaya hin, der bis Sikkim reicht, ohne dort Anschluß an die gutturalis-Rasse zu bekommen, jedoch mit morphologischen Übergangserscheinungen zu dieser. Weiter in die indische Tiefebene vorzustoßen, die siedlungsbiologisch sonst sehr geeignet wäre, verbietet das tropische Klima, das der Rauchschwalbe nur für die Überwinterung zusagt, ähnlich, wie in Afrika und Südamerika ja auch! Auf der anderen Seite der Himalayaketten drohen die Bergriesen des Transhimalaya und setzen allen Siedlungsgelüsten unüberbrückbare Schranken entgegen. Aus dem Himalaya-Flaschenhals heraus leitet die Verbreitungsgrenze nach Afghanistan und erreicht bei Gwadar das arabische Meer. Die Verbreitung folgt jetzt dem Persischen Golf bis zur Mündung von Euphrat und Tigris. Von hier aus zieht sie sich wohl entlang der Grenze zwischen Wüste und bebautem oder oasenhaft aufgeschlossenem Kulturland nach Damaskus und schließt Syrien größtenteils, den Libanon ganz ein, um bei Haifa den Nordteil von Israel und das Mittelländische Meer zu erreichen. An der Küste der Cyrenaika erscheint unsere Rauchschwalbe als Nordafrikanerin aufs neue, ihre Verbreitung bildet von nun an ein von Vegetation und menschlicher Siedlung in seiner Tiefe bestimmtes mehr oder minder schmales, bis 600 km tief in den Kontinent greifendes Band, das in Marokko mit einem nach Süden reichenden Haken fast an die Grenze des Rio de Oro zu reichen scheint und die Küste des Atlantik berührt.

II. Äußere Gestalt — Gewicht — Geschlechtsverhältnis

1. Gestalt[7]

Die Oberseite der Eurasierin ist glänzend und schwarzblau, Hinterhals und Vorderrücken mit verdeckten weißen Federmitten. Die Flügel kann man schwarz oder rauchschwarz nennen, ihre Außenfahnen und die Spitzen besitzen einen dunkelbläulich bis flaschengrünen Glanz. Die Iris der Augen ist dunkelbraun, die Stirn bis zur Augenhöhe und die Kehle dagegen rotbraun, der Zügel mattschwarz, der kleine Schnabel sogar ganz schwarz, während die schwachen Füße — um derentwillen Aristoteles die Rauchschwalbe zu den „Apodes", den Fußlosen, steckte — schwarz, mindestens aber dunkelbraun sind. Über den untersten Teil der Kehle und den Kropf zieht sich ein geschlossenes, breites, glänzend blauschwarzes, mit rotbraunen Flecken gemischtes Band, die übrige Unterseite ist weiß mit mehr oder weniger rötlich-isabellfarbenem Anflug, manchmal blaß rotbräunlich, nie ganz reinweiß, eher etwas rahmfarben. Die Unterflügeldeckfedern sind schmutzig- oder bräunlichweiß und ebenfalls mehr oder weniger rötlich-isabellfarben überhaucht. Etwas rötlicher sind häufig die Unterschwanzdeckfedern, die manchmal auch schwärzliche Schaftstriche besitzen. Von den Steuerfedern, deren blauschwarzer Untergrund von einem grünen Schimmer belebt wird, ist das mittlere Paar einfarbig, die übrigen haben an der Innenfahne je einen großen rundlichen weißen Fleck, der nach dem äußeren Paar zu allmählich länglicher und mehr schiefstehend wird. Sehr leicht kann man nach solchen Steuerfedern eine Schwalbenrupfung am Sperberhorst erkennen. Das seitliche Steuerfederpaar — die Spieße —, die beim ♂ bis zu 132 mm werden können, ja sogar 152 mm erreichen, normal aber 105 bis 110 mm, überragen die Mitte des Schwanzes beim ♀ um 3,8 bis 5,4 cm, beim ♂ dagegen um 5,5 bis 8,3 cm; und hierin liegt zusammen mit der im Durchschnitt größeren Flügellänge der männlichen Rauchschwalbe der einzige wirklich sichere äußere Geschlechtsunterschied; alle anderen — selbst die von E. Hartert im „Neuen Naumann" von 1901 gegebenen — sind zufälliger Art. Im übrigen können folgende Höchst- und Mindestmaße gelten: (in mm)

---

[7] Ich folge hierbei im wesentlichen E. *Hartert*, Die Vögel der paläarktischen Fauna, Bd. I, 1910, S. 800.

Tabelle 1

| | Länge des Körpers | Flügelbreite* | Länge der äußersten Steuerfeder | | Flügel | Schnabel | | | Rachenweite | Lauf | Zehe | |
						Länge	Breite	Höhe			Mittlere	Hintere**
			♂	♀								
Maximum	205	—	152	100	130	13	—	—	—	15	—	—
Minimum	190	—	105	95	117	10	—	—	—	11	—	—
Normal	—	335	120	—	—	—	3	3	12	—	15	10

* auf dem Rücken liegend mit ausgebreiteten Flügeln.   ** mit Kralle.

Die Flügellänge und die Länge der Spieße nehmen mit höherem Alter zu.

2. Gewicht

Das Gewicht schwankt zwischen 13 g bei sehr abgekommenen Vögeln und 21,5 g bei sehr gut ernährten und großen Exemplaren, und kann bei noch lebenden[8] bis auf 8 g absinken. Nach G. Creutz streuen die Gewichte bei den ♀ mehr als bei den ♂. Das Normalgewicht ist nach Heinroth 18 bis 20 g. — Siebzehn von Creutz gewogene ♂ hatten im Durchschnitt 12,7 g, zwanzig ♀ ein solches von 19,6 g. Weigold gibt für die gutturalis-Rasse in Südost-Asien 13,3 bis 17,5 g, im Mittel 15,9 g an, die Südostasiatin ist also schwächer als unsere Nominatrasse.

3. Geschlechtsverhältnis

Das Geschlechtsverhältnis kommt 1 : 1 nahe. Bei amerikanischen Rauchschwalben war das Ergebnis einer Untersuchungsreihe bei einer Population von Massachusetts 117 ♂ zu 100 ♀.

4. Mißbildungen

Über Mißbildungen hört man wenig. In der Zeitung „Welt" vom 5. August 1949 steht unter der Überschrift „Siamesische Vogelzwillinge", daß in der Grafschaft Devonshire zwei noch lebensfähige Rauchschwalben gefunden worden seien, die in der Mitte zusammengewachsen waren. Solche Meldungen sind aber oft sehr unzuverlässig und bedürfen weiterer Ergänzungen. Groebbels[9] berichtet von einer flüggen Jungschwalbe mit nach rechts gebogenem Oberschnabel, und v. Loewis[10] wußte von einem Paar zu berichten, das durch vier Jahre hindurch nur Junge mit einem Bein hervorgebracht habe.

---

[8] die bald darauf starben.
[9] *Groebbels*, Fr., Der Vogel, Bd. 1, 1932.
[10] *Loewis*, O. v., Unsere Baltischen Singvögel, 1895, S. 205—210.

5. Unterscheidungsmerkmale aus der Ferne

Zu den sonstigen feldornithologischen Unterscheidungsmerkmalen kommt eine, auf die O. Kleinschmidt[11] aufmerksam gemacht hat: Ruhig sitzende Rauch- und Mehlschwalben kann man an der Schwanzhaltung unterscheiden. Bei der Rauchschwalbe liegt der Schwanz mit den Flügeln fast in einer Linie, während bei sitzenden Mehlschwalben der Schwanz herabhängt und mit den Flügeln einen starken Winkel bildet.

6. Abweichende Färbungen

Von den abweichenden Färbungen sind die auf der Unterseite die auffallendsten und haben zu vielen Deutungen Anlaß gegeben. Vor allem spielte die „cahirica", d. h. die aus Kairo gebürtige, früher eine große Rolle, bis sich herausstellte, daß es eine rotbäuchige Spielart war, die mit der ägyptischen Rasse nicht das mindeste gemein hatte. Bei den ausgesprochen weißbäuchigen Rauchschwalbenrassen variiert aber die Unterseite — ganz abgesehen von der rotbäuchigen Variation — vom Rosa zu rahmfarben und bis zum reinsten Weiß. Viele Rauchschwalben der Nominatrasse sind bereits im frischvermauserten Zustand rein weiß, bei anderen ist das Gefieder der Unterseite zunächst rosa und wird erst mit fortschreitender Abnutzung weiß[12]. Bei den Rauchschwalben der westlichen Populationen ergab sich geographisch dabei keine Trennungslinie, in Serien jedoch ist die Population der Britischen Inseln die zunächst unterseits am meisten rosa gefärbte, die Rauchschwalben von Schweden und Rußland sind von Anfang an am weißesten, die vom Iran am homogensten gefärbt. Die Wintergäste der Südostasiatin (gutturalis) besitzen während ihres Aufenthaltes in Indien und den Philippinen ebenfalls eine Variationsbreite der Unterseite zwischen rosa und reinweiß, aber die rosafarbene Unterseite des soeben vermauserten Kleingefieders kommt doch recht selten vor[13].

Abgesehen von diesen Übergängen, die sich mit der Abnutzung des Gefieders verwischen, gibt es Rauchschwalben mit rostgelbem Anflug der Unterseite, der bis zur Rotbäuchigkeit gehen kann und konstant bleibt. Diese Eigenart ist eine individuelle Variation, die im Balkan gehäuft vorkommt und dort vorübergehend zur Aufstellung einer Rasse „boissoneautii" geführt hat[14], die aber inzwischen wieder eingezogen wurde und in Palästina (Israel) so dominant auftritt, daß sie

---

[11] *Kleinschmidt*, O., Falco, 1917, S. 50.
[12] *Vaurie*, Ch., Amer. Mus., Nov. 1951, Nr. 1529; *Dementjew*, G. P., Alauda VIII, 1936, S. 49.
[13] Vaurie, l. c.
[14] *Stresemann*, E., Avifauna Macedonica, 1920.

dort zur Aufstellung einer bislang noch nicht wieder offiziell eingezogenen Rasse „transitiva" geführt hat, da sie einen Übergang zu den dunkelrotbäuchigen Angehörigen der Ägyptenrasse savignii bildet. Sie ist aber schon aus dem Grunde als selbständige Rasse anzufechten, weil an ein und demselben Ort Angehörige beider Rassen unter gleichen ökologischen Verhältnissen brüten.

Ernst Hartert, nach dem die transitiva-Rasse benannt wurde, war sich selbst darüber im klaren, daß die Varietät „pagorum Brehm", wie die rötbäuchigen Rauchschwalben in räumlicher Mischung mit weißbäuchigen genannt wurden, geographisch nicht begrenzt ist. In Palästina tritt sie dominant auf, im Balkan noch gehäuft, sie kommt aber auch in Ungarn, Großbritannien, Schweden und Deutschland vor. Ich sah eine Vertreterin dieser Varietät vor einigen Jahren in der Nähe von Frankfurt/Main.

Diese „pagorum"-Rauchschwalben, deren Unterseite bis ins Isabellfarbene spielen kann, leiten über zu ganz aschgrauen oder rauchfahlen, die sogar silbergrau gefärbt sein können. Noch hellere sind dann als ganz oder teilweise albinotisch gefärbt zu bezeichnen.

A l b i n o t i s c h e   S c h w a l b e n waren schon den Alten aufgefallen; Aristoteles hatte auf der Insel Samos eine weiße aufwachsen sehen, und auch Claudius Aelian, der ausgangs des 2. Jahrhunderts n. Chr. lebte, berichtet von ihnen. 1709 fand man bei Thorn drei weiße Rauchschwalben in einem Nest, 1747 fiel eine silbergraue Rauchschwalbe bei Danzig auf, und 1791 wurde von Albinos aus den baltischen Provinzen berichtet. Mit zunehmender Dichte des Beobachternetzes häufen sich später die Mitteilungen aus aller Welt über weiße Schwalben immer mehr, und 1938 berichten die deutschen Vogelwarten, sie hätten noch nie soviel Angaben über Rauchschwalbenalbinos erhalten, wie in der zweiten Hälfte des Jahres 1937. Man wird mit 1 Total-Albino auf 1 Million Rauchschwalben rechnen können. Zweifellos kann die Anlage zum Albino erblich sein. Im Jahre 1891 wurde ein Paar bekannt, das vier Jahre hintereinander weiße Junge erbrütet hatte, und auch das Museum Tring in London beherbergte unter anderen Seltenheiten albinotische Rauchschwalben, die Jahr für Jahr von dem gleichen Paar ausgebrütet worden waren, wobei aber immer nur ein bis drei Exemplare weiß waren, während die übrigen normalgefärbt blieben. Am häufigsten ist aber zweifellos der Fall, wo nur ein Albino unter normalgefärbten Geschwistern ausgebrütet wird[15]. Das Verhalten dieser Normalen gegenüber dem farblich Abtrünnigen ist sehr verschieden. Ich selbst beobachtete im Som-

---

[15] Über einen Fall, der dem unglücklichen österreichischen Thronfolger Rudolf in Böhmen gezeigt wurde, bei dem a l l e Nestgeschwister reinweiß waren, berichtet *Harling* in „The Zoologist", 1880, S. 24.

Abweichende Färbungen

mer 1953 bei Limburg/Lahn eine albinotische Rauchschwalbe mehrere Stunden hindurch, die etwas vereinsamt immer nur über einer bestimmten Stelle der Lahn erschien, hier fledermausartig stumm und etwas gespenstisch kreiste und dann für kurze Zeit in der Richtung ihres vermutlichen Elternhauses verschwand, um alsbald wieder zurückzukehren und das Spiel stummen Jagdfliegens weiterzutreiben, nicht behelligt, eher gemieden von ihren Artgenossen. In der Rheinprovinz wurde dagegen eine isabellfarbene Rauchschwalbe beobachtet, die von Ihresgleichen mit großem Geschrei verfolgt wurde. Während Rauchschwalben-Albinos in ganz Europa, ja sogar in Indochina beobachtet wurden, sind schwarze Färbungsanomalien, sogenannte „Melanismen" äußerst selten[16]

---

[16] Ein Exemplar im Museum von Turin (*Arrigoni*, 1929).

III. Zug

1. Allgemeines

Sehen wir uns zunächst Zug und Überwinterung der beiden asiatischen Rauchschwalbenrassen an: Der potentielle Zugwinkel europäischer Rauchschwalbennestgeschwister und Ortsnachbarn beträgt etwa 40 Grad, der eines größeren Siedlungsgebietes sogar 120 Grad. Rückfunde asiatischer Ringvögel liegen so gut wie garnicht vor, wir sind also hier auf Rekonstruktionen angewiesen und können nur vermuten, daß auch bei den Asiaten die Streuung auf dem Zuge eine ziemlich erhebliche sein wird. Jedoch geht die Annahme Th. v. Middendorffs zu weit, die Rauchschwalben aus dem Jenisseigebiet überwinterten teilweise sogar in Ägypten, die aus den östlichen Teilen Sibiriens auf Ceylon und Java. Richtig ist, daß die rotbäuchige Ostsibirierin teilweise noch im südlichen Brutgebiet der weißbäuchigen Südostasiatin überwintert, das von dieser dann bereits verlassen ist (Südchina, Nord- und Südburma, Vietnam), daß sie aber auch über die vegetations- und menschenarmen Gebiete Zentralasiens und Osttibets in ihre indischen Winterquartiere zieht. Man hat dabei den Eindruck, als ob sie im allgemeinen die Nord-Südrichtung innehielte. Die Überwinterungsgebiete der südlich anschließenden gutturalis-Rasse — der Südostasiatin also — beginnen schon hart südlich ihres eigentlichen Brutgebietes[1] und erstrecken sich von Süd-Formosa bis Bombay und vom Wendekreis des Krebses über Südasien und Indonesien bis etwa 10° S. (Cocos-Inseln, Christmas-Inseln, Timor, Aru-Inseln, Nord-Neuguinea und Marianen[2].) Ein Fund von der Nordküste Australiens ist zwar belegt, bedeutet aber eine Abweichung vom Normalen. In Vorderindien und auf Ceylon sitzen Vertreter unserer eurasischen Rasse — wohl nur in geringer Zahl! — zwischen Südostasiaten. Der Rückfund eines Ringvogels beweist den Herbstzug japanischer weißbäuchiger Rauchschwalben nach den Philippinen.

Unsere eurasische Rauchschwalbe, *Hirundo rustica rustica L*, hat zwei getrennte Überwinterungsbereiche: Einen kleineren im nordwestlichen Vorderindien und einen zweiten, weit davon entfernten in Afrika mit Schwerpunkt südlich des 12° nördl. Breite.

---

[1] In Japan überwintern sie sogar regelmäßig noch innerhalb ihrer südlichen Verbreitungsgebiete.

[2] Vgl. meine Karte in „Bonner Zool. Beiträge", Sonderheft 1955.

In das vorderindische Überwinterungsgebiet fließen einmal sicher die Populationen des schmalen Himalaya-Armes, darüber hinaus aber auch Rauchschwalbenmassen aus den riesigen Räumen zwischen Jenissei und Ural, Altai und Kaspischem Meer, wenn hier auch irgendwo zwischen dem 50. und 60.° N eine Art „Zugscheide" liegen mag, westlich der die Rauchschwalben schon mehr nach dem afrikanischen Überwinterungsgebiet abzufließen beginnen. Aus dem Pamir, aus chinesisch Turkestan und Afghanistan werden wohl ebenfalls Rauchschwalben dem indischen Überwinterungsgebiet in südostwärtiger Richtung zustreben. Darüber, ob das vorderindische Überwinterungsgebiet immer wieder die gleichen Bevölkerungen auffängt, oder ob Rauchschwalben der Grenzbevölkerungen einmal nach Vorderindien, dann wieder nach Afrika ziehen, wissen wir noch nichts. Eine etwa in Tobolsk erbrütete Eurasierin braucht nur von ihrer bisherigen Zugrichtung nach Vorderasien um 20 Grad nach West abzuweichen — was für sie garnichts bedeutet! — um über Arabien nach Ostafrika zu kommen. Anderseits können einige Europäer, die ihr Zugtrieb nach SE gebracht hatte, durchaus auch einmal am Golf von Oman landen oder in das vorderindische Überwinterungsgebiet gelangen. Man verlängere die Zugrichtung der in Südosteuropa gefundenen Ringvögel einmal mit dem Lineal!

Vereinzelt überwinternde Rauchschwalben kommen natürlich auch einmal außerhalb ihrer typischen Überwinterungsgebiete in Vorderindien oder Afrika vor, besonders in Ländern mit ausgeglichenem atlantischen Klima oder in solchen mit südlicher Lage, in der es gar keinen ausgesprochenen Winter gibt. Zu den ersteren gehören Großbritannien mit Irland, aber auch Holland, zu den letzteren die Mittelmeerküsten, Nordafrika — besonders dessen Oasen — Korsika, Sardinien, Südpersien und die Nordküste des Golfs von Persien, wo dann der Anschluß an das vorderindische typische Überwinterungsgebiet gegeben ist.

Das afrikanische Überwinterungsgebiet[3] beginnt sich etwa südlich der Linie Khartum-Tschadsee-Sierra Leone bemerkbar zu machen. Hier setzt die erste, noch sehr großmaschige Reuse ein, die die nach Süden wandernden Rauchschwalben noch kaum fühlbar aufhält. Für weiterziehende kristallisieren sich zwei getrennte Auffanggebiete heraus: Erstens ein zentralafrikanisches für Überwinterer ver-

---

[3] Nach *Verheyen* (Le Gerfaut, Bd. I—II, 1952, S. 102) liegen die eigentlichen Winterquartiere europäischer und westsibirischer Rauchschwalben südlich des 20° n. Br. besonders in den Mündungsgebieten des Oranje, Sambesi, Niger und der Küstenzone des tropischen Westafrika. — Nördlich des 20° n. Br. überwinternde Rauchschwalben seien Ausnahmen und beruhen entweder auf frühem Erlöschen des Zugtriebes oder beträfen frühe Heimkehrer.

schiedenster Herkunft. Es geht vom Kongobecken bis Uganda und Tanganjika und hat seinen Schwerpunkt in Zentral- und Westafrika. Und zweitens ein südafrikanisches, das räumlich viel kleiner ist und die Schwalbenbevölkerungen von mindestens 21 Breiten- und 25 Längengraden aufnimmt (etwa 41° bis 62° N und 5° W bis 20° E). Es besteht aber immer noch — rein theoretisch — die Möglichkeit des Zuges sämtlicher Angehöriger der Eurasienrasse — mit Ausnahme der Himalaya-Bewohner — nach Afrika. Auf die Klärung dieser Zugverhältnisse durch das Ringexperiment werden wir wohl noch lange warten müssen.

2. Der Wegzug

Örtliche, witterungsbedingte Rückzugsbewegungen später Heimkehrer dürfen nicht mit Erscheinungen eines ungerichteten Zwischenzuges eben flügge gewordener Jungschwalben verwechselt werden, denen sich Altschwalben anschließen, die in diesem Jahr nicht zur Brut geschritten sind. Solche Bewegungen machen sich schon Ende Juni / Anfang Juli bemerkbar; so können z. B. frühaufbrechende englische Rauchschwalben durch die Normandie ziehen und dort Anschluß an Ansässige finden, die mit ihnen weiterziehen. In der zweiten Julihälfte flügge gewordene Junge begeben sich unter Umständen sofort auf den Zug, können sich aber ebensogut noch zwei bis drei Monate in ihrer Brutheimat aufhalten. Manchmal verläßt eine Rauchschwalbenfamilie ihren Heimatort aber zu ganz verschiedenen Zeiten — bis zu zwei Wochen Unterschied —, wenn sich auch häufiger, besonders bei gutem Wetter, die Rauchschwalben eines Ortes gleichzeitig, ja wie auf Kommando, erheben und abstreichen.

Die Hauptzugzeit der Rauchschwalben ist die zweite Septemberhälfte[4]. Dann ziehen sowohl die Bewohner des Polarkreises ab, wie diejenigen Nordafrikas. Und daher kommt es dann auch, daß südlich beheimatete Rauchschwalben ihre Brutgebiete bereits geräumt haben können, wenn Tage, Wochen oder sogar Monate später noch geschlossene nördliche Populationen oder Angehörige verspäteter Bruten durchziehen. Ebenso können aber früh abströmende Durchzügler aus dem Norden durch die in ihrem Brutgebiet zunächst noch weiterverharrenden Populationen südlicherer Regionen durchziehen, wie das im Rhônedelta beobachtet wurde, wobei die einheimischen gar keine Notiz von den nördlichen Fremdlingen nahmen. Im allgemeinen räumen die Bewohner südlicher Länder (Italien, Spanien, nördliches Marokko) merkwürdigerweise wohl viel schlagartiger das Feld als die nördlicher Länder, was vielleicht damit zusammenhängt, daß sonst der Nahrungsraum für so gewaltige Schwalbenmassen in den kritischen

---

[4] Das Sprichwort sagt ja: Mariä Geburt — ziehen die Schwalben furt.

Herbsttagen nicht ausreichen würde. Der Zug nördlicher Bevölkerungen setzt auch in Nordschweden und Westsibirien schon Ende Juli/Anfang August ein und dauert mit Aussicht auf Anschluß nach Süden selbst auf dem 67° N in Schweden in einigen Fällen noch bis Anfang November an, in Westsibirien bis Ende September[5]; in Holland wurden schnell nach Süden ziehende Rauchschwalben Anfang Dezember beobachtet, bei Worms noch Mitte Dezember. Im eigentlichen hohen Norden engt sich die Wegzugsbewegung wiederum auf den etwas kürzeren Zeitraum von zweieinhalb Monaten ein, doch wurden auf den Orkney-Inseln noch am 8. November Rauchschwalben gesehen.

3. Eintreffen in Afrika

Mit ihrer Vorhut wandert die Rauchschwalbe in ganz Nordafrika Mitte Juli ein, während um die gleiche Zeit westasiatische Angehörige der gleichen Rasse Arabien überfliegen, das Rote Meer kreuzen und sich über Ostafrika nach Süden bis Natal zerstreuen. Ende Juli können geschlossene Rauchschwalbenflüge schon in Ostafrika eintreffen. Anfang August kann die Europäerin bereits in Abessinien und Ende August in Südwestafrika eingetroffen sein, während Ortsgenossen noch in ihrer Heimat ein spätes Gelege ausbrüten. In Südafrika kommt die Hauptmasse Anfang bis Mitte Oktober an, und um diese Zeit ist auch der Hauptzug der Europäer durch Nordafrika abgeschlossen. Die letzten Nachhuten aus Westasien und Europa treffen am Suezkanal und an der Rotmeerküste Anfang November ein, aber noch Ende Dezember spüren sich südwärts ziehende Rauchschwalben in Portugiesisch Ostafrika. Der afrikanische Kontinent wird also länger als Mittel- und Südeuropa von ziehenden Rauchschwalben durchströmt, nämlich ein halbes Jahr; und da der Heimzug ebensolange dauert, kann man im afrikanischen Durchzugs- und Überwinterungsgebiet praktisch zu jeder Jahreszeit auf Rauchschwalben treffen, wenn auch nicht in gleicher Zahl. Dazu treten Fälle von Übersommerung, die das Bild noch mehr verwirren, am unteren Nil und im Gebiet des Kilimandjaro.

4. Zugrichtungen im Herbst

Auf dem herbstlichen Wegzug schlagen Rauchschwalben i n n e r h a l b E u r o p a s die verschiedensten Richtungen ein, die außerdem noch durch Flüsse, Küstenverlauf, Gebirgszüge, widrige Witterung

---

[5] Im Norden ihres sibirischen Wohngebietes ziehen die Rauchschwalben schon Mitte August weg; bei Tomsk Ende August bis September, bei Ssemipalatinsk bis Ende September (*Johansen, H.,* Journ. f. Ornith 96, 1955, und briefl.).

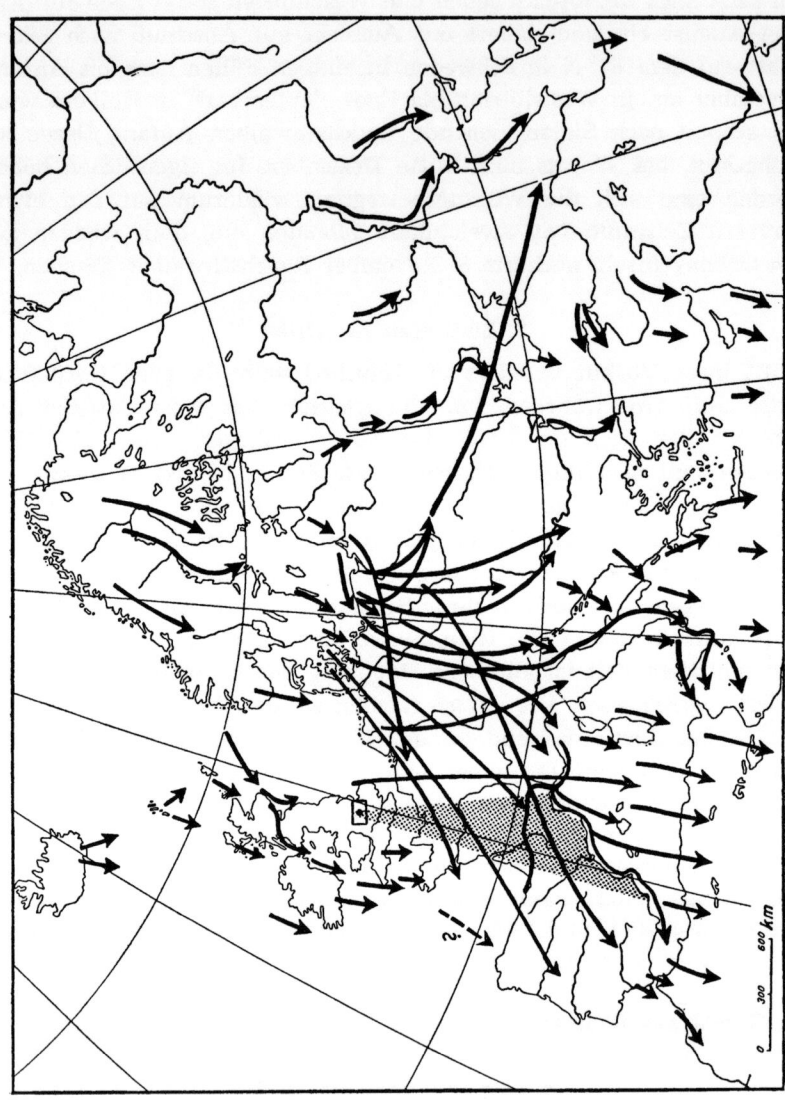

Abb. 4. Herbstzug (Wegzug) europäischer Rauchschwalben nach Sichtbeobachtungen und Ringfunden (schematisiert). Im allgemeinen auch übertragbar auf den Heimzug (Original)

▨ Streukegel südenglischer Rauchschwalben im Herbst (nach Ringfunden)

und andere zufällige Störungen erhebliche Ablenkungen erfahren und auch spontanen Regungen unterworfen sein mögen; denn anders läßt es sich nicht erklären, wenn Rauchschwalben, die annähernd zu gleicher Zeit am gleichen Ort beringt wurden, völlig verschiedene Richtungen einschlagen.

Im Gesamtbild des Zuges herrscht die Richtung N-S vor, die Rauchschwalben treffen also in breiter Front von Westmarokko bis Suez auf den afrikanischen Kontinent. Im einzelnen sieht das Bild jedoch viel komplizierter aus (Karte 3): Westeuropäische Festland-Rauchschwalben bleiben bis etwa 5° E auf S-SW-Kurs. Der Zug britisch-irischer Rauchschwalben, der bisher vornehmlich den Küsten gefolgt ist, wird vorübergehend auf SE, ja E gehen, das Mittelmeer jedoch kaum östlicher Menorka überflogen. Ein starker Zug europäischer Festlands-Rauchschwalben geht längs der italienischen Ostküste und über Sizilien südwestlich nach Tunesien; das Mittelmeer wird aber auch in breiter Front überflogen. An der Riviera ausströmende Rauchschwalben werden oft von einem westwärts gerichteten Sog mitgerissen, der sie längs der Küste, teilweise sogar mit Nordabweichungen und die Pyrenäen umgehend an die Biskaya führt, während Teile von ihnen dem viel näheren Weg nach Marokko über die Ostküste Spaniens folgen. Andere westeuropäische Populationen überfliegen die Pyrenäen und durchqueren dann Spanien in SW-Richtung. Eine sehr starke Streuung haben Rauchschwalben aus Nordost-Deutschland, Polen und dem Baltikum: Sie reicht von Nordfrankreich bis Nordbulgarien, vielleicht bis zum Nordkaukasus! Osteuropäer können also Afrika unter Umgehung der Alpen über Gibraltar, wie nach Überwindung der Alpenpässe über Italien, aber ebenso auch unter Umgehung der Karpaten über das Schwarze Meer und Palästina erreichen. Afrika wird in voller Breite überflogen, der Zug geht quer über den ungeheuren Wüstengürtel hinweg, wobei wohl die schwersten Verluste entstehen[6]. Die Kanaren und Kap Verdischen Inseln zeigen einen unregelmäßigen Zug über weite Strecken des Atlantik an. Am Oberen Nil treffen sich die Zugwege aus Europa, Kleinasien, Iran, Afghanistan, Turkestan und Westsibirien. Von hier gelangt ein Teil der Rauchschwalben in das Flußgebiet Französisch Äquatorial-Afrikas, nilaufwärts ziehend an die Zentralafrikanische Schwelle mit ihren Seen und in das Gebiet des Oberen Kongo, während andere Njassaland erreichen und — aufgefüllt von breit einströmenden Scharen, die Abessinien, Somaliland, Kenia und Tanganjika überflogen haben — Mozambique ansteuern, wo auch ungarische und polnische Rauchschwalben überwintern.

---

[6] *Balsac,* Alauda XIX, 1951, *Verheyen,* Le Gerfaut, 1952 S. 102.

Die quer durch die Sahara ziehenden Rauchschwalben werden frühstens südlich des Tschadsees vereinzelt Winterquartiere beziehen. Im Westteil Afrikas strömen Rauchschwalben durch das Savannengebiet bis an die Küste, wo sie sich in Mengen von der Sierra Leone bis Nigerien stauen oder zur Überwinterung bleiben, während andere sich zum Weiterflug über den zentralafrikanischen Waldgürtel erheben und dann im Kongobecken rasten oder überwintern.

Die vom Kongobecken aus weiterziehenden Rauchschwalben (vor allem Briten und Iren) halten sich zunächst an die Küste von Angola, um vor Beginn des unwirtlichen Wüstengürtels ins Innere abzuschwenken und hier Winterquartiere zu finden oder die Kalahari im SE-Zug zu überfliegen und die Südafrikanische Union anzusteuern.

Das Katanga-Land wird von zwei Wanderwellen überflutet: Die eine kommt von Norden und zieht zum Lualaba-Fluß, die andere vom Tanganjika wendet sich mehr nach Westen. Südostafrika dürfte der grandiose Sack sein, in dem nach vielen Filterungen immer noch riesige Rauchschwalbenmassen von Irland bis Westsibirien aufgefangen werden, wobei das den britisch-irischen Rauchschwalben vorgesetzte Netz das weitmaschigste, das den von N und NE eindringenden Rauchschwalben vorgesetzte das engmaschigste gewesen sein mag. Im Kongogebiet, d. h. zwischen 10° S und 5° N einerseits, 13° E und 28° E andererseits überwintern hauptsächlich deutsche, skandinavische, holländische, belgische, aber auch polnische Rauchschwalben.

5. Heimzug

Der Beginn der Kleingefiedermauser fällt bei den Rauchschwalben zwar schon in den Juli bis August, wird aber erst in den Winterquartieren fortgesetzt und beendet. Zuletzt wird das Großgefieder vermausert. Sind Stoß und Schwingen erneuert, dann ist das Haupthindernis für den Heimzug beseitigt, und die derart reisefertigen Rauchschwalben bedürfen nur noch des spezifischen Zugimpulses, um zu starten. Viele machen von dem Wegfall des Bremsklotzes schon im Januar Gebrauch, doch erklärt sich der so auffallend späte Aufbruch mancher Rauchschwalben zwanglos aus der bis Ende April noch nicht abgeschlossenen Großgefiedermauser. An einer bestimmten Überwinterungsstelle kann es dabei zur gleichen Zeit Rauchschwalben geben, die ihre Mauser schon beendet haben, wie solche, die noch mitten darin stehen. Aus Südafrika scheinen die ersten Rauchschwalben aber nicht vor Beginn der dritten Aprilwoche heimzuziehen, der Zug ist hier Anfang Mai schon abgeschlossen. In anderen Teilen des Überwinterungsgebietes zieht er sich mehr in die Länge, und an der nordafrikanischen Küste stehen zum Heimflug über das Mittelmeer bereite Rauchschwalben von Ende Januar bis Anfang Juli, also mehr als fünf

Monate hindurch. Nach Verheyen (1952) besiedeln die nördlich des Äquators überwinternden Rauchschwalben als erste den europäischen Brutraum. Ich nehme an, daß sie nur Südeuropa und Nordafrika besiedeln, von wo sie wohl auch stammen.

Heimzugrichtung in Afrika

Ein Teil der in Südafrika überwinternden Rauchschwalben zieht zweifellos zunächst zur zentralafrikanischen Schwelle. Das tun z. B. Ungarn, Dänen und Skandinavier. Die britisch-irisch-niederländischen nehmen dagegen den Weg nordwestwärts zunächst zum Kongobecken. Bei ungefähr 25° E liegt im Belgisch-Kongo eine Art Zugscheide, westlich der entweder ein ausgesprochener Zug von S nach N erfolgt oder aber ein allmähliches Einschwenken in das Flußgebiet des Kassai ebenfalls zum Kongobecken hin. Ostwärts dieser Zugscheide findet vom äußersten Süd bis zum äußersten Nord des Belgischen Kongo dagegen ein ausgesprochener E- und NE-Zug statt. Eine zweite Zugscheide kann die ostafrikanische Schwelle bedeuten: Ostwärts davon streben die Rauchschwalben wahrscheinlich der Küste zu und folgen dieser nach NE. Vielleicht sind dabei auch asiatische Rauchschwalben, die dann über Arabien nordostwärts weiterziehen. Die längs der zentralafrikanischen Schwelle und deren Seen nach N ziehenden Rauchschwalben werden auf ihrem Weiterflug vom Sog des Oberen Nil erfaßt, nachdem sie inzwischen noch Verstärkungen aus dem nördlichen Kongogebiet erhalten haben. Längs des Nils und der Küste des Roten Meeres findet dann ein starker Zug in Richtung zum Mittelmeer statt.

Ein weit verstreuter Nordzug geht außerdem in großer Breite quer über den ganzen afrikanischen Kontinent vor sich, dem vor allem die in Äquatorialafrika überwinternden Rauchschwalben unterliegen. Die dabei zustandegebrachten Flugleistungen müssen außerordentliche und die erlittenen Verluste wiederum, wie auf dem Hinflug, sehr hohe sein. Allerdings werden auch die an der Atlantikküste nach Norden strebenden Rauchschwalben hohe Verluste haben, wenn sie durch Stürme aufs offene Meer getrieben werden. Die Sahara wird während fünf bis sechs Monaten von ziehenden Rauchschwalben auf dem Heimzug überquert[7]. Zum Flug über den 8000 km tiefen Raum des afrikanischen Kontinents benötigen die im Süden überwinternden Rauchschwalben bei einer durchschnittlichen Tagesleistung von 200 km — die aber in drei bis vier Stunden zurückgelegt werden kann, die übrige Zeit wird gerastet, gejagt oder gebummelt — fünf bis sechs Wochen. Das stimmt ganz gut mit den Zugleistungen der amerikanischen

---

[7] Auch im Dezember traf *Niethammer* (1954) in der algerischen Sahara auf Rauchschwalben.

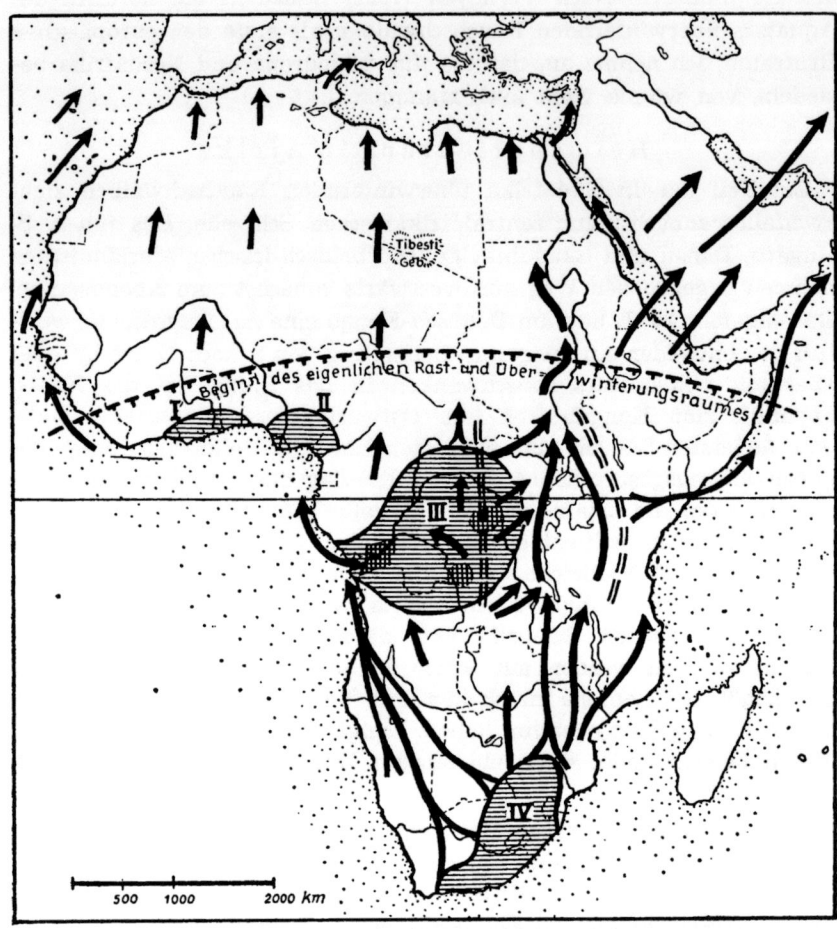

Abb. 5. Heimzugs-Richtungen der eurasischen Rauchschwalben aus den afrikanischen Überwinterungsgebieten (schematisiert). Original

▦ Rast- und teilweises Überwinterungsgebiet deutscher, holl.-belgischer, skandinavischer und schweizer Rauchschwalben.

▦ Überwinterungsgebiet deutscher, holl.-belgischer, ungarischer, polnischer und skandinavischer Rauchschwalben. ▦ massiert.

▦ Überwinterungsgebiet britischer, dänischer, ungarischer und skandinavischer — selten deutscher Rauchschwalben.

∥ Zugscheiden.

Rauchschwalben überein, welche die 7000 km betragende Strecke von Südflorida bis Nordalaska in 45 Tagen bewältigen, also durchschnittlich 150 km am Tag zurücklegen.

Heimzug in Europa

Man hat den Zugfortschritt der Rauchschwalbe mit dem Vorrücken der 8,9° Isotherme im Frühjahr in Zusammenhang bringen wollen[8]. Da aber die Rauchschwalben zu ganz verschiedenen Zeiten aus ihren Winterquartieren aufbrechen und sogar im gleichen Ort mit über einem Monat Unterschied eintreffen, stimmt diese Hypothese offenbar nicht. Der Vorgang, der den Termin des Aufbruchs in die Heimat am wesentlichsten bestimmt, ist die Mauser, die individuell ganz verschieden verläuft. Außerdem wirken sich unterwegs Nahrungsquellen, örtliche Wetterlagen, günstige oder widrige Winde und Kälterückfälle fördernd oder hemmend aus, die den allgemeinen Eintritt eines frühen oder späten Frühjahrs überdecken. Man wird den Rauchschwalbenzug also besser beschreiben als auf eine Formel bringen und in mühsame Kurven hereingeheimnissen, die dann erst mühsam wieder dechiffriert werden müssen und deren Richtigkeit stark bezweifelt werden muß. Daß die Rauchschwalben von Marrakesch, Andalusien, Cypern, Israel, aus dem südlichen Irak und Belutschistan in ihrer Masse einige Monate früher eintreffen als die der unteren Petschora und des Varangerfjords, bedarf wohl keiner Erklärung. In Südpersien und Afghanistan sind sie — sofern sie überhaupt weggezogen sind — Ende Januar und im Februar wieder da. Auch in Deutschland haben sich schon frühe Einwanderer Ende Februar an der Bergstraße und Anfang März bei Göttingen und in Sachsen gezeigt; bei Ssemipalatinsk und im Altai treffen die Rauchschwalben in den letzten Apriltagen, bei Tomsk und Tobolsk um den 14. Mai, im Norden bei Beresow und am Varangerfjord Anfang Juni ein. Ob die so weit ziehenden prinzipiell später aufbrechen als die, deren Weg um ein vielfaches kürzer ist, wissen wir nicht, da darüber noch kein exaktes und beweiskräftiges Material vorliegt; es ist aber durchaus möglich, daß unter denen, die etwa im März aus Südafrika aufbrechen, auch solche sind, die über den 60° N hinwegziehen, sich aber unterwegs sehr viel Zeit nehmen.

Was die Breitengrade in großen Zügen wiedergeben, prägt sich im Kleinen in Höhenschichtlinien aus. Doch stimmt auch das wohl nur bei großen Höhenunterschieden, und in Hessen werden z. B. die bergigen Teile nicht später besiedelt als die Ebenen. Bei 1000 m Höhenunterschied verzögert sich in Ungarn der „durchschnittliche" Siedlungsfortschritt im Frühjahr um 14 Tage. In Cypern werden die höheren Gebirgslagen sogar 50 Tage später als die warmen Küsten-

---

[8] *Southern*, H. W., Br. Birds, Bd. XXXII, 1938.

streifen besiedelt. Findet dagegen in höheren Gebirgslagen eine Wärmeumkehr statt, d. h. sind die niedrigeren Lagen in Talkesseln kälter als sonnige Südlagen in höheren Regionen, dann werden diese wieder früher besiedelt. Ein solcher Fall pflegt in Oberbayern in Reit im Winkel üblich zu sein, das i. a. drei bis vier Wochen später besiedelt wird, als die benachbarten höheren Lagen, aber selbst hier kommen Ausnahmen vor, wenn Kälteperioden die Erstankömmlinge von dort wieder vertreiben.

Man kann den Einwanderungsvorgang auch mit einem Schwamm vergleichen, den man mit seiner Unterseite auf ein schmales Rinnsal legt: Das Rinnsal sind die Flußläufe, längs deren die Einwanderung besonders bei eingeschnittenen Tälern am frühsten erfolgt, wofür Main und Fulda, aber auch der Oberrhein und Rhône[9] gute Beispiele sind. Selbst gebirgslose Länder, wie Belgien, sind flache Schwämme, die sich erst in Monaten vollsaugen. Immerhin schiebt sich die Dauer des Einsickerns von Süden nach Nord immer mehr zusammen. Betrug sie noch in Nordafrika fünf bis sechs Monate[10], so in Südfrankreich und Bayern zwei Monate, in Belgien drei Monate, im hohen Norden als Folge der kurzen Vegetationsperiode nur einen Monat. Die mit soviel Mühe durchgeführten Sammlungen von Daten über Erstankünfte der Rauchschwalben haben deshalb keinen hohen Wert, weil man fast nie weiß, ob es sich dabei um ortsansässige Rauchschwalben oder um Durchzügler handelt. Die Unterscheidung beider hält oft recht schwer. Ich selbst habe in Mitteldeutschland hurtig flußabwärts eilende Zugschwalben beobachtet, wie auch solche, die ganz nach Art Ansässiger zu einem sehr frühen Termin vor den Fenstern spielten, schon nach Stunden aber wieder verschwanden, also typische Durchzügler waren, und im Oktober in den Straßen von Algeciras und Tanger ganz vertraut jagende, die jeder Laie für ortsansässige gehalten hätte, die aber ebenfalls reine Durchzügler waren, deren Ziel vielleicht ihnen selbst unklar, geschweige denn dem Beobachter bekannt war.

Eine der wenigen Gesetzmäßigkeiten, die sich auf dem Heimzug der Rauchschwalbe offenbaren, ist die Einwanderung in Westeuropa mit vorgezogener linker Schulter, wobei die äußerste linke Flanke in Westengland mit etwa 300 km vor der gleichen ostenglischen Einwanderungswelle liegt und gegenüber der Einwanderung in Griechenland und der Türkei etwa 14 Tage Vorsprung hat.

Das geht besonders aus den sehr gründlichen Forschungen der Engländer hervor, die denen der Ungarn und Bayern ebenbürtig zur Seite

---

[9] *Fowler*, The Zoologist, 1908.
[10] Die ersten brechen von hier nach Südspanien im Januar auf, die letzten erst im Juli, wohin ist unbekannt.

stehen[11]. In England unterschied man bis zu sieben Einwanderungswellen, zu denen noch Anvantgardisten und Nachzügler kamen und die sich bis nach Schottland hin noch verfolgen ließen.

Aber auch der kleine Schwamm eines einzelnen Ortes saugt sich erst sehr allmählich mit Brutschwalben voll, und oft genug sitzen neben den eben eingetroffenen und augenscheinlich vom Vorjahr her oder von unterwegs gepaarten Brutschwalben auch Einzelgänger, die weiterzuwandern beabsichtigen. Wer vermag zu wissen, ob sie in einen Nachbarstall umsiedeln, höheren Lagen des Heimatlandes zustreben oder einer nordischen Population angehören? Kommt es doch sogar vor, daß die letzte Brutschwalbe des Ortes erst eintrifft, wenn die Jungen der Früheingetroffenen schon flügge sind und ins Vagabundieren kommen! Im belgischen Städtchen Tongern traf das erste Pärchen — zunächst ohne zur Brut zu schreiten — schon am 11. März ein; aber erst vier Wochen später füllte sich die Gegend mit Brutschwalben an. In dem hessischen Ort Frischborn, den Ludwig Schuster unter Kontrolle hielt, dauerte es 1952 31 Tage, 1953 sogar 53 Tage, bis alle Rauchschwalben eingetroffen waren. Mit ziemlich gleichmäßiger Verteilung innerhalb der einzelnen Perioden trafen zwischen dem 22. April und 20. Mai die zwölf Brutpaare eines kleinen Rhöndorfes in 800 m Höhenlage ein, d. h. ungeachtet der rauhen Lage, die ein Zusammenpressen der Ankunftszeiten erwarten läßt, ebenfalls mit einem Monat Zeitdifferenz[12]. Auf 31 Tage veranschlagte Richard Schlegel den Zeitraum des Eintreffens der Brutschwalben in NW-Sachsen. Hansgeorg Ecke-Tschammendorf stellte an drei Ringvögeln in Schlesien fest, daß sie in über vier Wochen Zwischenabstand am Beobachtungsort eintrafen. Gegenüber dem Vergleichsjahr 1931 traf außerdem im nächsten Jahr, 1932, der eine Vogel um einen Tag, der andere um elf Tage, der dritte um 18 Tage Zeitunterschied ein[13].

In Sikkim und Nepal trifft unsere Eurasierin aus den nahen indischen Überwinterungsgebieten schon Anfang Februar ein.

Die Zugrichtung in Europa

Eine Richtung Süd-Nord ist bei vielen nach Europa einströmenden Rauchschwalben vorherrschend. Sie erfährt jedoch einschließlich der von England ausgehenden vorgeschobenen linken Schulter mancherlei Modifikationen.

---

[11] Vgl. vor allem Bull. Brit Ornith. Cl. 1909—1914; The Handbook of Br. Birds, Vol. II, 1938; *Gallenkamp*, W., Verhandl. Ornith. Ges. Bay. VI, 1905, S.41—100; *Ries*, A., ebenda, und Verhandl. Ornith. Ges. Bay. XI, 1913; *Hegyfoky, Gaal de Gyula, Schenk* und Otto *Herman* in der Zeitschr. Aquila, 1895 ff.
[12] *Schuster*, Gisela, Die Vogelwelt, Bd. 75, 1954, S. 238.
[13] *Ecke*, Hansgeorg, Der Vogelzug, 1933, S. 65.

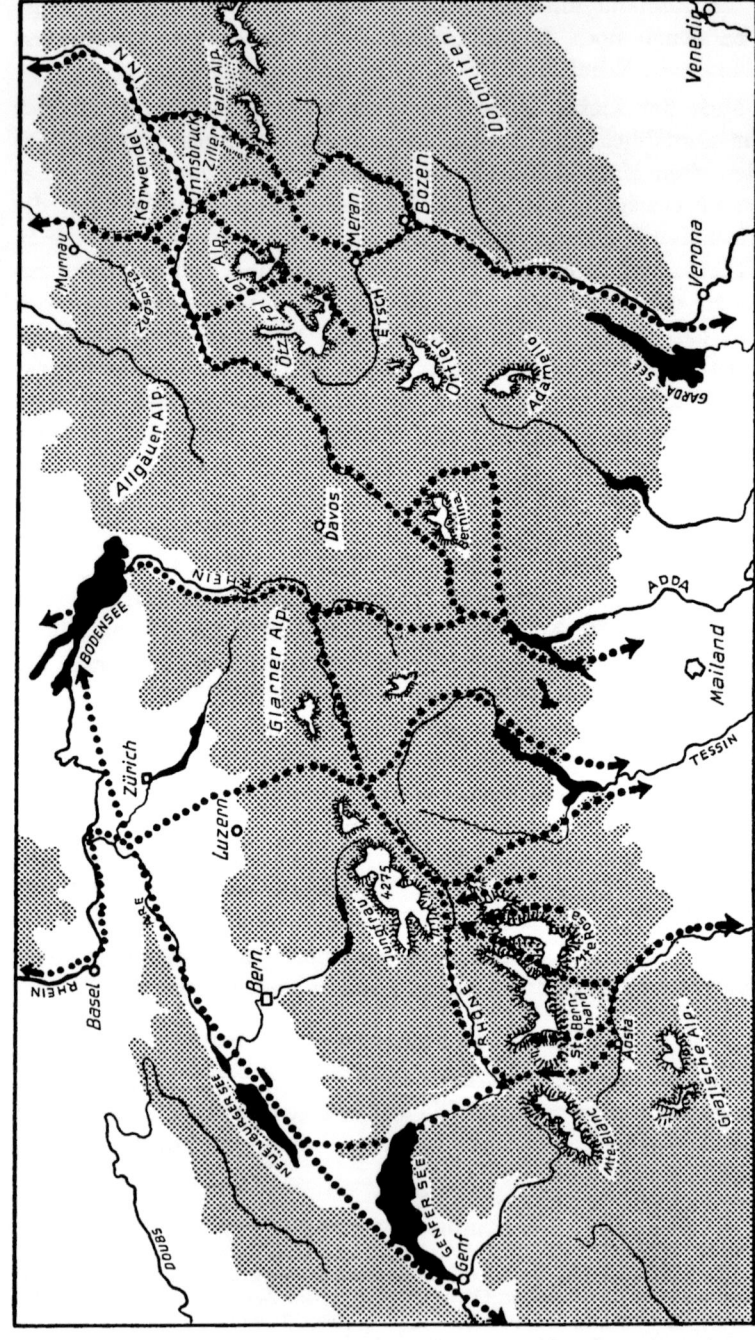

Abb. 6. Bisher bekannter und an den Zwischenstücken ergänzter Frühjahrs- bzw. Herbstzug der Rauchschwalbe über die West- und Zentralalpen. (Original)

So übt Sizilien eine starke Sogwirkung auf solche Rauchschwalben aus, die vom Inneren Afrikas nach Tunesien einflogen und die nun in eine nordostwärtige, ja ostwärtige Richtung abgebogen werden. Sie durchqueren dann die Südspitze der Apenninhalbinsel in nördlicher Richtung, um beim Auftreffen auf die Adria diese entweder zu überfliegen und so nach Osteuropa einzudringen oder aber der adriatischen Küste folgend die Alpenkette zu überwinden und nach Norden bis Skandinavien vorzustoßen. Vom Nildelta aus geht ein Breitfrontenzug über Mittelmeer und Palästina zur Türkei und über diese hinweg (mit dauerndem Zurückbleiben derer, die ihr Ziel erreicht haben) zum Schwarzen Meer, zur Krim, nach Zentralrußland, möglicherweise aber auch den westrussischen Flußläufen folgend nach Polen, Nordrußland und Finnland. — Marokkanische Ankömmlinge haben die Wahl, der Mittelmeerküste Spaniens bis etwa Genua zu folgen und hier die Westalpen im N- oder NE-Zug zu überqueren oder nur bis zur Riviera oder Rhônemündung zu ziehen und von hier aus nordwärts ins Festland vorzustoßen. Letzteres tun z. B. einige holländische, belgische, mitteldeutsche und dänische Rauchschwalben, über die der Ring Auskunft gab, sicher aber auch britische und irische, die dann ihre Heimat von Osten her über die Nordsee ansteuern. Der westlichste Zug geht schließlich, den Flüssen folgend und die Pyrenäen überquerend, oft genug aber auch längs der spanischen Atlantikküste und die Biskaya überschneidend nach N. Er betrifft hauptsächlich westliche Populationen, also Spanier, Portugiesen und Westfranzosen, in erster Linie aber Vögel, welche die britischen Inseln bis zu den Faröern hinauf und Irland, in seltenen Fällen über dieses Ziel hinausschießend sogar Island ansteuern. In der Schweiz besteht eine ausgesprochene, wenn auch nicht „verbindliche" Nordostrichtung vom Genfer- zum Bodensee, die dann am Oberrhein streckenweise in eine fast westliche Richtung umgebogen wird. Soweit sie Küsten und Flüsse als Leitlinien verfolgen — was besonders bei schlechter Sicht durch tiefe Wolken bedingt ist — werden den jeweiligen Flußrichtungen entsprechend dauernd neue Kurse eingeschlagen, und das gleiche kann man auch bei der Überquerung von Gebirgszügen wie den Alpen, Pyrenäen und Karpaten sagen. Je besser die Wetterlage, je weiter die Sicht, um so gradliniger wird der Zug vor sich gehen. Das ist keine Theorie, sondern ein Beobachtungsergebnis.

6. Umsiedlungen

Die meisten der knapp einjährigen Jungschwalben, die zum erstenmal aus den Winterquartieren heimkehren, siedeln sich in einer Entfernung von 300 bis 2000 m von der Stelle an, an der sie ausgebrütet wurden. Die hohen Verluste, welche die örtliche Schwalbenbevölkerung im Lauf dieses Jahres erlitten hat und die wir getrost auf 70 % einschätzen dürfen, erfordert das Ausfüllen der gerissenen Lücken, gestattet es mindestens. Wenn bei einer Zählung in England von 600 im Vorjahr beringten Jungschwalben nur eine einzige in der näheren Umgebung wiedergefunden wurde, so deutet das nur auf eine Katastrophe hin, der besonders die unerfahrenen Jungen anheimfielen, nicht darauf, daß sie sich weit entfernt und der Kontrolle nicht mehr zugängig angesiedelt hätten. Immerhin kommen Umsiedlungen bei Jungschwalben doch nicht grade selten auch über sehr große Räume hinweg vor, während die Altschwalben äußerst orts-, ja sogar nesttreu sind. Die größeren Umsiedlungen erfolgen ebenso wie die kleineren nach allen Richtungen hin. Um nur einige Beispiele zu nennen, die durch Ringfunde offenbar wurden, siedelte eine deutsche Rauchschwalbe über 325 km nach Belgien um, eine westfranzösische über 1100 km nach Kärnten, eine von der Insel Man in England über 1130 km nach Norwegen und eine von Ungarn über 1500 km nach Zentralrußland. Das heißt: die in ihrem Geburtsort beringten Rauchschwalben strebten aus ihren ersten Winterquartieren ganz anderen Zielen zu! Wenn also im Frühjahr beringte Jungschwalben des Vorjahres irgendwo unterwegs in Nordafrika, Frankreich oder Italien gefangen werden, so nimmt man zwar mit einer Gewißheit, die über 90 % beträgt, an, daß sie in die engere Heimat zurückkehren wollten, ganz sicher aber darf man sich dessen doch nicht sein.

7. Verhalten beim Zug

Rauchschwalben verhalten sich während des Zuges und Aufbruchs recht verschiedenartig. Der W e g z u g erfolgt meist langsamer, ja beinahe behäbig, in den frühen Morgenstunden oder noch spät abends, gruppen- und flugweise, und nur den spätziehenden, etwa Oktoberschwalben, sieht man ihre Hast an, die sich auch im Ausstoßen zirpender Laute äußert. Im Frühjahr geht der Zug dagegen grade bei den früh eintreffenden oder durchziehenden Gruppen in reißender Geschwindigkeit vor sich. Wenn sie aber irgendwo — und sei es auch nur für Stunden — rasten, haben sie ganz das Gebaren einheimischer Rauchschwalben, spielen jagend in der Luft herum, tummeln sich in den Straßenzügen — und der unbefangene Beobachter hält sie natürlich für einheimische und ist erstaunt, wenn er sie am nächsten Tag nicht mehr zu Gesicht bekommt. Der Wegzug im Herbst kündet sich — soweit er die heimischen Vögel betrifft — schon lange vorher durch geselliges Beisammensitzen auf Telegraphendrähten, Dächern und trockenen Baumspitzen an, und diese Scharen werden dann durch neuhinzukommende verstärkt, bilden oft riesige Bänder oder Wolken und erheben sich, laut zwitschernd, wie auf ein Signal, um die vor ihnen liegende Zugstrecke zurückzulegen. Das Sammeln kann schon sehr früh — Mitte Juli — beginnen; aber es gibt bis in den Spätherbst hinein Nachzügler aus späten Bruten, die grade noch den Anschluß an durchziehende nördliche Population bekommen oder auch bleiben, um dann, wie das in Dänemark beobachtet wurde, zugrundezugehen, weil die Tage zu kurz sind, um genügend Insekten zu erbeuten.

Die jungen, eben flügge gewordenen Rauchschwalben verhalten sich unglaublich verschiedenartig: In ganz seltenen Fällen scheinen sie den Kontakt mit den Elternvögel bis zum nächsten Frühjahr zu behalten und gemeinsam mit ihnen wieder am Brutplatz einzutreffen. Im allgemeinen aber geraten sie schon sehr bald nach dem Flüggewerden ins Herumvagabundieren, das sie in alle Richtungen der Windrose, häufig auch nach N. bringen kann und z. B. eine mitteldeutsche Rauchschwalbe zunächst einmal zum Polarkreis verschlug. Andere aber halten schon die richtige Zugrichtung inne und werden dann im Spätsommer in fremden Kuhställen gefunden, wo die heimischen grade ihre zweite Brut hochziehen[14]. Nicht einmal Eltern und Junge der zweiten Brut müssen geschlossen ziehen: In einem englischen Fall zog zuerst der eine Altvogel, dann der zweite Altvogel mit zwei Jungvögeln eine Woche später ab. Selten gibt es südwärts gerichtete Zugbewegungen sogar schon im Juni. Aber das wird kaum ein „Zwischenzug" junger oder nicht zur Brut geschrittener Altvögel sein, sondern im Gegenteil (und dieser Fall wurde auf den England vorgelagerten Scilly-Inseln beobachtet) um Rückzugsbewegungen spät eingetroffener Rauchschwalben, die durch Witterungsunbilden im Zugfortschritt gehemmt und zurückgedrängt wurden. Auch am Golf von Suez, am Erie-See in den USA, in Holland, an der Schwarzmeerküste und in den afrikanischen Winterquartieren (Belg. Kongo) wurden solche Rückzugsbewegungen beobachtet, die teilweise gradezu fluchtartigen Charakter annahmen.

8. Ziehen Alte und Junge getrennt?

Wenn eben flügge gewordene Junge ins Vagabundieren kommen („Zwischenzug"), ziehen sie meist allein, denn so früh im Sommer entschließt sich höchstens eine unbegattet gebliebene Altschwalbe dazu, mitzuwandern. Auch die aus sehr späten Bruten stammenden Rauchschwalben pflegen allein zu ziehen. Da im Sommer das Verhältnis Alte : Junge etwa wie 1 : 3 ist, werden die herbstlich wandernden gemeinschaftlichen Scharen zum überwiegenden Teil aus Jungen bestehen. In den Pyrenäen schätzte man es bei Rauchschwalben, die im

---

[14] Wie z. B. eine norddeutsche aus Jever alsbald nach dem Flüggewerden sich bei Kassel einfand.

Oktober zogen, auf 1 : 30. Das gemeinsame Wandern scheint demnach doch die Regel zu sein[15], und häufig kann man sogar beobachten, daß unterwegs bei Rasten die Altvögel noch ihre Jungen füttern. Ein guter Beobachter aus Lothringen[16] schreibt schon Ende des vorigen Jahrhunderts, daß bei ziehenden Trupps stets ein oder mehrere Altvögel die Führung übernähmen. Diese gäben auch durch einen besonderen Schrei das Signal zum Abbruch der örtlichen Jagd und zum Weiterzug. Beim H e i m z u g aus Südafrika kommt es vor, daß Männchenverbände sich zum Zug zusammenschlagen. Die ♂ treffen im allgemeinen vor den ♀ im Frühjahr ein, manchmal zwei bis fünf Wochen zuvor, in den USA ist das sogar die Regel. Möglicherweise überwintern auch zusammengehörige Gatten an verschiedenen Stellen, und sicher treffen sie oft zu ganz verschiedenen Zeiten ein, um sich erst am Nest zu vereinen.

9. Halten die Populationen unterwegs zusammen?

Die Rauchschwalben einer Ortschaft oder eines Gebietes ziehen meist weder geschlossen ab, noch treffen sie geschlossen wieder ein. Trotzdem haben Beobachter in Europa, aber auch in Afrika immer wieder den Zusammenhalt größerer und kleinerer Flüge feststellen können? Worauf beruht er?

Wenn auch Umsiedlungen über größere Entfernungen bekannt sind, so doch nur bei Jungvögeln, und Altschwalben suchen ihren angestammten Nistplatz regelmäßig im nächsten Jahr wieder auf. Die Lücken, die es auszufüllen gilt, sind ja groß genug. Wenn sich nun auch das Eintreffen der Brutschwalben eines Orts und eines Gebietes um Wochen auseinanderzieht, so gibt es doch Tage, an denen schlagartig die Mehrzahl abzieht, und solche — im Frühjahr —, an denen die meisten Einheimischen[17] eintreffen. Selbst in einem so kleinen Lande wie Belgien dauert es aber drei volle Monate, bis alle Brutschwalben eingetroffen sind. Man wird also beim Heimzug sagen können, daß die geschlossenen Flüge aus Rauchschwalben bestehen, die nach Zugdisposition und Zugstimmung sich im gleichen Entwicklungsstadium befinden und das gleiche Ziel haben. Ob dieser Zusammenhalt innerhalb von Großverbänden schon beim Start in Afrika besteht, wissen wir nicht, es ist aber durchaus möglich. Je näher der Heimat, um so mehr wird sich ein Ausscheren kleinerer Verbände mit genau bestimmtem Ziel aus dem Großverband ergeben.

---

[15] Nach der Ansicht einiger Forscher, z. B. *Steinfatt* (für Ostpreußen), ziehen im allgemeinen die Alten für sich und vor den Jungen.

[16] *Eichhoff*, W., Ornis VIII, S. 345.

[17] Nach L. *Schuster* (Die Vogelwelt, 74, 1953, S. 211) etwa 50 %.

10. Vergesellschaftungen auf dem Zuge und in den Winterquartieren

Während des Zuges hat die Rauchschwalbe einen starken Drang zur Vergesellschaftung, der sich besonders gegenüber der Uferschwalbe äußert, mit der sie ja auch vielfach die Massenübernachtungsstätten teilt. Nur selten reist die Rauchschwalbe allein, wie es Niethammer an der adriatischen Küste im Frühjahr und Heilfurth in der Schweiz beobachten konnten. Hagen sah beim Herbstzug bei Lübeck 1910 nie Rauch- und Mehlschwalben beisammen, aber das kann daher kommen, daß beide an der Ostseeküste getrennt zu reisen belieben und an einem Tag die Rauch-, am andern Tag wieder die Mehlschwalbe beherrschend auftritt. Am Bosporus fand Steinfatt Anfang Oktober wieder alle drei Arten zusammen ziehend, und der Ufer- und Mehlschwalbe bleibt die Rauchschwalbe auch noch in Afrika treu[18]. Hier findet man dann allerdings auch andere Vögel in Zug- oder Rastgemeinschaft mit ihr, so mindestens sieben der dort beheimateten Schwalbenarten, und ihre ägyptischen und israelitischen Verwandten, savignii und transitiva. Auch den Mauerseglern schließt sie sich hin und wieder auf ihrem Zug an und bleibt mit ihnen noch in Afrika vergesellschaftet; und schließlich hat man sie auf dem Zug sogar mit Fledermäusen, Seidenschwänzen, Schneeammern, Bienenfressern[19], ja sogar bei Notlandungen auf Schiffen und bei Rasten auf Telegrafendrähten in der recht gefährlichen Nachbarschaft von Rotrückigen und Rotkopfwürgern gesehen, denen die ermatteten Wanderer denn auch rasch zum Opfer fielen. Die Ostsibirische jagt in ihren indochinesischen Winterquartieren gern zusammen mit der japanischen Uferschwalbe, die sich im Winter, wie sie, in die fruchtbaren Niederungen von Nord-Thailand begibt, und in Nordburma findet man sogar die beiden ostasiatischen Rassen tytleri und gutturalis zusammen überwinternd und in Zuggemeinschaft mit der Salangane *Collocalia brevirostris*. Auf dem Meer zwischen Japan und China wurden Rauchschwalben auf dem Zug mit der Gebirgsbachstelze angetroffen.

11. Tag- oder Nachtzug

Solange man noch annahm, die Schwalben versenkten sich im Winter unter Eis oder im Wasser, und nur nördliche Populationen vollzögen einen Zug „in wärmere Gegenden", solange war auch eine Reihe von Fragen außerhalb jeder Diskussion, die mit dem Zug selbst in

---

[18] Allerdings glaubt *Verheyen*, daß die Vergesellschaftung mit Mehlschwalben in Afrika nur noch zufälliger Natur sei, und daß es sich dabei um Gastvögel handele, die von ihren Flügen abgesprengt wären. Die Vergesellschaftung mit Mehlschwalben beschrieb 1727 schon Daniel *Defoe*, der berühmte Autor des „Robinson Crusoe".
[19] In Ostafrika, Südrußland und Zentralasien.

Zusammenhang stand. Und es war der Vorkämpfer gegen den Mythos der Selbstversenkung, nämlich Joh. Leonhard Frisch, der sich Mitte des 18. Jahrhunderts für einen Zug während des Tages aussprach. Die neuere Zugforschung hat ergeben, daß sowohl tagsüber wie auch nachts gezogen wird, nur ist der Tageszug viel auffälliger — vor allem im Herbst der Aufbruch —, während der Nachtzug lautlos vonstatten geht und sich deshalb meist der Beobachtung entzieht. Auch ist nächtliches Ziehen eher eine Ausnahme als die Regel; denn meist wird es den Rauchschwalben mit einbrechender Dunkelheit noch gelingen, irgendeinen Schlafplatz, vor allem Schilf- und Rohrbestände, aufzusuchen und dort zu übernachten. Die meisten Beobachter, die einen lebhaften Schwalbenzug sahen, stimmen denn auch darin überein, daß der Zug in den Morgenstunden, am Vormittag, aber auch am Nachmittag sehr lebhaft war, bei Einbruch der Dunkelheit jedoch abflaute oder ganz aufhörte. Die Annahme eines ziemlich regelmäßigen herbstlichen Nachtzuges beruht hauptsächlich auf dem plötzlichen Aufbruch größerer Schwalbenschwärme noch zu später Stunde — wer aber weiß, ob sie sich nicht bereits nach kurzer, aber schneller Zugzeit zum Übernachten in ein Röhricht einschwangen? Je näher der Abend kommt, um so eiliger zieht ja auch die Rauchschwalbe. Und niemand hat bisher beobachten können, daß Rauchschwalben, die sich abends zur Rast einschwangen, während der Nacht wieder aufgebrochen sind[20]. Ein schottischer Leuchtturmwächter hat während 32 Beobachtungsjahren niemals eine Rauchschwalbe an seiner Laterne gesehen!

Dennoch gibt es auch einen echten Nachtzug, und zwar sowohl im Frühjahr wie im Herbst, aber er bleibt ein Rätsel[21], denn er ist nicht notwendig, da die Rauchschwalbe auch während des Tagzuges genügend Raum gewinnt und immer noch Zeit zu Ernährungsflügen hat. Frühjahrs-Nachtzug wurde in Vollmondnächten im belgischen Kongo beobachtet, und ebenso wurde an englischen Leuchtschiffen an der Isle of Wight im Frühjahr ein erheblicher Nachtzug festgestellt. Das Mittelmeer scheint nicht selten nachts überquert zu werden. Auch K. Lorenz zog aus seinen Beobachtungen an Zimmerschwalben den Schluß nächtlichen Ziehens, denn sie flogen ohne jeden Stimmlaut plötzlich in tiefer Dunkelheit umher und landeten ohne anzustoßen, dann im hellsten Teil des anstoßenden Zimmers. Selbst über dem Golf von Mexiko hat man Rauchschwalbenzug im Herbst noch bei tiefster Dunkelheit beobachtet.

---

[20] Vgl. S. 36. Die Rauchschwalben fallen oft erst eine Stunde nach Sonnenuntergang ins Rohr ein und erheben sich manchmal von da im ersten Morgengrauen schon gegen 2 Uhr nachts.

[21] Ein guter Beobachter des Schwalbenzuges aus Lübeck, *Hagen*, glaubt an ein im Frühjahr sehr verbreitetes nächtliches Ziehen, da er sich sonst nicht erklären kann, weshalb beim Heimzug (im Gegensatz zum Wegzug) so wenig Rauchschwalben zur Beobachtung kommen.

12. Schnelligkeit des Zuges

Ein völlig falsches Bild von der Schnelligkeit des Zuges entsteht natürlich, wenn man vom Fortschreiten des Zuges spricht und dafür die Isepintesen zugrundelegt. Man würde dann auf eine Tagesgeschwindigkeit von 40 bis 45 km kommen, also auf die absurde durchschnittliche Stundengeschwindigkeit von nur 2 km. Im Herbst wird die Zuggeschwindigkeit, wie bei allen Zugvögeln, natürlich langsamer sein als im Frühjahr, wo man kleine Rauchschwalbenflüge oft in gradezu reißender Geschwindigkeit ihren Zielen zustreben sieht; aber einen Durchschnitt von 150 bis 200 km werden wir auch für die Rauchschwalben als Tagesleistung annehmen können. Die sehr hohen Zuggeschwindigkeiten, die nach unabhängig voneinander vorgenommenen Messungen bis 240 km/Std. betragen, können, sofern sie überhaupt einwandfrei ermittelt waren, was doch recht fraglich erscheint, wahrscheinlich nur kurze Zeit innegehalten werden — es genügt ja eine einzige Stunde dieses raschen Zuges, um das Tagespensum zu erfüllen! — und werden dann einem gemächlichen Bummeln und Jagdfliegen Platz machen, das so oft zu der falschen Annahme geführt hat, die Brutschwalben seien eingetroffen.

13. Höhe des Zuges

Die jeweilige Zughöhe richtet sich nach Wetterlage und Geländeausformung. Gutes klares Wetter erhöht die Sicht und erlaubt den in großer Höhe fliegenden Rauchschwalben, ihrem Ziel möglichst gradlinig zuzustreben. Schlechte Sicht drückt sie herunter und läßt sie sich enger an die Massenzugwege, also Ströme, Küsten und Pässe, halten. Bei gutem Wetter haben englische Flieger Rauchschwalben noch in 3000 m Höhe über Grund beobachtet, bei schlechtem Wetter berühren sie mit ihren Flügelspitzen oft das Gras oder Wasser. Bei gutem, klarem Wetter werden die höchsten Berggrate tief unten gelassen, bei schlechtem ziehen sie ängstlich und oft umkehrend die Paßtäler herauf und benutzen ein Loch im Himmel, um sich über die Paßhöhen zu schwingen. In der Schweiz werden Rauchschwalben auf dem Bernhardiner Paß in 2500 m ziemlich regelmäßig beobachtet, sie ziehen aber ebenso über den Furka, Grimsel, Simplon und den 3322 m hohen Theodul-Paß zwischen Matterhorn und Monte Rose. Die österreichischen Alpen werden über den Brenner und Jaufenpaß, über die Zillertaler und Ötztaler Alpen verlassen und der Finstermünzpaß überflogen; in den deutschen Alpen bewegt sich ein starker Zug über die Scharnitz-Spalte zwischen dem Karwendel- und Zugspitz-Massiv nach Tirol und aus dem Allgäu nach Vorarlberg herein. In den französischen Alpen südlich des Genfer Sees wird der 2225 m hohe Dent d'Oche noch überflogen. Ebenso werden die 900 m hohen Karpaten-Pässe, bei guter Sicht aber das ganze Waldgebirge mit seinen über 2500 m hohen Bergspitzen in direktem Flug überflogen, in Asien die Pässe des Pamir und in Spanien in 2500 m die Pässe der Pyrenäen, die aber ebenso auch bei gutem Wetter in so großer Höhe überflogen werden, daß man die ziehenden Rauchschwalben kaum mit dem Glas erkennen kann. Das Riesengebirge wird anscheinend nur gegen Ende des Herbstzuges in gradem Flug nach Süd überflogen, während bei Schlechtwetterlage die Pässe aufgesucht werden oder der Zug parallel zum Kamm fortgesetzt wird, bis sich eine günstige Gelegenheit zum Einschwenken ergibt. Auf jeden Fall aber wird hier bei höchstens 850 m Höhe eine Rast eingelegt. Der Harz wird im Herbst von ziehenden Rauchschwalben berührt, die das Bodetal entlangfliegen und die Kämme des Gebirges nach Süden überqueren[22].

Auch über die Vogesen geht in 1200 m Höhe der Herbstzug hinweg[23]. Da über Meeren der Luftwiderstand über der Wasserfläche meist am geringsten ist, nach oben aber an Stärke rasch zunimmt, wird über ihnen meist sehr niedrig geflogen. Von einem Zug an der marokkanischen Küste Ende März 1951 sagt Bannerman[24] gradezu: „dropping ower the cliffs and continuing out to sea just above the waves", und an der englischen Küste wurde schon Latham, 1823, gewahr, daß der Zug sich dicht über den Wellenkämmen bewegte. Von Japan fliegen die ostasiatischen Rauchschwalben dicht über den Wellenkämmen zum chinesischen Festland oder in die Richtung der Philippinen, und von der amerikanischen Rauchschwalbe sagt Bent (1942): „They may often be seen moving along the coast line, or the bank of a river, only a few feet above the ground or water, in a steady open stream all following the same general direction."

In Ostafrika sah Admiral Lynes[25] Rauchschwalben so niedrig über dem Festland ziehen, daß ihre Flügelspitzen die Grashalme streiften, und ebenso geht der Zug über die vegetationsarmen schottischen Moore nach Süden nur wenige Zoll über dem Boden.

Über das Mittelmeer wird, je nach Wetterlage, wohl in verschiedener Höhe geflogen, an der Küste von Istrien betrug einmal die Höhe nur 3 m. Steinfatt[26] stellt an der Südküste Andalusiens eine solche von 2 bis 20 m fest, Graf Finckenstein[27] bei jener seltsamen Fluggemeinschaft von Rauchschwalben und Fledermäusen in Schlesien 30 bis 40 m, eine Höhe, die Rauchschwalben auch bei leichtem Gegenwind

---

[22] *Pässler*, W., Journ. f. Ornith., 1867, S. 56.
[23] *Stresemann*, E., Verhandl. Ornith. Ges. Bay., XIII, 1918.
[24] *Bannerman* and *Priestley*, Ibis 94, 1952.
[25] *Lynes*, Br. Birds, Vol. I, 1907/08.
[26] *Steinfatt*, O., Der Vogelzug, H. 2, 1933.
[27] *Finckenstein*, Hans Graf von, Zool. Anz., Bd. 106 (1934).

bevorzugen. In Norddeutschland sah Hagen Rauchschwalben bei klarer Witterung in 20 bis 80 m Höhe ziehen, dagegen gibt Hortling[28] für Finnland eine Zughöhe von 100 bis 450 m an.

Die Gefahren der Sahara und anderer Wüsten mit Staubstürmen legen — soweit heftige Gegenwinde nicht zum Tiefgehen veranlassen — einen Höhenzug nahe, und tatsächlich hat S n o w 1953 entsprechende Beobachtungen gemacht. Außer Stürmen können aber auch Wasser und Hunger die Rauchschwalben herunterdrücken, und sie umfliegen dann, wie Geyr v. Schweppenburg[29] es beobachten konnte; nach Fliegen suchend, die Tragtiere, besonders Kamele, oder stürzen sich in sinnloser Hast auf irgendeine Wasserpfütze.

14. Breitfrontenzug und Massenzugwege

Rauchschwalben haben gewiß nicht die „Absicht", sich von Küstenlinien, Strömen, Meerengen und Pässen leiten zu lassen, wenn sie sich auf den Zug begeben; sie geraten aber oft genug in deren Sog. Der Zug ballt sich dann zusammen, und Tausende — aber auch einzelne Schwalben oder kleine Flüge — folgen nun einem sichtbaren Geländezeichen in mehr oder weniger schmaler Front[30]. Niethammer konnte einen derartigen Zug im Frühjahr 1934 längs der adriatischen Küste Italiens beobachten, der sich vom Meer aus nur noch 100 bis 200 m tief ins Land erstreckte. Ein starker Zug geht längs der Küste des Roten Meeres und längs der Küsten des Mittelländischen Meeres, so der Riviera, der nordafrikanischen, besonders algerischen, aber auch der Küsten Spaniens, Palästinas und Griechenlands, nicht minder den afrikanischen und europäischen Atlantikküsten entlang, längs der Küsten Großbritanniens, aber auch Mittelamerikas, z. B. Guatemalas. — Außerdem aber werden die Meere auch breit überflogen, und wer je das Mittelmeer zur Zugzeit gekreuzt hat, wird sicher auf seinem Schiff einzelne ausruhende Rauchschwalben beobachtet haben. Sie überqueren in Amerika den Golf von Mexiko im Direktflug, ziehen über das Schwarze Meer, überfliegen die Nordsee in allen Richtungen, steuern die Kanaren, Kap-Verden und Madeira auf dem Zug an und wurden weit weg von jedem Land, z. B. 200 km ostwärts der Faröer auf offener See angetroffen, ebenso aber auf Jan Mayen, Nowaja Semlja und an der grönländischen Küste. Immerhin sind den Rauchschwalben kurze Meeresstrecken oft lieber als lange, und so kommt es zu dem „Sog", den Sizilien oder Gibraltar auf große Rauchschwalbenmengen ausüben.

---

[28] *Hortling,* Ivar, Ornithologisk Handbok, Helsingfors, 1929.
[29] *Schweppenburg,* Frhr. Geyr v., Journ. f. Ornith., 1917, S. 295.
[30] Wir sprechen ja auch in einem solchen Fall von „Massenzugwegen".

Grade aber auch Flüsse — selbst kleinere und gewundene — werden als Leitlinien gern benutzt, und ich sah z. B. einen frühen Flug Rauchschwalben im April 1953 eilends die Fulda abwärts in reißendem Fluge streben. Bayern wird von seinen Flüssen aus ebenfalls im Frühjahr mit Rauchschwalben versehen, die das Altmühltal, die Regnitz und den Main aufwärts fliegen und sich bei schlechter Sicht eng an den Flußlauf halten. Beliebt ist in der Schweiz die Reuß und anschließend das Obere Rheintal, das den Zug in die Ost-West-Richtung abdreht. In Frankreich wird die Somme gern als Leitlinie genommen, im Süden mit besonderer Vorliebe die Rhône, in England die Themse, in Portugal der Tagus, in Spanien der Guadalquivier, in Jugoslawien die Narenta; in Afrika spielt der Nil eine gradezu ausschlaggebende Rolle in der Zugbeeinflussung, in Nordrußland und Sibirien die Petschora und der Jenissei, in Südrußland die Wolga. Sehr richtig aber sagt dazu ein amerikanischer Ornithologe: „Wasservögel und Schwalben versuchen immer, Flüssen von Nord nach Süd oder von Süd nach Nord zu folgen, aber die gleiche Art kommt auch ebenso auf dem Zuge weit entfernt von diesen Linien vor."

15. Stärke der Flüge

Die aus den riesigen Wintergebieten Afrikas aufbrechenden Rauchschwalben bilden nicht eine kompakte Masse. Diejenigen, bei denen die Zugstimmung gleichgeschaltet ist, die also durchgemausert haben und sich im Vollbesitz ihrer Kräfte fühlen, starten gemeinsam, wobei wohl ein Zusammenhalt solcher Rauchschwalben besteht, die aus einem bestimmten Gebiet stammen. Dieser Zusammenhalt ist jedoch sekundärer Art. Unter der Widrigkeit von Stürmen, Unfällen aller Art stark zusammenschmelzend und auseinandergerissen werden die anfangs großen Flüge immer kleiner und spalten sich auch nach Zugrichtungen individueller Art auf. So kommt es, daß man noch auf afrikanischem Boden die Rauchschwalben an der Küste zwar „so weit das Auge reicht" nach Norden ziehen sieht, aber doch einzeln hintereinander[31], und daß auch Niethammer, der sie im April längs der adriatischen Küste Italiens wandern sah, zwar über 1000 an einem Tag zählte, die aus 30 bis 50 Individuen bestehenden Gruppen aber ebenfalls „wie an einer Kette" fliegend beobachtete. Nur über dem Meer drängen sich auch im Frühjahr riesige Massen an einzelnen Inseln zusammen, wohl Schutz suchend, wie das auf Madeira geschah, als sie wie die Bienenschwärme in den Felsen und Klippen einfielen und sich zur Nacht an sie anklammerten, oder auf Helgoland, wo Gätke an zwei Maitagen Hunderttausende Schutz suchend in den Felsen vorfand, von

---

[31] *Bannerman* and *Priestley*, Ibis 94, 1952.

denen viele den Unbilden der Witterung erlagen. In der Oase Biskra halten sich manchmal im Februar „Myriaden" auf (Tristram), und nach Hunderttausenden zählten die Flüge, die Kumerloewe im ersten Maidrittel 1953 über großen Sümpfen bei Antiochia in Syrien beobachtete. Das Mittelmeer wird wiederum mehr in kleinen Gruppen überflogen. Im allgemeinen geht aber der Frühjahrszug (Heimzug) in um so kleineren Gruppen vor sich, je schwieriger das zu überwindende Gelände ist und je näher die Rauchschwalben ihren Ursprungsgebieten kommen. Die Höchstzahl der gleichzeitig in einem bäuerlichen Ort mittlerer Größe eintreffenden Rauchschwalben wird kaum mehr als 50 betragen.

Obwohl der Wegzug aus einem Ort sich über Monate erstrecken kann, gibt es doch, wie wir schon sahen, Tage, an denen der größte Teil der örtlichen Population gemeinsam startet. Da sich die Population hier im Lauf des Sommers verdrei- bis vervierfacht hat, stehen entsprechend größere zugwillige Scharen zur Verfügung, und da der Aufbruch nach unendlichen Vorbereitungen, Probeflügen und Sammelappellen erfolgt ist, ist er auch viel auffälliger als das stille, fast unbemerkte Eintreffen. Oft kommt es vor, daß die wegzugsbereiten Scharen noch Zuzug aus benachbarten Ortschaften erhalten und daher im einzelnen die Wegzugsrichtung durchaus nicht gleich Süden zu sein braucht. Die Flüge nehmen unterwegs immer mehr Rauchschwalben auf, mit denen sie zusammen rasten, und grade dort mögen die eigentlichen Auffüllungsorte liegen. Bis zu 1000 in einem Flug schätzte man die Weg- und Durchzügler bereits im August im schwalbenreichen Südostrußland[32]. In Siebenbürgen beobachtete man bis zu 1000 über einem einzigen Maisfeld nach Nahrung suchend. Auf jedem Maisstengel saßen dann zwei bis fünf Rauchschwalben, und die Maisfelder sahen von fern dadurch ganz schwarz aus. Auch beim herbstlichen Überfliegen der Alpenpässe am St. Gotthard scharen sich die Rauchschwalben zu Tausenden in einem Schwarm zusammen, der dann das mutige Wagnis unternimmt. In den Karpaten sah man kilometerlange dichte Züge nach Süden wandern, bei Lübeck waren es tausend, die Mitte September laut schreiend in einem gewaltigen Flug vorbeikamen. Die Masse, die in diesen wenigen Tagen die Gegend des Genfer Sees durchströmt, wird auf 1 Million geschätzt.

Allerdings gibt es auch beim Wegzug ruhigere Tage, wo entweder der Zug ganz ausfällt oder nur wenige Rauchschwalben einzeln und in kleinen Gruppen zu zwei bis drei, vielleicht zehn, ziehen und Flüge von 100 bis 500 Exemplaren eine Ausnahme bedeuten. Selbst die im Schilf übernachtenden oder sich zusammenfindenden heben sich ja

---

[32] Im ehemaligen Gouvernement Orenburg. Vgl. *Sarudny*, Bull. Soc. Imp. Nat. Moscou, 1897 (russisch).

nicht immer gleichzeitig, sondern lösen sich wieder in Flüge und Gruppen auf. Und wenn es auch an der Kurischen Nehrung häufig Tage gibt, an denen etwa 10 000 Rauch- und Uferschwalben ziehen, oder an der Südspitze Schwedens bis 17 000, so sind das wenige Höhepunkte des Herbstzuges.

16. Rasten auf dem Zug, Massenübernachtung und Massendasein in den Überwinterungsgebieten

Schon bald nach ihrer Ankunft übernachten die Rauchschwalben gesellig in altem Rohr und Schilf von Teichen und Seen und im Gesträuch der Flußufer, dessen Zweige über dem Wasser hängen. Diese Frühlingsübernachtung kann schon in den afrikanischen Winterquartieren üblich sein, fand doch Rudebeck[33] 250 km südostwärts Pretoria inmitten einer baumlosen Steppe einen rohrbestandenen Sumpf, in dem Mitte März seiner Schätzung nach mindestens 1 Million Rauchschwalben übernachteten. Schilf-Übernachtung findet wohl in jedem Lande statt, das über solche Flächen verfügt, und sie dient neben dem Sicherungszweck ja auch der leichten Nahrungsaufnahme, da es nirgends so viel fliegende Insekten gibt, als grade in und über verschilften Flächen und Sümpfen. Am Genfer See setzt sich die Übernachtung im Schilf bei den im März eintreffenden Rauchschwalben fort und dauert den ganzen Sommer bis in den Herbst hinein. An den Frohburger und Moritzburger Teichen in Sachsen wurden in Schilf und Gebüsch massenweise übernachtende Rauchschwalben am 12. April beobachtet.

Radde traf Ende Mai 1886 in den Schilfflächen Transkaspiens im Versiegungsgebiet des Tedschen massenweise übernachtende Rauchschwalben an. Der sommerlichen Übernachtung im Rohr ging Tischler nach, als er am 20. Juli 1937 in Bartenstein (Ostpreußen) mit der Beobachtung der dort übernachtenden Rauchschwalben begann. Auch unsern ornithologischen Klassikern: Friedrich Naumann und E. v. Homeyer, war zu Beginn des vorigen Jahrhunderts die Massenübernachtung im Schilf und die Gesellschaftsbildung dort mit Uferschwalben, Staren, Weißen Bachstelzen und Schafstelzen aufgefallen[34]. Sie berichten von der Ankunft an diesen Schlafplätzen, von dem langen Hin- und Herfliegen und dem mannigfachen Umsetzen, bis dann nach etwa einer halben Stunde endgültige Ruhe herrsche. Aber Stare und Stelzen übernachten doch ganz selbständig für sich in einzelnen Schilfregionen, und Mehlschwalben hat man bei diesen S c h l a f g e s e l l s c h a f t e n bisher nur ganz selten gefunden. Am Morgen pflegen die Stare auch

---

[33] *Rudebeck*, Gustaf, Die Vogelwarte 17, 3, 1954, S. 216.
[34] Vergesellschaftungen mit Mehlschwalben sind selten, kommen jedoch auch vor (Zoologist 1872).

viel zeitiger aufzustehen als die Rauchschwalben — bis zu zwei Stunden früher —; zum Sonnenaufgang sind nach häufigem Platzwechsel innerhalb 20 Minuten fast alle abgeflogen. In dieser Zeit kann es vorkommen, daß Tausende von Schwalben und Zehntausende von Staren einen Teich nächtens bevölkern. Tritt plötzlich Kälte ein oder schneit es, dann klammern sich die erschöpften Schwalben an Schilfstengel und werden von ihnen wohl auch unter die Uferböschung und ins Eis gezogen, woran sich durch Jahrhunderte der seltsame Aberglaube knüpfte, die Schwalben überwinterten unter Wasser und im Eis. B u f f o n , der diesen Aberglauben schon nicht mehr teilte, aber doch annahm, daß lebende Zweige, auf denen Schwalben gerastet hätten, abstürben, kannte um 1780 das Übernachten auf tiefbeasteten Erlen an Flußufern und berichtet, daß sie dort grade von den Vogelfängern in Massen gefangen würden. Noch heute sind die beschilften Lahnufer bei Wetzlar beliebte Übernachtungsplätze, an denen sich auf einem einzigen Platz bis zu 2000 Rauchschwalben zusammenfinden können, deren Fang allerdings nicht mehr schnödem Gewinn, sondern der Untersuchung galt, wie hoch der Prozentsatz der Jungen Ende Juli ist — und die dann wieder freigelassen wurden, nachdem man sie beringt und festgestellt hatte, daß sie zu 92 % aus Jungen bestanden. Während des abendlichen Einfallens in die Schilfbestände großer Seen — auch der Sempacher See in der Schweiz gehört dazu — sind Rauch- und Uferschwalbenflüge meist noch getrennt, und erst beim Einfallen gerät dann alles durcheinander.

Treffen die Rauchschwalben erst sehr spät am Abend und einzeln ein, dann stürzen sie sich wohl auch senkrecht und lautlos aus der Luft ins Röhricht. Sonst aber vollführen sie einen ohrenbetäubenden Lärm. An der Niederelbe geschah das Mitte Juli noch eine volle Stunde nach Sonnenuntergang.

Was aber bedeutet es, wenn die Rauchschwalben beim Zubettgehen oder Aufstehen regelrecht singen?

Diese Frage legte sich Tischler vor, als er gegen 2 Uhr morgens vor dem Bartensteiner See in Ostpreußen stand und im Morgengrauen des beginnenden Sommers ein hundertfältiges Singen hörte. Es kam von den Rauchschwalben, die um diese Zeit einzeln oder in Gruppen ihren Schlafplatz verließen und auch zum Gutshof flogen, und es war klar, daß es die ♂ waren, die während der Nacht ihre Jungen der mütterlichen Obhut überlassen hatten. Die ♂ der amerikanischen Rauchschwalbe, die sich ja am Brutgeschäft beteiligen, scheinen auch darin mehr Familiensinn zu besitzen, als sie sämtlich die Nacht in der Nähe ihrer Jungen verbringen.

Von August an nehmen die Massenversammlungen in wasserreichen Gegenden immer mehr zu; im Rohr des Genfer Sees stieg ihre Zahl durch Zuzug mittel- und nordeuropäischer Population auf 5000 bis 8000, Ende August sogar auf 15 000 bis 20 000 und im September auf 40 000 bis 50 000 Rauch- und Uferschwalben. An 100 000 Rauchschwalben übernachten Ende September noch im Ried des Mauersees in Ostpreußen. Die südspanische Küste bei Cadiz passieren während der zweimonatlichen Zugzeit etwa 250 000 Rauchschwalben, und auf „Millionen" werden die Massen geschätzt, die an einem einzigen Zugtag durch ein einziges Tal der Zentralpyrenäen wandern. Beim Einfliegen Afrikas werden in Abessinien schon vor Mitte August Flüge von 50 000 Rauchschwalben gesehen. In Afrika üben nach den Berichten von Reiseiden Rohr, Mangrovehaine und Hirsefelder auf die sich unterwegs immer mehr verstärkenden Massen eine solche Anziehungskraft aus, daß im Süden ihre Zahl nur noch mit „Myriaden" angegeben wird und eine alte Zeichnung, die den Einfall der Rauchschwalben ins Röhricht der Hartriver-Ebene festhält, an den Einfall von Wanderheuschrecken erinnert. Auch der Reisende H. Wagner sah 1863 heuschreckenartig große Flüge, 100 m tief, 100 m breit, die sich länger als eine Wegstunde hinzogen. Im Belgischen Kongo sammeln sich Ende Dezember wolkenartige Gebilde von Rauchschwalben, die hoch in die 100 000 gehen und sich am frühen Morgen von den Schlafplätzen erheben[35].

Wo aber übernachten Rauchschwalben in Gegenden, in denen es keine Seen, verschilfte Teiche oder Flüsse mit Rohrgürteln gibt?

Oft kommt es vor, daß sie auf und an allen möglichen Gebäuden: Kirchtürmen, Dachfirsten, Dachrinnen, aber auch in Kuhställen, Schuppen und Scheunen rasten, so in Südtunesien, wo in Sfax riesige Mengen auf Drähten des Elektrizitätswerks übernachten. Telegraphendrähte sind in der ganzen Welt sehr beliebt. In der Not werden Starenkobel, Baumhöhlen, Brücken, Zelte, Häuser und irgendein rettender Unterschlupf bezogen, in Ägypten sogar Steinbrüche. Wahrscheinlich daran hatte sich ein Aberglaube geheftet, der Aristoteles zu der Annahme verleitete, die Rauchschwalbe überwintere an warmen Felshängen. Der Draht bietet den Rauchschwalben alles, was sie brauchen: Individuellen Abstand, Übersicht, Startmöglichkeiten, kurz jene Mischung kollektiven Sicherheitsgefühls mit Wahrung von Individualität, die für viele Lebewesen so bedeutsam ist. Selten sitzen sie allein auf diesen Drähten; und wie schön eignet er sich dazu, den fütternden Alten entgegenzufliegen, um sich im Flug atzen zu lassen. Leitungsdrähte gibt es heute nicht nur in Europa, sondern ebenso in Asien, Afrika und Amerika. In Peru rasten Rauchschwalben auf Telegrafendrähten wie in Burma und Ceylon, und nur in Thailand scheinen sie sich noch nicht so ganz an sie gewöhnt zu haben und übernachten vielfach in Schilf-

---

[35] *Vrydagh*, J. M., Le Gerfaut, 1951.

dickichten, während auf Ceylon, wo sich die Eurasierin mit der Südostasiatin trifft, außer Drähten auch kleine Kaffeeplantagen beliebt sind, die nicht größer als zwei Acker messen, und in denen gemeinsam bis zu 40 000 Rauchschwalben übernachten.

Manchmal wird auch der Boden als Rastplatz ausgesucht, einfach um es sich wohl sein zu lassen oder um irgend etwas aufzupicken, schließlich um sich vor angreifenden Baumfalken zu drücken. Beliebt sind Sandbänke von Flußläufen. Anfang April rasteten Rauchschwalben bei Frohburg in Sachsen auf Maulwurfhaufen, Steinen und Erdklößen. Stresemann kannte das Rasten am Boden aus Ceram in Indonesien, der baltische Ornithologe Harald von Loudon aus Turkestan, andere vom irischen und dänischen Meeresstrand oder von den Kiesbänken der Regnitz.

17. Übernachtung und Rast auf oder in Einzelbäumen, in Büschen oder Waldstücken

Bevor es Leitungsdrähte gab, waren Bäume wahrscheinlich noch beliebter als heute. Wenn jetzt Rauchschwalben in belaubten Bäumen rasten, so tun sie es häufig, um sich tagsüber vor sengender Hitze zu schützen, nachts wohl nur selten. Trockenwipflige Bäume sind zu jeder Jahres- und Tageszeit in der Heimat und im Überwinterungsraum beliebt. Von verschiedenen Ornithologen, die darauf ihr Augenmerk gerichtet haben, werden Apfelbäume in Gärten, sowie Eschen, Birken und Eichen erwähnt. Bailly[36] sah sie in Savoyen auf Edelkastanien, Erlen, Platanen und Linden, meist auf Bäumen, die eine Promenade umsäumten; der Sibirienforscher Radde auf hohen Lärchen, Stoliczka in Turkestan auf Maulbeerbäumen. Ich selbst beobachtete bei Warburg in Westfalen während der zweiten Augusthälfte vielfach Park- und andere Einzelbäume, die tagsüber stark von Rauchschwalben benutzt wurden. Besonders hatten es ihnen eine Roßkastanie, eine Birke, ein Bergahorn und eine Esche angetan; manchmal saßen bis zu 30 Rauchschwalben in der vollbelaubten Baumkrone des Bergahorn, aber nicht etwa auf den höchsten und vielleicht trockenen Spitzen, sondern tief im Innern der Krone bis zur Stammbasis. Die Jungen brauchten diese Geborgenheit zum Ausruhen, man sah, wie ungeschickt sie sich noch beim Platzwechsel benahmen. Auf ein alarmierendes Zeichen flogen alle Rauchschwalben — Alte wie Junge — sofort aus dem Baum, verteilten sich in der Gegend, kamen aber bald wieder zurück. Mitte Juni 1954 sah ich am Lago Maggiore Rauchschwalben in alten Zedern übernachten, und auch hier tief im Innern der mächtigen Krone. In England hat man beobachtet, daß belaubte Bäume grade während

---

[36] *Bailly*, Ornithologie de la Savoie, 1. Bd., 1853, S. 243.

Hitzeperioden gern aufgesucht werden, es geschieht aber auch bei nebligem und regnerischem Wetter.

Trockenwipflige Bäume sind ein besonderer Anziehungspunkt. Die Galeriewaldungen an den großen Flüssen Zentralafrikas sind in dieser Beziehung ideal; auf ihnen, aber auch auf Ästen und Stümpfen, die aus der Strömung hervorragen, rasten ziehende Rauchschwalben ganz typisch. Bei uns sind es oft trockenwipflige Eichen und Robinien.

Der Mythos sagt, die Rauchschwalbe habe am Kreuz Christi gezwitschert statt zu trauern. Darob ergrimmt habe sie der Herr dazu verdammt, daß sie nur auf trockenem Holz und schmutzigen Wegen sitzen könne[37]. Ein anderer Aberglaube will wissen, daß jeder Zweig, auf den sie sich setze, verdorre. Das ist alles nicht recht mit ihrer sonstigen Bedeutung als Glücksbringer in Einklang zu bringen, eher mit ihrem schlechten Ruf als Verleumderin, Ruhestörerin und Schwätzerin, wodurch sie sich ja auch den Unwillen der Pythagoräer und des heiligen Franz von Assissi zugezogen hatte.

Eine recht große Literatur — bis zum Ende des 19. Jahrhunderts — beschäftigte sich mit ihrer Überwinterung oder Übernachtung in hohlen Bäumen[38], die seit dem 4. Jahrhundert nach Chr. in den Köpfen der Naturforscher spukt. In den meisten Fällen wird es sich um eine Verwechslung mit Fledermäusen oder auch Mauersegler handeln, zumal recht hohe Zahlen im Einzelfall angegeben werden. Ganz wegzudiskutieren ist aber ein gelegentliches Übernachten in hohlen Eichen und anderen alten Bäumen nicht, auch Starenkobel werden ja bezogen. Die sehr lebendige Schilderung eines Massenübernachtungsplatzes der amerikanischen Rauchschwalbe in einer 25 m hohen Sykomore, welche in 14 m Höhe einen großen, hohlen Aststumpf hatte, gibt Audubon[39]. Bei Sonnenuntergang beobachtete er dort Rauchschwalbenmassen, die mit großer Wendigkeit zu drei bis vier zugleich in die Höhle schlüpften und dort wie die Bienen rumorten. Am andern Morgen bei Dämmerung dauerte das Herausquellen der Schwalbenscharen etwa 40 Minuten, und es donnerte im Baum, als bräche er zusammen.

Weidengebüsche und Erlensträucher können an Flüssen den Schilfgürtel als Schlafplatz ersetzen. Beliebt sind die Erlenwälder, welche die ungarischen Flüsse begleiten. Voll Bewunderung schildert Saunders die Sturzflüge und Flugspiele von ungefähr 5000 Rauchschwalben, die sich Anfang August abends in den USA in ein Uferweidengebüsch einfallen ließen, und erst kürzlich beschrieb Pflug einen Starenüber-

---

[37] *Schiller*, Carl, „Zum Thier- und Kräuterbuch des Mecklenburgischen Volkes", 1861.

[38] *Vietinghoff-Riesch*, Frh. v., Rhein. Jahrb. f. Volkskd., IV, 1953, S. 205 bis 244.

[39] *Sweetapple*, Ed., The Zoologist 10, 1875, S. 4624.

nachtungsplatz im waldigen Gelände bei Oberfrohna in Sachsen, wo sich zu den 40 000 Staren Ende August 9000 Rauchschwalben hinzugesellten, über deren Herkunft sich freilich nichts sicheres sagen ließ. Vereinzelte waren plötzlich da, verschwanden wieder, tauchten erneut auf — meist verstärkt durch Zuzügler aus anderen Richtungen —, und nur an trüben, regnerischen Tagen erfolgte der Einflug niedrig und auf direktem Wege. Auch hier kamen die Rauchschwalben viel später als die Stare und in aufgelockerten Flügen ohne Zusammenhang. Und sie fielen noch eine halbe Stunde nach Sonnenuntergang ein. In der Schweiz übernachteten Rauchschwalben zu 200 und mehr in Fichtenbeständen — selten Fichtendickungen — an der Aare. Tief im Wald wird eine solche Übernachtung jedoch selten stattfinden. Die Brüder A. und K. Müller schreiben allerdings in ihrem 1883 erschienen Buch „Tiere der Heimat", daß Rauchschwalben auf dem Zug im Oktober gern tief im Wald übernachten. Sie fielen dann mit einem eigentümlichen Geigenton, der aus raschen Flugbewegungen entstand, in Kreisbögen ein. Ähnliches hatte vor ihnen schon der Lehrer Schacht erlebt, als im Spätsommer große Flüge kreisten und mit Eintritt der Dämmerung in das „grüne Nadelmeer" herabsanken. Dieses Herabstürzen aus großer Höhe hat alle Beobachter stets mit Bewunderung erfüllt, ob es nun die Gebirgsschwellen von Abessinien waren, ein Waldstück in Europa, ein schilfumgürteter See oder der Sambesi, wo einmal auf der Flucht vor Dunkelheit und Regen große Flüge beobachtet wurden, die hoch in der Luft kreisten und plötzlich mit rauschendem Flügelschlag im Schilf des Flußufers einfielen.

Ein Teil der Massenübernachtungsstellen trägt sicher Dauercharakter. Andere — wohl die kleineren — werden kaum mehrere Jahre hindurch von Rauchschwalben, Bachstelze u. a. Vögeln benutzt[40].

18. Zug und Wetter

Man hat den Zug der Rauchschwalben in alle möglichen Abhängigkeiten zu bringen versucht, vor allem in die barometrischer Maximas und Minimas, vom Stand der Sonne und dergleichen mehr und hat damit sehr komplizierte Kurven konstruiert. Aber bestenfalls hat man einen Vorgang mühsam chiffriert, den der Leser dann ebenso mühsam wieder entziffern muß. Buffon wußte es 1740 schon besser, wenn er sagte, die Schwalben hätten für das Wetter keinerlei Vorgefühl. Sie haben nicht nur kein Vorgefühl — denn sonst würden sie nicht drohenden Witterungskatastrophen so unbesorgt entgegenfliegen —, sondern sie haben kaum ein gegenwärtiges Gefühl, sie brauchen es auch nicht, weil sie ziemlich wetterfest sind und der Zuginstinkt sie

---
[40] *Bäsecke*, Dtsch. Vogelwelt 72, 1952, S. 19.

unbeirrbar vorwärtstreibt, auch wenn Verluste eintreten. Und nur, wenn es zu schlimm wird, weichen sie Schlechtwetterlagen aus, bleiben wochenlang stecken oder stürzen auch in heilloser Flucht zurück, soweit es möglich ist.

Ausgelöst aber wird Weg- wie Heimzug durch die Z u g d i s p o s i t i o n, die wir uns als einen sehr komplexen Zustand, gemischt aus Wohlbefinden und Unruhe, vorstellen wollen. Zum Wohlbefinden gehört — das sahen wir schon — beim Heimzug das neue Federkleid, in das der Vogel soeben durchgemausert hat, und es gehören auch günstige Winde dazu. Man kann die Schwalbe dann mit einem Segelschiff vergleichen, das frisch angestrichen im Hafen liegt und auf günstige Winde zur Seefahrt wartet. Beim Wegzug im Herbst fällt das Wohlbefinden der eben überstandenen Mauser als auslösendes Moment fort, der Vogel kann sogar schon ein recht abgenutztes Kleingefieder tragen. Um so besser wird er jetzt genährt sein. Und während die Winde für den Wegzugtermin unerheblich sind, spielt schönes, klares Herbstwetter eine die Zugstimmung noch steigernde Rolle. Daß die Rauchschwalbe während des Zuges auf örtliche Wetterlagen (Luftdruck und Temperaturen) nicht im negativen Sinne reagiert — es sei denn, sie stellten sich ihr als unüberwindliche Hindernisse in den Weg — geht auch aus folgender Erwägung hervor: Die Wetterlagen sind oft örtlich begrenzt! Würde sich der ziehende Vogel in ihre Abhängigkeit begeben, so würde der Zugfortschritt dadurch zu sehr gehemmt. Bei 200 km Tagesleistung muß er immer damit rechnen, in völlig andersgeartete Wetterlagen zu stoßen, denen er sich unter leidlichen Bedingungen gewachsen zeigen muß — und so ist es auch.

In Ceylon überwintern Rauchschwalben der eurasischen und südostasiatischen Rassen während der ganzen Zeit des Nordost-Monsums.

Beim Aufbruch in Afrika spielen nun zur Auslösung des Zuges besondere Aufwinde, wie Verheyen nachgewiesen hat, offenbar eine Rolle. In seinen sonstigen Gestalten als leichter Gegenwind, Seiten- oder Rückenwind ist der Wind dagegen den Rauchschwalben ziemlich gleichgültig, wenn es auch oft den Anschein hat, als ob sie gern gegen den Wind flögen. In der Schweiz wurde beobachtet, daß starker Gegenwind ziehende Rauchschwalben herunterdrückt, Rückenwind sie hochziehen ließ. Ja in den Vereinigten Staaten erschien es dem Beobachter gradezu, daß sie im Herbst häufig gegen einen steifen Südwind zu ziehen beliebten. Starke Stürme schlagen dagegen ziehende Schwalben in die Flucht. So vertreibt eine heftige Bora im Karstgebirge ziehende Rauchschwalben vollständig. Das Mittelmeer wird bei Schlechtwetterlage kaum überflogen. Zum Rückzug gezwungen waren große Schwalbenmassen, die längs der rumänischen Schwarzmeerküste nach S eilen wollten. Im Mai 1937 wurde auf einer kleinen Insel des Erie-Sees bei starkem Sturm eine mehrstündige Rückwärtsbewegung von Zugvögeln beobachtet, unter denen auch viele Rauchschwalben waren, und selbst im belgischen Kongo sah man Anfang März südwärts wandernde Rauchschwalbenscharen, die durch widrige Winde zurückgeschlagen waren. Schon alte Afrikaner kannten die Erscheinung, daß sich plötzlich ihre Bungalos mit Scharen von Rauchschwalben füllten, die vor einem Unwetter flohen, ja in einem Fall gingen sie einem Unwetter, das in der Nähe niederging, grade noch mit knapper Not aus dem Weg.

Ein normaler Regen stört Rauchschwalben in keiner Weise. Es zeugt gradezu für die gute Naturbeobachtung der Japaner, daß in ihrer Kunst bei Darstellungen von Regenlandschaften Schwalben eigentlich nie fehlen[41]. Wie wenig sie sich auch während des Zuges von normalem Regen beeinflussen lassen, geht aus vielen Beobachtungen hervor: Corti sah bei Regen und Wind viele Rauchschwalben im Herbst niedrig über den stark gewellten Ceresino im Tessin ziehen; ziemlich allgemein wandern sie auch während heftigen Regens in Italien[42], Belgien[43] und Montenegro[44], und so wird man diese zuverlässigen Beobachtungen wohl auf alle Länder verallgemeinern können. Allerdings hat man sie bei Regen auch sofort Schutz suchend erlebt, so in Tunesien[45] und in Lothringen. Bei heftigem Regen und starkem Wind suchen sie gern auf Leitungsdrähten Schutz, wenn diese zwischen den Häusern verlaufen. Sie setzen sich dann auch in dichtbelaubte Bäume und fallen zum Schlafen in Obstbäume ein[46]. Tropische Regen sind sogar sehr gefährlich und kosten vielen von ihnen wohl das Leben; die Erinnerung an solche Katastrophen mag dann nicht minder eine allgemeine Furcht vor Gewittern erzeugen. Auch in Europa suchen nicht ortskundige, also durchziehende Rauchschwalben bei Gewitterregen Hals über Kopf Unterschlupf, wo er sich ihnen bietet, rutschen unter ängstlichem Hin- und Herflattern die Häuserwände entlang bis zum Erdboden herunter, verkriechen sich in alle Nischen und kommen sogar in die Stuben. Über den Pyrenäen hörte der Zug bei Gewitter ganz auf.

Manchmal scheinen sich die Rauchschwalben aber um ein noch so heftiges Gewitter überhaupt nicht zu kümmern. Zu Beginn des Jahrhunderts sah sie ein Beobachter am Fuß des böhmischen Erzgebirges

---
[41] Brauns, Ornith. Mschr. 6, 1881.
[42] *Giglioli*, „Avifauna Italica", Bd. III, 1891.
[43] Vgl. Notiz in Le Gerfaut, Jhrg. 1930.
[44] *Reiser*, Othmar, „Materialien zu einer Ornis Balcanica. IV, Montenegro. Wien 1896.
[45] *Bedé*, Rev. franc. d'Ornith., 1915/16, S. 112.
[46] *Verjans*, A., Le Gerfaut, Vol. 43, 1953.

während eines heftigen Gewitters in spiralenförmigen Windungen immer höher kreisen, tiefer kommen und wieder höher steigen, bis sie endlich ganz dem Gesichtsfeld entschwanden. Auch junge, eben flügge gewordene Rauchschwalben werden von ihren Eltern mitunter geradezu ins Gewitter herausgetrieben.

Vom S c h n e e werden Rauchschwalben häufig überrascht, wenn nach einem zeitigen Frühjahr Kälterückfälle folgen oder wenn sie in Nordeuropa bis in den November bleiben[47]. Buffon hatte auch da richtig beobachtet, wenn er 1779 sagt, man sähe sie manchmal durch recht dichte Flocken fliegen. Sofern ihnen das im Flachland zugemutet wird, ist es meist nicht eben schlimm, das Schneetreiben hört ja im April meist alsbald wieder auf, eine Zeitlang halten sie auch ohne Nahrung aus, und schließlich können sie sich immer noch auf den Rückzug begeben. So kamen Mitte März 1882 ziehende Rauchschwalben bei Triest in große Schneemassen und eine eisige Bora, die sogar den Karst vergletschern ließ; sie entschlossen sich zu schnellstem Rückzug. Schlimmere Folgen hat ein Kälteeinfall mit Schneetreiben im Gebirge, wenn er die ziehenden Scharen trifft. In der Hohen Tatra sah man sie sogar im Herbst bei starkem Schneefall in einem Schafstalle Schutz suchen, an dessen offenem Feuer viele den Tod fanden[48], und bei der Überquerung der Schweizer Alpen fand man auf 2840 m Höhe noch Mitte Mai zwei Dutzend Rauchschwalben im tiefen Neuschnee, deren Schwänze grade noch aus ihrem Grab herausragten. Werden sie nicht von dichtem Schneefall überrascht und herrscht klares Wetter, so schiert sie natürlich eine noch so hohe Schneelage in den Alpen keineswegs, da sie diese ja garnicht berühren. Besiedeln sie dagegen aus den unteren Lagen die höheren Gebirgsorte und treffen dort noch in späten Frühlingstagen auf Schnee, so ziehen sie sich wieder ins Tal zurück.

---

[47] *Benno*, Otto, O. Mber. XIII, 1905, S. 11, für Dorpat.
[48] Vgl. Mittlg. Ornith. Ver. Wien 1882.

IV. Probleme im Zusammenhang mit dem Zug

1. Überwinterung im Lande, Kältestarre

In milden, besonders ozeanisch getönten Klimagebieten verbleiben Rauchschwalben hin und wieder den Winter in ihren Brutgebieten oder ziehen vereinzelt nur bis SW-Europa.

Am häufigsten sind die Fälle winterlichen Verbleibens — außer in Südeuropa und Nordafrika — in Großbritannien und Irland, sie kommen aber auch auf den Kanalinseln, in den Niederlanden, Belgien, Frankreich, auf den Balearen und Sardinien, in Griechenland und Ungarn, sehr selten dagegen in Deutschland und auf der Apenninhalbinsel vor. In Japan überwintert die Südostasiatische anscheinend in zunehmendem Maße im südlichen Teil ihres Siedlungsgebietes.

Auf den Britischen Inseln kommen Jahr für Jahr Winterschwalben zur Beobachtung[1]. Vielfach mag es sich dabei um Nachzügler handeln, die nicht mehr den Anschluß gefunden haben und deren Zugtrieb erloschen ist. Sie überwintern dann in Ställen oder in Felsspalten — so 1849 in den Felsen von Hastings — aber auch in Brunnen, Zisternen[2], in Starenkobeln, unter Brücken und schließlich sogar in hohlen Bäumen. Dabei tritt dann gelegentlich eine echte Winterstarre[3] ein. Solange sie aber Nahrung finden, sind Rauchschwalben auf eine Winterstarre nicht angewiesen. In der Grafschaft Yorkshire flogen 1896 zwei überwinternde Rauchschwalben regelmäßig gegen Mittag aus dem sie beherbergenden Stall heraus, um Insekten zu fangen, und gelingt ihnen das auf Dauer, dann bleiben einige am Leben, bis das Frühjahr kommt, und sie beginnen gleichzeitig mit den Heimkehrern aus Afrika ihr Brutgeschäft. In Frankreich überwinternde Rauchschwalben stammen, wie die Beringung ergeben hat, sowohl aus NW- wie aus Osteuropa, in den beiden bekannten Fällen aus England und Litauen; und es betrifft wohl solche, deren Zugtrieb unterwegs erloschen war. In den Niederlanden kommt es dagegen manchmal noch im Dezember zu einem Zug, aber vielleicht sind es diese Schwalben, die sich zu Weihnachten bei Marseille oder Mitte Dezember im Dachboden des

---

[1] Die Beobachtungen darüber reichen schon fast 100 Jahre zurück und wiederholen sich fast in jedem Jahrgang des „Zoologist" der 50er, 60er und 70er Jahre. Im Winter 1825/26 fand man sogar bei Oxford in einer Mansarde nach heftigem Schnee Rauchschwalben in echter Kältestarre.

[2] *Aldrovandi* (1522—1605) wußte schon von der Überwinterung in Brunnen zu berichten.

[3] Vgl. S. 206.

Rathauses eines kleines Städtchens am Puy de Dome zeigten, um alsbald wieder zu verschwinden und doch noch den Zug über das Mittelmeer zu wagen.

Ähnlich wie in England benahmen sich in Ungarn überwinternde Rauchschwalben sehr vertraut. Sie hielten sich bis Anfang November noch im Freien auf, von da an aber bis zum März nur noch im Stall, wo sie die Fliegen von den Kühen ablasen, und brüteten im Frühjahr in dem gleichen Nest, in dem sie den Winter verbracht hatten. Auch in Griechenland und auf Korfu wurden von Othmar Reiser einwandfreie Fälle von Überwinterung im Lande festgestellt, und in Andalusien waren sie schon vor über 100 Jahren bekannt. Sehr häufig sind sie jedoch nicht; selbst aus dem nordafrikanischen Brutgebiet verschwindet die Mehrzahl der dort ansässigen Rauchschwalben und zieht mindestens bis zu den südlich gelegenen Oasen, wenn nicht weiter. Ja sogar im SW-Zipfel von Marokko und in Südtunesien sind die Rauchschwalben keine regulären Standvögel, sondern ziehen mehr oder minder regelmäßig. Etwas anders liegen die Verhältnisse wohl am Golf von Oman, also an der Südküste Persiens, wo entweder die südiranischen Populationen oder — falls diese doch über Arabien nach Ostafrika ziehen sollten — vielleicht westsibirische Populationen überwintern.

In Deutschland scheinen bisher nur zwei verbürgte Fälle von echter Überwinterung vorzuliegen. Wie genau man derartige Meldungen überprüfen muß, zeigte mir erst wieder der Winter 1953/54, als mir aus einem am Stadtrand von Göttingen gelegenen Gehöft mit Sicherheit überwinternde Rauchschwalben gemeldet wurden. Sie erwiesen sich dann als simple Spatzen, die schleunigst durch den Luftschacht des Stalles entflohen.

In Oberfranken holte jedoch vor nunmehr 90 Jahren an einem schneeverwehten Novembertag ein Herr Oesterlein seinen Starenkobel herunter und stellte ihn in eine Ecke des Speichers. Als er ihn im März des folgenden Jahres wieder hervorholte, um das alte Nest zu entfernen, zog er erst eine zwar erstarrte, jedoch noch lebende Rauchschwalbe hervor, dann zu seinem Erstaunen noch zwei weitere, die er zum Erwärmen in die Stube brachte und dann fliegen ließ. — Der 1905 als Achtzigjähriger verstorbene Karl Müller, einer der beiden bekannten Ornithologenbrüder, erinnerte sich ferner, einst im Februar eine vor Kälte erstarrte Rauchschwalbe aus einem Ziehbrunnen in Hessen gezogen zu haben.

Soweit diese ungewöhnlichen Beobachtungen. Was ging ihnen vorweg, und in welchem Zusammenhang stehen sie mit anderen Beobachtungen ähnlicher Art? Von einem „Leben im Versteck", das außer den Schwalben auch noch eine ganze Reihe anderer Vögel winters führen sollte, wußte schon Aristoteles zu berichten. Der große Philosoph von Stagira nahm von den Schwalben an, daß nur die südlichen

Populationen in wärmere Gegenden zögen, während die nördlichen, denen der Zug zu weit war, sich oberirdisch versteckten und dort in Winterschlaf verfielen, etwa in Felsenspalten an Südhängen. Aristoteles läßt sie sich noch die Federn ausrupfen, um in ein warmes Bett zu kommen. Der letzte Vertreter lateinischer Sprache und Dichtung, Claudius Claudianus (370—404 n. Chr.) erzählt zum ersten Male von hohlen Bäumen als Überwinterungsorten der Schwalben, und diese bewegen nun Jahrhunderte hindurch die naturwissenschaftlich interessierten Gemüter. Augustinus bringt von ihnen Kunde, Albertus Magnus (1193—1280) berichtet sogar von einer hohlen Eiche in Oberdeutschland, wo eine Menge Schwalben überwinternd gefunden worden seien. Von ihm übernahm Conrad Gessner die Mär und glaubt sogar, sie brüteten im Winter in diesen hohlen Eichen. Aufgeklärte englische Ornithologen wandten sich schon im 17. Jahrhundert gegen eine solche zu weitgehende Vermischung von Aberglauben und Wirklichkeit, aber das 18. Jahrhundert hangt ihr noch immer an — und schließlich blieb, wenn man den Aberglauben strich, noch ein gutes Stück Wahrheit übrig! Im Winter 1775 und 1776 beobachtete der französische Zoologe Vieillot eine Rauchschwalbe, die ein Loch unter einer Brücke für den Winter bezogen hatte, in dem sie, wenn es draußen kalt war, bis zu 30 Tagen blieb und die seiner Ansicht nach einen regelrechten Winterschlaf hielt. Was aber die Felsen betraf, so hatte der französische Naturwissenschaftler Acard de Prévy-Garden 1701 am Rheinufer unterhalb Basel Knaben beobachtet, die zwischen Felsspalten nach Schwalben fahndeten. Er versichert, er habe eine davon in eigener Hand gehalten, die steif und leblos erschien, sich aber in der Wärme der Hand alsbald wieder belebte.

Als gelegentliche Erscheinung ließ sich die Tatsache kollektiver Überwinterung in Bäumen und anderen Verstecken seit Buffon (1779) und Oken (1837) nicht mehr leugnen. Sooft auch Unerfahrenen und Phantasiebegabten Verwechslungen mit Fledermäusen vorgekommen sein mochten: es blieben genug Fälle übrig, bei denen die Rauchschwalben genau als solche beschrieben wurden. Eine Reihe von namhaften Ornithologen haben sich seit Oken mit der Frage der Kältestarre beschäftigt und Beobachtungen darüber mitgeteilt: Karl Ruß in seiner „Gefiederen Welt" von 1841, McAtee für die Vereinigten Staaten, Varecka für das damalige Böhmen. Sie betrafen meist hohle Linden, Kiefern, Eichen und Sykomoren, und die Zahl der angeblich aus ihnen hervorgezogenen Schwalben betrug bis zu 200.

Sir John McNeill, der zusammen mit Henry Ravlinson Ende des vorigen Jahrhunderts Persien bereiste, sah während eines heftigen Kälterückfalls Hunderte von schlafenden, völlig gesunden Rauchschwalben auf der Erde und in kleinen Höhlen herumliegen.

2. Aberglauben um die Überwinterung im Wasser und unter Eis

An dem Glauben der Alten, die nördlichen Populationen der Schwalben überwinterten in Felsspalten und hohlen Bäumen, war also ein kleines Körnchen Wahrheit enthalten gewesen. Die aber vermeinten, Rauch- und Mehlschwalben verbrächten den Winter regelmäßig im Wasser von Flüssen und Seen oder unter deren Eis, betrachteten die Sache ganz anders, nämlich aus einer theologischen und philosophischen Schau, einem Mythos, der mit naturwissenschaftlicher Erkenntnis nichts mehr gemein hatte. Ihm lag ausschließlich die gelegentliche Beobachtung zu Grunde, daß Schwalben, die an herbstlichen Abenden zum Übernachten ins Rohr einfallen, dort von Kälte und Schnee überrascht werden, sich dann an Schilfstengel anklammern und mit ihnen in den Schlamm versinken; aus diesem oder sogar unter einer schnellgebildeten Eisschicht wurden sie vielleicht von zufällig daherkommenden Fischern mit Netzen aufgefischt, die sie heimbrachten und am Ofen wärmten, wo sie rege wurden, meist aber bald darauf an Entkräftung eingingen. Auf derartige Möglichkeiten hatten Ende des 18. Jahrhunderts bereits Matthias Bechstein, in der zweiten Hälfte des 19. Jahrhunderts der Thüringer Ornithologe K. Th. Liebe aufmerksam gemacht.

Das Altertum, so Aristoteles und der sehr wundergläubige Plinius d. Ä. kannten den obskuren Aberglauben, der sich um diese Erscheinung spann, noch nicht; die ersten, die ihn aufbrachten, waren der Neapolitanische Philosoph Agostino Nifo, der 1546 verstarb, Conrad Gessner und dessen schwedischer Zeitgenossen, der Upsalenser Bischof Olaus Magnus. Seinen eigentlichen Nährboden fand der Aberglaube in der antiken Philosophie des Thales von Milet, wonach alles Leben aus dem Wasser stamme, aber auch in der christlichen Auffassung von der Erschaffung der Welt, da am fünften Schöpfungstage das Wasser sich mit webenden und lebendigen Tieren erregte „und mit Gevögel". Der Aberglaube um die Schwalbe, die in Wasser und Eis ja nur die Vermählung mit einem Element einging, aus dem sie einst entstanden war, beherrscht nun fast 300 Jahre lang die Gemüter. Dissertationen wurden um ihn abgefaßt[4], Lehrgedichte geschrieben[5], erbitterte Fehden ausgefochten. Seit je war Schweden die Hochburg der Wasserversenkungstheorie gewesen[6], und selbst Linné hat daran festgehalten, ja sogar der aufgeklärte August Strindberg widmete ihr 1906 in seinem „Blaubuch" einen Abgesang, der alles andere als skeptisch ist und

---
[4] *Thomasius*, Jac., „Dissertatio de Hibernaculis hirundinum" Leipzig 1658.
[5] z. B. *Heerkens*, Ger. Nic. v., aus Groningen, 177 in seinem „Aves Frisicae".
[6] Die englische Zeitung „Morning Advertisor" brachte in ihrer Nummer vom 4. Februar 1868 einen sehr seriösen Artikel über die Versenkung der Rauchschwalben Schwedens in Wasser und Eis (The Zoologist 3, 1868, S. 1220).

Abb. 7. Rauchschwalbe zum Nest fliegend. — Beachte den geschlossenen Brustring und die weißen Flecken der Steuerfedern.

(Foto: Georg Schützenhofer)

Abb. 8. Silhouette der schnellstreichenden Rauchschwalbe.
(Foto: Fischer-Wahrenholz)

Abb. 9. Flugphase einer Rauchschwalbe. (Foto: Georg Schützenhofer)

Linné nochmals als Kronzeugen berief. Aber so seltsam die Reihe von Galvanisatoren und pseudowissenschaftlichen Verfechtern der Wasserversenkung von Caspar Schwenckfeld bis zu Jakob Theodor Klein auch war, an Gegnern hatte es ihnen eigentlich nie gefehlt. Als erster empörte schon Mitte des 16. Jahrhunderts — 100 Jahre nach ihrem Aufkommen — Francis Willughby sich gegen die „neue Lehre", wie sie in Verkennung ihres relativen Alters später genannt wird —, dann waren es Réaumur und Buffon, der Graf Marsigli, der Wiener Zoologe Johann Natterer und schließlich und vor allem der Rektor des Gymnasiums zum Grauen Kloster in Berlin Johann Leonhard Frisch, die mit naturwissenschaftlichen Beweisen der Theorie den Todesstoß versetzten.

Inzwischen hatte sich ein ganzer Kranz von Vorstellungen um diese gebildet[7]. Daß die Schwalben zum Herbst in dichten Scharen ins Schilf einfielen, leugnete ja niemand. Dann aber, so hieß es, setzten sie sich, möglichst viele beisammen, um ein entsprechendes Gewicht zu bilden, auf einen Halm, der sich unter ihrer Last allmählich zum Wasser neigte, stimmten einen „cantus suavissimus", also einen Schwanengesang an und versenkten sich so, sich gegenseitig mit den Schnäbeln haltend unter Wasser, um dort bis zum Frühjahr zu verbleiben. Jetzt habe ihr Körper auch soweit an Gewicht abgenommen, daß es ihnen nach dem Auftauen des Eises garnicht schwer fiele, wieder nach oben zu kommen und fröhlich zum Nest zu fliegen. Vergeblich hatten reiche Leute, Fürsten und gelehrte Akademien sich erboten, eine in Eis eingeschlossene, lebende Schwalbe mit Silber aufzuwiegen — sie bekamen sie nicht, und der Aberglaube hielt sich, wenn auch mehr und mehr aus den wissenschaftlichen Erörterungen verschwindend, noch weitere 100 Jahre. Nicht ganz vergeblich hatte der Wiener Natterer Rauchschwalben gekäfigt und ihre Wintermauser studiert, hatte Joh. Theodor Frisch (1660—1740) sie mit gefärbten Ringen versehen und fliegen lassen, um dann feststellen zu können, daß sie im nächsten Frühjahr gut durchgemausert und ohne daß die Wasserfarben verwaschen gewesen wären, zurückkamen. Als die Zeit der klassischen Ornithologie anbricht und die Namen Joh. Matthias Bechstein, Friedrich Naumann und Christian Ludwig Brehm aufleuchten, ist die Zeit des wissenschaftlichen Obskurantismus mit seinem skurrilen Aberglaubengehalt vorbei. Er endete dort, wo er begonnen hatte: in Schweden. Die Akademie der Wissenschaften setzte noch 1849 eine Belohnung für den aus, der eine Schwalbe unter Wasser oder Eis fangen könnte[8].

---

[7] In Venezien gab es noch um die Jahrhundertwende einen alten Vers: „Da San Gregorio papa, La Sisila passa l'acqua" (*Ninni*, 1878/82).
[8] *Holmström*, C. T., „Våra Fåglar i Norden", 1942—47.

3. Geschichte der Schwalbenzugforschung

Allen Mystifikationen zum Trotz kann die Schwalbenzugforschung auf eine zweieinhalbtausendjährige Geschichte zurückblicken; denn schon Hesiod, der im 8. Jahrhundert v. Chr. lebte, hat die Ankunft der Schwalben in Boötien nach heutiger Zeitrechnung mit dem 19. und 20. Februar etwas früh, aber doch annähernd richtig angegeben. Er nannte die Schwalbe „die in der Frühe zeuzende", während der im 6. Jahrhundert v. Chr. lebende Anakreon sich sogar über sie erzürnte, weil ihre Stimme ihn am frühen Morgen aus seinen schönsten Träumen riß. Ganz richtig aber besang er ihren Zug:

> Du, meine Freundin Schwalbe
> Kommst hergezogen jährlich
> Und baust Dein Nest im Sommer
> Doch im Winter gehst Du ledig
> Den Nil hinauf nach Memphis.

Aristoteles kannte die Schwalbe als Zugvogel, der mit den Turteltauben wegziehe, allerdings nur, sofern seine Brutgebiete nicht zu weit nördlich lagen; denn die nördlichen Populationen versteckten sich ja nach Ansicht der Alten während des Winters oberirdisch, und es kostete den Leuten von Geßner bis Jakob Klein viel Mühe, gegen den Aristotelischen Stachel zu löken und zu behaupten, sie gingen ins Wasser! Um die gleiche Zeit wie der Doctor universalis Albertus Magnus, der die nördlichen Schwalben natürlich auch in hohlen Bäumen überwintern ließ, lebte im Kloster Heisterbach bei Königswinter am Rhein ein Prior, der sich Cesarius von Heisterbach nannte und zwischen 1219 und 1223 „Wundergespräche" aufschrieb, von denen eines die Überschrift trägt: „Quod hyrundines semper solita repetant habicula." In diesem Kapitel erzählt er von einem Mann, der einer im Hause nistenden Schwalbe ein Kärtchen um den Fuß legte mit der Aufschrift: „Ubi hiemasti" — wo hast du überwintert? — worauf er, als die Schwalbe im nächsten Frühjahr zurückkehrte, die Antwort erhielt: „In Asia in domo Petri[9]."

1283 wurde in der elsässischen Stadt Kolmar die Ankunft der Schwalben mit dem 12. März registriert, was nicht weiter absonderlich

---

[9] Vgl. *Kuhk*, R., Zur Geschichte der Vogelberingung, Der Vogelzug XI, 1940, S. 125. — Die Erzählung wird übrigens nach Kuhk mehrfach in der Geschichte gebracht, und eine andere Version der Antwort lautet: In Asia, in domo sutoris = in Asien, im Hause eines Schusters. — Über das Land oder den Ort, in dem die Schwalbe beringt wurde, ist nichts gesagt; die Nennung Asiens als Winterquartier deutet vielleicht auf einen östlichen Kulturkreis hin. Auch in der sogenannten „Breslauer Sammlung" kommt die Geschichte vor (Sammlung Natur- und Medizin ... geschichten, Winterquartal 1724, Leipzig und Budißin 1725, S. 408). Hier wird auf Chr. Franz *Paullinus* als Autor hingewiesen.

ist, da im Mittelalter die Türmer gehalten waren, die Ankunft der ersten Schwalbe mit einem Trompetenstoß anzukünden und darob vielfach vom Rat zu einem Umtrunk eingeladen wurden. Hundert Jahre nach jenen Wundergesprächen schrieb Konrad von Megenburg (1309—1379) die erste Naturgeschichte in deutscher Sprache und nannte sie „Buch der Natur". Kurz und bündig steht hier: „die svalben vliegent über mer und bleibent den winter da." Und nun vergehen sogar 200 Jahre, ehe wieder etwas Neues über den Schwalbenzug geschrieben wird: Ein portugiesischer Möbelverwahrer namens Joao Rodriguez notiert — und diese Notiz ist durch einen Zufall erhalten geblieben — am 18. Juni 1506 von der westafrikanischen Küste nördlich Mauretanien: „Viele Vögel, wie Schwalben, Tauben, Störche, Wachteln, fliehen vor dem Winter die Kälte unserer Länder und begeben sich hierher[10]."

Fast wörtlich wiederholt das auch der französische Humanist und Kenner antiken Schrifttums Bélon de Mans, der 1555 ein Buch schrieb: „L'histoire de la Nature des Oyseaux avec leurs description et naifs portraits retirés du natural" — aber er schreibt umsonst, denn grade um diese Zeit überwuchert ja die „neue Theorie" von der Selbstversenkung im Wasser sogar die Märchen des Plinius.

Inzwischen aber hatte man den Faden, den die Stadt Kolmar einst zu spinnen begonnen hatte, in aller Stille wieder aufgenommen. Die „Breslauer Sammlung" gibt 1721 frühe Ankunftsdaten für schlesische Rauchschwalben bekannt, und der Verfasser des Robinson Crusoe, Daniel Defoe[11] beobachtete ein Jahr später den Wegzug englischer Rauchschwalben. Auch in Ungarn schrieb man im gleichen Jahr zum ersten Male ihre Ankunftsdaten auf[12]. Anfang des 18. Jahrhunderts hatte es in Deutschland der 1743 verstorbene Johann Leonhard Frisch, um den Aberglauben um die Wasserversenkung zu widerlegen, unternommen, Rauchschwalben mit bunten Fäden zu markieren und ihre Rückkehr aus den Winterquartieren abzuwarten. Die 1773 erscheinende Ausgabe des „Linné" berichtet schon von Rauchschwalben, die 50 Meilen von der Küste des Senegal entfernt am 6. Oktober 1749 auf ein Schiff kamen. 1779 erzählt Buffon von einem gewissen Kolbe, der am Kap der guten Hoffnung überwinternde Rauchschwalben angetroffen hatte. Buffon knüpft daran die Erwartung, sobald Afrika erst einmal

---
[10] *Struck*, B., Die Vogelwarte 16, 3. 1952, S. 121.
[11] *Ticehurst*, Cl. B., A History of the Birds of Suffolk, London 1932.
[12] *Bree*, zit. d. *Olphe-Gaillard*, Contributions a la Faune Ornithologique de l'Europe, 1890, stellte in Loudon's Magaz. N. H, 2, S. 16, schon 1829 Ankunfts- und Wegzugsdaten von 1800—1828 zusammen. Für Ungarn vgl. *Schenk*, Jak., Aquila, Bd. XXX—XXXI, 1923/24, S. 323.

richtig erforscht sei, würde man wohl noch mehr Zwischenstationen finden. So konnte es nicht ausbleiben, daß Siemssen[13], der 1794 ein Buch über die Vögel Mecklenburgs schrieb, die Überwinterung am Senegal bereits als seit Jahren bekannt voraussetzt. Ein wenig romantisch nahm Oken 1837 in seiner „Isis" an, der Schwalbenzug ginge im Herbst der Sonne entgegen — aber er wußte wenigstens, daß er nach Afrika wies. — Am 21. Mai 1839 markierte Moquin-Tandom ein Rauchschwalbenpaar mit roten Tuchfetzen und konnte durch sechs Jahre hindurch ihre Wiederkehr am Nest feststellen[14], und 1848 legte der Engländer Dawson Downes einen seidenen Faden um das Bein einer Rauchschwalbe, die ebenfalls mehrere Jahre hindurch an die gleiche Stelle zurückkam. Letzten Endes war die Idee der Markierung ja schon den Römern bekannt gewesen, nur war sie damals zur Nachrichtenübermittlung und nicht zur Zugforschung angewendet worden. Wenn wir von der mysteriösen Erzählung des Cesarius von Heisterbach absehen, dürfte die erste Rückmeldung einer Rauchschwalbe 1861 stattgefunden haben, als eine in Westfalen markierte aus Frankreich gemeldet wurde[15]. In Dänemark wurde die erste Rauchschwalbe 1863 beringt, 1889 legte man einer auf Sizilien gefangenen Rauchschwalbe ein Lederbändchen ums Bein und stellte ihr Wiederkommen zum Nest unter Beweis[16].

4. Schwalbenpost

Im Zeichen der Luftpost erinnert man sich gern an frühere Versuche, Nachrichten auf dem Luftwege zu befördern. Die Benutzung von Schwalben als Nachrichtenvögel ist wohl das älteste Mittel und geht bis in die Zeiten der punischen Kriege zurück. Man wußte schon damals, daß brütende Schwalben, die man aus ihren Nestern nahm, auf schnellstem Wege dahin zurückstrebten und daß sie über einen unfehlbaren Richtungssinn verfügten.

Als erste konnte sich eine römische Besatzung diese Zuverlässigkeit zunutzemachen, als sie in der Gegend von Mailand von aufständischen Ligustinern eingeschlossen wurde. Sie schickte, einen mit einer Schwalbe versehenen Späher zu dem zum Ersatz hereaneilenden Feldherrn Fabius Pictor durch die Linien der Belagerer und bat ihn, der Schwalbe ein Fädchen um den Fuß zu heften, auf dem die Zahl der

---

[13] *Siemssen*, Ad. Chr., Handbuch zur systematischen Kenntnis der Mecklenburgischen Land- und Wasservögel, 1794.
[14] *Blanchère*, H. de la, Les oiseaux utiles et les oiseaux nuisibles, Paris 1889.
[15] Verh. Naturf. Ges. Rheinl., 1861.
[16] Als Kuriosum sei erwähnt, daß ein portugiesischer Bootsmann einer Rauchschwalbe sogar einen Ring um den Hals legte, mit dem sie ein Jahr später wieder am Brutort erschien (*Tait*, 1924).

Knoten die Tage bedeuten würde, die er zur Befreiung brauchte. An diesem Tage sollte die Besatzung einen Ausfall wagen. Leider wissen wir nicht, wie die Sache ausging.

Der 1522 geborene italienische Naturforscher Ulysses Aldrovandi erzählt übrigens von der Belagerung einer dänischen Stadt in grauer Vorzeit, die Belagerer hätten sich fütternde Schwalben aus dem Stadtinnern beschafft, eine brennbare Substanz an ihre Flügel gebunden und sie fliegen gelassen. Bald stand denn auch die ganze Stadt in Flammen und konnte eingenommen werden.

Friedlicher waren die Aufgaben, die den Schwalben des römischen Rennstallbesitzers Caecina aus dem angesehenen Geschlecht der Volaterra gegen das Ende der Republik zugedacht waren: Wenn eines seiner Pferde gewann, ließ er eine mit den Rennstallfarben gefärbte Schwalbe fliegen, die seinen Freunden auf schnellstem Wege die freudige Siegesnachricht überbrachte.

Nicht minder anmutig ist auch die Geschichte der Mönche von Vignolo, die jedes Jahr einen Einwohner von Modena mit einer Schwalbe beschenkten. Einmal entwischte unterwegs die Schwalbe dem Überbringer und flog eilends zu ihrem Nest ins Kloster zurück.

1795 schrieben Joh. Matthias Bechstein und der Mecklenburger Siemssen, man könne die Nachrichtenübermittlung mittels Schwalben ruhig der durch Brieftauben an die Seite stellen. Eben war ihm noch wahrscheinlich zu Ohren gekommen[17], daß ein französischer Edelmann, den die Revolution in Schloß Epinal eingekerkert hatte, sich die Zeit damit vertrieb, eine Schwalbe zu beringen, die den Weg in sein Verließ gefunden hatte und daß sie drei Sommer hindurch die Gefährtin seiner Einsamkeit ward. 100 Jahre später wurden in französischen Festungen Schwalben aufgezogen, mit denen man Auslaßversuche anstellte, die leidlich günstig ausfielen; ein Flug Paris—Roubaix (258 km) fiel jedenfalls so gut aus, daß man auf dem Montmartre und Mont Valérien je ein Schwalbenhaus bauen wollte[18]. Geglückt war auch jener Versuch, bei dem man von Creil aus zusammen mit Brieftauben Schwalben aufließ, von denen eine die 242 km weite Strecke zu ihrem Brutort mit einer Geschwindigkeit von 130 km/Std. zurücklegte und anderthalb Stunden vor der ersten Brieftaube eintraf. Das war 1889 gewesen. Fünf Jahre vorher hatte der Ronneburger Buchbinder Meyer einer Schwalbe einen in Öl getränkten Zettel angeheftet, auf dem zu

---

[17] Diese Erzählung bringt allerdings als erster *Gérardin* in seiner „Traité d'Ornithologie" von 1806.
[18] „The Globe" vom 22. August 1891, mitgeteilt in The Zoologist 1891 S. 397.

lesen stand: „Oh Schwälblein, oh Schwälblein, wo magst Du im Winter sein" — und der die rührende Antwort erhielt: „Florenz, Castellaris Haus — viele Grüße bring ich heraus[19]."

Aus den beiden Weltkriegen kamen drei Schwalbenbotschaften an, von denen die erste reichlich mysteriös war: im Mai 1915 passierte in einem Kuhstall der kleinen provinzsächsischen Stadt Elsterwerda eine am Hals schwer bepackte Rauchschwalbe ein, deren Gewicht, das an einem 10 cm langen Baumwollfaden hing und sie stark behinderte, einen Leinwandflecken enthüllte, auf dem in spanischer Sprache (!) die schwer zu verstehende Inschrift stand: „Ich bin fast ohne Brot, fordere, daß in sechs Tagen, heute inbegriffen, Übergabe erfolgt." Der Urheber dieses seltsamen Notschreis wurde nie ermittelt.

Im letzten Krieg kam eine Nachricht aus der Insel Linosa bei Sizilien nach Oberbayern. Sie stammte von einem italienischen Soldaten, der wohl in seiner Einfalt angenommen hatte, die Schwalbe müsse unbedingt aus seinem Heimatort stammen. Er erwies trotzdem der Wissenschaft einen guten Dienst damit, denn wenn man Fundort und Beringungsort mit dem Lineal verband und nach rückwärts verlängerte, ergab sich ein ganz beachtlicher Zug quer durch die Sahara. Die Schwalbe hatte es mit dieser Eröffnung nicht grade eilig gehabt, denn sie brauchte für die 1370 km lange Strecke 45 Tage, d. h. 27 km je Tag, während man ihr sonst im Frühjahr das zehnfache zumuten kann. Vielleicht hatte sie sich aber, bevor sie entdeckt wurde, schon eine Zeitlang in der Nähe aufgehalten. Ebenso wichtig wurde für die Zugforschung die zweite Nachricht: Sie betraf eine Rauchschwalbe, die mit einem durch Kupferdraht um ihren Fuß gewickelten Zettel eintraf. Sie hatte ihn in Südwestafrika erhalten, und er trug in deutscher Sprache die etwas rührenden Worte: „Grüße die teure deutsche Heimat."

5. Flug und Richtungssinn

Von jeher hat der Schwalbenflug alle Beobachter begeistert. Oft ist er fast fledermausartig, dann wieder wechselt die Rauchschwalbe inmitten des Jagens derartig, daß sie wie von einem inneren Motor angetrieben vorwärtsschießt. Dieser plötzlich ins Rasen übergehende, meist ganz niedrige Flug kann aber ebenso unmittelbar wieder in einen fast lethargischen Gleit- oder Schwebeflug übergehen. In den Straßen jagt die Rauchschwalbe so unbekümmert, daß man oft meint, sie müsse im nächsten Augenblick mit einem Hindernis zusammen-

---

[19] Diese Erzählung bringt mit einem Schuß Skepsis *Giglioli* in seiner „Avifauna Italica" (1891), sie erschien übrigens auch in verschiedenen naturwissenschaftlichen Journalen und sogar in der „Times".

stoßen, aber wenige Zentimeter davor weicht sie mit einer blitzschnellen Wendung aus. Die hohe Geschwindigkeit ziehender Rauchschwalben hat wohl schon den Alten zu dem Sprichwort Veranlassung gegeben:

„Hirundo totos schoenos anteïbat"

d. h. die Geschwindigkeit der Rauchschwalbe übertrifft alle Landmessungseinheiten. — Einige mir besonders charakteristisch dünkende Beschreibungen ihres Fluges möchte ich hier wiedergeben[20]:

Friedrich Naumann: ... sie schwimmt, schwebt, immer dabei rasch fortschießend, oder fliegt flatternd, schwenkt sich blitzschnell seitlich auf- oder abwärts, schießt in einem kurzen Bogen bis fast zur Erde oder auf den Wasserspiegel herab oder schwingt sich ebenso zu einer bedeutenden Höhe hinauf...", besonders fördernd sei das häufige Fortschießen in sanften Bögen, ihr Flug mit zusammengewinkelten Schwingen durch schmale Öffnungen, das Baden im Flug.

„E. v. M." in der „Gefiederten Welt" von 1914:

Heute offenbart sich ihre Meisterschaft im Flug über den Bach. Ein Gleitflug ist's in eleganter Form, schlängelnd, züngelnd, pfeilschnell, lebendigen Geschossen gleich fahren die blauen Jacken dicht an der Oberfläche hin, keine Rast, keine Pause, aber trotz unglaublicher Schnelligkeit nichts von nervöser Hast, nicht Eile... Die feinen, in die Gesamtbewegungen eingeflochtenen, schlängelnden Ausweichungen — zur Seite, nach oben, nach unten — je nachdem — sie sind es, die dem aufmerksamen Beobachter das ständige Erhaschen von Beutetieren, Insekten, verraten... Die größte Eleganz des Fluges entfaltet aber die Rauchschwalbe eigentlich in Gärten, wo allerlei Hindernisse, Hecken oder Bäume noch mehr Abwechslung in ihre Bewegungen bringen.

„Gefiederte Welt von 1881":

„... bald mit angelegten Flügeln die Straßen entlangschießend, daß man die schlanken Körper förmlich sausen hört, bald mit vorgestrecktem Kopf flatternd, daß die stahlblauen Rückenfedern in der Sonne über den Hals hinweg schimmern, bald auf- und abwärts turnend und wunderbare Flugbewegungen machend, welche bei uns nur zwei Flieger verstehen: die Schwalbe und die Fledermaus: sie fliegen aufwärts immer steiler senkrecht hinauf, dann hinten über, bis der Rücken fast horizontal liegt, dann drehen sie sich mit einer einzigen Flugbewegung um und schwimmen auf der Brust in der Richtung weiter, die sie auf dem Rücken liegend angenommen hatten."

Der schwimmende Flug ägyptischer Rauchschwalben erinnerte Charles Whymper 1909 an Raubvögel, während der Eberswalder Forstzoologe Bernhard Altum ihren Jagdflug mit den Bewegungen eines Schlittschuhläufers vergleicht und der Schwede Rosenius sehr eindrucksvoll bekennt: „Sie jagt, als ob sie blind sei und sieht doch mit wachem Auge jedes Hindernis." Bei gutem Wetter und wolkenlosem Himmel fliegen Rauchschwalben in der frühen Dämmerung eines vor-

---

[20] Eine sehr anschauliche Analyse des Fluges der amerikanischen Rauchschwalbe gibt Charles *Blake* in „Auk", Vol. 65, 1948, S. 54.

herbstlichen Tages hoch in die Luft und vollführen dort mit leicht gleitendem Flug, der von der Insektenjagd ganz abweicht, eindrucksvolle Ritualflüge[21].

6. Fluggeschwindigkeit

Man kann zwar die Schnelligkeit des Rauchschwalbenfluges in das gemächliche Fliegen bei der Insektenjagd und die äußerste Rasanz bei der Flucht vor einem Baumfalken oder einem zügigen Vorwärtseilen im Frühjahr eingabeln; diese Extreme ergeben dann nach den von Engländern und Ungarn gemessenen Zahlen eine sehr große Differenz, so daß man kaum von einer mittleren Geschwindigkeit sprechen kann. Wie oft fällt es der Rauchschwalbe ein, mitten aus dem gemächlichen Fliegen heraus ihren Motor zu einer unerhörten Geschwindigkeit anzukurbeln oder aus dem reißenden Flug heraus plötzlich in ein spielendes Hin- und Hergleiten überzugehen.

Der Engländer Harrison[22] stoppte folgende Geschwindigkeiten:

1. Gemächlich auf dem Zug gegen leichten Wind oder auf Insekten jagend .... 37 km/Std.
2. bedachtsam, wohl auf dem Zug, gegen Wind .... 40 km/Std.
3. bedachtsam, ohne Zug .... 46 km/Std.
4. gemächlich, wohl auf dem Zug, mit leicht günstigem Wind oder ohne Zug, aber leicht beunruhigt .... 48 km/Std.
5. normal (nicht auf dem Zug) .... 51 km/Std.

Auch Southern[23] und Banzhaf[24] kamen auf Geschwindigkeiten von 40 und 44 km/Std.

Viel höhere Geschwindigkeiten errechneten der Schweizer Hediger[25] und der ungarische Ornithologe Otto Herman[26], sowie der von ihm zitierte James Jackson in den Jahren 1893 und 1894. In Ungarn wurde die Zuggeschwindigkeit zwischen zwei 140 m von einander entfernten Pappeln im Laufe von sieben Stunden gemessen: Man kam dabei auf Höchstgeschwindigkeiten von 65 und 67 m/sec, mit andern Worten auf eine Stundengeschwindigkeit von 234 und 241 km, doch sind diese sehr hohen Werte kaum zuverlässig ermittelt worden.

Andere Ergebnisse erzielt man natürlich, sobald man Rauchschwalben vom Nest verfrachtet. Aber bei diesen Versuchen wird man nur

---

[21] Vgl. Kapitel „Stimme", S. 260.
[22] *Harrison*, T. H., Br. Birds XXV, 1931/32, S. 86.
[23] *Southern*, H. N., Br. Birds 32, 1938/39, S. 4.
[24] *Banzhaf*, W., Dohrniana 12, S. 154—178, ref. in Vogelzug 4. 3. 1933.
[25] Der Schweizer *Hediger* unterscheidet bei der Rauchschwalbe Zug-, Spiel-, Balz- und Nahrungsflug. Bei letzterem zitiert er Zukowsky, der 109 km/Std. bei reißender Geschwindigkeit angibt.
[26] *Herman*, Otto, Aquila, Bd. 1, 1894, S. 64, und *Jackson*, James, Prometheus, 1893.

von Tagesleistungen sprechen können, da man nicht annehmen kann, daß der Versuchsvogel die ganze Zeit über mit Höchstgeschwindigkeit fliegt. Vielmehr wird er bei mehrtägigen Flügen nachts ruhen müssen und bei eintägigen Ernährungsflüge einschalten, die um so länger dauern, je ungünstiger das Wetter ist. Auch wird er, wie es die Stare tun, bei gutem Wetter nach der Sonne navigieren können und dadurch noch zusätzlich schneller ans Ziel kommen. Schließlich spielt die Entfernung insofern ein Rolle, als kurze Strecken verhältnismäßig länger durchflogen werden als Strecken über 150 km, einfach aus dem Grunde, weil sich die aufgelassene Rauchschwalbe erst über ihre Umgebung orientiert, ehe sie zum Streckenflug ansetzt, einmal in Fahrt aber gradeaus fliegen kann, sofern sich keine Gefahren und Hindernisse in den Weg stellen. Ein von mir im Deister 1948 nur 22 km nach SW versetztes Rauchschwalbenmännchen brauchte für die Strecke 4^1/$_2$ Stunden (5 km/Std. im Durchschnitt), während bei weiträumigen Verfrachtungen Tagesleistungen von 400 km und Tagesdurchschnittsgeschwindigkeiten von 40 km/Std. vorkommen. Der Richtungssinn verfrachteter Rauchschwalben war, wie wir sahen, schon seit den punischen Kriegen bekannt und wurde vom Mensch gelegentlich zu harmlosen und weniger harmlosen Zwecken ausgebeutet. Um 1900 lebten Verfrachtungsversuche zur Feststellung von Richtungssinn und Flugleistung in Österreich wieder auf, und 1907 nahm der bekannte böhmische Ornithologe und Forstmann Kurt Loos ähnliche Versuche vor, zunächst um die Legende von der märchenhaften Geschwindigkeit einer bei Compiègne aufgelassenen Rauchschwalbe zu zerstören[27]; er kam bei seinen Versuchen auf eine Geschwindigkeit von 65 km/Std.

1934 verfrachteten Rüppell und seine Mitarbeiter Berliner Rauchschwalben bis zu 500 km nach Westfalen und 1935 solche aus Bremen nach London. 1936 wurden die Entfernungen noch erheblich vergrößert, und zwar auf Strecken wie Berlin—Madrid (1850 km), Berlin—Athen und Berlin—London. 1938 machte man in Polen Verfrachtungsversuche mit Rauchschwalben[28], und alle diese Versuche glückten im Prinzip, d. h. sie stellten den unfehlbaren Richtungssinn von Schwalben

---

[27] In der belgischen Zeitschrift „Ciel et Terre" war 1896 eine Notiz erschienen, wonach am 16. Mai 1896 in Antwerpen am Nest eine Rauchschwalbe eingefangen, mit der Bahn 236 km südlich nach Compiègne verfrachtet und dort am anderen Morgen 7.15 h freigelassen wurde. Die Schwalbe war mit etwas Farbe gekennzeichnet und legte die Strecke bei mäßigem Gegenwind angeblich in 1 Std. 8 Min. zurück, d. h. mit 223 km/Std. Eigengeschwindigkeit. — Daß die Rauchschwalbe so hohe Geschwindigkeiten erreicht, ist wohl kaum möglich, und insofern hatte Loos Recht, seine Zweifel zu äußern.
[28] Vor allem durch Graf Wodzicki und Wojtuslak, die bei nahen Entfernungen aber auch auf optimale Reisegeschwindigkeiten von 30 bis 40 km/Std. kamen.

unter Beweis, die nie diese Strecke beflogen hatten und brachten das von uns schon erwähnte Ergebnis der von Wetter und Landschaftsformen sowie von Zufälligkeiten aller Art abhängigen Tages-Flugleistung zwischen 150 und 400 km. Im Verhältnis zu Staren waren die Rauchschwalben — die ja unterwegs im Fluge Jagd- und Erholungspausen einschalten konnten, während die Stare zu Boden gehen oder in Bäumen nach Nahrung suchen mußten — schneller, aber sie hielten auch die Konkurrenz der Brieftauben aus, die unterwegs aus dem Kropf leben können.

V. Fortpflanzungsbiologie

„Schon baut auch die Schwalbe
mit stammelnden Lippen aus Halmen ihr Nest."
Marcus Argentatus

1. Geschichtliches

Montaigne, der große Essayist, war ein Bewunderer des Schwalbennestes. In seinen 1580 erschienenen Reisebetrachtungen sagt er, am Nestbau der Schwalben und am Weben der Spinnen könne man einsehen, wie schwach unsere eigene Kunst sei. Aber fast 2000 Jahre vor ihm hatte Aristoteles das Schwalbennest schon ganz gut beschrieben:

„Unter den Vögeln zeichnet sich vor allem die Schwalbe durch ihren Nestbau aus; sie mischt nämlich Kot und Hälmchen auf eben die Weise zusammen, mit der man sonst Spreu und Lehm miteinander verbindet. Wenn sie dergleichen bedarf, so macht sie sich naß und flattert dann mit den Flügeln im Staube. Sogar ihr Lager bereitet sie auf dieselbe Art wie der Mensch, so daß sie nämlich die härteren Bestandteile zu unterst legt und es genau im Verhältnis zu ihrer Größe macht."

Virgil (70 bis 19 v. Chr.) der die Schwalbe „die Schwatzhafte" nannte, sagt, sie baue ihr Nest auf Balken; und daß sie an und unter Dächern nistet, wußte und beschrieb Marcus Terentius Varro (116 bis 127 n. Chr.) ebenso gut, wie Ovid (43 v. Chr. bis 17 n. Chr.), der davon in seinen Metamorphosen erzählt, oder der ältere Plinius. Plutarch beschrieb den Nestbau ziemlich genau[1]. Ganz abwegig wird ein griechischer Schriftsteller des 2. Jahrhunderts n. Chr., Claudius Aelianus, der in seinem Buch „Über die Natur der Tiere" behauptet, die Rauchschwalbe baue ihr Nest aus Ton, den sie mit Füßen und Flügeln zusammentrage, setze sich sodann auf die Rücken der Schafe um ihnen die Wolle auszurupfen und bereite so ihren Jungen ein weiches Nest; doch kannte er sie wenigstens schon als typischen Innenbrüter, während frühere Autoren meist nicht erkennen lassen, ob sie Rauch- oder Mehlschwalbe meinen, vielleicht sie auch garnicht unterschieden. Nach der im Mittelalter in griechischer Sprache verbreiteten sogenannten Physiologus-Schrift, die ebenso auf Aristoteles wie auf die frühchrist-

---

[1] „Primum festucis solidioribus fundamento iactis, molliores insuper effigunt. Cuti quo cemento et veluti glutino nidum aedifivandum relinunt, eam penuria est, ad lacum sinum ve proximum advolantes summis alis sic striguntur aquas, ut humescant liquore tantum, nihil gaventur autem, mox concepto hic pulvere, illinunt aspera hiantia glutinant."

liche Zeit zurückgreift und deren wohl im 2. Jahrhundert n. Chr. lebender unbekannter Autor nur etwa 48 existierende oder mythische Tiere, Pflanzen und Steine behandelt, trägt die Schwalbe zum Nestbau Halme herbei und formt sie mit weicher Erde zusammen.

2. Auswahl des Nistplatzes

Niethammer konnte in seinem 1938 erschienenen „Handbuch der deutschen Vogelkunde" noch sagen, Einzelheiten der Gatten- und Nistortwahl seien ungenügend bekannt. Inzwischen ist auch diese Lücke weiter geschlossen worden.

Else Thomé, die Verfasserin der so ansprechenden „Salzberger Schwalbengeschichte", lernte nur ♂ als Nistplatzerkunder kennen, und sie trafen bis zu fünf Wochen vor dem Hauptschwarm, der auch das ♀ brachte, ein, ja begannen schon allein mit dem Nestbau. Vaquez[2] gab für seine in Frankreich beobachteten Pärchen ein früheres Eintreffen des ♂ um 17 Tage an. Auch Rosenius[3] für Schweden und Morbach für Luxemburg[4] kennen nur das ♂ als Erkunder und bestimmenden Teil für den Nistplatz. Ganz eindeutig konnte ich das auch für Steinkrug feststellen: Nachdem nämlich im Frühjahr 1949 schon mehrfach Erkunder in der Nähe eines von mir kontrollierten Nistplatzes eingetroffen waren, kehrte am 10. Mai das Pärchen heim, dessen ♂ im Vorjahr beringt worden war. Beide Partner waren recht scheu. Erst am 16. Mai änderte sich ihr Benehmen: Das ♂ kam jetzt mit lautem Gezwitscher meist vor dem ♀ durch das Fenster geschossen, sauste ins Nest, machte darin Drehbewegungen und schrie laut „wi wi wi.." ganz augenscheinlich um dem nur mit einem leisen witt antwortenden, meist auf dem Lampenschirm sitzenden ♀ zu zeigen, daß hier sein Nistplatz sei. Es zerrte sogar Halme aus dem Nest und brachte sie dem völlig teilnahmslosen Gatten entgegen. Am Abend bezog dann das ♀ das Nest, während das ♂ draußen schlief. Bis zum 22. Mai änderte sich das Verhalten der beiden kaum, immer noch stürzte das ♂ vor dem ♀ ins Zimmer, wühlte dort in der Nestmulde und forderte das ♀ auf, vom Nest Besitz zu ergreifen.

Jedoch ist die Priorität des ♂ keine unumstößliche Regel. Friedrich August Thienemann kannte im Jahr 1844 ein ♀, das von dem ♂ heftig umworben wurde, es jedoch ablehnte, diesem ins Wohnzimmer zu Thienemann zu folgen, so daß das ♂ schließlich nachgab und zum ♀ in den Stall zog. Allerdings benutzte es dann jede Gelegenheit, zu seinem Herrn ins Wohnzimmer zu entwischen und ihm etwas vorzu-

---

[2] *Vaquez*, M. Paul, Ornis, Bd. XI (1900/01), S. 253.
[3] *Rosenius*, Paul, „Sveriges Fåglar och Fågelbon", Lund 1929, Bd. 2. S. 297 bis 307.
[4] *Morbach*, Johann, „Vögel der Heimat", Bd. (XII), 1943, S. 252—261.

singen[5]. Um ein recht gewalttätiges ♀ scheint es sich auch bei dem von Georg Steinbacher in Frankreich beobachteten Paar gehandelt zu haben, denn nicht nur, daß es für sich und seinen Partner, der kläglich rief, eine Toreinfahrt als Nistplatz auserkor, es nahm auch das Recht des Nestbaus ausschließlich für sich in Anspruch[6].

3. Nistplatztreue

Die Bindung an das alte Nest ist vor allem wiederum beim ♂ sehr stark, und solange noch eine Altschwalbe übrig ist, die den Nestplatz besetzt hält, werden Neugründungen selten vorgenommen. Das hatte augenscheinlich auch schon Johann Matthias Bechstein im Auge, wenn er 1795 sagt, die Rauchschwalbe errichte ohne Not kein neues Nest. Doch bauten im Schwalbendorf Dillich bei Kassel auch ganz nistplatztreue Rauchschwalben, die ihre Nester ruhig hätten wieder beziehen können, hier und da neue[7]. Die Schweizer Beringungswarte stellte anderseits fest, daß ein Pärchen durch vier Jahre am gleichen Nest festhielt[8], und in England kehrte eine mit einem Kanarienring gekennzeichnete Rauchschwalbe neun Jahre hintereinander zum gleichen Nistplatz zurück[9]. Innerhalb der gleichen Brutsaison wird bei mehreren Bruten meist — durchaus nicht regelmäßig — das alte Nest nach einigen Ausbesserungen wieder benutzt, und selbst bei drei Bruten können diese alle im gleichen Nest vorgenommen werden. Manchmal — vielleicht innerhalb bestimmter Populationen? — spielt das Nest, wie Gerhard Creutz[10] in Sachsen feststellte, die Rolle des Heiratsgutes, das der Nestbesitzer dem nestlosen Ehepartner in die Ehe mitbringt. Kehrt nur ein Altvogel zurück, so sucht er sich einen nestlosen Gatten oder wird von einem solchen gefunden. Der angepaarte Partner ist allerdings nach Creutz' Beobachtungen stets ein solcher, der erstmalig zur Brut schreitet, niemals konnte er feststellen, daß zwei nestbesitzende Altvögel, die beide Einzelgänger waren, sich unter Aufgabe eines ihrer Nester paarten. Nach Anbieten des Nestes wird im übrigen sofort zur Brut geschritten. Bleiben beide Gatten im nächsten Frühjahr aus, so verwaist das Nest oft auf Jahre hinaus, bis der Zufall wieder ein Paar an diese Stelle führt[11]. Die Bindung an das alte Nest kann

---

[5] *Thienemann*, Fr. Aug., Mittl. z. Sch. d. Vö, 1888, S. 310 (Ornith. Mschr.).
[6] *Steinbacher*, Georg, Beitr. z. Fortpfl. d. Vö 18, 5 (1942), S. 170.
[7] *Boley*, A., Der Vögelzug, 1932, S. 17.
[8] *Noll*, H., Archiv Suisse d'Ornith., 1934, S. 176 und *Verheyen*, R., Les Passereaux de Belgique, 1946.
[9] Vgl. Br. Birds 20, 1926/27.
[10] *Creutz*, G., Vogelzug 12, 4. 1941, S. 144.
[11] Nach *Verheyen* (l. c.) können folgende Konstellationen vorkommen:
   a) das alte Paar bezieht im folgenden Jahr ein neues Nest;
   b) das ♂ erscheint mit neuem Ehepartner am alten Nest;

so stark sein, daß eine umgestaltete Umwelt ohne dieses Nest gemieden wird. Zwei gut mit Rauchschwalben besetzte Gebäude des Boschhof in Oberbayern brannten ab, an ihrer Stelle wurden neue Gebäude aufgeführt mit Nistmöglichkeiten. Aber noch 15 Jahre danach ließ sich in ihnen keine Rauchschwalbe blicken.

4. Wann wird gebaut?

Zu welcher Jahreszeit?

Wenn das ♂ viele Wochen vor dem ♀ am Nistplatz eintrifft, beginnt es entweder schon allein mit dem Nestbau (E. Thomé), oder es wartet mit seinem ♀ den Hauptschub ab, der die anderen Rauchschwalben bringt, und sie beginnen erst dann zu bauen, wie es in Tongern der Fall war. Die Brutbeginne innerhalb einer einzigen Ortschaft können sich aber auch so auseinanderziehen, daß es den Anschein gewinnt, als ob zwei hintereinander folgende Bruten vorlägen. Ist das am gleichen Ort und im gleichen Land der Fall, so erst recht innerhalb der Nord-Südachse und bei großen Höhenunterschieden. Mit anderen Worten: Was bisher eine Folge von Mauserverlauf, Winterquartierlage, Zugschicksalen und anderen Zufälligkeiten war, wird jetzt noch klimabedingt.

In den wärmeren Teilen Algeriens, Tunesiens und Marokkos, in Cyperns Küstenstrichen, Südspanien ist der Nestbau Ende Februar (Gibraltar 23. Februar!) oder im März vollendet, auf Kreta und in Gebirgsgegenden Algeriens beginnen sie erst im letzten Aprildrittel damit. In SW- und Ost-Iran, wo die Rauchschwalben schon Anfang März zum Nestbau schreiten, sind sie auf dem 25. bis 30° N drei Monate früher am Werk als nur 13 Breitengrade nördlicher am Amudarja, wo sie erst Anfang Juni zu bauen beginnen. Auf der gleichen Höhe werden die Nester in Oberitalien Mitte Mai bezugsfertig, auf 50° N in Belgien meist zwischen dem 15. und 23. Mai. Auch in Deutschland sind sie wohl in der Mehrzahl bis Ende Mai hergestellt, soweit neue gebaut werden, ein Nest, dessen Neubau schon am 2. Mai dastand — wie in Hessen-Nassau 1885 — bedeutet eine Ausnahme. In Südengland kann es dagegen fast eine Regel sein.

Zu welcher Tageszeit wird gebaut?

Wenn der Nestbau Ende Mai in vollem Gang ist, wird vom frühen Morgen an gebaut, etwa von 5 Uhr an. Nestmaterial wird während der Hauptbauzeit alle zwei bis drei Minuten gebracht. Die Bauzeit

---

c) das ♀ kommt mit neuem Ehepartner zum alten Nest;
d) einer der beiden Gatten bezieht mit neuem Partner ein anderes Nest;
e) beide Ehegatten beziehen gemeinsam ein neues Nest.

kann — mit einigen Pausen — bis 20 Uhr anhalten[12]. In manchen Fällen tritt nach der morgendlichen Bauzeit eine Unterbrechung ein, um das Material erst einmal festwerden zu lassen[13].

5. Dauer des Nestbaus

Wie im gesamten Leben der Rauchschwalbe, so spielen auch beim Nestbau Veranlagung, Zufälligkeiten, Wetterverhältnisse und nicht zuletzt die Landeskultur eine Rolle. Mit zunehmender Hygiene des Bauernhofes verschwinden die Lehmpfützen, und ist der Hof betoniert, dann muß die Schwalbe ihr Baumaterial weither suchen, verliert Zeit und gefährdet auch vielfach ihr Leben. Bei trockenem Wetter wird sich der Nestbau besonders verzögern, man sieht es den Nestern an, wenn sie eine schwächere Wandung haben und liederlicher gefügt sind, als sonst. Die Bauern sagen in Thüringen dann, die Schwalben hätten „auf Raub" gebaut und befürchten Feuersbrünste. Aber auch bei sehr nassem Wetter schreitet der Bau langsamer als sonst fort, da die Rauchschwalben dann weite Ernährungsflüge einschalten müssen. Während plötzlicher Schneetreiben bleiben nestbauende Rauchschwalben sogar ganze Tage tatenlos im Haus oder jagen in geschützten Waldtälern, wo sie vor Wind gesichert sind. Auf diese Weise kann sich der Nestbau bis auf vier Wochen ausdehnen[12], 12 und 16 Tage kommen nicht ganz selten vor[13/14]. Zum Bau eines Schlammnestes, das R. Berndt in Steckby entstehen sah, brauchte die Rauchschwalbe neun Tage[15]. Normal werden nach allgemeinen Erfahrungen acht Tage gebraucht, und unsere Steinkruger Schwalben hielten sich auch an diese Frist. Darin ist die Auspolsterungszeit von rund zwei Tagen inbegriffen. Ein Turiner Pärchen, das unter Kontrolle stand, vollendete sein Nest in 1000 einzelnen Zubringerflügen[16]. Die amerikanische Rauchschwalbe scheint im allgemeinen mit sechs Tagen auszukommen, und auch der bei der Rauchschwalbe gut orientierende Neue Naumann gibt sechs Tage an. Die kürzeste bisher beobachtete Frist betrug fünf Tage[17].

Von einem Nest, das innerhalb eines einzigen Tages gebaut sein soll, weiß Cuisinier in der immerhin ernsthaften belgischen ornithologischen Zeitschrift „Le Gerfaut" Jahrgang 1933/34 zu berichten. Danach ar-

---

[12] *Horst*, Fr., Die Vogelwelt 73, 1952, H. 2.
[13] *Bent*, A. Cl., Life histories of North American ... Swallows ..., Washington 1942.
[14] *Verheyen*, l. c., 1946. — Vgl. auch *Purchon*, R. D., Proceed. Zool. Soc. London, Vol 18, 1948, S. 145—168.
[15] *Berndt*, R., Beitr. Fortpfl.-biol. Vö. 18, 1942.
[16] Auch *Purchon* (1948) stellte für einen Nestbau bei Eichstätt 1000 Zubringerflüge fest.
[17] *Horst*, 1952.

beiteten etwa ein Dutzend Rauchschwalben gemeinsam und abwechselnd, meist nur eine bis zwei Stunden, dann aber ohne Unterbrechung am Bau eines Nestes, das innen sogar noch mit Hühnerfedern ausgepolstert wurde. Die Pfütze, aus der die Lehmklümpchen geholt wurden, lag 100 m abseits.

6. Wer baut?

Beim Nestbau selbst scheint das ♀ der eigentliche Architekt zu sein, während das ♂ vielfach nur das Baumaterial niederlegt und es eventuell noch festklebt[18]. Hin und wieder übernimmt ja, wie wir sahen, ein besonders tüchtiges ♀ auch einmal den Nestbau ganz allein und läßt sich derweilen vom Gatten ein Lied vorsingen. Horst[12] beobachtete fünf Stunden lang die Beteiligung der Partner. Meist hantierte jeder von ihnen für sich allein. Waren sie gleichzeitig mit Baustoffen erschienen, so wartete gewöhnlich der eine Ehegatte, bis der andere fertig war, und auch hierbei sang dann meist der beschäftigungslose Ehemann, einen Halm im Schnabel ungeduldig auf einer Stange sitzend. Die Arbeit wurde ziemlich gleich verteilt, jedoch verbaute das ♂ nur Halme, während das ♀ fast nur Mörtel herbeibrachte und einfügte. Die meisten Autoren sind jedoch der Ansicht, daß dem ♀ die aktivere Rolle beim Nestbau zukäme, daß es „mehr Geschmack" entwickle und daß das ♂ sich oft damit begnüge, das ♀ zu beobachten und zu begleiten. De Braey[18] fand am letzten Tage, kurz vor Vollendung des Nestes nur noch das ♀ bauen, das ♂ sah ihm bei dieser Feinarbeit zu.

Gemeinhin wird auch die Auspolsterung von beiden Gatten gemeinsam vorgenommen, in einzelnen Fällen[19] erfolgt sie jedoch allein durch das ♀.

Während der Bauzeit übernachten beide Gatten gemeinsam in Nestnähe[20]. Auch bei der amerikanischen Rauchschwalbe arbeiten beide Geschlechter gemeinsam am Nestbau[21], die Zahl der dazu herbeigeschleppten Erdklümpchen wurde auf 1400 errechnet, die Gesamtstrecke, die dabei zurückgelegt wurde, auf 120 km[22].

Bei späten Nestbauten zur zweiten Brut sollen mehrfach Junge beobachtet worden sein, die den Alten zu Hilfe kamen. Sowohl Engländer wie Deutsche haben das versichert, doch wird die Richtigkeit

---

[18] *De Braey*, Anwers, Le Gerfaut 36, 1946, S. 133—192.
[19] *Purchon*, R. D., 1948.
[20] Ein am 27. Mai eingetroffenes Paar übernachtete (*Berndt*, 1942) ab 6. Juni regelmäßig in der zum Brutplatz auserkorenen Speisekammer, das ♀ auf dem Nestrand, das ♂ auf einer Leiste. Vom 2. Ei ab schlief der eine Altvogel im Nest liegend.
[21] *Smith*, Wendell P., The Auk, 1933.
[22] *Wood*, Harald, B., Br. Birds, XXXI, S. 96, ref. in Beitr. Fortpfl.-biol. Vög., 1937, S. 201.

der Beobachtung von anderer Seite stark bezweifelt, da immerhin Verwechslungen mit solchen Alten vorgekommen sein können, denen die langen Fahnen des Stoßes fehlten und die deshalb den Jungen ähnlich sahen[23/24/25].

7. Welche Niststoffe werden verwendet?

> Siehe die Schwalben
> Aus Schmutz, aus Schlamm, aus Halmen
> Aus Haaren der Pferde
> Bauen sie fromm ihr edel gewölbtes Nest
> Weihens
> Der Erde
> Dem Leben   Ernst Toller.

Zum Bau eines normalen Nestes verwenden die Rauchschwalben zweierlei Arten von Baustoffen: Lehmige, die das Grundmaterial bilden, und halmartige, die als Zusatzstoffe oder als Webmaterial angesprochen werden können, obwohl sie meist recht liederlich aus dem Nest heraushängen. Beide Bestandteile waren Griechen wie Römern gut bekannt. Zu ihnen kommt als dritter Bestandteil die Auspolsterung der Nestmulde, doch werden dazu nicht, wie Aelian vermutete, die Rücken der Schafe geplündert.

Das Grundmaterial: lehmige, möglichst feuchte Erdteilchen, wird von den Rauchschwalben gern an Pfützen geholt, und man sieht sie zur Bauzeit oft zu diesen fliegen und lange am Boden sitzen, wobei sie nicht selten ein Opfer anschleichender Katzen oder plötzlich hervorbrechender Sperber werden. Diese Klümpchen, von denen jedes etwa 0,48 g wiegt[26] und von denen, wie ein amerikanischer Forscher[27] festgestellt hat, etwa 1400 Stück zu einem Nest gebraucht werden, aber auch 750 Stück genügen, werden mit dem Schnabel — besser gesagt im Schnabel — herangetragen und hierbei mit dem Speichel vermengt und oft gradezu aus der Kehle herausgepreßt. Da jedes Klümpchen nach außen hervorsteht, sieht das Nest wie eine Anhäufung zahlloser kleiner, gleichgroßer Hügel aus. Mit dem Schnabel werden die Klümpchen an- und aufeinander geschichtet und verkittet, aber der dabei abgesonderte Speichel kann die notwendige Feuchtigkeit des Grundstoffes nicht ersetzen; Trockenheitsperioden können so den Nestbau erheblich aufhalten.

---

[23] Vgl. *Astley*, Br. Birds XXVIII, 1934/35. — *Jenner*, Br. Birds, XXXVIII, 1945, S. 237. — *Purchon*, Proceed. Zool. Soc. London, 1948, S. 18.
[24] Vgl. Gef. Welt 8, 1879, und Georg *Steinbacher*, Beitr. Fortpfl.-biol. Vög., 1936, S. 140.
[25] Vgl. *Verheyen*, 1946.
[26] *de Beaux*, Oscar, Rivista Italiana di Ornitologia XX, 1950, S. 2.
[27] *Wood*, 1937.

Als Grundmaterial kann außer Lehm in Ausnahmefällen schwarze, fette Erde (Bukowina), Knochenkohle, Schlämmkreide (z. B. auf Rügen), Rindermist oder Tang und Torfmull verwendet werden (Finnland).

Die Lehmklümpchen sind zwar größer und dicker als die der Mehlschwalbe, die ihre Außenumkleidung feiner und fester baut, aber sie brauchen doch ein Stützsystem, das vornehmlich aus Gras- und Strohhalmen besteht und nicht selten aus den Nestern anderer Vögel, z. B. von Grauen Fliegenschnäppern, gestohlen wird. Das Heu, dessen Gewichtsanteil etwa 16 g beträgt, ist manchmal bis 30 und 40 cm lang, aber an seiner Stelle können auch Birkenreiser, Fichtenzweige, Pferdehaare, ja sogar Streichhölzer verwendet werden, und der alte Plinius hatte nicht einmal so unrecht, wenn er von Strohhalmen sprach, denn sie werden damals wie heute verwendet. Werden Birken- oder Fichtenreiser eingetragen, so wird die Stelle, die damit abgestützt wird, nur ein Viertel so stark wie sonst gebaut, weil die Reiser eine größere Festigkeit sichern. Die Halme hängen vielfach unordentlich aus der Erdmasse des Nestes heraus, zumal dann, wenn sie eine beachtliche Länge haben. Trotzdem ist der Nestrand innen stets gut geglättet. Die Nester selbst werden entweder auf Unterlagen, z. B. Balken, aber auch bloßen Drähten, aufgesetzt und haben dann Halbkugelform; oder sie werden an die Wand geklebt, an irgendeine rauhe Fläche, an Holzsplitter, Nägel, Pflöcke. Bei seitlicher Anheftung haben sie die Form einer Viertelkugel.

Halmnester

Es gibt auch Nester, die ganz aus Halmen gefertigt sind, und erst kürzlich konnte ich in einem Dorf am Seeburger See unweit Göttingen ein von der Norm abweichendes Halmnest zwischen Seitenbalken und der Wand eines niedrigen Kuhstalles untersuchen, das ganz ohne Speichel erbaut worden war. Man könnte auf den Gedanken kommen, daß solche Nester ihre Entstehung dem Mangel an eigentlichen Baustoffen verdanken, aber bei einem in England[28] aus Haselzweigen gebauten Nest war genug Lehm in der nächsten Umgebung vorhanden gewesen, und das gleiche konnte man von einem Nest der amerikanischen Rauchschwalbe am Michigan See sagen, das auch ganz ohne Lehm, nur mit Wurzelfasern und Gras gebaut war[29]. Bent sagt gradezu von einigen in den USA gefundenen Halmnestern:

„Some nests are made without the use of mud, nests in narrow crannies or holes, with supporting floor and sides do not need the mud foundation and are made of grasses, straws, feathers and other available materials", und er zitiert James B. *Dixon*, der von den am Gestade des Ozeans in Höhlen

---

[28] *Nicholson-Smith*, Br. Birds XXV, 1931/32, S. 80.
[29] *Hatt*, Auk, Vol. 55, 1938.

angebrachten Rauchschwalbennestern sagt „The nests in the caves of the ocean walls are very inusual in that the birds are hard pressed for suitable mud and use a great deal of seaweed with the result, that the nests look like some old men with a beard, as the sea weed sringer hang down from the nest. The nests are lined with sea weed instead of feathers."

Natürlich können Halmnester nicht nach Art der Lehmnester seitlich an eine Wand angebracht werden. Schon bei Nestern, die auf Balken aufgesetzt werden, sinkt trotz ihres Mischcharakters der Anteil des Lehms zugunsten der Reiser und Halme, wie schon Heinroth beobachtet hat. Ein ganz aus Grashalmen hergestelltes Nest in Ungarn wurde auf eine im Treppenhaus hängende Lampe aufgesetzt. In der Schweiz wurde am Sempacher See der Einbau von Heuhalmen, die bis 30 cm lang waren, beobachtet, das Nest machte den Eindruck eines aufgehängten Heubündels[30]. Den gleichen Eindruck erweckte ein von Berndt in Braunschweig entdecktes Nest, das auf einem Balken aufgesetzt war, der in geringem Abstand unter der Stalldecke entlanglief und das dem Typus des Halbkugelnestes entsprach. Es wurde, auffallend spät, erst während der Heuernte gebaut, und da grade Trockenheit herrschte und weder Lehm noch Schlamm zur Verfügung stand, griffen die Rauchschwalben in diesem Fall wohl wirklich zu einer Notlösung. K. Th. Liebe[31] fand im vorigen Jahrhundert ganz liederlich gebaute Nester in Thüringen (die Bauern sagten, die Rauchschwalben bauten „auf Raub", und das hieße, sie fühlten sich nicht sicher und erwarteten eine Feuersbrunst!), zu deren Bau abgenadelte Fichtenzweige hatten herhalten müssen, wie sie bei dem dort üblichen Schneitelbetrieb als Streu oft massenweise in den Bauernhöfen herumliegen. Schließlich gibt es Nester, die offen sind und nur aus einem etwa 3 cm hohen Schutzwall bestehen, innen aber ganz normal mit Fasern und anderen Polsterstoffen ausgefüttert sein können[32].

Eine Unmenge von zufälligen Stoffen findet man noch im Nest, die nicht eigentlich zur Mulde gehören müssen. Da waren in einem sehr sorgfältig untersuchten Nest bei Turin[26] 124 trockene Nadeln von Kiefern, Zedern, Weißtanne und Lärchen mit winzigen Holzsplittern, Kastanienschalen, Wollfäden, Fragmenten von Spinnweben mit Sand und sogar allerlei Schmutz, der sich an Schuhsohlen angeheftet hatte.

Auspolsterung

Im Gegensatz zum Herantragen der feuchten Grundstoffe aus einer Umgebung von weit über 100 m werden die Füllstoffe zur Auspolsterung des Nestes möglichst aus nächster Nähe geholt und spiegeln

---

[30] *Huber*, J., Beitr. Forpfl.-biol. Vög., 1938, S. 222.
[31] *Liebe*, K. Th., Gef. Welt 14, 1885, S. 457, u. Journ. f. Ornith., 1878.
[32] *Hartert*, E., im Neuen Naumann, 1901.

68 Fortpflanzungsbiologie

daher die Umgebung gut wieder. Da findet man eigene Federn der Altschwalbe von Brust und Bauch oder sogar vom Rücken, Federn von Hühnern, Tauben, Enten, Gänsen, besonders deren Flaumfedern und alles, was mit ihnen aufgelesen wurde: Mallophagen, leere Puppenhülsen von Zweiflüglern und dergleichen mehr. Gänseflaumfedern wurden noch während der Aufzucht der Jungen eingetragen[12]. In China sind vielfach auch weiße Federn beliebt[33], vielleicht weil sie leicht zu finden sind, vielleicht, weil sie in dunklen Innenräumen eine Art Signalfarbe darstellen. Feinste Würzelchen, Pferde-, Ziegenhaare und Schafwolle werden ebenso eingetragen wie leichte Flaumfedern, die im rasenden Flug am Boden wirbelnd aufgenommen werden. In Luxemburg wurden Federn des Grünfüßigen Teichhuhns zur Auspolsterung gewählt, und von Alaska berichtet Bent (1942), die Nester seien mit den Federn von Schneehühnern ausgepolstert, von denen nach der Mauser allenthalben eine Menge herumläge.

8. Nestform

Normales Nest

Auf die einfachste Formel gebracht kann man sagen: Ist das Nest an eine Wand geheftet, so besitzt es die Form einer Viertelkugel, sitzt es einer Unterlage auf, so die einer nach oben offenen Halbkugel. Dabei darf zwischen Decke und oberem Nestrand kein zu großer Zwischenraum sein, denn die Rauchschwalbe will nicht nur Schutz von oben gegen Regen, sondern auch gegen Eindringlinge. Rey[34] gibt den Abstand mit 3 bis 4 cm etwas sehr niedrig an, den Durchschnitt der Halbkugel mit 20 cm, die Stärke des Nestrandes mit 1 bis 2 cm, doch verdickt sich die Nestwand nach den Anheftestellen zu um mehr als das Doppelte. Nach Naumann[35] haben die an die Wand geklebten, also hinteren Teile des Nestes eine Dicke von 2,5 bis 5 cm, für die vordere bäuchige Wandung werden 1,2 bis 1,8 cm, für die Breite eines Nestes der Viertelkugelform folgerichtig 10 cm angegeben. Die napfförmige Höhlung sei innen etwas oval, nicht so breit als lang und etwa 1 cm tief.

Vergleicht man jedoch die von den verschiedenen Autoren angegebenen Nestmaße, so sieht man, wie sehr diese variieren können. Dafür mag folgende Tabelle Aufschluß geben:

---

[33] *Kolthoff*, Kjell. Göteborgs Kungl. Vetenskaps... Handligar, Femte, Följden. Ser. B Bd. 3, Nr. 1, S. 1—190, 1921—22.
[34] *Rey*, E., Die Eier der Vögel Mitteleuropas, Bd. 1, 1912, S. 244.
[35] *Hartert*, Ernst, im Neuen Naumann Bd. 4, 1901.

	minimal	maximal
1. Breite mit Kante	13,0 cm	33,0 cm
2. Breite ohne Kante (lichte Weite) ..	10,0 cm	20,0 cm
3. Äußere Höhe	5,0 cm	15,0 cm
4. Innere Höhe	1,0 cm	4,0 cm
5. Wandstärke hinten	2,5 cm	5,0 cm
6. Wandstärke vorn	1,0 cm	1,8 cm
7. Tiefe (vorn bis hinten)	8,5 cm	10,5 cm

Sarudny[36], der in Ostpersien ein Höhlennest der Halbkugelform maß, das unterirdisch angelegt worden war, gibt dafür folgende Zahlen:

Äußere Höhe: 13 cm
Obere Breite: 12 cm
Lichte Weite: 7 cm
Tiefe: 7 cm.

Ob Buffon mit seiner schon 1779 geäußerten Meinung recht hat, das Nest junger Rauchschwalben sei weniger kunstvoll gebaut als das alter, ist bisher noch nicht genügend geklärt.

Nester nach Art der Mehlschwalbe

Bei der Besprechung der Umweltansprüche der Rauchschwalbe werden wir noch sehen, daß sie in vielen Gegenden — im Norden Europas sowohl wie im Süden, und vornehmlich dort, wo weit überkragende Dächer sie dazu verleiten — Außenbrüter ist. In diesem Fall wird vielfach das Nest nach Art der Mehlschwalben gebaut. Aber auch als Innensiedler geht sie manchmal ohne ersichtlichen Grund dazu über, eine Art Mehlschwalbennest zu bauen, wie es z. B. 1946 in einem Stall der Grafschaft Leicestershire der Fall war, wo das eine Paar ganz normal baute, das andere sich zum Bau eines Mehlschwalbennestes entschloß, wenn er auch etwas roher ausfiel als ein echtes. Ganz nach diesem Typ geraten war auch ein Nest in Finnland, obwohl hier keine Brutplatznot herrschte[37], und in Griechenland, wo Banzhaf[38] bei Volo mehrere mehlschwalbenartige Nester vorfand.

9. Ausbesserungen

Wenn Ludwig Schuster in Frischborn (Hessen) nach dem Eintreffen der Rauchschwalben im Frühjahr überhaupt keine Nestausbesserungen feststellen konnte, so ist das zweifellos ein Ausnahmefall, und nur

---

[36] *Sarudny*, Die Vögel Ostpersiens, 1903 (russisch).
[37] *Seppä, J.*, Ornis Fennica, XV, Nr. 1, 1938.
[38] *Banzhaf*, Beitr. Fortpfl.-biol. Vög., 1930, S. 59 und Verh. Ornith. Ges. Bay. XXI, 1937.

R. H. Brown[39] behauptete, alle drei Bruten könnten im gleichen Nest ohne Ausbesserungen gezeitigt werden. Verheyen sagt gradezu, Ausbesserungen würden regelmäßig bei Benutzung des Nestes zur zweiten Brut vorgenommen und selbst ein teilweise zerstörtes Nest würde ausgebessert, sofern noch nicht mit der Eiablage begonnen war. Jedoch konnte Karoly[40] in Ungarn bemerken, wie während des Brütens ein Nest von Einsturzgefahr bedroht wurde und die Schwalbe nun um den ganzen Rand des alten Nestes eine neue Kotreihe klebte — sie konnte allerdings nicht verhindern, daß das Nest trotzdem einige Tage später herunterstürzte. Derartige neue Aufbauten, die mit Brutunterbrechungen verbunden sind, können Tage in Anspruch nehmen[41].

Bei einer normalen Ausbesserung wird, sofern das Nest selbst unbeschädigt geblieben ist, aller Unrat — z. B. Spinnennetze — entfernt, ebenso das alte Polster, an dessen Stelle ein neues aus frischen Federn, Wollklümpchen, Haaren und dergleichen angefertigt wird. In sehr trockenen Jahren, wenn ohnehin die Beschaffung von feuchtem Grundmaterial erschwert ist, scheinen sich die Rauchschwalben mit dem Bau neuer Nester — wie Chernel[42] beobachtete — wenig abzugeben und auch die Ausbesserungen nur notdürftig vorzunehmen.

Bevor die zweite Brut in Angriff genommen wird, dauern die Ausbesserungsarbeiten zwei Tage. Wie beim ersten Gelege bringt vornehmlich das ♀ den Mörtel herbei, während das ♂, wenn es nichts zu tun hat, singend daneben sitzt. Nach Vollendung der Ausbesserungsarbeiten bleibt das ♀ noch einige Minuten im Nest sitzen, als ob es brüte.

Die Ausbesserungsarbeiten können sich über zwei Wochen hinziehen. 1949 traf das Steinkrüger Pärchen am 11. Mai ein, besserte sein altes Nest einschließlich eines neuen Oberbaues bis 28. Mai aus und legte in den frühen Morgenstunden des 29. Mai sein erstes Ei.

10. Nestbau-Versuche

Wie bei den Mehlschwalben, wenn auch viel seltener, kommt es auch bei den Rauchschwalben vor, daß sie an verschiedenen Stellen kleine Lehmklümpchen anheften, bis schließlich einer dieser Plätze den Vorzug bekommen hat[43]. Ebbé[44] beobachtete im Sommer 1934 eines Vormittags zahlreiche Rauchschwalben bei einer Art simuliertem Nestbau. Sie kamen zu Boden um Schlamm aufzunehmen und

---

[39] *Brown*, R. H., Br. Birds, Vol. 17 (1923/24), S. 183.
[40] *Karoly*, Aquila XIV, 1907, S. 325.
[41] *Ingram*, Collingwood, Br. Birds 37, 1943/44.
[42] *Chernel*, v., Aquila XXIV, 1917, S. 280.
[43] *Verheyen*, 1946.
[44] *Ebbé*, Alauda VII, S. 412.

saßen um den Rand einer Wasserlache herum, als hätten sie im Sinn, ihre Nester zu reparieren, es geschah jedoch nichts.

Den Vorgang des Nestbaus hat übrigens Paulstich[45] schon 1884 geschildert: Am ersten Morgen findet man einen flachen Bogen angeklebter Klümpchen, dann ruhte die Arbeit bis zum nächsten Morgen (was aber ganz und gar nicht die Regel ist, denn in anderen Fällen wird 14 Stunden durchgearbeitet!), und bis dahin war das Mauerwerk trocken. Auf diese Lage kommt die zweite Schicht Erdklümpchen, so daß nun schon ein in der Mitte fast fingerbreiter Rand entstanden ist. Hin und wieder scheinen Nestbauversuche junger Schwalben, die früh im Mai geschlüpft sind, Ende Juni vorzukommen. Eine solche sammelte Stroh und Federn und tat sie in ein künstliches Nest[46].

11. Bau und Benutzung mehrerer Nester

Obwohl im allgemeinen der Besitz eines einzigen Nestes die Regel ist, gibt es bei Rauchschwalben auch Schlaf-, Spiel- und Doppelnester zum Brüten.

In Savoyen beobachtete schon 1853 Bailly ein ♂, das ein besonderes Schlafnest besaß, und Äldert erzählt in seinen „Geschichten aus der Gefiederten Welt", 1919 von Jungen, die nach dem Ausfliegen weiter im elterlichen Nest zu schlafen pflegten, woraufhin diese ein neues Nest bauten, in das sie die Sprößlinge verfrachteten, um selbst ungestört eine neue Brut zeitigen zu können. Aus Luxemburg teilt Morbach Fälle mit, wo in einem Raum zwei Nester standen, von denen jeweils immer nur das eine benutzt wurde. In England brütete ein ♀, während das zugehörige ♂ sich damit amüsierte, als Nestversuche eine Anzahl von Lehmlagen allenthalben anzulegen. Ernster war schon der von Rosenius aus Norwegen mitgeteilte Fall, wo es zur gleichzeitigen Anlage von zwei Nestern durch das gleiche Paar kam, wovon jedoch dann nur das eine benutzt wurde. Noch ein Schritt weiter, wie in England 1936, und es werden in beide Nester auch Eier gelegt, und in einer türlosen Hütte von Tipperary mußten dem also durch die Ähnlichkeit der beiden Niststände verwirrten Rauchschwalben♀, das zwei Eier in jedes der beiden Nester gelegt hatte, die Eier weggenommen werden, um es von den Qualen wechselseitigen Brütens zu befreien[47].

1947 baute in der Tschecho-Slovakei ein Pärchen sogar drei Nester gleichzeitig[48] auf drei nahe voneinander angebrachten Eisenplatten, die sich sehr ähnlich sahen.

---
[45] *Paulstich*, Mschr. z. Sch. d. Vög., 1884.
[46] Vgl. Fürst Chigi, Rassegna Faunistica, 1934, S. 17.
[47] *Gulme-Seymon*, Br. Birds 37, 1943/44.
[48] *Duben*, Caslaw, Sylvia 1947, VIII, S. 84.

In Montana (USA) baute 1902 ein Pärchen der rotbäuchigen Rasse gleichzeitig zwei Nester, die aber übereinander standen[49].

Etwas seltsamer war das Benehmen eines ♀, das in einer Ferme des Dep. Doubs sein erstes Gelege soeben ausgebrütet hatte. Es fing wenige Tage danach an, in einem anderen Nest zu legen und überließ dem ♂ völlig die Aufzucht des ersten Geleges, das die Jungen denn auch glücklich hochbrachte[50].

12. Wie lange wird das Nest benutzt, und wie lange kann es stehen?

Die Frage, wie lange ein Nest benutzt wird, ist recht schwierig zu beantworten, da es ja die Rolle eines Heiratsgutes spielen kann und bei alljährlichen Ausbesserungen und solidem Grundbau eine lange Lebensfähigkeit besitzt, die nach Stadler[51] bis zu 48 Jahren gehen kann. Angeblich soll ein Nest auch über 20 Jahre hindurch besetzt gewesen sein[52]. Einwandfrei konnte die alljährliche Besetzung aber bei der amerikanischen Rauchschwalbe nur über 13 Jahre[53], bei der europäischen über sieben Jahre nachgewiesen werden[54]. Alfred Eduard Brehm nahm 1867 die Lebensdauer eines Rauchschwalbennestes mit 12 bis 15 Jahren an. Bei dieser Benutzungsdauer treffen sich Aberglaube und Wissenschaft: Der berühmte Schwalbenstein, dem seit dem Altertum in allen Ländern eine große Heilkraft zugesprochen wurde, konnte nur in einem Nest gefunden werden, in dem Schwalben sieben Jahre hintereinander gebrütet hatten. Das Florentiner Schwalbenpaar, von dem Stölker berichtet, soll angeblich acht Jahre hindurch das gleiche Nest bezogen haben, die Beobachtung stammt aber aus einer Zeit, als es das Beringungsexperiment noch nicht gab[55], und es ist daher fraglich, ob es wirklich immer das gleiche Paar war. Die Rauchschwalbe ist eben unberechenbar: Einmal bleibt ein Paar durch viele Jahre hindurch absolut nesttreu, ein anderes Mal baut es sich für die zweite Brut schon ein völlig neues, und ein drittes Mal beginnen Rauchschwalben nach der ersten Brut sich ein neues Nest zu errichten, hören aber mitten im Bau auf und beziehen reumütig das alte Nest[56], und Kirchner kannte 1910 in Frankreich einen Wechsel des Nestes bei der Anlage der zweiten Brut als konstante Gewohnheit eines Paares[57].

---

[49] *Cameron*, Auk, XXV, 1908.
[50] *Bernard*, Paul, Ornis Bd. X, 1899, S. 50.
[51] *Stadler*, Gef. Welt, 1916, S. 222.
[52] *Krohn*, H., Die Vogelwelt Schleswig-Holsteins, 1924.
[53] Vgl. Wilson Bull., March 1928, General Notes.
[54] Ohne daß es aber von den gleichen Besitzern benutzt worden wäre.
[55] *Stölker*, C., Journ. f. Ornith., 1869, S. 338.
[56] *Garling*, Gef. Welt, 1911.
[57] *Kirchner*, Rev. franç. d'Ornith. Bd. I, S. 234.

13. Nestparasitismus

Rauchschwalbe parasiert in Nestern anderer Vögel

Die Rauchschwalbe verdrängt nur in seltenen Fällen andere Vögel oder benutzt die Nestunterlage verlassener fremder Nester. Meist sind es dann Hausrotschwänze, die kurz vor Fertigstellung ihres Nestes oder noch später, bei der Jungenaufzucht vertrieben werden und in deren Nestern beide Jahresbruten der Rauchschwalbe hochgezogen werden können. Auch verlassene Hausrötelnester können als Nestgrundlage benutzt werden, wenn die Rauchschwalbe ihre Ränder durch Lehmmörtel etwas absteift[58]. In England bezog einmal eine Rauchschwalbe das Nest eines Rotkehlchens, das auf einem Innenbalken angebracht war und zog darin ihre Jungen hoch. Erwähnenswert schließlich eine andere englische Rauchschwalbe, die ihr Nest auf einem verlassenen Singdrosselnest errichtete, das — auf einem schmalen Haussims stehend — selbst im Jahr zuvor auf einem Rauchschwalbennest gebaut worden war.

Parasitismus fremder Vögel am Rauchschwalbennest

Viel häufiger kommt es jedoch vor, daß andere Vögel sich des Rauchschwalbennestes bemächtigen. Folgende Arten wurden dabei betroffen: Haussperling, Steinsperling, Zaunkönig, Grauer Fliegenschnäpper, Gartenrotschwanz, Hausrotschwanz, Kohlmeise und Mehlschwalbe. — Von nordamerikanischen Vögeln der Cowbird (Molothrus ater ater) und eine Phoebe (Sayornis). Bei uns ferner der Kuckuck. Bei den Sperlingen geht es dabei bekanntlich nicht immer ohne wilde Kämpfe ab, da sie vielfach während des Winters die in Ställen angebrachten Rauchschwalbennester besetzen. Derartige Kämpfe, die mit dem berühmten Einmauern der Spatzen endeten, interessierten im Mittelalter Albertus Magnus (13. Jahrhundert), der immer noch zuverlässiger ist, als wenn der durch seine Wasserversenkungstheorie doch etwas kompromittierte schwedische Bischof Olaus Magnus 1555 über ein solches Einmauern berichtet[59]. Von den neueren Beobachtern dieser so rätselhaften Handlung interessiert die von Müller-Guttenborn mitgeteilte, wonach eine alte Dame aus ihren Cattaro-Erinnerungen des Jahres 1877 erzählt, sie habe selbst beobachtet, wie Schwalben innerhalb zwei Stunden eingedrungene Sperlinge einmauerten. Eine 1914 an Mehlschwalben angestellte Beobachtung hielt Stadler[60] für völlig

---
[58] *Kollibay*, Journ. f. Ornith., 1896.
[59] In der Ausgabe von 1788 berichtet Linné vom Einmauern durch Mehlschwalbe.
[60] *Stadler*, Gef. Welt, 1917, S. 229 u. 235.

einwandfrei. Nach einem anderen Bericht[61] sollen Sperlinge durch Lehmklümpchen, die von oben auf das von ihnen besetzte Nest herunterfallen gelassen wurden, eingemauert worden sein, und ganz „einsichtige" Rauchschwalben gestalteten, durch eindringende Spatzen beunruhigt, den Eingang zu ihrem Nest röhrenförmig. Am zuverlässigsten erscheint immer noch der Bericht des damaligen Generalkonservators der Brüsseler Universität Pauw, der bei Namur beobachtet hatte, wie die Schwalben, um sich der Spatzen zu erwehren, ein zweites Nest gegen das erste bauten und auf diese Weise den eingedrungenen und schon brütenden Sperling einsperrten. Pauw brachte beide Nester ein und fand den Kadaver des Sperlings auf vier Eiern[61].

Aber auch bei offenen Kämpfen geht es oft mit großer Heftigkeit zu. Nicholson-Smith[62] sah Ende April 1932 in Ceshire Haussperlinge ihr Nest in das einer Rauchschwalbe bauen. Als Mitte Mai die jungen Sperlinge auskrochen, waren die Schwalben bereits 14 Tage wieder zurück und zogen nunmehr Stroh und Federn aus dem Nest, wobei auch die jungen Spatzen, wohl mehr nebenbei, aus dem Nest fielen. Daraufhin bezogen es die Rauchschwalben wieder und zeitigten darin ihre Brut. Damit ist die Mär, die Schwalbe kämpfe nicht gegen eindringende Sperlinge und baue an Häusern, wo Spatzen wohnten, grundsätzlich kein Nest[63], widerlegt, wenn auch Fälle bekannt sind, wo es den Sperlingen gelang, die Rauchschwalben von ihren Nestern zu vertreiben, woraufhin sich diese dann an anderer Stelle ansiedelten[64]. Besonders bei Rauchschwalben, die an der Außenwand brüten, kommt das vor. In Tunesien besetzten nach Erlanger Steinsperlinge die Nester von Rauchschwalben[65].

Recht ärgerlich sind auch die Zaunkönige. In Dänemark schien deren Unart, auf Rauchschwalbennester zu bauen, in neuester Zeit gradezu zuzunehmen[66]; bei Kolding waren es 1939 allein vier Fälle, davon zwei im Kuhstall, einer im Pferdestall und einer in der Vorratskammer. In einem Fall hatte erst ein Zaunkönig das Schwalbennest besetzt, im nächsten Jahr aber trat ein Sperling als Brutparasit darin auf, und in einem andern Fall nisteten Zaunkönige zwei Jahre hintereinander im eroberten Rauchschwalbennest. Auch hier fehlt es nicht an vergeblichen Versuchen, den im Winter eingedrungenen Störenfried wieder herauszusetzen. Und so bekam ein anhaltinischer

---

[61] *Tant*, Eugen, Le Gerfaut I/II, 1911/1912.
[62] *Nicholson-Smith*, Br. Birds XXV, S. 80.
[63] *Finus*, Ornith. Mschr. 52, 1927, S. 181.
[64] *Scëöts*, Bela v., Aquila XXVI, 1919, und *Eckhardt*, Vogelzug und Vogelschutz, 1910.
[65] *Erlanger*, Fhr. von, Journ. f. Ornith., 1899, S. 484.
[66] *Novrup*, Dansk Orn. Tidsskr. 34, 1940; *Hemmingsen*, daselbst, 42, 1948, ohne Autor, daselbst 30, 1936.

Bauer, als er aus einem Schwalbennest Jungspatzen herausholen wollte, wie Brehm berichtet, statt dessen eine Handvoll junger Zaunkönige. Auch bei Berlin erzwangen sich Zaunkönige Zugang zu einem Rauchschwalbennest[67]. Anfangs warfen die bedrängten Rauchschwalben noch die Baustoffe der Eindringlinge herunter, diese wurden aber immer kecker und bauten in kurzer Zeit ihr beutelförmiges Nest zwischen die Dachverschalung und das Schwalbennest.

Die Fälle sind somit nicht grade selten; ich selbst fand ein auf dem Rauchschwalbennest errichtetes Zaunkönignest 1949 bei Frankfurt am Main. Loos wußte davon aus Liboch an der Elbe zu berichten, andere Autoren aus Mecklenburg, Pommern und dem Riesengebirge.

Von amerikanischen Zaunkönigen macht Bent (1942) glaubhaft, daß sie manchmal die Rauchschwalbeneier mit ihrem Schnabel durchstechen und dann die Nester überbauen. Von der Usurpation eines Rauchschwalbennestes durch Mehlschwalben berichtet Radetzky[68]. Die Rauchschwalbe gab auch hier nicht gleich auf, sondern verteidigte ihr Nest, das in einem Korridor stand, drei Tage erbittert, ehe sie es verließ und die Mehlschwalbe den begonnenen Bau zubaute.

Auch gegen den Grauen Fliegenschnäpper hat sich die Rauchschwalbe nicht gerade selten zu wehren. Ein nicht ganz fertiggestelltes Nest wurde von ihm mit Moos und Federn ergänzt und mit drei Eiern belegt[69]. In England bezeichnet Robinson[70] den Grauen Fliegenfänger als Eindringling, mit dem die Rauchschwalben schwere Kämpfe zu bestehen haben, die den ganzen Tag andauern können. Und sie wiederholen sich dann Jahr für Jahr, wobei in fünfjähriger Bedrohung die Schwalben regelmäßig obsiegten. In Ungarn zogen dagegen die siegreichen Fliegenschnäpper in die Nester der vertriebenen Rauchschwalben ein[71]. Nicod berichtet von Rotschwänzchen, die sich in einem künstlichen Schwalbennest ansiedelten und bereits Junge fütterten, als sie von den Rauchschwalben wieder vertrieben wurden[72]. Ein einziges Mal, und zwar in Dänemark, scheint eine Kohlmeise dabei angetroffen worden zu sein, wie sie ein Rauchschwalbennest plünderte, aber wohl kaum mit dem Ziel, sich darin seßhaft zu machen, sondern wohl eher, um sich ihr Nistmaterial von ihm zu besorgen[73].

---

[67] *Puhlmann*, Ornith. Mschr. 1919, S. 91.
[68] *Radetzky*, Aquila, 1910, S. 267.
[69] Vgl. Journ. f. Ornith., 1887, S. 465.
[70] *Robinson*, Br. Birds, Vol. 20, S. 106. — Von einem ähnlichen Fall berichtet *Lewis* 1898.
[71] *Homoky-Nagy*, Intern. Ornith. Kongr. Upsala, 1950, Lichtbild.
[72] *Nicod, D.*, Nos oiseaux XIX, 1947/48, S. 111.
[73] *Andersen*, Dansk Ornith. Tidsskr. 40, 1946, S. 151.

Von den obligatorischen Nestparasiten, dem Kuckuck und dem amerikanischen Kuhvogel wissen wir, daß sie nicht oft ihre Eier in die von Rauchschwalbengelegen plazieren[74]. In England, Deutschland, Schweden, Finnland und Belgien wurde unter den Kuckuckswirten auch die Rauchschwalbe aufgeführt, nähere Beobachtungen fehlen aber so gut wie ganz. Nur von einem Bootshaus in den Schären von Stockholm wird berichtet, daß dort die Eier einer Rauchschwalbe von einem Kuckuck herausbefördert wurden und der Kuckuck auch von den Pflegeeltern hochgezogen wurde[75]. In einem 1200 m hoch gelegenen Ort Südtirols bei Bozen wurden die Jungschwalben vom jungen Kuckuck aus dem Nest geworfen, der Kuckuck selbst von den Alten dann fleißig gefüttert. Zu der Zeit, als in England Rauchschwalben vielfach noch in Essen nisteten (1866), fielen eines Tages junge, noch wenig entwickelte Rauchschwalben durch den Kamin auf die Feuerstelle. 14 Tage später folgte ihnen ein junger Kuckuck, der damals der Grund ihres Neststurzes war, von den Altschwalben gefüttert, aber später doch vom Schicksal ereilt wurde[76]. In den USA legen Kuhvögel (Molothrus ater) ihre Eier nur sehr selten in Rauchschwalbennester. Außer ihnen kommen nur noch — neben den eingeführten Sperlingen — Phoebenarten (Sayornis) als fakultative Nestparasiten in Frage. Eine Rauchschwalbe, die sich später als eine Phoebe im Schuppen angesiedelt hatte, mußte dieser weichen[77].

14. Höhe des Neststandes

Die Rauchschwalbe bevorzugt bei Gebäuden — sofern sie ihr Nest an der Wand anbringt — mittlere Höhen und befestigt es am liebsten 10 bis höchstens 25 cm unterhalb der Decke. Balkennester werden ohne Rücksicht auf die Höhe der Unterlage im Raum gebaut.

Hohen Gebäuden folgt die Rauchschwalbe nur selten. Hosking[78] gibt ein Nest an, dessen Stand in einer Windmühle 21 m vom Erdboden entfernt war, Groebbels[79] ein solches im Lichtschacht eines Hamburger Wohnhauses mit 20 Meter. Die niedrigsten Höhen vom Fußboden des Raumes aus gemessen betragen 1 m und darum. Ein amerikanisches Nest, von dem Bent[80] berichtet, stand nur drei Fuß hoch, der Melker konnte beim Melken in die Kinderstube hereinsehen. Andere, die für einen stehenden Mann erreichbar waren, waren in Holland und

---

[74] *Bent*, 1942, l. c.
[75] *Wide*, E., Vär Fågelvärld 9, 1950.
[76] *Nicholls*, Henry, The Zoologist, 2. Ser., Vol. 4, 1880, S. 1866.
[77] *Friedemann*, The Auk, 1931 und 1938, vgl. auch *Bent*, 1942, l. c. und *Smith*, Auk, Vol. 59, 1942.
[78] *Hosking*, E., and *Newberry*, C., „The Swallow", London 1947.
[79] *Groebbels*, Fr., Ornith. Mittlg., 6, 1954, S. 256.
[80] *Bent*, 1942, l. c.

Dänemark[81]. Meine eigene niedrigste Feststellung betraf einen Pfälzer Hühnerstall, in dem das Rauchschwalbennest 1,90 m hoch errichtet war. Höhen von 2½ m sind nichts ungewöhnliches mehr.

Dagegen steigt die Rauchschwalbe ohne weiteres in die Tiefe unter die Erde und geht, wie Hosking erzählt, einen Meter unter das Bodenprofil. In Bergwerksstollen, Unterständen und vor allem Zisternen erreicht sie Tiefen von zehn Meter unter der Erdoberfläche. Der Unterschied beträgt also nach dem heutigen Wissen 30 Meter.

15. Begattung

Balz und Balzkämpfe

„Der Vogel hat sein Haus gefunden und die Schwalbe ihr Nest, da sie Junge hecken. (Psalm 84, 4)

Ist das alte Nest bezogen oder wird ein neues gebaut, so entwickeln sich bei Dichtsiedlung oft heftige Kämpfe, ja vielleicht die heftigsten überhaupt, die bei Singvögeln (zu denen ja die Schwalben nur im weiteren Sinne gehören) vorkommen. In einem Bauernhof des Odenwaldes, dessen Schwalbenbewohner ungewöhnlich vertraut und zänkisch zu sein schienen, balgten sich die Rauchschwalben derart heftig, daß sie ineinander verkrallt zwischen die ruhenden Kühe ins Stroh fielen[82], aber auch hier noch ging die Rauferei ohne Unterbrechung weiter, und man mußte die Wütenden immer wieder behutsam aus den Strohhalmen unter den Kühen herauslesen. Im Teutoburger Wald wurde der Nebenbuhler zweimal vom rechtmäßigen Ehegatten vertrieben, bis er betäubt und keuchend am Boden lag. Der ihn beschützende Lehrer Schacht setzte ihn vor die Haustür, aber als er dort aus der Betäubung erwachte, wurde er nochmals angegriffen und „übel zugerichtet"[83]; in einem Zimmer in Frankreich stritten sich sogar drei Paare wütend um den Besitz eines Nestes[83]. Kämpfe zwischen rivalisierenden ♀ verlaufen oft tödlich, wie nicht nur Frau Else Thomé[84] sehr anschaulich schilderte, sondern auch Tschusi zu Schmidhoffen in Niederösterreich beobachten konnte[85]. In Salzberg versuchte der Eindringling sein Glück während der Brutzeit, aber der rechtmäßige Gatte vertrieb ihn immer wieder. Die wilden Kämpfe zogen sich über die ganze Zeit der Jungenaufzucht hin, bis eines Tages der sterbende Ehemann unterhalb des Nestes auf dem Rücken liegend gefunden wurde. Das verwitwete ♀ biß den Buhlen und Gattenmörder

---
[81] *Brink*, v. d. Org. Club Ned. Vogelk. VII; *Pedersen*, Dansk Ornith. Tidsskr. IX, 1915.
[82] *Horst*, Fritz, Beitr. Fortpfl.-biol. Vög., 1937.
[83] *Schacht*, Heinrich, Zoolog. Garten, XVI, 1875.
[84] *Thomé*, Else, „Die Salzberger Schwalbengeschichte", 1942.
[85] *Schmidthoffen*, Tschusi zu, Ornith. Jahrb. Bd. I, 1890.

weiter ab, ohne daß dieser sich in seinen Werbungen stören ließ, während er sich anderseits aber auch jeder aktiven Handlung bei der Jungenaufzucht enthielt. Bei der nun folgenden zweiten Brut errang er endlich die Gunst des ♀ und wurde ihr Gatte. Im nächsten Jahr wiederholte sich ein ähnlicher Vorgang. Diesmal wurde der Gatte mit einer tiefen Wunde am Bauch gefunden, an der er starb; der Sieger wurde jedoch nicht geheiratet, sondern das ♀ vermählte sich zur zweiten Brut mit einem anderen Partner. Bei einem Duell zwischen rivalisierenden ♂ im Hausflur einer Gastwirtschaft bei Graz wurde das eine ♂ vom anderen im Flug mit dem Schnabel getötet[89]. Ein Eindringling, den ich in Steinkrug beim Einbruch in den ehelichen Frieden antraf, wurde vom Besitzer von oben an den Kopffedern gepackt. In Ungarn fand Schenk, daß die Rauchschwalben vor Beginn der zweiten Brut wieder recht zänkisch wurden[86]. Arctander berichtet aus Dänemark von einem fremden ♂, das ein Pärchen, dessen ♀ gerade beim Eierlegen war, vom Nest verdrängte und nicht mehr heranließ, selbst aber kein ♀ mehr fand, so daß das Nest ohne Nachkommenschaft blieb[87].

Auch gegen andere Vögel kann sich die Kampfstimmung der Rauchschwalben richten. Ein in das Badezimmer einer Harzburger Wohnung versehentlich eingedrungener Hausrotschwanz wurde von dem die Brut bewachenden ♂ so heftig angegriffen und zu Boden geschlagen, daß er halbbetäubt und mit blutender Kopfwunde dalag.

Ehe — Umpaarung — Inzucht

Wir streiften die ehelichen Beziehungen schon, als wir von der Nesttreue sprachen, und wir müssen sie jetzt etwas näher beleuchten. Die Ehe kann bei den Rauchschwalben auf Lebenszeit geschlossen werden, so daß die Paare im Frühjahr schon gepaart eintreffen. Schifferli, der Leiter der Vogelwarte Sempach, stellte ein Rauchschwalbenpaar ja über vier Jahre als ehe- und nistplatztreu fest. Doch kommt es auch vor, daß beide Ehegatten eines Paares im nächsten Jahr mit je einem neuen Partner zurückkehren[90]. Das mag ein Ausnahmefall sein. Im allgemeinen wird bei der hohen Todesrate, der die Schwalben unterworfen sind, ein Paar kaum Aussicht haben, länger als drei Jahre zusammenzubleiben[91], ja von anderen wird der jährliche Gattenwechsel als Folge des Todes eines der beiden Partner sogar als Regelfall an-

---

[86] *Schenk*, Jakob, Aquila, 1910, S. 219.
[87] *Arctander*, Dansk Ornith. Tidsskr. 1917 (11).
[88] *Vaquez*, M. Paul, Ornis, Bd. XI (1900—1901), S. 253.
[89] Vgl. Notiz A. H. in Gef. Welt, 1903.
[90] *Pfromm*, G., Vogelzug, 1930, S. 131 und 1931, S. 139.
[91] *Creutz*, G., Vogelzug 12, 4. 1941, S. 144.

gesehen[92]. Die Markierungen im Schwalbendorf Dillich bei Kassel ergaben auch nur dreimal die Wiederkehr eines Paares nach einem Winter und nur einmal nach zwei Wintern[93].

Wie wir sahen, löst aber nicht nur der Tod, sondern auch das Dazwischentreten von Rivalen die Ehe.

Bleiben beide Partner am Leben, und tritt kein Rivale auf, so wird zwischen den Bruten — das haben die Beobachtungen in Dillich wie im Kriegsgefangenenlager Eichstätt in Bayern[94] während des zweiten Weltkrieges ergeben — kein Gattenwechsel vorgenommen, und auch Gerhard Creutz kam auf Grund seiner genauen Sippentafeln in Sachsen zu dem Schluß, daß Ehegatten zusammenbleiben, falls kein Unglücksfall sie trennt, es sei denn, daß (wie Heinroth einwirft) die Partner nicht wieder gleichzeitig in die Balz treten. Wird dagegen ein Partner durch den Tod entrissen, so entschließt sich der Überlebende in der Regel noch während der gleichen Brutperiode zu einer neuen Ehe.

So vertrieb ein brütendes verwitwetes ♀ zunächst das umbuhlende ♂ im Luftkampf, nahm jedoch dessen Werbung schon am nächsten Tag an und paßte sich sogar mit seinem Anflugweg zum Nest den Gewohnheiten des neuen Gatten an[95]. In einem andern Fall wurde das ♂ von einer Katze weggefangen, und nach zwei Tagen bereits bewarb sich ein neues ♂ um die Gunst der Witwe, geriet jedoch, da es sich den Jungen gegenüber völlig teilnahmslos verhielt, mit deren Mutter in Streit und mußte schließlich getötet werden, da es die Aufzucht gefährdete und trotz Verfrachtung sofort wieder zum Nest zurückkehrte.

Manchmal finden Umpaarungen als Folge von Gattenverlust erst viel später statt. Als in Böhmen ein ♂ verschollen war, verschwand das dazugehörige ♀ drei Tage später und kehrte erst nach 14 Tagen mit einem neuen Gatten zurück; aber es wurden nunmehr die alten Eier aus dem Nest geworfen und neue gelegt. Bei fortgeschrittener Jahreszeit wird trotz Neupaarung jedoch nicht mehr gebrütet[96]. Von der Doppelehe eines ♂ wird im Jahrgang 1868 der Zeitschrift „Zoologischer Garten" berichtet.

Manche Ehen leiden unter der Unverträglichkeit ihrer Partner. So wird in der „Gefiederten Welt" von 1909 von einem Paar erzählt, das ständig im Streit lebte. Die Schwalben balgten sich so heftig, daß man sie oft am Boden auseinanderreißen mußte, und das ♂ ließ das ♀

---
[92] *Abadie*, René, Rev. franç. de Ornith. 9, 1925, S. 130 und 10, 1926, S. 440.
[93] *Boley*, A., Der Vogelzug, 1932, S. 17, und Vogelring, 1930 und 1931.
[94] *Purchon*, 1948, l. c.
[95] *Aeldert*, R., Gef. Welt, 1919, S. 101.
[96] *Hagen*, Werner, Die Vögel des Freistaates Lübeck, Berlin 1913, S. 81.

nicht brüten. Als schließlich durch solche Auseinandersetzung die acht Tage alten Jungen der zweiten Brut aus dem Nest fielen, verschwanden die zänkischen Eltern.

Weber-Brög geht noch weiter und behauptet vom Liebesverhältnis eines Paares, es sei im Anfang völlig verfehlt gewesen, man habe das dem Verhalten der Schwalben gradezu angemerkt, doch hätten sie sich nach etwa acht Tagen endlich noch „gefunden".

I n z u c h t wurde mehrfach festgestellt. Clobes[98] fand ein ♂ mit seiner vorjährigen Tochter vermählt, Thienemann[99] erlebte die Paarung eines ♀ mit ihrem vorjährigen Sohn. Creutz[100] kannte ebenfalls zwei Fälle von Paarung zwischen Mutter und Sohn. In beiden Fällen war die Nachkommenschaft auffallend gering.

Pränuptiale Schaustellungen

In Südafrika während des April sezierte männliche Rauchschwalben hatten noch sehr kleine, unentwickelte, 2 bis 3 mm lange Hoden, aber schon auf dem Heimzug in und aus Afrika singen die ♂ regelrecht und vollführen auch Flugspiele. Der eigentlichen Begattung gehen jedoch nicht nur Gesang und Flugspiele, sondern auch spezifische Balzstellungen voraus. In Ivernesshire wurde noch im Juni ein ♂ beobachtet, das zu verschiedenen Zeiten mit weitgespreiztem Schwanz, die Fahnen hochgestreckt, die Beine lose schlenkernd über dem ♀ schwebte, während dieses mit einer durch Gleiten und Flattern verlangsamten Geschwindigkeit dahinsegelte oder auf einem Zaunpfahl oder dem Hausdach saß. Dieses Flattern war mit Coitus-Versuchen verbunden, und nach jedem dieser Versuche schüttelte das ♂ schnell seine aufgerichteten Flügel, wobei deren weiße Unterseite und das Zeigen der Schwanzfederflecken, wenn es über dem ♀ schwebte, als Werbungssignal zu verstehen waren[101].

Hartley[102] konnte während der ersten 14 Tage nach der Ankunft eines gepaarten Paares noch keine praenuptialen Schaustellungen beobachten. Vermerkt wurde nur ein gemeinsames Sich-Nachjagen, ein „Gruß" nach kurzer Trennung, Flügelspiele und Ansingen ohne Werbung, Singen im Duett oder im Flug. Am intensivsten war dieses Singen zwischen 8 Uhr und 16 Uhr, gegen Sonnenuntergang wurde es schwächer; ♂ und ♀ sangen beide, aber auf verschiedenen Liebesplätzen. Erst Mitte Mai kam es zu wirklichen Schaustellungen. Der vorher zusammengedrückte Schwanz wurde gespreizt, aber dieses

---

[97] *Weber-Brög*, Ornith. Beob. XIX, 1921/22, S. 76.
[98] *Clobes*, D., Vogelring 8, 1, 1935, S. 23, ref. in Vogelzug 7, 2, 1936, S. 103.
[99] *Thienemann*, J., Journ. f. Ornith., 1916, S. 557.
[100] *Creutz*, G., Vogelzug, 12, 4. 1941, S. 144.
[101] *Nethersole-Thompson*, Br. Birds XXXIV, 1940/41, S. 137.
[102] *Hartley*, Br. Birds XXXIV, 1940/41, S. 256.

Spreizen, das die weißen Tupfen sichtbar werden ließ, war nicht mit einer spezifischen Balzhaltung oder einem Balzflug verbunden. In einem Fall kam ein Vogel vom Verfolgungsflug zurück und flog außer Sicht des Partners mit gespreiztem Schwanz über einem Fluß, doch wurde sonst der Schwanz ausschließlich beim Nachjagen gespreizt. Spreizte nur einer der Vögel den Schwanz, dann war es stets der hinten fliegende. Im Gegensatz zu den Beobachtungen Nethersole-Thompsons war das Schwanzspreizen nicht mit Coitus-Versuchen verbunden. In einem Fall wurden die roten Federn an Stirn und Kehle zur Schau gestellt: Das Rauchschwalben-♂ hielt dann eine horizontale Haltung inne, streckte den Kopf vor, legte das Gefieder glatt an und plusterte die rote Kehle auf. Gegen die Zeit der Eiablage hin wurden Sexualflüge früh morgens und nach Sonnenuntergang beobachtet. Während dieser Verfolgungsflüge, die sehr rasant vor sich gingen, wurde ohne gespreizten Schwanz geflogen.

Eigentliche Begattung

Wohl Plinius hatte die alberne Mär aufgebracht, daß die Schwalbe sich, wie alle den Alten bekannten Vögel, umgekehrt begatte, auf einer Ebene also und die Köpfe nach außen. Daran hielten auch noch Claudius Aelianus (2. Jahrhundert n. Chr.) und Aldrovandi (1527—1605) fest, während Conrad von Megenberg (1309—1374) geglaubt hatte, die Weibchen würden allein durch ihre starke Brunst befruchtet. Conrad Geßner[103] sagt „Das Schwalbenweiblein empfängt allein aus der Einbildung oder von dem Staub", aber noch Salerne[104] (1767) trägt die Ansicht des Plinius vor, freilich nicht mehr ohne eigene Zweifel an der Richtigkeit.

Darüber war ja nun durch die einfache Beobachtung leicht Klarheit zu schaffen, und fast gleichzeitig schildern Friedr. Naumann und Constantin Lambert Gloger[105] 1833 und 1834 die Sache richtig: Die Begattung fände auf Gebäuden, Stangen und dürren Baumspitzen statt, seltener auf dem Nestrand.

Eine erfolgreiche Begattung kommt zustande, wenn das ♀ sich leicht vorbeugt und das ♂ mit Flügelflattern auf ihrem Rücken landet. Während des Begattungsaktes dreht das ♀ den Kopf nach hinten und putzt sich hinterher das Gefieder. Die Taktik des ♂ variiert in zahlreichen Tauchbewegungen auf das ruhende ♀. So die Beobachtungen von Nethersole-Thompson. Nach Hartley erfolgte die Begattung ohne jedes Werbungsspiel, denn das bloße Nebeneinandersitzen konnte als solches

---

[103] Ausgabe von 1669.
[104] *Salerne*, Histoire Naturelle... Ornithologie, Paris 1767.
[105] *Naumann*, Naturgeschichte der Vögel Deutschlands, Leipzig 1833. *Gloger*, C. L., Vollständiges Handbuch... Berlin 1834.

nicht gewertet werden. In den frühen Morgenstunden wurden z. B. zwischen 4.50 und 4.55 Uhr dreimal Begattungsversuche ohne jede vorherige Einleitung gemacht. Ein begattungswilliges ♀ kann diese Bereitwilligkeit durch ein zustimmendes Gehabe kenntlich machen. So setzte sich am 31. Mai 1939 ein ♀ zwitschernd auf einen Telegraphendraht, das ♂ setzte sich schweigend neben sie. Nun flatterte das ♂ auf und landet auf ihrem Rücken. Während das ♀ in horizontaler Haltung sitzt, eine Strophe seines Gesanges mehrmals wiederholt und die Flügel so lüftet, daß die Primärschwingen etwas unterhalb des Schwanzes zu liegen kommen, besteigt das ♂ diesmal erfolgreich seinen Partner. Es flog aber gleich nach dem Coitus davon, während das ♂ noch eine Weile sitzenblieb, das Gefieder schüttelte und dann auch wegflog.

In den USA scheint am Brutplatz keine Begattung vor der ersten Brut vorzukommen[106], da die Rauchschwalben schon gepaart und augenscheinlich befruchtet eintreffen. Die im Kriegsgefangenenlager Eichstätt in Bayern während des letzten Weltkrieges beobachtenden englischen Offiziere stellten die Begattung erstmalig am letzten Tage der Ausfütterung des Nestes mit Niststoffen fest.

16. Die erste Brut

Wann wird das erste Gelege gezeitigt?

Nach Fertigstellung des Nestes oder nach endgültiger Besitzergreifung des alten Nestes liegt meist schon am Morgen des nächsten Tages das erste Ei im Nest.

In warmen und tiefen Lagen Südeuropas und Nordafrikas, besonders in Marokko, Algerien, Südtunesien, Sizilien, Cypern und Kreta kann das erste Gelege frühestens Ende März gezeitigt sein, in Südwestpersien schon Mitte März, in mittleren Lagen Südeuropas und Nordafrikas Mitte April. In Fennoskandien nördlich des 64. Breitengrades ist es normalerweise erst in der zweiten Junihälfte komplett, bei widrigen Umständen Ende Juni. — Aber auch die in höheren Gebirgslagen Marokkos, Algeriens (Atlas!), Cyperns und Südspaniens (Sierra Nevada) nistenden Rauchschwalben vollenden das erste Gelege kaum vor Anfang Juni.

Dazwischen liegt all die Vielfältigkeit, die den Beginn der Fortpflanzungstätigkeit unter so weit auseinanderliegenden Breitengraden, bei so klaffenden Höhenunterschieden neben allen sonstigen Zufälligkeiten — z. B. vergeblichen Brutversuchen — regiert.

Im atlantischen Klima Großbritanniens findet die früheste Eiablage schon Ende April statt, sie zieht sich aber dann durch den ganzen

---

[106] *Wood*, H. B., Br. Birds XXXI (1937/38), S. 96.

April und Mai hin. Bei später eintreffenden Schwalben liegt der Höhepunkt selbst bei nicht ungünstigen Wetterbedingungen oft erst im letzten Maidrittel und dauert bis Mitte Juni. Ende April wurden auch in Belgien schon fertige Gelege gefunden, andere erst Ende Mai; in Rumänien[1] Ende April. Nach Osten zu verlangsamt sich das Tempo des Heimzuges mit dem Absinken des Kältepols, und so finden wir an der russischen Schwarzmeerküste volle Gelege normal Mitte Mai, in Sibirien noch später. In Deutschland trifft man auf volle Gelege frühestens am 10. Mai[2], im allgemeinen nicht vor Mitte Mai, mehr nach dem Monatsende zu und sogar erst Anfang Juni, in Dänemark Ende Mai. In Südschweden ist die Eiablage Mitte Mai nur dann abgeschlossen, wenn alte Nester bezogen wurden, sonst Ende Mai, oft erst Mitte Juni. In Mittelschweden[3] rechnet man eher mit Mitte Juni und in Mittel- und Nordfinnland mit Anfang bis Ende Juni[4]. Selbst innerhalb eines Dorfes kann sich aber, wie wir wissen, das Eintreffen der dort nistenden Rauchschwalben um Wochen auseinanderziehen, und da mit dem Einsetzen der Fortpflanzungstätigkeit noch verschiedene Umstände hinzutreten können, die sie beschleunigen oder verzögern, ist im letzteren Fall der Termin der Eiablage noch weiteren Schwankungen unterworfen. So traf ich im Stall des Walzwerkgutes von Eisenberg/Pfalz am 7. Juni 1952 sowohl fast flügge Junge, wie Nester, in denen erst zwei Eier lagen, und von den Frischborner Rauchschwalben, die Ludwig Schuster[5] im Frühjahr 1953 kontrollierte, schritten einige sofort nach ihrem Eintreffen zur Eiablage, andere gingen an Ausbesserungsarbeiten, dritte an Neubauten, die sich infolge der herrschenden Trockenheit sehr lange herauszögerten. Die zuletzt eingetroffenen Rauchschwalben versuchten den Vorsprung der anderen durch große Hast wieder auszugleichen, doch gelang ihnen das nicht mehr, und so saßen auch hier am 6. Juni die einen noch auf Eiern, während die anderen schon flügge Junge hatten.

Das Rauchschwalbenei

Ablage

Das erste Ei wird häufig schon am Tage nach Fertigstellung des Nestes gelegt, alle Eier in den frühen Morgenstunden, zwischen 6 Uhr und 8 Uhr vormittags oder etwa eine Stunde nach Sonnenaufgang. Bei schlechter Witterung liegen manchmal zwischen der Ablage zweier

---

[1] Wenn wir von der Dobrudscha mit ihren besonders günstigen Klimaverhältnissen absehen.
[2] *Schlegel*, Richard, Die Vogelwelt des nordwestlichen Sachsenlandes, Leipzig 1925.
[3] Etwa auf 59° N.
[4] *Hortling*, Ivar, 1929, l. c.
[5] *Schuster*, L., Vogelwelt 74, 1953, S. 211—214.

Eier 48 Stunden. Während der Periode der Eiablage schläft das ♀ meist nachts auf dem Nest. Findet man mehr als sechs Eier in einem Nest, so liegt stets der Verdacht vor, daß mehrere ♀ zusammengelegt haben. In diesem Fall können innerhalb 24 Stunden vier und auch sechs Eier in einem Nest erscheinen, und schließlich findet man, wie Otto Leege[6] zu seinem Erstaunen feststellen mußte, bis zu 16 Eier darin. Manchmal werden fremde Eier sogar noch zu Nestjungen gelegt. Aber es können auch beflogene Nester ganz leer bleiben: Entweder, wie es der alte Schacht[7] in den 70er Jahren erlebte, wenn ein Paar trotz mehrfacher Begattung kinderlos bleibt, oder aber, wenn eine Schwalbe ihre Eier unterwegs verliert. So ließ eine Rauchschwalbe in Troppau (Mähren) Tag für Tag ihr Ei im Fluge fallen[8]. In seinem Buch „Fremde Eier im Nest" berichtet Leverkühn 1891 von einem Uferschwalbennest in Cumberland, in dessen Gelege sich das Ei einer Rauchschwalbe befunden habe. Das Nest war sehr schwer zugänglich und die Sache selbst so unwahrscheinlich, daß ein englischer Ornithologe Mackpherson sich dafür verbürgen mußte.

Unbefruchtete Einzeleier kommen nicht selten vor, in England[9] ergaben Stichproben etwa 6 %. Sind mehrere Eier entwicklungsunfähig, so liegt das häufig an zu langen Abwesenheitsperioden des brütenden ♀.

Zahl der Eier eines Geleges

Überall, wo die Nominatrasse brütet, umfaßt das Normalgelege der ersten Brut fünf bis sechs Eier. Je später im Jahr, um so geringer die Eizahl, und je mehr Störungen, um so weniger Eier werden gelegt und erbrütet. Als Folge von Störungen in einer Pfälzer Autogarage fand ich vor einigen Jahren darin nur Zweiergelege, und in England[10] stellte man das Absinken der Eierzahl mit fortschreitender Jahreszeit fest, wobei allerdings schon die stärkere Anzahl von Zweitbruten eine Rolle spielt. Es kamen im Durchschnitt zustande:

Im Juni .... 4,34 Eier je Gelege
Im Juli .... 4,04 Eier je Gelege
Im August .... 3,70 Eier je Gelege
Im September ...... 3,00 Eier je Gelege

Nicht eindeutig geklärt ist die Frage, ob regional verschieden starke Gelege die Norm bedeuten, obwohl deutsche, englische und finnische

---

[6] *Leege*, Otto, Ornith. Mschr. 1912, S. 215.
[7] *Schacht*, Heinrich, Die Vogelwelt des Teutoburger Waldes, 1877, Neuaufl. Detmold, 1931, S. 234.
[8] Vgl. Ornith. Mschr. 1894.
[9] *Ellis*, Br. Birds XXVI (1932/33), S. 257.
[10] *Boyd*, A. W., Br. Birds XXIV (1930/31), S. 160; XXVI (1932/33), XXX (1936/37); vgl. auch *Brown*, R. A., Br. Birds XXI (1927/28), S. 178; *Hollom*, desgl. XXIII (1929/30), S. 248; *Thomas*, J. F., desgl. XXVII (1933/34), S. 201· *Robinson*, desgl. VI (1912/13); *Buxton*, E. J., desgl. 39 (1936), S. 73.

Ornithologen sich um ihre Lösung bemüht haben. Nach den bisherigen Untersuchungen sind als normal folgende Gelegstärken anzusehen[11]:

In Südspanien .... 3—5 Eier
   Großbritannien .... 4—5 Eier
   Luxemburg .... 5 Eier
   Schweiz .... 5—6 Eier
   Deutschland .... 4—5 Eier
   Norwegen .... 5 Eier
   Ostgalizien .... 5 Eier
   Finnland .... 4—6 Eier
   Rußland .... 5—6 Eier
   Persien .... bis 6 Eier
   Sikkim .... 4—5 Eier
   Westsibirien .... 4—6 Eier

und für andere Rauchschwalbenrassen:
   China .... 4—5 Eier
   Japan .... 5—6 Eier
   Ostsibirien .... 5—6 Eier
   Vereinigte Staaten .... 5—6 Eier

Regional kann ein S e c h s e r g e l e g e schon etwas Außergewöhnliches bedeuten, z. B. in Sachsen, den Niederlanden und Großbritannien, aber auch in SW-Deutschland. In England befanden sich unter 335 Gelegen in Ceshire nur sieben Sechsergelege oder 2 %, in Westmoreland unter nur 38 Gelegen 3 %.

S i e b e n e r g e l e g e sind naturgemäß noch seltener und erwecken sehr den Verdacht des Zusammenlegens. Sie wurden aus Dänemark und Ostsibirien gemeldet[12].

Von A c h t e r g e l e g e n berichtet Hortling aus Finnland[13] und Sweetlove[14] aus Nordcumberland sowie Robinson aus Lancashire; sie müßten demnach in England nicht grade ausgeschlossen sein, denn von dem Fall aus Nordcumberland wird behauptet, er stamme mit größter Wahrscheinlichkeit von einem einzigen ♀.

An sich würde die Produktion im Eierstock das auch ermöglichen, denn erwiesenermaßen legte eine durch dauernde Störungen um seine Eier gebrachte Rauchschwalbe einmal 15, in einem andern Fall sogar nach und nach 18 Eier, von denen sie die letzten vier denn auch ausbrütete[15]. Die von drei ♀ stammenden 16 Eier, die Otto Leege fand,

---
[11] Vgl. u. a. *Grote,* Herm., O. Mber. 47, 2. 1939, S. 53; *Rosenius,* 1929, l. c.
[12] *Randlow,* Dansk Ornith. Tidsskr. X, 1916; *Harboe,* ebenda, XXXIII, 1939, S. 41; *Taczanowski,* Journ. f. Ornith. 1872, S. 351.
[13] *Hortling,* Ivar, 1929, l. c.
[14] *Sweetlowe,* Br. Birds XXVI (1932/33), S. 139.
[15] *Verheyen,* 1946, l. c.

waren wohl nur durch ein besonders ausgeprägtes Trockenjahr bedingt, das den Rauchschwalben ihren Nestbau sehr erschwerte. In den USA sind sechs Eier noch recht normal, sieben schon selten. Auch hier legen ♀ manchmal zusammen. Die Größe der Eier variiert im Rahmen der europäischen Rauchschwalben[16].

Maße und Gewicht

Wie alle Messungen ergeben, sind die Eier gewöhnlich etwas gestreckt. Von den Bearbeitern werden folgende Eimaße angegeben:

Tabelle 2

Autor	Im Durchschnitt in mm		maximal in mm		minimal in mm		Bemerkungen
	Länge	Breite	Länge	Breite	Länge	Breite	
Groebbels, Kirchner, 1936[1])	—	—	22,6	14,5	16,7	12,25	[1]) Für eine Sammlung südrussischer Rauchschwalbeneier.
Goebel, 1879	19,5	13,8	20,5	14,0	18,6	13,0	
Fridrich, 1905	19,5	13,3	21,6	14,7	16,6	12,0	
Rey, 1912	19,3	13,5	21,5	13,5	16,75	12,75	
			19,25	14,5	18,0	12,25	
Groebbels, 1929	19,7	13,3	—	—	—	—	
Niethammer, 1938	19,5	13,5	—	—	—	—	[2]) Für Luxemburg.
Morbach, 1943[2])	—	—	21,0	14,3	18,0	13,7	
Holmström, 1947[3])	—	—	21,3	14,4	16,6	12,2	[3]) Für Schweden.

Man findet demnach auch bei den Eiern der Rauchschwalbe das Gesetz bestätigt, daß die Länge mehr als die Breite differiert. Bei der Länge beträgt der maximale Unterschied 6 mm, bei der Breite 2,7 mm.

Das Eigewicht beträgt 1,90 g[17], das Gewicht des Eidotters 0,52 g, das des Eiweißes 1,23 g, das der Schale 0,09 bis 0,15 g. Das spezifische Gewicht ist 1,03, das der Schale 1,48. Die Schalendicke beträgt 0,15 mm[18].

Spar- oder Spüleier

Neben den normalen Rauchschwalbeneiern kommen auch Zwergeier vor, bis herunter zu Erbsengröße. Ein im Hunsrück neben vier Jungen liegendes hatte nur 13,7 × 10 mm und ein anderes der zweiten Brut des gleichen Paares entstammendes sogar nur 13,1 × 9,6 mm. Beide Eier kamen in das Museum Alexander Koenig nach Bonn[19].

---

[16] Vgl. *Bent*, 1942 (l. c.) und Auk, Vol. 60, 1948, S. 36.
[17] Nach *Groebbels* $\frac{1,848}{1,372\text{—}2,458}$.
(1932)
[18] Letztere Zahlen beziehen sich auf die amerikanische Rauchschwalbe; vgl. Auk, Vol. 60, 1948, S. 36.
[19] *Schmaus*, M., Beitr. Fortpfl.-biol. Vög., 1938, S. 226.

Aussehen der Eier

Im allgemeinen sind die Eier glanzlos. Ihre Grundfarbe ist reinweiß. Rosenius (1929) beschreibt das Ei wie folgt:

In seinem Typ weicht es von dem anderer Schwalbenarten ab und hat auch mehr Glanz als diese. Kennzeichnend sind die Erhöhungen auf der Schale, die eine zusammenhängende Masse bilden, bei anderen Schwalbenarten aber mehr kurze, schmale Striche ergeben, von denen wiederum kürzere, oft wellenartige Vertiefungen ausgehen. Bei den Rauchschwalbeneiern gibt es alle Übergänge von grob- zu feingefleckten Eiern. Die Gelege können auch verschieden große Flecken haben und — je nach Lage, ob höher oder tiefer — sind sie heller oder dunkler graublau oder aber tiefbleigrau mit einem Einschlag von Braunrot. Die Farbe der Flächenflecke ist ein sehr dünnes, helles Gelbbraun über lebhafter, fast flammendroter Färbung bis zum dunkelsten, fast schwarz wirkenden Schokoladenbraun. Besonders die hellroten Flächenflecken variieren im höchsten Grade in ihrer Form und Größe, viel mehr als Tiefenflecke, die sie in der Ausdehnung oft überragen.

Flecke und Punkte sind gewöhnlich über die ganze Oberfläche verteilt und besitzen dann eine feinkörnige Struktur, manchmal sind sie gegen das stumpfe Ende hin kranzförmig gehäuft, in seltenen Fällen bedecken sie das stumpfe Ende dicht.

Rosenius unterscheidet vier Typen von Rauchschwalbeneiern:
1. Rotbraune Flächenflecke dominieren, weißer Boden zeigt schwache Rosafarbe.
2. Tiefenflecke machen sich weniger geltend, Flächenflecken haben helle rotbraune Flecke, wie eingetrocknetes Blut.
3. Der Boden des Eies hat ein unreines Aussehen durch eine Menge kleiner, kaum sichtbarer, teigförmiger, hellgelbbrauner Flächenflecke.
4. Schwach gezeichnete Eier, bei denen die Tiefenflecke — obwohl nicht so viele da sind und diese spritz- und punktförmig erscheinen — dominieren.

Eier mit sehr großen Flächenflecken von mehreren Millimetern Ausdehnung, aber wenigen und schwach hervortretenden Tiefenflecken sind verhältnismäßig selten. Manchmal sind auf solchen Eiern die Flächenflecken schlingenförmig.

In der Sammlung Christiernsson gibt es nach Rosenius ein Ei mit einem einzigen riesigen Flächenfleck von 1/2 cm Breite und mehr als 1 cm Länge. Die betreffende Rauchschwalbe hatte mehrere solcher Eier gelegt. 1944 wurde aus Schweden von einem Nest berichtet, in dem alle Eier rein weiß ohne Tupfen oder Farben waren[20].

---
[20] *Wide*, E., Vär Fagelvärld 6 (1947). — Auch *Brown* (The Zoologist 2, 1867, S. 884) hatte in seiner englischen Sammlung zwei rein weiße Eier. Vgl. fer-

Die Bebrütung

Wer brütet?

Bei der amerikanischen Rauchschwalbe nimmt das ♂ regelmäßig an der Bebrütung der Eier teil[21] und hat daher auch einen Brutfleck. Jeder der beiden Gatten brütet nur kurze Zeit und läßt sich dann vom andern ablösen. Trotzdem ist die Brutzeit die gleiche wie die der übrigen Rassen, die diese biologische Eigentümlichkeit nicht besitzen. A. E. Brehm ließ in der Erstauflage seines „Leben der Vögel" das ♂ mitbrüten, stellte sie aber schon in der Auflage von 1867 richtig. 1876 („Gefangene Vögel") meldeten sich dann wieder Zweifel.

Bei der Nominatrasse hatte schon E. Berge in der 5. Auflage von Bechsteins „Naturgeschichte der Hof- und Stubenvögel", die 1870 erschien, das Alleinbrüten des ♀ richtig erkannt, aber Karl Ruß nahm in seinen 1887 erscheinenden „Vögel der Heimat" noch steif und fest an, das ♂ brüte regelmäßig mit[22]. Die erste glaubwürdigere Beobachtung über einen Gattenwechsel bei der Brut kam von Berndt[23], der im Juni 1928 bei Braunschweig grade zu der Ablösung des einen Altvogels durch den andern gekommen war. Später haben Moreau und Groebbels das Mitbrüten des ♂ in Europa behauptet[24], doch wird es wohl — auch nur ganz gelegentlich — so zu verstehen sein, daß das ♂ dann mit gespreizten Beinen über dem Gelege steht[25]. Ein Brutfleck konnte von niemandem bisher beim ♂ nachgewiesen werden. Erst dieser würde es gestatten, von einem echten Mitbrüten zu sprechen.

Daß das ♂ dem ♀ Futter bringe, hatte schon Friedrich Naumann[26] 1833 behauptet. Der Bearbeiter der Rauchschwalbe im Neuen Naumann, E. Hartert sagt, das ♂ brächte dem ♀ bei besonders gutem Wetter bisweilen Futter. Weder Steinfatt, noch de Braey oder Purchon, die als gute Kenner der Schwalbenbiologie gelten können, haben jedoch das Füttern des ♀ durch das ♂ erlebt, und ich auch nicht. Jenner[27] berichtet vom Füttern des brütenden ♀ durch einige andere Rauchschwalben während des zweiten Geleges.

---

ner: Bull. Br. Ornith. Cl., Bd. 38 (1917/18), S. 35, Bd. 40 (1919/20), S. 44, Bd. 42 (1921/22), S. 87.

[21] *Bent*, 1942, l. c.

[22] Recht phantasievoll hatte *Bailly* in seiner „Ornithologie de la Savoye", 1853, das gemeinsame nächtliche Brüten der Altschwalben, Kopf und Körper eng aneinandergeschmiegt, geschildert.

[23] *Berndt*, R., Beitr. Fortpfl. Vög., 1934.

[24] *Moreau*, R. E. and W. M., Br. Birds 33, 1939/40, und *Groebbels*, Fr., Ornith. Mittlg., 1954, S. 256.

[25] *Horst*, Fr., Vogelwelt 73, 1952, H. 2, und L. *Schuster*, Fußnote zu *Steinfatt*, O., daselbst 73, 1952, H. 3., S. 92 ff.

[26] Neuer Naumann, 1901.

[27] *Jenner*, E. W. C., Br. Birds, 1945, S. 237.

Auch so läßt das ♂ sein ♀ während der Brut nicht allein, obwohl der Nestrand jetzt und auch später als psychologische Schranke gelten kann, deren Wegräumen große Überwindung kostet. Bei uns kam es, während das ♀ brütete, häufig mit witt-witt-Rufen auf das Nistbrett geflogen, was vom ♀ dahin verstanden wurde, daß es nunmehr mit ihm ausfliegen sollte. Oft kehrten die beiden Gatten gemeinsam vom Flug zurück. Beim Verlassen wie bei der Rückkehr fand eine ganz offenbare Verständigung zwischen beiden statt. Häufig genug flog jedoch das ♀ auch in Abwesenheit des ♂ vom Nest weg zur Nahrungssuche. Wenn es brütete, blickte es oft unruhig zur Lampe — dem beliebten Sitzplatz des ♂ —, als erwarte es von dort den Gatten. Manchmal wechselte es die Stellung im Nest, ordnete seine Eier oder spazierte auch auf dem Nestrand herum. Das ♂, das in dieser Zeit öfters singt, machte jetzt auch seine Inspektionsflüge, jedoch nur um zu sehen, ob in der Nähe des brütenden ♀ auch alles in Ordnung sei, in keinem Fall fütterte es das ♀. Nur ganz selten kam es auf das Brettchen geflogen, auf dem das Nest stand und ordnete von da aus über seine psychologische Schranke hinweg sich reckend etwas am Nestrand. Soll das ♀ das Nest verlassen, so wird es häufig vom ♂ gradezu weggelockt. Dieses fliegt dann hinter ihm her, lädt es aber durch eigenes, wiederholtes Hereinfliegen gradezu dazu ein, zum Nest zurückzukehren. Ist das ♀ in der Nachbarschaft, so ruft das von Eifersucht geplagte ♂ mit Chirre-chirre-che. Eindringende Nebenbuhler werden gemeinsam verjagt, ebenso — dann aber nur vom ♂ — etwa sich wieder einfindende Junge der ersten Brut. Während der Nacht wachte unser Steinkruger ♂ stets auf dem Lampenschirm in unmittelbarer Nestnähe, aber zweifellos lassen andere ♂ ihren Ehegatten allein und übernachten an irgendeinem Platz oder gar im Rohr mit solchen ihres Geschlechts.

Die Bebrütung beginnt normal mit der Ablage des letzten Eies. Manchmal sitzt das ♀ auch schon 10 bis 15 Minuten lang nach dem dritten Ei[28]. Die häufigen Abwesenheiten des ♀ schaden dem Gelege normalerweise nicht, da die Eier ja in einem warmen Bett von Dunenfedern liegen, und sie werden ja auch beim Verlassen nicht etwa zugedeckt. Gegen Raubzeug ist das Nest meist durch den Ort seiner Anlage gut geschützt, und im übrigen wird es ja durch das fast stets anwesende ♂ eifersüchtig und opferbereit geschützt.

Die Brutunterbrechungen des zur Futtersuche oder zum Ausruhen wegfliegenden ♀ dauern je nach den Umständen 1 bis 45 Minuten, überschreiten aber 15 bis 20 Minuten nur selten, sobald das Gelege vollzählig ist. Je kälter es ist, um so häufiger werden die Eier ver-

---

[28] Bei der amerikanischen Rauchschwalbe beginnt nach W. P. *Smith*, Auk, 1933, S. 414, das Brüten noch vor der Vollendung des Geleges.

lassen, desto weniger lang bleibt das ♀ aber im Einzelfall aus. Die Flüge werden auch zum Federholen — oft im rasenden Flug dicht über der Erde — benutzt. Auf dem Nest selbst ruht das ♀ nachts und außerdem gern gegen Mittag etwas, kratzt sich oder wendet die Eier um. Dann steckt es den Kopf tief — wie de Braey so schön beobachten und skizzieren konnte[29] — unter den angehobenen Körper oder kehrt den Körper nach links und rechts. Eine balanzierende Bewegung kommt noch zustande, wenn der Vogel auf dem Nest Platz nimmt und die Eier mit dem Schnabel bewegt, oder wenn er sich mit dem Körper über den Eiern dreht, was stets eine stärkere Veränderung der Eilage zur Folge hat. Ein ausgesprochenes Drehen mit dem Schnabel bringt die sichtbarsten Ortsveränderungen hervor. Die Eier werden noch gedreht, wenn schon die ersten Jungen geschlüpft sind, jedenfalls kann man entsprechende Schiebebewegungen dann so deuten, ja Berndt[30] läßt auch das ♂ Veränderungen der Eilage vornehmen.

Moreau[31], der allerdings ein Mitbrüten des ♂ annahm, fand einen ziemlich schnellen Bebrütungsrhythmus: auf dem Nest fünf bis sechs Minuten, weg vom Nest acht bis zehn Minuten. Im allgemeinen ist — wenn man die Tagesleistung zugrundelegt — das ♀ zu etwa 70 % auf dem Nest, zu 30 % unterwegs, nach Steinfatt[32], der diesen Dingen in der Rominter Heide nachspürte, zu 66 % bzw. 33 %. Der erste Tagesausflug wird in der frühen Morgendämmerung — unter Umständen bald nach 4 Uhr — unternommen und dauert, der langen Sitzzeit, die vorangegangen ist, entsprechend lange, bis zu 1/2 Stunde.

Bebrütungsdauer und Unterbrechungsdauer nach den Feststellungen verschiedener Autoren:

Tabelle 3

Autor	Brutdauer				Brut-Unterbrechg.		Anzahl d.Tages-Brutsitzung.	Anzahl der Unterbrechungen
	in Minuten kürzeste	längste	Brutstunden	%Brutdauer	in Minuten kürzeste	längste		
De Braey, 1946 .	4	16	?	70	1	30	11	?
Moreau, 1939/40	5	12	?	64—65	2	9	16	?
Steinfatt, 1952 .	1	24	9 1/2	66	?	?	?	?
Horst, 1952 . .	2	37	7 1/4 6 1/4	?	1	18	?	40

---

[29] *De Braey*, Anwers, Le Gerfaut 36, 1946, l. c.
[30] *Berndt*, R., Beitr. Fortpfl.-biol. Vög., 18, 1942, S. 133.
[31] *Moreau*, R. E. and W. M., Br. Birds 33, 1939/40.
[32] *Steinfatt*, O., Vogelwelt 73, 1952, S. 92.

Die erste Brut 91

Brutdauer[33]

Die Zeit von der Ablage des letzten Eies bis zum Schlüpfen des ersten Jungen ist eine Funktion der Wärmesumme. Ist das ♀ zu häufigen und weiten Flügen, noch dazu bei kaltem Wetter genötigt, oder kann es gar nur nachts brüten, da es tagsüber auf Futtersuche ist, so zieht sich die Brutdauer hinaus; unter sehr günstigen Verhältnissen ist sie recht kurz, Friedrich Naumann beschreibt in seiner Erstausgabe von 1833 ein Paar, das zum Ausbrüten des ersten Geleges 17, des zweiten Geleges nur 11 Tage benötigte. Damit ist schon fast die äußerste Spanne gegeben, die zwischen 11 und 18 Tagen pendelt. Von der geographischen Lage ist die Brutdauer nicht abhängig, denn sowohl für Rumänien[34] wie für Schweden werden 11 bis 13 Tage angegeben, für Finnland allerdings 14 bis 18 Tage. Und obwohl bei der amerikanischen Rasse beide Geschlechter brüten und die Abwesenheitsintervalle entsprechend kürzer sind, gilt auch dort eine Brutzeit von 13 bis 17 Tagen als normal. In Mitteleuropa kann man hierfür 15 bis 16 Tage ansetzen.

Das Schlüpfen der Jungen[34]

Die Jungen eines vollen Geleges schlüpfen meist innerhalb 24 Stunden. Horst kontrollierte 1952 ein Nest, bei dem das erste Junge am 22. Juni zwischen 7 und 8 Uhr, das letzte und vierte am folgenden Tage früh 6 Uhr schlüpfte. Kaum eine Stunde nach dem Schlüpfen begann die Fütterung. Jahreszeitlich gesehen zieht sich das Schlüpfen ungefähr ebenso auseinander wie das Eintreffen, der Nestbau und die Eiablage, denn mit einer Variationsbreite von sieben Tagen kann die Brutdauer nur wenig wettmachen oder hinzufügen. Im großen und ganzen wird es in unseren Breiten in die Zeit zwischen dem 10. bis Mitte oder Ende Juni fallen. In Luxemburg schwankte das Ausfallen der ersten Brut in den Jahren 1927 bis 1932 zwischen dem 16. und 26. Juni[35], in seltenen Fällen kann es in Deutschland schon am 22. Mai die ersten Jungen geben, in Großbritannien am 29. April als Ausnahmefall. Im südlichen Pakistan[36] kommen Bruten schon Ende Januar vor!

Beim Schlüpfen der Jungen leistet das ♀ manchmal eine Art Geburtshilfe: Es greift dann das Junge, dessen Schnabelzahn die Eischale

---

[33] Außer den in der Tabelle genannten Autoren vgl. *Heinroth*, Vögel Mitteleuropas; *Niethammer*, G., Handbuch der deutschen Vogelkunde; *Brock*, Br. Birds IV (1910/11); *Brown*, Br. Birds XX (1925/27); *Lack*, Ibis, 1948; *Morbach*, 1943, l. c.

[34] *Horst*, 1952, l. c. — Vgl. auch *Brown*, Br. Birds XVI, 1922/23, S. 183; *Purchon*, 1948, l. c. und *De Braey*, 1946, l. c.

[35] *Morbach*, 1943, l. c. — für das frühe Datum 22. Mai in Deutschland, *v. Kalitsch*, Beitr. Fortpfl.-biol. Vög., 11, 1935, S. 183.

[36] Auf ca. 29,30° n. Br. an der Grenze von Iran.

schon durchbohrt hat, mit vorsichtigen Schnabelbewegungen, nimmt ein Schalenbruchstück und trägt es bis 20 m vom Nest entfernt weg, um es dann fallen zu lassen und zum Jungen zurückzukehren. Das schlüpfende Junge wird sanft am Flügel gepackt und nunmehr aus dem Ei gezogen. Dann wird der Rest der Schale davongetragen und das Junge getrocknet. Diese schönen Beobachtungen hat Verheyen (1946) angestellt, sein Landsmann De Braey fügt hinzu, daß erst einige Stunden nach dem Schlüpfakt auch das ♂ hinzueile und die Jungen, die bisher ganz in der Obhut des ♀ waren, hudert.

Bruteffekt der ersten Brut

In England untersuchte man 1934 und 1935 über 1000 Nester auf ihren Bruterfolg hin und fand, daß 10 % der Eier nicht ausgebrütet wurden[37]. Die Durchschnittszahl an Jungen je Gelege war 4,01 bzw. 4,09[38]. Für den 20jährigen Zeitraum von 1913 bis 1933 stellte Thomas[39] als Höchstzahl von Jungen eines Geleges in Camarthenshire 4,11, als Mindestzahl 3,34 fest. Fünf und mehr Junge schlüpfen nicht allzuhäufig aus, in England schwankte die Ziffer von 6,2 % in schlechten Jahren bis zu 36,6 % in guten Jahren (1924 bis 1930).

Je geringer die Zahl der kontrollierten Gelege ist, um so eher wird man als Zufallstreffer auf höhere — oder niedrigere Zahlen kommen können. Immerhin wird es annähernd der Wirklichkeit entsprechen, wenn Brinkmann[40] für einen fünfjährigen Zeitraum in Deutschland auf eine Jungendurchschnittszahl von 4,5 kam, Boyd[41] in Ceshire auf 4,6, und wenn in den USA für die Erstbrut 4,25 Junge je Gelege ermittelt wurden[42]. Bei dauernden Störungen, die z. B. in der Pfälzer Autogarage durch Streichen der Wände und dauerndes Fahren der Wagen verursacht wurden, kann es vorkommen, daß von der an sich schon äußerst niedrigen Eizahl von zwei je Gelege nur ein einziges Junges ausgebrütet wird.

Gewicht und Aussehen

Die erst wenige Stunden alten Jungen wiegen 1,6 bis 1,7 g, mit einem Tag 2,5 g, mit fünf Tagen 9,5 g, mit zehn Tagen 22,5 g und mit fünfzehn Tagen 23 g. Manche können allerdings auch mit 13 Tagen nicht mehr als 22,5 g wiegen. Mit 15 Tagen, kurz vor ihrem Ausfliegen, waren unsere Steinkruger Nestschwalben schwerer als ihre Eltern,

---

[37] *Boyd*, Br. Birds XXX (1936/37). Auch in Bayern fielen 90 % der Eier aus (*Buxton*, 1946, l. c.).
[38] Wohl ohne Unterscheidung erstes und zweites Gelege.
[39] *Thomas*, Br. Birds XXVII (1933/34), S. 201.
[40] *Brinkmann*, Matthias, Beitr. Fortpfl.-biol. Vög., 1938, S. 161.
[41] *Boyd*, Br. Birds XXVI (1932/33), S. 255.
[42] *Mason*, E. A., Bird Banding, 24 : 91—100.

deren Durchschnittsgewicht 18 bis 20 g beträgt, aber sie büßen ja ihr Übergewicht nach dem Flüggewerden sofort wieder ein. Bei den von de Braey gewogenen Jungen erreichte die Gewichtszunahme am 13. Tag mit 22,5 g ihren Höhepunkt und fiel dann bis zum 21. Tag langsam aber sicher auf 18 g ab. Auch wir stellten bei einer Zweitbrut in Steinkrug fest, daß das einzige überlebende Junge eines Zweiergeleges, das zuletzt 22 g wog, in den letzten vier Tagen bis zum Flüggewerden nicht mehr zunahm.

Außerdem kann das Gewicht auch innerhalb eines Tages erheblich schwanken, und z. B. um 4 Uhr morgens 18,5 g, um 16 Uhr 22 g und abends 20 Uhr 21,3 g betragen[43].

Das soeben dem Ei entschlüpfte Junge ist an Kopf, Hals und Rücken mit grauen Daunen spärlich bedeckt und sieht recht grotesk und häßlich aus. Sobald die eigentlichen Federn sprossen, entstehen zugleich auf den Federrainen Dunen, die das bleibende Untergefieder darstellen. Die gleiche Erscheinung haben wir bei Mauerseglern, den Raubvögeln, Störchen und Kranichen, bei heimischen Singvögeln aber sonst nicht, wie Heinroth sagt. Die längste Schwinge wächst zwischen dem 10. und 25. Tag, also ungefähr zu der Zeit, wenn sie ausfliegen, von 25 mm auf 52 mm, das heißt um 5 mm täglich. In der gleichen Zeit wird die äußerste Schwanzfeder, die bis dahin 1,5 mm lang war, auf 30 mm angewachsen sein. Das ist erstaunlich, wenn man bedenkt, daß der menschliche Nagel täglich nur ein Zehntel Millimeter wächst.

Aufzucht der Jungen

Geschichtliches

Bekannt ist die Aristotelische Ansicht, daß die Jungen der Schwalbe von ihren Eltern streng der Reihe nach gefüttert werden. Es spricht für sein Ansehen, daß man noch 2300 Jahre später an dieser Ansicht festhielt, nämlich um 1900[44]. Auch Theokrit (270 v. Chr.) spricht von der Schwalbe, die ihren Kindern unter dem Dach einen Schnabel voll Nahrung bringe, dann aber eiligst wieder zurückfliege, um neue Nahrung zu sammeln. Besonders hübsch ist die Beschreibung Juvenals (58 bis 138 n. Chr.) von dem Schwalbenjungen, das seinen Rachen aufsperrt, um die Speise zu erhaschen, die ihm die Altschwalbe, die selbst noch nichts genossen hat, zuträgt. Olaus Magnus (1553) läßt die Rauchschwalbe alle Jungen der Reihe nach gleichmäßig füttern.

Aber schon der alte Teutoburger Ornithologe Schacht wußte es in den 70er Jahren des vorigen Jahrhunderts — und der Franke Gengler bestätigte es 1906 — daß zwar eine große Stetigkeit des Fütterns der

---

[43] *De Braey*, Le Gerfaut, 36, 1946, S. 133—192. — Über die Gewichte amerikanischer Rauchschwalben vgl. *Stewart*, Auk, 1937, S. 326.
[44] *Ernst Hartert* schildert es im Neuen Naumann noch 1901 genau so.

Reihe nach bestünde[45], oft aber auch ein Junges mehrmals — und zwar bis zu dreimal — hintereinander aus einem Rachen gefüttert würde[46]. Noch häufiger kommt es vor, daß eines der zurückgebliebenen Jungen, weil es seinen Rachen nicht entgegenzustrecken vermag, bei der Fütterung ganz übersehen und immer mehr abgängig wird. Sofern es nicht ganz zugrunde geht, fällt sein Gewicht doch erheblich gegenüber dem der Nestgeschwister zurück.

Hudern[47]

In den ersten Tagen nach dem Schlüpfakt verhalten sich die Rauchschwalben völlig verschieden. Bei manchen Paaren hudert das ♀ drei Tage lang die Jungen fast ununterbrochen, erst vom vierten Tag an gönnt es sich mehr Freiheit. In kalten Nächten können auch beide Eltern auf den Jungen sitzen. Nach Berndt hudert das ♀ nachts die Jungen bis zum 13. Tag, manche Jungen werden nach Beobachtungen in England sogar bis zum Ausfliegen gehudert. Gewöhnlich hört das Hudern aber spätestens am 14. Tag auf. Beim Hudern erhebt sich manchmal das ♀ auf die Fersen — hin und wieder tut das auch das ♂ — um eine augenscheinlich herausgewürgte Nahrung zu verfüttern, die Ausfütterung des Nestes zu erproben oder heftig im Nest herumzufahren. Eine Stunde nach dem Schlüpfen des letzten Jungen wird — und zwar zunächst nur durch das ♀! — gefüttert, dann aber das ♂ eingeschaltet, das beim Füttern in diesen Tagen die Hauptlast, etwa im Verhältnis 12 : 1, zu tragen hat. In Steinkrug beobachteten wir bei einer Zweitbrut, deren sommerliche Zeit vielleicht das Hudern weniger notwendig machte, grade das Umgekehrte: Am Schlüpftag, dem 7. August, entfernte sich das ♀ während einer ununterbrochenen vierstündigen Beobachtungsdauer 17 mal vom Nest, und 12 mal eilte das ♂ während dieser Pausen herbei! Aber nicht um zu füttern — dieses Geschäft oblag an diesem ersten Tag auch bei uns ausschließlich dem ♀ — sondern lediglich um Wache zu halten und um vom Nestrand aus ordnen zu können. Jedes Junge wurde an diesem Tage vom ♀ allein im Abstand von zehn Minuten gefüttert. Das Hudern wird bei schlechtem Wetter auch in einem späteren Entwicklungsstadium der Jungen noch vorgenommen, im allgemeinen schläft aber das ♀, wenn die Jungen größer geworden sind, nicht mehr auf dem Nest, sondern zieht dann auf dessen Rand. Manchmal rückt es schon acht Tage nach dem Schlüpfen nachts von ihnen ab[48]. Bei der chinesischen gutturalis-

---

[45] *Schacht*, Heinrich, 1877; 3. Aufl. 1931.
[46] *Gengler*, J., „Die Vögel des Regnitztales..." Nürnberg, 1906 und *de Braey*, 1946, l. c.
[47] Vgl. hierzu: *Purchon*, 1948, l. c.; *Horst*, 1952, l. c.; *Steinfatt*, 1952, l. c.; *Verheyen*, 1946, l. c.; *Berndt* 1942, l. c.; *Brown*, Br. Birds XVI (1922/23, S. 183.
[48] *Thomé*, Else, 1942.

Rasse wurde ebenfalls ein Hudern der Jungen durch das ♀ einige Tage hintereinander nach dem Ausschlüpfen beobachtet. Das ♂ trug Futter herbei, das ihm allerdings vom ♀ abgenommen und an die Jungen verteilt wurde. Die Federn des ♀ bekamen durch das Hereinstecken der Nahrung in den Rachen der Jungen um den Schnabel herum einen klebrigen Überzug[49]. Das ♂ fliegt meist mit einem „wiet wiet" heran. Im gleichen Augenblick verläßt das ♀ das Nest, um meist — aber nicht immer — mit Nahrung wiederzukommen. Die Zahl der im Gaumen gespeicherten Insekten genügt zu einer „Rundumfütterung" im allgemeinen, aber natürlich werden oft auch Einzelinsekten gefaßt und dann an ein einzelnes Junges verfüttert. Verläßt das ♂ nach der Fütterung den Nestrand, so stößt es helle Rufe aus, während das ♀ stets lautlos zum Nest fliegt und nur gelegentlich schreit, wenn das ♂ auf dem Nest sitzt.

Nach der Periode des — nicht obligatorischen — Huderns nehmen ♂ und ♀ wieder annähernd gleichen Anteil an der Fütterung, und bei manchen bleibt das ♂ vom frühen Morgen bis zum späten Abend tätig, ja behält die Führung die ganze Aufzucht hindurch, während bei anderen wieder das ♀, da es nachts auf dem Nest bleibt, die letzten Abend- und ersten Morgenfütterungen selbst übernimmt.

Bei unseren Steinkruger Rauchschwalben änderte sich vom dritten Tage an die Lage von Grund auf: Das ♂ durfte von jetzt an nicht nur mitfüttern — bisher hatte es ja mehr oder minder nur Wache gehalten —, sondern trug sogar die Hauptlast der Fütterung und brachte es während sieben Stunden sogar zur doppelten Leistung gegenüber dem ♀. Es überwand seine Scheu und setzte sich fast ebensohäufig auf den Nestrand wie das ♀, fraß dort Parasiten, ordnete herum, trug auch schon gelegentlich Kotballen vom Nest und wühlte sogar!

Wühlen

Dieses W ü h l e n ist recht eigentlich Sache des ♀. Es geschieht eigentlich immer im Anschluß an eine geruhsam bewerkstelligte Fütterung, also nicht unter dem Zwang schneller Atzungsfolge. Das ♀ beugt sich dabei vom Nestrand aus tief nach vorn, schiebt sich mit dem Kopf unter die Jungen, stellt den Schwanz dabei oft steil zur Decke und entfernt bei diesem gewagten Kopfstand aus dem Nest allen möglichen Unrat, vor allem die lästigen Parasiten, nicht jedoch den Kot. Die gefangenen Parasiten werden entweder sofort gefressen, hin und wieder auch an die Jungen verfüttert[50], oder sie werden aus dem Nest fortgetragen. Wenn sie gefressen werden, kann man sehr schön

---

[49] *Kolthoff, Kjell,* 1921/22, l. c.
[50] Wie es auch *Horne,* Br. Birds XVII (1923/24) in England beobachten konnte, als eine Altschwalbe sich Lausfliegen von ihren Rückenfedern sammelt und an die Jungen verfütterte.

die Schluckbewegungen des ♀ beobachten. An unserm ersten Beobachtungstage wurde während 15stündiger Beobachtungszeit vom ♀ 40mal gewühlt; bei der zweiten Brut, die nur zwei Junge zeitigte, war das Nest augenscheinlich nicht so verlaust, und es wurde Mitte August an einem 14stündigen Beobachtungstage nur 27mal gewühlt. Ein andermal während sieben Stunden Beobachtungsdauer an einer Erstbrut beteiligte sich das ♂ ausnahmsweise an diesem Geschäft, aber nur im Verhältnis 4 : 47.

Von dieser Wühltätigkeit war das Wegpicken von allerlei Abfällen (wiederum nicht Kot!) und Ungeziefer vom Nestrand aus ohne deutliche Wühlaktion zu unterscheiden. Auch daran hatte das ♀ hervorragenden Anteil, es beförderte sogar ein abgestorbenes Junges gefühllos vom Nest; aber bei späteren Beobachtungen stellte sich doch heraus, daß auch das ♂ sich zeitweise daran beteiligen kann. Für viele ♂ bedeutet eben der Nestrand eine psychologische Schranke, deren Überwindung ihm große Anstrengungen kostet. Es hat ja auch das Nest nur mitgebaut und nie darin gesessen.

Die dritte Aufgabe, die fast ausschließlich dem ♂ zufiel, waren Kontrollflüge, die aber nichts mit der Fütterung zu tun hatten, sondern lediglich dem Zweck galten, die Lage zu sondieren, festzustellen, ob alles in Ordnung sei und dann wieder das ♀ davonzuführen.

Kotentfernung

Die Entfernung des Schwalbenkotes vom Nest hat die Wissenschaftler aller Zeiten interessiert: Aristoteles sagte „ekballousi", und Plinius übersetzte das ins Latein mit „egerunt", d. h. „sie tragen ihn weg". Erläuternd sagt Aristoteles: „Solange die Jungen klein sind, werfen die Alten den Unrat aus dem Nest, sobald sie aber herangewachsen sind, lehren sie ihre Jungen, es selbst zu tun und sich dazu im Nest herumzudrehen." Genau das gleiche trägt auch der große Moralist Plutarch vor.

Oskar Heinroth wie Günther Niethammer glaubten noch irrtümlicherweise, der Kot sei so dünnflüssig, daß er von den Jungen nur am Nest abgesetzt werden könnte, nicht aber von den Alten vom After weggetragen. Inzwischen hatte schon um die Jahrhundertwende Ernst Hartert richtig beobachtet, daß die Jungen das Nest nicht verunreinigen — nur so könnte es ja auch zur zweiten Brut wieder benutzt werden — sondern sich umdrehten und die Exkremente über Bord fallen ließen. Seien die Alten zufällig zugegen, so nähmen sie auch den Kot vom After weg. Richtig beobachtete Berndt, daß die Jungen erst in ziemlich erwachsenem Alter — vom zwölften Tag ab — den Kot über den Nestrand abzusetzen begannen.

Die erste Brut

Und richtig ist, daß der Kot bei Kontroll- und Fütterungsflügen von Anfang an von beiden Gatten fortgetragen wird[51], und zwar entweder durch Entfernung vom Ort des Absetzens, oder so, daß der Elternvogel wartet, bis das Junge sich nach der Fütterung umdreht und die ruckartigen Bewegungen baldigen Kotabsetzens macht und ihm dann mit dem Schnabel den Kot vom After abnimmt.

Der bereits abgelegte Kot wird meist vom Nestrand oder vom Brettchen, während der ersten Tage auch unter den Jungen selbst, hervorgesucht und fortgetragen, und manchmal wird das Junge am Bauch gepickt, wenn die Defäkation zu lange auf sich warten läßt, und das dabei störende ♂ vertrieben. Er wird bei zimmerbewohnenden Rauchschwalben, die durch eine Fensterspalte herausfliegen, meist aus dem Haus getragen, sonst in 5 bis 25 m Entfernung fallengelassen. In den USA wurde aber auch beobachtet, daß eine Rauchschwalbe den Kot über einen Teich 300 m weit wegtrug und erst dann fallen ließ[52]. Es kann vorkommen, daß die Membran so stark ist, daß der Kot auch bei einem Fall von zwei Meter auf den Boden nicht zerplatzt und noch dort von den Elternvögeln fortgetragen wird, ja, daß sie sogar kotähnliche Perlmutterknöpfe aufheben[53]. In Steinkrug kümmerten sie sich um den auf den Fußboden fallenden Kot überhaupt nicht, und dieser zerplatzte dort auch regelmäßig — allerdings zum Glück in einem Vorraum. Manchmal, vor allem, wenn sie eilig füttern, lassen die Alten auch einmal den Kot im Nest liegen.

Über das Abnehmen des Kotes vom After geben die Beobachtungen ein recht verschiedenes Bild. Zweifellos wird während der ersten beiden Tage der Kot nur vom ♀ abgenommen, das dann manchmal sogar unter die Jungen kriecht. Erst vom dritten Tage an beteiligt sich auch das ♂ daran. In manchen Fällen können die Jungen schon vom sechsten Tag an selbständig über den Nestrand defäzieren, doch bleibt der Kot dann, da er noch ziemlich klebrig ist, meist am Nestrand hängen und wird nun vom Elternvogel weggetragen. Mit dem 14. Tag war die Nestsauberkeit der von de Braey kontrollierten belgischen Rauchschwalben durch die Jungen garantiert, und am Schluß wurde der Kot nur noch ausnahmsweise fortgetragen, zerriß aber meist unterwegs. Die von mir in Steinkrug unter Kontrolle gehaltenen Rauchschwalben ließen sich noch mit 15 Tagen — zwei Tage vor dem Flüggewerden — den Kot vom After wegpicken, und die etwas später Flüggewordenen der zweiten Brut sogar noch mit dem 17. Tag — sie

---

[51] Obwohl auch Ausnahmen vorkommen können: *Béla v. Scëötz* berichtet 1919 (Aquila XXVI, S. 145) aus Ungarn, der Kot würde nur vom ♀ weggetragen.
[52] *Ranay*, Auk 58, 1941.
[53] *Horst*, 1952, l. c.

wurden erst mit 22 Tagen flugfähig —, doch wurde mit 17 Tagen der Kot auch schon selbständig aus dem Nest gespritzt.

Verheyen[54] behauptet, der Kot würde von den Elternvögeln nur in den ersten Tagen verschluckt, später nicht mehr. Aber auch hierin verliefen meine eigenen Beobachtungen anders, und ich habe noch bei zwölf Tage alten Jungen gesehen, wie die Alten den Kot vom After wegpickten und verschluckten.

Es kann vorkommen, daß ein ♀ gerade ein Junges gefüttert hat und dieses daraufhin defäziert. Sofort verschluckt der Elternvogel den Kot, füttert aber nichtsdestoweniger noch zwei weitere Jungen. Vom vierten Tage an dürften allerdings einige Kotballen zum Verschlucken schon zu groß sein, und allmählich nimmt das Kotverschlucken mehr und mehr ab und wird selbst das Forttragen des Kotes gegenüber der Defäkation über den Nestrand hinweg nach unten, wo er nicht mehr aufgelesen wird, in den Hintergrund treten[55].

Das Öffnen der Augen

Das Öffnen der Augen geschieht meist erst am vierten Tag, in einigen Fällen aber erst am neunten Tag; bei uns in Steinkrug kam es sogar nicht früher als am elften und zwölften Tag und bei einer Zweitbrut sogar am dreizehnten Tag zustande. Aber kleine Sehschlitze zeigen sich schon früher[56], nämlich unter Umständen am sechsten Tag und dann kann es immer noch weitere sechs Tage dauern, bis alle Jungen des Geleges die Augen offen haben. Bei der amerikanischen Rauchschwalbe begann der Öffnungsprozeß am fünften Tage und war am achten Tag abgeschlossen[57].

Die Fütterung

Wir sprachen schon von den ersten Entwicklungstagen, bei denen noch viel gehudert wird und eine verschiedene Einspannung des ♂ in den „Dienst vom Tage" erfolgt. Die Zahl der Fütterungsflüge in der nun folgenden Zeit schwankt stark nach Nahrungsreichtum und Wetterlage, ist aber auch abhängig von der Zahl und dem Alter der Jungen, obwohl diese wieder durch die Größe der herbeigeschleppten Nahrungstiere abgefangen werden kann. Die Durchschnittsrate einer Fütterung repräsentiert ungefähr im Mittel der elfte Tag. Da ein Elternvogel bei kleinen Jungen den ganzen Nahrungsbedarf für sechs Junge in seinem Schlund führen kann, ist die Ernährung auch eines

---

[54] *Verheyen*, 1946, l. c.
[55] Vgl. hierzu: Neuer *Naumann*, Bd. IV, 1901. *Heinroth*, O, Die Vögel Mitteleuropas Bd. I; *Niethammer*, Günther, Handbuch; *Keller*, Otto, Antike Tierwelt, Leipzig, 1913; *Strack*, Aristoteles' Naturgeschichte der Tiere, Frankfurt/M., 1816.
[56] *Horst*, 1952, l. c.
[57] *Bent*, 1942 (l. c.) zit. *Smith*, 1933.

größeren Geleges kein Problem[58], trotzdem merkt man es aber den Schwalben ganz deutlich an, wenn sie in Engpässe geraten, da sie dann sehr rasch füttern, keine Pausen einschieben, sofort davonstürmen und es oft sogar vergessen, den Kot fortzutragen. Auch Hungerperioden können die Jungen überstehen. Zwar scheint es reichlich gewagt — wie Staats von Wacquant es 1891 behauptete — anzunehmen, diese Hungerperiode könne fünf bis sechs Tage dauern[59], aber Boyd stellte einwandfrei fest, daß die Fütterung einen ganzen Tag ausbleiben kann. Die Eltern blieben bei Schlechtwetter einfach weg und kamen erst um 21 Uhr zurück — die Jungen waren inzwischen von der fürsorglichen Bauerstochter in ein Flanelltuch gewickelt in die Küche gebracht worden[60].

L. Schuster hatte schon recht, wenn er die Bedeutung statistischer Erfassungen biologisch gesteuerter Vorgänge in Zweifel zog. Der Fütterungsakt ist nun einmal keine Maschinerie, wenn wir ihn auch mittels des halbvergessenen „Terragraphen"[61] rein maschinell registrieren können. Und die Rauchschwalben selbst sind individuell so verschieden, die Umstände, die auf die Fütterung einwirken, derart unberechenbar, daß ein nicht interpretiertes Zahlenmaterial tatsächlich wenig Licht in die Zusammenhänge dieser Vorgänge wirft. Wir dürfen aber auch nicht allzu verächtlich auf die von guten Beobachtern ermittelten Zahlen blicken, da sie immerhin Annäherungswerte sind und einen Rahmen für Deutungen liefern.

So betrachtet kann man selbstverständlich bei kleinen Jungen und bei einer geringen Jungenzahl, bei Schlechtwetterperioden und bei phlegmatischen Schwalben weniger Fütterungsflüge erwarten als unter entgegengesetzten Voraussetzungen. Und so kommt es, daß auch bei einer Annäherung an die jeweilige Normalität rechte Schwankungen in den Tagesleistungen zustandekommen. Am zweiten Tag nach dem Schlüpfen stellte Horst[56] z. B. innerhalb 11$\frac{1}{2}$ Stunden 291 Fütterungsakte beider Partner fest, während Groebbels[62] und auch die Amerikaner eine Zahl von 800 Flügen mitteilen, allerdings bei über 14stün-

---

[58] *Purchon* (1948, l. c.) nimmt an, daß bei 15stündiger Fütterungsdauer etwa 600 Insekten an die Jungen eines Geleges verfüttert werden, der tägliche Nahrungsverbrauch von Alten und Jungen einer Familie also 1000 Insekten betrüge.

[59] Staats von *Wacquant-Geozelles,* Mittlg. ornith. Ver. Wien, 15, 1891, S. 84, 102.

[60] *Boyd,* Br. Birds 39 (1939/40) S. 200.

[61] *Hegendorf,* „Der Terragraph", Leipzig, 1913.

[62] Vgl. *Groebbels,* F., Der Vogel in der deutschen Landschaft, 1938; *De Braey,* 1946, l. c.; *Moreau* and *Moreau,* Br. Birds 33 (1939/40), *Helm,* Dansk Ornith. Tidsskr. VIII, 1914. Sehr übertreibt *Frionnet* mit seinen Angaben in „Les oiseaux de la Haute Marne", 1925.

diger Tagesdauer. Diese Rekordzahlen halte ich jedoch für unmöglich, da sie die Schwalben über Gebühr, nämlich zu einer Dauerleistung von je einer Fütterung pro Minute in Anspruch nehmen würden und auch nicht nötig sind, da damit zehn Jungschwalben und nicht bestenfalls sechs ernährt werden könnten. Die von Loos festgestellten einwandfreien Fütterungsakte: 526 innerhalb zwölf Stunden, also je eine in einer Minute, 22 Sekunden, dürften schon eine maximale Beanspruchung sein. Bei gutem Wetter kommen vorübergehend sechs Fütterungsakte je Minute vor[63].

Die Altschwalben beginnen mit der Fütterung, sobald es in der Umgebung hell wird und hören abends auf, sobald sie nichts mehr erjagen können. Am längsten Tag war das bei einer Rauchschwalbe, die ihre Jungen im Halbdunkel des Vorraumes unserer Steinkruger Wohnung aufzog, noch um 21.45 Uhr. Die längsten Fütterungstage können 15^1/$_2$ Stunden dauern. Betrachten wir die Stundenleistung, so kann sie unter ungünstigen Verhältnissen ja Null sein, in den frühen Morgenstunden, besonders aber in der letzten Abendstunde, Werte von vier und wenig darüber aufweisen und dazwischen auf die wohl maximale Leistung von 73 Fütterungen je Stunde durch beide Vögel anschwellen. Ist das Wetter günstig, so können die Altschwalben ihr Soll bald erfüllen, und man sieht sie dann öfter in der Nähe der Jungen ausruhen, sich putzen, oder hört sie zwitschern. Der Schwerpunkt der Fütterung bildet an solchen Tagen oft der Vormittag, während er bei anhaltend schwülem Wetter auf den Nachmittag verlegt werden kann. Wird es kalt und stürmisch, oder geht es auf den Abend zu, verlängern sich die Futterpausen oft außerordentlich — bis zu einer halben Stunde und mehr — weil die Rauchschwalben dann ihr Jagdgebiet, das zu dieser Zeit sich normalerweise nur etwa 200 m weit vom Nest erstreckt, bedeutend erweitern müssen. Oft erscheint in der Zwischenzeit ein Feind — eine Katze oder ein Nebenbuhler — und muß verjagt werden, was auch wieder mit Verzögerungen verbunden ist. Die kürzesten Fütterungsintervalle zeigten bei uns die Mittagsstunden zwischen 14 und 16 Uhr (alle 1^1/$_2$ Minuten) wohl mit wegen der günstigen Wetterlage an diesem Tage.

Die Stundenleistungen, welche von verschiedenen Autoren angegeben werden, sind deshalb nicht miteinander vergleichbar, weil man ihre Abhängigkeiten nicht kennt: Tageszeit, Wetter, Zahl und Alter der Jungen, ökologische Verhältnisse. Die Tagesleistungen geben ein besseres Vergleichsmaterial. Über ihre maximale Differenz berichtete ich schon. Es geben an:

---

[63] *Purchon*, 1948, l. c.

Die erste Brut 101

Tabelle 4

Beobachter	Jahr	Beobachtungsdauer Std.	Anzahl der Fütterungen		
			Gesamt	je Std.	1 Fütterung aller
Loos lt. Groebbels		12	526	20—71	1 Min 21 Sec
Steinfatt ...	1952	15	456	30	2 Min
Emmet	1939	—	—	48	—
Moreau	1939/40	—	—	6—21	—
v. Vietinghoff .	1948	15	398	4—42	2 Min 13 Sec
Hegendorf lt. Groebbels	1932	14½	800 (?)	55	—
De Braey ...	1946	13	—	3—73	—

Während einer 13stündigen Beobachtungsdauer an einem mit fünf zwölftägigen Jungen besetzten Nest stellte ich in Steinkrug einen durchschnittlichen Fütterungsintervall je Junges von zehn Minuten fest. Die beiden einzigen Jungen des zweiten Geleges, das Anfang August gezeitigt wurde, erhielten ihre Nahrung in den gleichen Abständen. Mit anderen Worten: Die Eltern lassen sich bei weniger Jungen mehr Zeit und wissen aus dem Gebaren der Jungen ganz genau zu entnehmen, wann und wie oft sie zu füttern haben. Stunden- und Tagesleistungen sind also nur vergleichbar, wenn mindestens Alter und Jungenzahl bekannt ist.

Von unseren zwölf Tage alten Jungen der ersten Brut waren zwei sichtbar vorwüchsig, zwei etwas schwächer, das fünfte — schon jetzt ganz zurückgebliebene — starb später. Die anderen vier standen, wenn auch recht unsicher, schon auf den Kniegelenken. Ihre Brust war nackt, nur am Brustbein zeigte sich eine Federflur. Bei ihren ruckartigen Bewegungen, die so charakteristisch sind, kratzten sie mit den Krallen hörbar auf dem hartgewordenen Nestboden.

Nicht immer ist das Zurückgebliebene dem Schicksal des Vergessenwerdens verfallen. Manchmal wählt es, von Unruhe besessen, den Weg in die Freiheit, d. h. es steigt aus. In diesem Fall wird es entweder von einer streunenden Katze getötet oder von einem mitleidigen Menschen gefunden und kann auch im Nest einen günstigeren Platz einnehmen[64]. Spät aus dem Nest gestiegene oder herausgefallene Jungen werden, als ob sie noch im Nest wären, weiter am Boden gefüttert. Kaum glaubhaft erscheint das Betragen einer Altschwalbe in Ungarn[65], die einem etwa einen halben Meter über dem Boden herumflatternden

[64] *Le Gerfaut*, 1951, S. 166.
[65] *Czórgey*, Aquila XXXIV—XXXV, S. 445.

Jungen sogar Hilfsstellung gab, um es ins Nest zu transportieren. Sie breitete die Flügel „wie eine Brücke" gegen das Junge und flog mit dieser gleichschweren Last nach oben.

Beteiligung der Geschlechter an der Fütterung

An der Tagesfütterung der zu dreiviertel erwachsenen Jungen beteiligten sich in Steinkrug während 13 Beobachtungsstunden das ♂ mit 61 %, das ♀ mit 35 % — oder, nach der Zahl der Fütterungsakte, mit 242 zu 144 Fütterungen. Von den restlichen 4 % konnten wir nicht mit Sicherheit sagen, welches der beiden Eltern gefüttert hatte. In den einzelnen Stunden schwankte die Beteiligung des ♂ zwischen 50 % und 76 %, ohne daß Gesetzmäßigkeiten zu erkennen waren. Hat das ♀ die Nacht am Nest zugebracht, so beginnt es allerdings meist auch mit der Fütterung, aber abends füttern ♂ und ♀ gleichlang, oft ist sogar das ♂ derjenige Teil, der noch zuletzt Futter herbeibringt und kurz vor dem Schlafengehen zusammen mit dem ♀ einige Runden um das Nest fliegt. Hudert das ♀ viel, so fällt dann dem ♂ zeitweise die Hauptlast der Fütterung zu. Fällt anderseits das ♂ — etwa wie bei uns in Steinkrug, durch Verfrachtung — zeitweise aus, so ist beim ♀ die erste Stunde des Alleinseins noch von der Schockwirkung der plötzlichen Trennung beherrscht: Unser Steinkruger ♀ war gerade auswärts gewesen, als das ♂ weggenommen wurde und fütterte eine Zeitlang arglos weiter, mochte aber dann doch gemerkt haben, daß irgendetwas nicht in Ordnung war und erschien erst wieder nach Ablauf einer Stunde. Dann aber holte es das Versäumte mit solcher Energie nach, daß die Fütterungsfolge beinahe an den Durchschnitt der Fütterungen beider Elternvögel herankam. Es flog während dieser spannenden Zeit stets lautlos herbei, fütterte lautlos und flog ebenso lautlos wieder ab. In der Zeit zwischen 12 Uhr und 13 Uhr schien dann seine Kraft sichtlich zu erlahmen, aber mit der freudig begrüßten Ankunft des ♂ machte die Fütterungskurve alsbald nach 14 Uhr einen steilen Anstieg über den Gesamtdurchschnitt hinaus. Die Rauchschwalbe ist ja überhaupt in jeder Lage gradezu rührend bemüht, beim Füttern Versäumtes nachzuholen! Und so wurde der Fütterungsabstand je Junges, der normal ja zehn Minuten betrug, an diesem kritischen Tage, an dem die beiden Jungen zehn und elf Tage alt waren, im Durchschnitt des Tages, angefangen von der ersten bis zur letzten Fütterung dennoch eingehalten, eine fürwahr glanzvolle Leistung!

Fütterungshilfe durch andere Schwalben

Eine Beteiligung der Jungen der ersten Brut an der Aufzucht der Halbgeschwister einer zweiten Elternbrut ist nicht nur bei Rauchschwalben, sondern z. B. auch beim Distelfink nachgewiesen[66]. Diese Hilfe kann beiden Eltern gewährt werden. So half das letzte Überlebende einer verunglückten Erstbrut im Juni 1940 in England seinen Eltern beim Füttern[67], und Kenneth-Williamson berichtet von den Jungen einer Erstbrut, daß sie so intensiv an der Fütterung halfen, daß die Fütterungsquote dadurch von 30 bis 36 je Stunde auf 53 und 54 anstieg; drei oder vier Junge waren an dieser Hilfe beteiligt[68]. Noch interessanter ist die Beobachtung Mr. Wallers, die Jenner[69] mitteilte: Junge der ersten Brut halfen zunächst den Eltern beim Nestbau zu einer Zweitbrut einige Fuß vom ersten Nest entfernt. Sie brauchten dazu allerdings nicht weniger als drei ganze Wochen. Der brütende Vogel wurde von verschiedenen Schwalben (bis zu vier!) gefüttert, und die drei Jungen der zweiten Brut wurden wiederum von fünf verschiedenen Rauchschwalben gefüttert, und zwar bis zum Flüggewerden. Zwei Junge verließen das Nest, und vier Tage später verschwanden alle sieben Vögel, die an dem Kompagniegeschäft beteiligt gewesen waren. McWilliams beobachtete auf einer schottischen Insel das Füttern einer Brut durch drei Altschwalben, von denen nur zwei im Hause schliefen[70].

Als bei einer chinesischen Rauchschwalbe das ♂ umkam und das verwitwete ♀ ängstlich besorgt um die Jungen herumflatterte, beteiligte sich das ♂ eines benachbarten Paares, das ungefähr gleichgroße Junge hatte, sofort an der Fütterung[71]. — Dem Mörder des „Schwälberich" und Buhlen um die Gunst der Witwe konnte Else Thomé jedoch keine Hilfe bei der Aufzucht der Kinder nachweisen, erst beim Flüggewerden griff er in die Erziehung ein. So glaubt denn auch Frau Thomé, daß sich alte Schwalben nie um fremde Junge bekümmern.

Wetter und Fütterungsintensität

Ich sagte schon, daß mittags bei uns in Steinkrug die Fütterungskurve steil anstieg und führte das auf schönes Wetter zurück. An diesem Beobachtungstage setzte dann gegen 17 Uhr Regen ein, und nach einem kurzen Donnerschlag wurde es vorübergehend bedeckt und kühl: sofort stiegen die Fütterungszwischenzeiten auf fünf Minuten an! Am intensivsten aber war die Fütterung gar nicht einmal bei schönem Wetter; denn dann erlaubte der Nahrungsreichtum den Altvögeln auch einmal ergiebige Ruhepausen, sondern wenn der Himmel sich

---

[66] *Cohen,* Br. Birds 44 (1951); vgl. auch *White,* W. W., Br. Birds 34 (1940/41), S. 179.
[67] *Walmesly* White, Br. Birds 34 (1940/41).
[68] *Kenneth-Williamson,* daselbst, S. 221.
[69] *Jenner,* Br. Birds 38 (1944/45).
[70] *Mc. William,* The Birds of the Islands of Bute, 1927.
[71] *Kolthoff,* Kjell, 1921/22, l. c.

nach schlechter Wetterlage aufhellte und die Insekten wieder zu fliegen begannen, wenn es also galt, Versäumtes nachzuholen. Dann fingen sie auch die Nahrung möglichst in unmittelbarer Nähe des Nestes, während sie sonst ihre Streifzüge weit auszudehnen schienen. Bei schlechtem Wetter mußten die Futterflüge natürlich erst recht weit angelegt werden, da ja jeder Flug danach zielte, möglichst viel Insekten zu fangen und einzuspeicheln. Hudert bei Schlechtwetter das ♀, so intensiviert das ♂ entsprechend seine Tätigkeit. Die längste Zeit, in der einer der beiden Partner ausblieb, waren 26 Minuten, die längste Fütterungspause betrug an diesem Tage (gegen Abend bei Regen) 16 Minuten. In dieser Zeit sah ich die beiden Schwalben ihren Aktionsradius außerordentlich erweitern, da das Nahrungsreservoir augenscheinlich sehr dünn geworden war. Als sich gegen 19 Uhr die Wetterlage besserte, erfolgte die Fütterung in schneller Folge, und mit besonderer Hast, die darauf deutete, daß Vernachlässigtes nachgeholt werden mußte. Auch schien der Aktionsradius immer noch ein sehr großer zu sein. Nicht einmal Kotballen wurden vom Nest abgenommen, und das besonders besorgte Weibchen kam nicht mehr, wie bis dahin üblich, mit einem kleinen eleganten Bogen an die Seite des Nestes geschwenkt, sondern prallte in geradester Linie vorn an das Nest, fütterte in großer Eile, stieß sich sofort wieder ab und verschwand ohne Lautäußerung. Daß dabei keine Kontrollflüge mehr möglich waren, versteht sich von selbst. Erst nach 21 Uhr trat mit beginnendem Abend wieder mehr Ruhe ein, und wenn auch nicht gewühlt wurde, so kam es doch wenigstens wieder zum Wegtragen des Kotes.

Kontrollflüge

Die Bedeutung der Kontroll- oder Inspektionsflüge ist nicht gering, sie werden nie mit Fütterungsflügen gekoppelt und betragen nach unseren Beobachtungen etwa 10 % dieser. Abends vor dem Schlafengehen fand in der Dämmerung ein zielloses, fledermausartiges, jedenfalls nicht ängstliches Umherflattern im Nestraum statt, an dem beide Altvögel beteiligt waren.

Aufforderung zur Fütterung

Vom dritten Tage an geben die Jungen leise Töne von sich, und wenn sie hungrig sind, gieren sie dann gedämpft. Auf die Alten macht das aber nicht den geringsten Eindruck, sie halten trotzdem ihren Fütterungsrhythmus unerschütterlich ein. Sind die Jungen jedoch satt und sperren sie nicht, so genügt meist ein leises aufforderndes „Witt" der Alten, mit dem sie ohnehin fast jeden Fütterungsakt einleiten, um sie zum Sperren zu bringen. Kam es in Steinkrug dennoch vor, daß die Jungen eigenwillig blieben, so flogen die Alten auf einen nahe-

Abb. 10. Anflug zum Nest. (Foto: Fischer-Wahrenholz)

Abb. 11. Fütterungsakt. (Foto: Fischer-Wahrenholz)

Abb. 13. Rauchschwalbe, ihr flügges Junges fütternd. (Foto: Georg Schützenhofer)

gelegenen Ruheplatz und wiederholten ihr Anerbieten solange, bis die Jungen dem lockenden „witt" nachgaben und sperrten. Häufig kamen beide Elternvögel gleichzeitig angeflogen und fütterten dann in schnellster Ablösung, nie jedoch zusammen. Manchmal gibt der eine Altvogel seinen Platz dem drängenden Partner nicht sofort frei: Dann muß der andere wieder fortfliegen ohne gefüttert zu haben, oder er versucht, den Gatten zu vertreiben.

Fremde Eindringlinge

Auch ohne eheliche Störungsversuche dringen während der Aufzuchtzeit oft fremde Schwalben ein, wobei dann die Eindringlinge zwar unausbleiblich von den angesessenen Rauchschwalben herausbefördert werden, oft genug aber die Eier des Geleges zugrundegehen. Nicht selten sind es Junge der ersten Brut, die zu den Eiern oder Jungen der zweiten Brut vordringen wollen. Manchmal werden die Eindringlinge auch ohne Gegenwehr „wie von einer unsichtbaren Macht"[72] vom Nest zurückgeworfen, schweben nahe darum und sind unfähig, sich darauf niederzulassen.

Die letzten Entwicklungstage vor dem Flüggewerden

Mit 17 Tagen waren unsere Steinkruger Nestlinge sehr rege, reckten die Flügel und machten schwirrende, schnelle Probeschläge, wie wenn man einen Tennisschläger ausprobiert. Sie putzten sich viel, kratzten sich die Schuppen von den Federhüllen und setzten den Kot näher oder weiter über den Nestrand hinweg. Oft saßen sie wie in einer Theaterloge, zwei hinten, zwei vorn, alle den Kopf nach der Bühne des Lebens gerichtet. Sie waren jetzt voll befiedert und hatten schon ihre Brustfedern. Die Schwanzspieße sind um 3,5 cm kürzer als die der Alten, dafür aber breiter, und die Schwanzgabel beträgt bei beiden Geschlechtern 20 bis 24 mm. Die Oberseite des Körpers ist matter, weniger glänzend als die der Erwachsenen, Stirn und Kehle hell fahlrot oder rötlich, das Kehlband bräunlichschwarz ohne Glanz. Die Ähnlichkeit mit dem Gefieder späterer Jahre ist also — bis auf die Spieße — ziemlich weitgehend. Ein 15 Tage altes Junges der zweiten Brut in Steinkrug — das einzige des Geleges — war mit seinen 22 g am 21. August sehr lebhaft, putzte sich eifrig, gähnte, streckte die Flügel, flatterte im Nest, wagte sich bis an den Nestrand, duckte sich aber, sobald Menschen in die Nähe kamen. Bis zum nächsten Tag nahm es noch 2 g an Gewicht zu, blieb am folgenden Tag auf seinem nunmehr erreichten Höchstgewicht von 24 g stehen, flatterte aber, 17 Tage alt, schon im Korridor herum.

---

[72] *Purchon*, 1948, l. c.

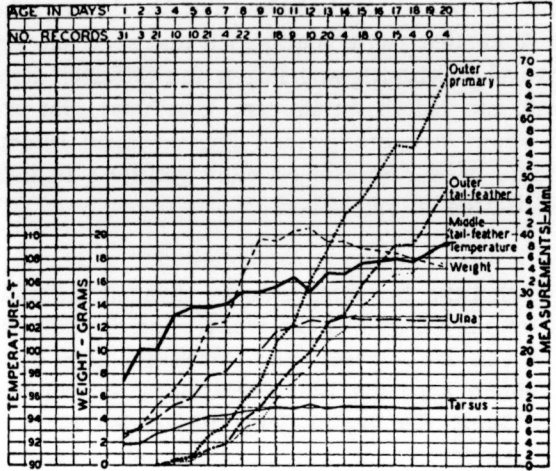

Abb. 12. Amerikanische Rauchschwalbe, *Hirundo r. erythrogaster* Bodd.
Entwicklung der Jungen aus 7 Nestern im Staat New York nach Temperatur (Fahrenheit), Gewicht und Größe vom Schlüpfen bis zum Flüggewerden. (Aus: Bent, A. Cl., Life History of North American Flycatchers Larks, Swallows and their Allies, **Washington, 1942**)

Wiedergabe des englischen Textes zu Abb. 12:
Man kann den Schluß ziehen, daß dauernd hohe Lufttemperatur in der Umgebung der jungen Schwalben sich in höheren Körpertemperaturen widerspiegelt. Jedoch scheint diese höhere Lufttemperatur sich in keiner Weise auf das Ansteigen des Körpergewichtes oder auf Körper- und Federwachstum auszuwirken. Im Gegenteil wirkt sich sehr hohe Lufttemperatur nachteilig auf das Wohlbefinden der Schwalben aus und hindert leicht Gewichtzunahme, Wachstum von Knochen und Federn.
Engl. Ausdrücke: Out primary = Äußere Schwungfeder. Outer tail = Äußere Schwungfeder. Middle tail feather = Mittlere Steuerfeder. Weight = Gewicht. Ulna = Speiche. Tarsus = Fuß. Gemessen wurde in mm und gr, Temperatur in Fahrenheit.

Für die Eltern ist nun auch die Zeit gekommen, größere Beute heranzuschleppen[73], und manchmal entwischt noch ein Käfer oder eine Fliege im letzten Moment vor der Fütterung. Im allgemeinen werden nur fliegende Insekten eingebracht, Mücken oder auch Fliegen, die unter Umständen von der Wand gepickt werden. Zu große Beute reichen sich die Jungen auch weiter, wenn sie dem ersten nicht genehm ist.

Das Flüggewerden der ersten Brut

Unsere Jungen der ersten Brut waren am 2. Juli mit 23 Tagen flügge, unter sehr günstigen Umständen kann aber auch in Mitteleuropa eine Brut schon am 6. Juni flügge werden[74]. Flügge Junge findet man

---
[73] *De Braey*, 1946, l. c. — andere Beobachtungen widersprechen dem aber. Die Größe der Beute ist demnach unabhängig vom Alter der Jungen.
[74] *Schuster*, L., Vogelwelt 74, 1953, S. 211—214.

in Großbritannien frühestens am 30. Mai, in Dänemark[75] zwischen dem 3. Juli und 28. Juli, in Ostpreußen, auf dem 54° N, im allgemeinen um Ende Juni, Anfang Juli. Unter dem 64° N fliegt die erste Brut überhaupt nicht vor dem 20. Juli aus, aber auch in unseren Breiten kann das vorkommen, wenn auch mehr ausnahmsweise. Wo die Rauchschwalben infolge späten Frühlingseintritts normal später eintreffen als in klimatisch günstigeren Breiten und Höhenlagen, werden augenscheinlich die pränuptialen Handlungen entsprechend abgekürzt, um die erste Brut nicht noch zu verzögern. Für unsere Breiten kann man sagen, daß der früheste und späteste Termin des Flüggewerdens der ersten Brut sich um zwei Monate auseinanderziehen können, nämlich von Ende Mai bis Ende Juli.

Der erste Start ins Freie erfolgte bei der von mir kontrollierten Brut in Steinkrug am 20. Tag und geschah so: Das Junge saß auf dem Lampenschirm, die Mutter lockte es mit witt-witt in die Ecke des Flurs und fütterte es dort. Das Junge flog dann zum Fenster, konnte aber den unteren, offenen Teil nicht finden und flatterte aufgeregt herum, während beide Alten draußen ebenso aufgeregt herumflogen und laut lockten. Schließlich fand das Junge den Ausweg und tummelte sich — vollendet fliegend — mit seinen Eltern im Winde herum, zusammen mit den herbeigeeilten Geschwistern der ersten Brut. Diese waren, als sie ihrerseits flügge geworden waren, von ihren Eltern während eines Gewitters, bei wolkenbruchartigem Regen ins Freie geholt worden. Sind Entwicklungsunterschiede bei den Jungen vorhanden, so werden die stärkeren Nestgeschwister — wie R. Berndt[76] beobachtet hat — einen Tag vor den schwächeren zum Flug ins Freie geholt. Manchmal ist das Weglocken mit einem Rüttelflug der Alten vor dem Nest verbunden[77], ja sie können ihre Sprößlinge gradezu vom Nest wegschubsen[78], wenn alle anderen Verführungskünste nicht fruchten. Bei diesem Rüttelflug vor dem Nest ist der Körper der Alten fast unbeweglich, der Flügelschlag, äußerst heftig, währt unter Umständen vier bis fünf Minuten. Dann fliegt der Altvogel weg, beschreibt einen großen Kreis im Raum und beginnt den Rüttelflug von neuem, bis eins der Jungen ihm folgt[79]. — Bent schildert das Ausfliegen bei den Jungen der amerikanischen Rauchschwalbe: Es wurde dadurch ausgelöst, daß die Alten kein Futter mehr zu Nest trugen. Auch diese Jungen blieben nach dem Ausfliegen noch einige Zeit in der Nachbarschaft des Nestes und kamen jeden Abend zu ihm

---

[75] *Wittrup*, Dansk Ornith. Tidsskr. 31, 1937.
[76] *Berndt*, R., l. c.
[77] *Vaquez*, M., Paul, Ornis Bd. XI (1900—1901), S. 253.
[78] *Moreau*, R. E. and W. M., Br. Birds 33 (1939/40).
[79] *de Braey*, Le Gerfaut, 1946, l. c.

zurück[80]. In Nordamerika wurde auch beobachtet, daß die Altschwalben draußen dicht über den eben Flüggen schweben und über ihnen ein gefangenes Insekt fallen lassen, das sie im Flug auffangen[81]. Diese Anleitung zum Jagen ist sonst wohl nur bei Raubvögeln bekannt.

Nestlingsdauer (Hockperiode)

Die mit dem Flüggewerden abgeschlossene Hockperiode beträgt 20 bis 22 Tage, doch kommen auch kürzere und längere Fristen vor. In den USA scheinen 18 und 19 Tage nicht selten zu sein, aber auch 23 Tage werden vermerkt. In Finnland waren Junge eines Nestes schon mit 15 Tagen flügge[82], in der Rominter Heide (Ostpreußen) mit 17 bis 18 Tagen[83]. Groebbels gibt für seine Hamburger Brut 23 und 24 Tage an und glaubt die lange Hockperiode in diesem Fall mit der ungewöhnlichen Lage des Nestes begründen zu können, das in einem schmalen Lichtschacht stand, aus dem sich die Jungen durch einen steilen Flug von 4 m, ein Gitter durchfliegend nach oben durchfinden mußten, was nur bei vollendeten Flugfähigkeiten möglich war[84]. Man müßte dort, wo Rauchschwalben noch in Kaminen wohnen, untersuchen, ob die Hockperiode auch da länger ist, als andernorts. Die längste Hockperiode: 25 Tage, gibt Heinroth an[85]. Recht unglaubwürdig ist ein englischer Fall, wonach nach zehn Tagen Hockzeit bereits völlig befiederte flugreife Junge im Nest saßen, so quicklebendig, daß sie grade noch eingefangen werden konnten[86].

Füttern im Freien

Junge, die ihren ersten Flug ins Leben mit anscheinend vollendeter Virtuosität vollführen, ermüden rasch und werden auf Telegraphendrähten, Baumspitzen, Dachrinnen und anderen geeigneten Plätzen gefüttert, nunmehr wirklich meist „der Reihe nach". Späte Bruten werden von ihren Eltern noch auf dem Zuge auf diese Weise geatzt. Nach den Beobachtungen de Braeys[87] dauert das Füttern sitzender Junger nur fünf Tage, von da an fliegen sie den fütternden Eltern entgegen. Die Jungen der zweiten Brut betteln vielfach auch fremde Schwalben, vor allem ihre Stiefgeschwister an, meist allerdings vergeblich. Gengler behauptet, in der Rhön gesehen zu haben, wie Junge, die nicht mehr von ihren Eltern gefüttert wurden, sich aus Trotz wie tot zu Boden fallen ließen, allerdings um bei Annäherung ihrer Er-

---

[80] *Bent*, 1942, l. c.
[81] *Horrizons*, M., „The story of an Insect Garden", New York, 1944.
[82] *Hortling*, Ivar, 1929, l. c.
[83] *Steinfatt*, O. (†), Vogelwelt 73, 1952, S. 92.
[84] *Groebbels*, Fr., Ornith. Mittlg. 6, 1954, S. 256.
[85] *Heinroth*, Oskar, Die Vögel Mitteleuropas.
[86] *Brock*, Br. Birds IV (1910/11).
[87] *de Braey*, Le Gerfaut, 1946, l. c.

nährer hochzufliegen und sich ihnen sofort wieder bettelnd zu nähern[88]. In Südchina konnte Jabouille[89] das Füttern der Jungen am Boden beobachten; im Fluge wird die chinesische Rasse gutturalis angeblich nie geatzt[90].

Verhalten von Alten und Jungen nach dem Ausfliegen der ersten Brut

Am ersten Abend nach dem Flüggewerden finden sich die Jungen alle wieder im Nest ein, um dort zu übernachten. Nur in ganz seltenen Fällen (Horst, 1952) tun sie das nicht und zeigen sich nach dem Ausfliegen nie wieder am Nest. Meist übernachten auch die Eltern in unmittelbarer Nähe des Nestes, um die Jungen zu überwachen[91]. Allmählich lockert sich dann die Bindung zum Nest, die Jungen beginnen jetzt, auch in dessen nächster Umgebung, auf Leisten und dergleichen, zu übernachten. Sobald aber einer der Elternvögel das Nest für eine zweite Brut auszubessern beginnt — was bereits vier Tage nach dem Flüggewerden der ersten Brut eintreten kann —, wird er gegen seine eigenen Kinder feindlich und vertreibt sie. In Steinkrug trat dieser Fall endgültig am zwölften Tag ein. Nur selten werden die Jungen noch kurz vor der Ablage des ersten Eies am Nest geduldet. Meist ist aber der häusliche Frieden bis zum Abend wiederhergestellt, und die Jungen übernachten weiter im oder am Nest. Solange die Eltern noch nicht zur zweiten Brut schreiten, ist ihr Interesse an den Kindern stets ein sehr reges. Spätestens von der zweiten Woche an pflegen sie jedoch allein im Haus zu übernachten, und die Jungen müssen auf Bäumen, Fensterläden usw. ein ziemlich gefährdetes Nachtlager beziehen. Allerdings manövrieren die Eltern auch jetzt noch — wie Else Thomé sehr schön beschreibt — ihre Nachkommenschaft geschickt herein und heraus, holen zu frühe Ausreißer wieder zurück und bringen die Kinder bei Gewitter sogar todesmutig in Sicherheit — was andere Eltern nicht hindert, sie grade ins Unwetter herauszulocken! — Ein solches schreckt sie ja auch tatsächlich nur selten, und de Braey sah den einen Teil einer flüggen Brut in etwa 15 m Entfernung vom Haus zu zwei bis drei auf Obstbäumen übernachten, die auch bei Unwetter nicht verlassen wurden, während der andere Teil zum Übernachten regelmäßig ins Haus zurückkam. Nur nächtliche Kühle veranlaßte alle miteinander zur Versammlung am Nest. Das ♂ schlief während dieser Zeit in einem Kastanienbaum, das ♀ übernachtete mit den Jungen gemeinsam auf niedrigen Zweigen. Kurz vor Sonnenaufgang erschien

---
[88] *Gengler*, J., Verh. Ornith. Ges. Bay., 1927, S. 468.
[89] *Jabouille*, 1935.
[90] *Kolthoff*, Kjell, 1921, l. c.
[91] Vgl. *Berndt*, R., 1942, l. c.

das ♂, rief sein witt-witt, das ♀ antwortete, und die Jungen flogen dann zum Nest, wo sie gefüttert wurden. Auch de Braey konnte das abendliche Hereinbugsieren der Jungen einer ersten Brut durch die Eltern beobachten, die Jungen der zweiten Brut waren renitenter und kamen aus dem Obstgarten einfach nicht mehr zurück. Ich selbst konnte in Steinkrug beobachten, wie Jungschwalben, die vor elf Tagen flügge geworden waren, Mitte Juli abends 21.30 Uhr vom ♂ mit dem laut ausgestoßenen Überredungsruf „wie-wie" zum Nest gelockt wurden, an dem sie andern Morgens, noch immer recht erschöpft, saßen.

Nach dem Flüggewerden kann sich der Familienverband unter Umständen sofort auflösen: Die Jungen der ersten Brut unternehmen etwa einen Zwischenzug, die einer spät auskommenden zweiten Brut ziehen umgehend und endgültig in den Süden. Manchmal zieht die Familie geschlossen, und die Jungen werden unterwegs noch gefüttert. In anderen Fällen wird der Familienverband nach wenigen Tagen aufgelöst. In Ungarn kamen Junge noch bis zum 16. Tag ans Nest zurück[92], Creutz[93] fand ungeteilte Familien nach 20, ja nach 40 Tagen am Ort beisammen, Boley[94] noch 2 1/2 Monate nach dem Flüggewerden in heimischen oder benachbarten Ställen. Ludwig Schuster erlebte mit einer einzigen Ausnahme stets die Vertreibung der Jungen einer ersten Brut bei Anlage der zweiten zu einem früheren oder späteren Termin[95]. Als große Ausnahme kann es wohl gelten, wenn die Jungen der ersten Brut hartnäckig bleiben und an allen Phasen der zweiten Brut teilnehmen[96]. Noch mit 64 Tagen, d. h. über zwei Monate alt, übernachteten die Berndt'schen Jungschwalben Ende August gemeinsam mit ihren Eltern, von denen der Vater zeitweilig nachts abwesend gewesen war, im Hause, ein geradezu vorbildlicher Familienzusammenhalt, der besonders bei schlechtem Wetter gewahrt wurde, während beide Eltern bei gutem Wetter häufig auswärts schliefen und das ♂ vom 29. August an ganz wegblieb. Das ♀ schlief letztmalig am 27. September im Haus. Auch kommt es vor, daß Anfang August zur zweiten Brut schreitende Weibchen ihr Gelege verlassen und auf eine Leiste in der Nähe des Nestes rücken, um den Jungen der ersten Brut Platz zu machen, ja es geht sogar soweit, daß das volle zweite Gelege während der nächsten sechs Nächte nicht vom Weibchen, sondern von den Jungen gedeckt, d. h. bis zu einem gewissen Grade doch „bebrütet" wird, wenn

---

[92] *Béla v. Szeöts*, M., Aquila XXVI, 1919, S. 145.
[93] *Creutz*, G., Die Vögel der Heimat, 1953, S. 149.
[94] *Boley*, A., Vogelzug, 1932, S. 17.
[95] *Schuster*, L., Vogelwelt 74, 1953, S. 211.
[96] So fand *Schäfer*, H. (Vogelring 11, 1, S. 58, ref. in Vogelzug 10, 1939, S. 204) einen Jungvogel der 1. Brut noch Mitte August im alten Nest, während die Eltern längst darin zur 2. Brut geschritten waren.
[97] *Berndt*, R., Beitr. Fortpfl. biol. Vög. 18, 1942, l. c.

auch nicht zweckentsprechend. Erst ab 2. August konnte das von Berndt[97] kontrollierte Weibchen nachts selbst brüten, aber während der ganzen Brutzeit erfolgte sozusagen eine stille Mitbeteiligung der Geschwister von der ersten Brut, insofern diese nachts an der Besetzung des Nestes zum Schlafen teilnahmen. Als das zweite Gelege ausgebrütet war, saßen dann die Stiefgeschwister friedlich beieinander, bis die junge Generation einer Schlechtwetterperiode zum Opfer fiel und verhungerte. Die Jungschwalben der ersten Brut wagten es erst mit 54 Tagen, draußen zu nächtigen. Um diese Zeit trifft man, wie wir wissen, schon viele ihrer Altersgenossen nachts in Schilfbeständen.

Wenn nicht schon unterwegs, so spätestens in den Winterquartieren wird der Familienzusammenhalt endgültig auseinandergerissen. Aus Luxemburg berichtet freilich Morbach den seltenen Fall, daß die neun Jungen einer Zweitbrut, die mit ihren Eltern beringt worden waren, am 24. April des nächsten Jahres geschlossen am alten Brutplatz wiedererschienen, in der kommenden Nacht noch zusammenschliefen, sich aber am folgenden Morgen zerstreuten[98].

17. Eine oder mehrere Bruten?

Die Vermehrungsziffer einer Vogelart hängt sehr stark von der Zahl ihrer Bruten und von deren Stärke ab. Sie gleicht damit entweder die Verluste aus, die sie als Art bedrohen oder — in seltenen Fällen — verdichtet ihr effektives Areal; schließlich stößt sie sogar in ihr potentielles vor. Es erscheint nicht gerechtfertigt, ein Primat der Vermehrungsziffer anzunehmen, auf die der Vertilgerkreis sich sekundär einspielt, um zur Populationskonstanz zu kommen. Umgekehrt zeigt die Rauchschwalbe eine ausgesprochene Fähigkeit, ihre Nachkommenschaft zu regulieren, eine Fähigkeit, die sie ja mit andern Vogelarten, z. B. der Schleiereule gemein hat. So ergab die Zugkatastrophe vom Jahr 1931 im pommerschen Dorf Labenz[1] das merkwürdige Bild eines Verlustes an Brutpaaren im folgenden Jahr, die nur 5 % der früheren ausmachten, durch neu hinzutretende Unbilden einen weiteren Verlust an Jungen, jedoch ein Fallen der Gesamtbruten innerhalb der nächsten zwei Jahre von nur 50 : 50 : 40. Das war allein einer Ausgleichbewegung zu verdanken, durch welche im gleichen Zeitraum (Normaljahr, Katastrophenfolgejahr 1 und 2) die Zahl der Drittbruten wie 5 : 25 : 40 stieg. So bedeutsam kann die Rolle dritter Bruten für Ausgleichsbewegungen sein!

---

[98] *Morbach*, 1943, l. c.
[1] *Matthiessen*, C., Beitr. Fortpfl. biol. Vög., VII, 1931, S. 47; VIII, 1932, S. 103 (vgl. allerdings auch *Drost & Schüz*, Vogelzug 1933, S. 67), IX, 1933, S. 48.

18. Die zweite Brut

Die Zahl der Paare, die zu einer zweiten Brut schreiten, ist von verschiedenen Faktoren, z. B. vom Witterungsverlauf, abhängig, findet aber ihre Begrenzung besonders durch die Kälte. Wo Zweitbruten üblich sind, nehmen zwischen 40 % und 91 % der ansässigen Paare daran teil. Am regelmäßigsten scheinen sie in den USA vorzukommen, wo im Staate New York und anderen Staaten etwa 50 % der Brutpaare zu einer Zweitbrut schreiten[2]. Mit den geringen ihm zur Verfügung stehenden Mitteln errechnete Schacht[3] 1878 im Teutoburger Wald, daß 40 % der örtlich ansässigen Rauchschwalben zu einer Zweitbrut schritten. Brinkmann[4] gab für Oberschlesien 66 % an, Ludwig Schuster[5] für Frischborn in Hessen 74 %, Mathiessen[6] für Labenz in Hinterpommern 79,5 bis 91 %! Für die etwa 50 Paare des hessischen Dorfes Dillich errechnete Boley für die Jahre 1928 bis 1931 einen Durchschnitt von 70 %, die Schwankungen betrugen 63 bis 75 %[7].

In welchen Landstrichen findet eine Zweitbrut statt?

In unseren gemäßigten Lagen beträgt die Brutzeitbreite, d. h. die Zeit vom Baubeginn des ersten Nestes bis zum Flüggewerden der letzten Brut 4½ bis 5 Monate, die Anwesenheit der Rauchschwalbe 5½ bis 6 Monate oder 160 bis 180 Tage. In Fennoskandien treffen aber die Rauchschwalben nördlich des 64° nördlicher Breite größtenteils erst um den 1. Juni oder noch später ein, in Nordrußland und Sibirien, soweit sich die Auswirkungen der Südwärtswanderung des Kältepols bemerkbar machen, sind sie am 1. Juni höchstens bis zum 60. oder 62. Breitegrad vorgedrungen. Nehmen wir für die Zeitigung von zwei Gelegen eine Mindestzeit von 90 Tagen[8] an, so würde die zweite Brut hier gerade am 1. September flügge — höchste Zeit, da in diesen Breiten die meisten Rauchschwalben schon Mitte August wegziehen müssen. Mit anderen Worten: Nördlich des 64° N (im weiteren Bereich des Golfstroms) und des 62° N (weiter ostwärts unter der Einwirkung des sich senkenden Kältepols) wird man nicht mehr mit Zweitbruten rechnen können. Dabei habe ich einkalkuliert, daß bei

---

[2] *Bent*, 1942, l. c.
[3] *Schacht*, H., Die Vogelwelt des Teutoburger Waldes, 1877, Aufl. 1931, S. 234, l. c.
[4] *Brinkmann*, Matth., Schriftenreihe d. Ver. f. oberschles. Heimatk. 17, Oppeln, 1938, ref. in Vogelzug 10, 1. 1939, S. 37 und Beitr. Fortpfl. biol. Vög., 1938, S. 161.
[5] *Schuster*, L., Vogelwelt 74, 1953, S. 211.
[6] *Matthiessen*, C., 1931, l. c.
[7] *Boley*, A., Vogelzug, 1932, S. 17, l. c. und Vogelring, 1930, 1931.
[8] 2 (8+5+12+20) Tage.

der zweiten Brut kein Nest gebaut wird, die acht Tage dafür aber als Ruhepause benötigt werden.

Termin der Anlage des zweiten Geleges

Schon bisher machten sich starke zeitliche Unterschiede in Ankunft, Nistplatzwahl, Eiablage, Brutdauer und Nesthockzeit bemerkbar. Sie schrumpfen jetzt entweder wieder zusammen oder dehnen sich noch weiter aus. Das eine Paar schreitet schon wenige Tage nach dem Flüggewerden der ersten Brut mit einem Mindestmaß an Aufwendungen zur Ausbesserung des alten Nestes, ein anderes bessert daran lange Zeit aus, und entschließt sich erst spät zu einem neuen Gelege; ein drittes baut in der Nähe des alten, ohne jeden ersichtlichen Grund, ein völlig neues Nest und verliert dadurch noch mehr Zeit, denn ein solcher Nestbau erfordert wieder acht Tage. Die Gatten bleiben im allgemeinen beieinander, bei Else Thomé gelang es dem Mörder des rechtmäßigen Gatten, sich zur zweiten Brut der Gunst des ♀ zu versichern, das sich ihm bisher sogar bei der Aufzucht der verwaisten Jungen verweigert hatte.

Theoretisch können in Mitteleuropa schon Anfang Juli frühe zweite Gelege zustandekommen, ob sie nachgewiesen sind, weiß ich nicht. Es gibt ja zu dieser Zeit auch späte erste Gelege und erst recht Nachgelege verunglückter erster Bruten. Im allgemeinen liegen die ersten Eier der Zweitbrut um den 21. Juli im Nest. In einem einzigen Ort kann sich aber auch das Ausschlüpfen der Jungen von Zweitbruten stark auseinanderziehen, wie Buxton[9] im Kriegsgefangenlager Eichstätt feststellte, wo die Jungen der Zweitbrut zwischen dem 24. August und 16. September flügge wurden. Im übrigen mögen folgende Daten einen Anhalt bieten (Flüggewerden der Jungen von Zweitbruten):

Südschweden	1. August (sehr frühes Datum!)
Finnland	zweite Septemberhälfte
Dänemark	19. August bis 2. September
Ostpreußen	12. September
Belgien	12. August
Großbritannien	Mitte August
Deutschland allgem.	25. August
Luxemburg	30. August

Unsere Steinkruger Rauchschwalben begannen schon vier Tage nach dem Flüggewerden der Erstbrut mit Reparaturen am Nest, andere zögern diese Tätigkeit auf 14 Tage heraus und gönnen sich erst einmal eine ergiebige Ruhepause.

---

[9] *Buxton*, Br. Birds 39 (1946).

Wieviel Tage liegen zwischen zwei entsprechenden Phasen der ersten und zweiten Brut?

Unterstellen wir den Zeitabstand zwischen Eiablage und Eiablage, so beträgt die Differenz 40 Tage und schwankt zwischen 33 und 73 Tagen; d. h. bei dem einen Paar können nur 33 Tage, bei dem anderen aber 73 Tage zwischen beiden Gelegen liegen. Im ersten Falle[10] handelt es sich aber wohl um ein Schachtelgelege, d. h. um ein solches, bei dem die Rauchschwalbe schon mit der Anlage eines neuen Geleges begann, während die Jungen der ersten Brut noch gefüttert werden. Denn die Mindesttermine einer Brut betragen ja 8 Tage Bauzeit, 5 Tage Legezeit, 11 Tage Brutzeit und 20 Tage Nesthockzeit = 44 Tage, ohne Nestbau 36 Tage. Bei Berechnung des Abstandes zwischen Flüggewerden von Brut eins und zwei ergibt sich ein Wert von mindestens 41, höchstens 74 Tagen, er pendelt also mit seinen 33 Tagen weniger als der von Eiablage zu Eiablage. Der Mittelwert des Abstandes beträgt 55 Tage.

In Camarthenshire kontrollierte Thomas[11] 44 Paare, bei denen 1938 die Zeitdifferenz zwischen entsprechenden Entwicklungsphasen im Durchschnitt $55^{1}/_{2}$ Tage betrug. Zehn von den 44 Paaren brauchten weniger als 50 Tage zwischen beiden entsprechenden Phasen, und zwar nur 47 Tage, zehn Paare brauchten über 60 Tage, und zwar im Durchschnitt 65 Tage, die anderen lagen in der Mitte. Der größte Unterschied betrug 74 Tage. Mit einer einzigen Ausnahme benutzten alle Paare, die mehr als 60 Tage brauchten, für die zweite Brut ein neues Nest, von den unter 50 Tage brauchenden Paaren — es waren zehn Paare — benutzte die Hälfte das gleiche Nest, die andere Hälfte zog in ein anderes, leer stehendes Nest. In einem einzigen Fall wurde

Tabelle 5
Zeitunterschied zwischen dem Flüggewerden der 1. und 2. Brut (Tage)

Autor	Jahr	Land	Zahl Paare	Minimum	Maximum	Durchschnitt	Bemerkungen
Buxton	1946	Bayern	8	48	65*	—	* neues Nest wurde erbaut.
Boyd	1935	England	2	41	50	—	
Creutz	1952	Sachsen	—	—	—	59	spätes Frühjahr 1949
Creutz	1953	Sachsen	—	—	—	54	
Creutz	1952	Sachsen	—	—	—	50	Durchschn. aller Werte 1935—48
Morbach	1943	Luxembg.	—	—	—	67	
Thomas	1938/39	England	44	44	75*	$55^{1}/_{2}$	* neues Nest wurde erbaut

[10] *Creutz*, G., Vögel der Heimat, 1953, ref. in Vogelwelt 74, 1953, S. 197, vgl. auch *Morbach*, Joh., 1943, l. c.
[11] *Thomas*, J. F., Br. Birds 37 (1938/39), S. 195.

von einem Paar auch ein neues Nest g e b a u t ! Die Periode zwischen beiden entsprechenden Phasen betrug in diesem Fall 70 Tage. In eine Tabelle zusammengefaßt, lassen sich diese Verhältnisse vielleicht noch übersichtlicher gestalten (siehe Tabelle 5 auf Seite 114).

Eizahl der Zweitbrut

Im allgemeinen ist die Gelegestärke geringer als die der Erstbrut, doch konnte Buxton im Kriegsgefangenenlager Eichstätt nicht nur eine gleichstarke Eizahl, sondern sogar einen höheren effektiven Wert der Zweitbrut als Ausnahme feststellen. Es betrug:

Die Gelegestärke 4,09
Der Bruteffekt 4,00
Junge je Gelege flügge 3,36

In England fällt jedoch die Eierzahl allgemein ab[12], und auch sonst sind sich alle Autoren darüber einig, daß die durchschnittliche Eierzahl je Zweitgelege vier beträgt, lediglich Fridrich[13] gibt drei bis vier an. Unsere Steinkruger Rauchschwalben legten das zweite Mal nur zwei Eier, von denen sogar nur ein Junges auskroch, das auch flügge wurde. In Ausnahmefällen werden aber sechs Junge erbrütet.

Brutdauer

Auch bei der zweiten Brut brütet das ♀ allein und muß deshalb das Gelege verlassen. Das ♂ scheint während dieser Zeit öfters noch als sonst abwesend zu sein. In Schweden flogen sogar beide Alten vor dem Auskriechen der zweiten Brut zu den Massenschlafplätzen und kehrten erst am frühen Morgen zurück. Die Brutzeit scheint nicht ganz den Schwankungen der ersten Brut unterworfen zu sein und beträgt 11 bis 14 Tage, in Dänemark sind 14 und 15 Tage die Regel[14]. Zwischen dem Beginn der Auspolsterung des Nestes bis zum Flüggewerden der zweiten Brut verstreichen 43 Tage. Der Nestbau — falls ein solcher überhaupt erfolgt — kann in vier Tagen vollendet sein.

Bruteffekt

Es kann als ein sehr gutes Ergebnis gelten, wenn 98 % der Eier erbrütet werden, 82 % der Eier flügge Junge ergeben und 84 % der ausgekrochenen Jungen ausfliegen[15].

---

[12] *Lack*, D., Br. Birds 42 (1949). Danach fiel die Eizahl in England von der 1. zur 2. Brut im Durchschnitt von 4,06 auf 3,5.
[13] *Fridrich*, C. G., Naturgeschichte der Vögel Europas, 6. Aufl., bearb. v. A. Bau, Stuttgart, 1923.
[14] *Wittrup*, Dansk ornith. Tidsskr., 1937 (31) l. c.
[15] *Buxton*, Br. Birds 39 (1946), l. c.

Hilfe durch die Jungen der ersten Brut

Unter Umständen beteiligen sich die Stiefgeschwister der ersten Brut beim Bau eines zweiten Nestes[16] und bei der Aufzucht. Das kann soweit gehen, daß alle Jungen der ersten Brut das alte Nest auch nach ihrem Flüggewerden weiter in Beschlag legen und neben der Mutter durch ihre Wärme an der Bebrütung teilnehmen. So beobachtete R. Berndt[17] sechs Nächte lang ein Gelege, das von Jungen der ersten Brut gewärmt wurde, während die zuständige Mutter auf einer Leiste schlafen mußte. Erst allmählich gelang es ihr, sich ihr Bebrütungsrecht zu erkämpfen und nun wenigstens nachts allein brüten zu können. Die Jungen wärmten trotzdem weiter die Eier und später nachts ihre kleinen Stiefgeschwister. Bei einer von Matthießen in Pommern kontrollierten Brut wurden die im Nest verbliebenen Jungen sogar von ihren echten, etwas früher ausgeflogenen Geschwistern zusammen mit den Eltern gefüttert[18]. Und als 1934 in Ferrara mehrere Rauchschwalben im Alter von ein bis zwei Tagen zur Ansiedlung nach Castel Fusano gebracht und dort aufgezogen wurden, beteiligten sich ebenfalls die früher flügge gewordenen an der Aufzucht der noch im Nest hockenden Geschwister[19].

19. Drittbruten

In welchem Abstand eine dritte Brut der zweiten folgt, ist nicht exakt nachgewiesen. Nimmt man als möglichen Termin des erfolgreichen Ausfliegens den 25. September an — in England flog eine Spätbrut von fünf Jungen nachweislich noch am 7. Oktober, in Deutschland am 19. Oktober[20] aus — so müßte das Gelege der ersten Brut am 15. Mai begonnen werden, wobei weder zur zweiten noch erst recht zur dritten Brut ein Nestbau in Ansatz gebracht wurde[21]. Wiederum aus England ist allerdings ein Fall bekannt, bei dem für jede der drei Bruten ein neues Nest gebaut wurde[22].

Die dritte Brut bedeutet denn auch in der Tat einen großen Ausnahmefall! In den 13 oberschlesischen Dörfern, die Brinkmann 1933 bis 1937 kontrollierte, kam eine Drittbrut nur fünfmal vor, davon zweimal mit drei, dreimal mit vier Jungen[23]. Unter 210 beobachteten Bruten des pommerschen Schwalbendorfes Labenz kam sie 1930 bei

---

[16] *Jenner*, Br. Birds 38 (1944/45), S. 237.
[17] *Berndt, R.*, Beitr. Fortpfl.-biol. Vög. 18, 1942.
[18] *Matthiessen, C.*, Beitr. Fortpfl.-biol. Vög., 1933, S. 48.
[19] *Chigi, Francesco, Fürst von*, ref. in Vogelzug, 1935, S. 154.
[20] Vgl. Br. Birds XII (1918/19); Bull. Br. Ornith. Cl XXXII, 1913, S. 113 und Alex v. *Homeyer*, Ornith. Mschr. VII, 1899, Nr. 1.
[21] So wurden in Holland alle 3 Bruten im gleichen Nest vollzogen; vgl. Fauna och Flora, 1941, H. 4.
[22] *Brown*, Br. Birds XVI (1922/23).
[23] *Brinkmann, Matth.*, Beitr. z. Fortpfl.-biol. Vög., 1938, S. 161.

110 Brutpaaren nur ein einziges Mal vor, 1931 allerdings als Ausgleich für die geringe Zahl zweiter Bruten bei 117 Paaren fünfmal[24]. Bei 61 englischen Bruten wurde nur einmal eine Drittbrut festgestellt[25], und in Frischborn fielen sie nach L. Schuster überhaupt aus[26]. Die Zahl der Jungen je Gelege verhielt sich in Oberschlesien[27] bei den drei Bruten wie 4,5 : 4,0 : 3. Im Norden und Osten des Verbreitungsgebietes der Rauchschwalbe kommen Drittbruten natürlich noch weniger häufig vor als Zweitbruten, immerhin sind sie noch für Ostpreußen und Schweden verbürgt.

Von einem Sinn solcher, meist recht gefährdeter Drittbruten kann man nur dann sprechen, wenn sie zur Auffüllung von Bestandslücken dienen sollen. Dieser Ansicht waren u. a. Drost und Schütz[28], als sie die Auswirkungen der Schwalbenkatastrophe von 1931 überblicken konnten und im folgenden Jahr jene Ausgleichsbewegungen durch erhöhte Anlage von Drittbruten bekannt wurden, die besonders in den durch die Katastrophe entvölkerten Ursprungsgebieten stattfanden. Denn während die Zahl der Gesamtbruten in Oberschlesien zwischen 1931 und 1933 fiel, nahmen die Drittbruten unter ihnen merklich zu.

20. Späte Bruten

Nicht bei jeder späten Brut kann man von einer Drittbrut sprechen. Ende September können sehr gut noch verspätete Zweitbruten ausfliegen. Es ist ganz erstaunlich, zu wie später Jahreszeit noch Spätbruten vorkommen. Außer der Mehlschwalbe wagt es kein anderer Zugvogel, zu so später Jahreszeit noch zu brüten, und auch die Rauchschwalbe kann es ja nur deshalb, weil die Kleingefiedermauser, die jetzt allmählich einsetzt, sie kaum behindert, das Großgefieder aber erst in den Überwinterungsgebieten vermausert wird.

21. Flüggewerden der zweiten und dritten Brut

Die Jungen später Bruten scheinen in der Regel bis zum Wegzug ihrer Eltern regelmäßig mit diesen zusammen am Nistplatz zu übernachten[29]. Von den verbürgten Spätbruten seien folgende angeführt[30]:

---

[24] *Matthiessen*, C., 1933, l. c.
[25] *Brown*, Br. Birds XXI (1927/28), S. 178.
[26] *Schuster*, L., 1953 l. c. — auch *Creutz*, 1939, beobachtete keine Drittbruten.
[27] *Brinkmann*, Matth., 1938, l. c.
[28] *Drost*, R. und *Schüz*, E., Vogelzug 4, 2. 1933, S. 67.
[29] *Comte*, Bull. Soc. zool. Genève, Bd. IV, S. 215.
[30] Vgl. *Herbige*, Gerfaut, 1951, S. 308; *Lindberg*, Elsa, Vär Fagelvärld 7, 1948; *Saxtorph*, Dansk Ornith. Tidsskr. VI, 1911/12; *Morbach*, 1943, l. c.; *Hortling*, Ivar, 1929, l. c.; *Stevenson*, Wilson Bull 63, 1951, Nr. 4; *Pettingill*, Wilson Bull 58, 1946.

Am 4. September wurde in Belgien eine Brut flügge. Am 8. flogen in Süd-Schweden noch Junge aus. Am 11. enthielten in Dänemark Nester noch fast flügge Junge und am 15. September in Luxemburg. An geeigneten Biotopen Finnlands gibt es noch in der zweiten Septemberhälfte Junge, und in Zentral-Ost-Arizona wurden in einem 7000 Fuß hoch gelegenen Ort noch am 21. September am Nest fütternde Altschwalben angetroffen, am 26. September in der kanadischen Provinz Saskatschewan.

In gemäßigten Klimaten kommen als Ausnahme Junge noch während des ganzen Oktober vor. In Lothringen stellte Eichhoff[31] Ende des 19. Jahrhunderts am 1. Oktober fütternde Altschwalben fest, während das Gros der ortsansässigen bereits weggezogen war. Aber grade in diesem Monat kommt es nicht selten zu einem Verlassen der Jungen durch die Eltern und zu einem elenden Zugrundegehen der Spätbrut. In den Niederlanden flogen Jungschwalben am 3. Oktober aus, andere Rauchschwalben fütterten noch am 6. Oktober am Nest, Mitte Oktober saßen noch flugunfähige Rauchschwalben in einem belgischen Nest, und in Deutschland sah Alexander v. Homeyer Rauchschwalben am 19. Oktober das Nest verlassen. Am 23. Oktober saß in Cumberland (England) eine Rauchschwalbe auf vier Eiern, doch glaubte Herbige, der 1951 im Gerfaut über das Problem der Spätbruten in Belgien schreibt, nicht mehr an ein glückhaftes Ende dieser Aufzuchten. Im November 1945 beobachtete er fünf Rauchschwalben aus einer offenbar sehr späten Brut an seiner Fensterbank, die noch bei — 5° C von ihren Alten gefüttert wurden, fand aber am 10. Dezember zwei tote Jungschwalben und konnte so auch den Tod der übrigen vermuten[32]. Glegg berichtet von einem Fall in Essex, wo angeblich Mitte Dezember ein Nest mit Eiern und darauf sitzender Altschwalbe beobachtet sein sollte[33]. Leider sieht aber die Quelle anders aus als das Zitat. Nach dem Original von King „Late Swallow's Nest" in „The Zoologist" 2, 1867 wurde das betreffende Nest in Walton-on-the-Naze im November gebaut, das ♀ legte dann drei Eier und verließ das Gelege.

22. Gesamt-Jungenzahl

Ein größeres Zahlenmaterial ergibt für Großbritannien die durchschnittliche Jungenzahl für alle Gelege von vier, in Deutschland von sechs, in Japan von sieben Jungen. Ohne jeden Mortalitätsfaktor würde sich also die Populationsdichte jährlich um das Drei- bis Vierfache vermehren. Im Einzelfall können in drei Bruten zwölf Junge

---

[31] *Eichhoff*, W., Ornis VIII, 1896, S. 345.
[32] *Herbig*, Le Gerfaut, 1951, S. 308.
[33] Vgl. *Glegg*, W. E., A History of the Birds of Essex, 1929, der *Bree* zitiert.

hochgezogen werden[34]. Rauchschwalben, die zwei Bruten hochziehen, bringen es meist auf zusammen neun Junge. Schacht erhielt von 28 Paaren, die in den 40 Gebäuden seines Teutoburger Kontrollbezirks lebten, 174 ausgeflogene Junge, also 6,3 Junge je Paar[35]. Ein anderes Mal betrug die Nachkommenschaft von 30 Paaren, die er 1876 ohne Anwendung von Ringen kontrollierte und von denen 40 %/o eine Zweitbrut anlegte, 174 Junge = 5,8 Junge je Paar. In Hessen ergaben 100 Wohngebäude des Dorfes Dillich bei Kassel mit 350 Einwohnern, 30 kleinen und mittelgroßen bäuerlichen Betrieben und einem größeren Gutshof folgende Verhältnisse[36]:

1928	97 Altvögel	337 Junge	im Durchschnitt von vier
1929	109 „	416 „	Jahren bei 51 Paaren
1930	105 „	343 „	377 Junge je Jahr oder
1931	99 „	411 „	sieben Junge je Paar.

In Pommern (Labenz) betrug die Gesamtjungenzahl des Ortes in den beiden Jahren 1930 und 1931 9,3 und 7 Junge je Nest (Paar)[37].

23. Junge und Alte vom Ausfliegen der zweiten Brut an bis zum Wegzug

Wir haben vom Verhalten der Jungen einer ersten Brut und deren Eltern nach ihrem Ausfliegen bereits gesprochen. Manche, auch Altschwalben, die ohne Nachkommenschaft blieben, begeben sich schon im Juli auf Reisen oder kommen ins Vagabundieren. Andere, und zwar auch grade Junge der Erstbrut, bleiben dagegen bis Mitte oder Ende September noch in unmittelbarer Nähe ihrer engsten Heimat. Im Schwalbendorf Dillich bei Kassel stellte Boley fest, daß 67 %/o dieser Erstbruten noch nach sechs Wochen sich sogar im Heimatstalle aufhielten, 28,7 %/o in einem nur 2 km entfernten Nachbardorf. Mitte August findet man aber schon viel fremde Schwalben in den Ställen: Der allgemeine Aufbruch macht sich allmählich bemerkbar.

24. Ortstreue

Ortstreue der Jungschwalben im nächsten Jahr

Da die Siedlungsdichte nach oben begrenzt ist, können Jungschwalben meist nur in Lücken einrücken, die durch den Ausfall der älteren Generation entstanden sind. Deren Verlustrate ist geringer als die der unerfahrenen Jungschwalben, die auf dem Zug hohe Einbußen erleiden. Die Verluste der Altschwalben scheinen dagegen um 50 %/o zu

---

[34] Otto, 1907, gibt als Gesamtzahl für die Jungen von 3 Bruten 5+4+2= 11 an.
[35] Auf die gleiche Ziffer kommt Brinkmann in Oberschlesien auf Grund eines umfangreichen Zahlenmaterials.
[36] Boley, A., Vogelzug, 1932, S. 17, l. c. und Vogelring, 1930, 1931.
[37] Matthiessen, C., 1933, l. c.

pendeln. In Japan berechnete Uchida[38], daß am alten Platz nur 15,5 %
der Jungschwalben des Vorjahres sich im nächsten Jahr ansiedeln
können. Dabei meiden sie das gleiche Nest, auch wenn es freigeworden
sein sollte, fast immer und bevorzugen Nachbardörfer. Über die Ansiedlung der Jungschwalben liegen exakte Unterlagen vor. Sie betrug:

nach Morbach-Luxemburg (14 Jungvögel)		nach G. Creutz-Pillnitz (19 Jungvögel)	
1. Im gleichen Nest	1	Im gleichen Nest	1
2. Im gleichen Dorf	6	Im gleichen Dorf	5
3. Im Nachbardorf	2	In 2 km Entfernung	6
4. In 1 km Entfernung	1	In 3 km Entfernung	3
5. In 3 km Entfernung	1	In 4 km Entfernung	1
6. In 22 km Entfernung	1	In 5 km Entfernung	1
		In 6 km Entfernung	1
		In 30 km Entfernung	1

Allgemein kann man die Ansiedlungsentfernung der meisten zum erstenmal heimkehrenden Jungschwalben mit 300 bis 2000 m annehmen. Es scheint allerdings so, als ob die Ansiedlung in Nachbardörfern eher die Regel wäre als im gleichen Ort, also ein gewisser Austausch erfolgte, was ja auch Inzucht vermeiden helfen würde. Doch behalten auch dann die Rauchschwalben möglichst den gleichen Typ Gebäude bei, in dem sie aufgezogen wurden, z. B. geht eine im Pferdestall aufgezogene wieder gern in einen Pferdestall, eine im Kuhstall erbrütete gern auch im Nachbardorf in einen Kuhstall. Ist sie dort einmal gelandet, so bleibt die nunmehr einjährige Schwalbe ihrem jetzigen Nistort tunlichst treu. Creutz, dem wir viele gute Schwalbenuntersuchungen verdanken, stellte fest, daß von 100 Rauchschwalben eines Ortes:

33,3 % ortstreue Brutvögel früherer Jahre,

7,4 % Jungvögel aus dem gleichen Ort,

59,3 % Neuerscheinungen waren, die aber nur ausnahmsweise weiter als 10 km zugewandert waren.

Die 100-km-Grenze wird vermutlich noch nicht einmal von 1 % der Jungvögel überschritten[39], über 300 km entfernen sich bei der Wiederansiedlung nur ganz wenige Jungvögel, und die bisher weitesten Fälle von „Umsiedlungen", die vermutlich große Ausnahmefälle bedeuten, betrugen 1500 km[40].

---

[38] *Nehida*, S., Bird-Banding 3, 1, 1932, S. 1—11, ref. Vogelzug, 1932, S. 91.

[39] In Ungarn wurde von 200 zurückgemeldeteten Ringvögeln nur eine einzige weiter als 100 km, und zwar 105 km entfernt angesiedelt wiedergefunden. In Polen gehen wenige Fälle über die 300-km-Grenze (*Schenk*, 1936/37, *Drost & Schüz*, Vogelzug, 1933.)

[40] Vgl. Kapitel „Umsiedlungen", S. 25.

Ortstreue der Altschwalben

Wir sprachen schon von der Nistplatztreue der Altschwalben. Von ihr ist die Ortstreue zu unterscheiden.

Die Gründe für die ausgeprägte Ortstreue der Altschwalben sucht Creutz in der größeren psychologischen Bindung an den Heimatort, der besseren Kenntnis der Umgebung und in der größeren Hartnäckigkeit bei der Verteidigung des einmal gewählten Nistplatzes. Im Schwalbendorf Dillich blieben 64 Altvögel Jahre hindurch im Heimatdorf; 61 % davon nisteten wieder im Heimatstall, die anderen 39 % bis zu 400 m in der Nachbarschaft.

Nach den Untersuchungen Uchidas kehrten von der japanischen Rauchschwalbe 50 % der Alten zum Brutplatz zurück. Das ist viel, wenn man die Durchschnittstodesrate jährlich mit 70 % veranschlagen muß. $3/4$ von den Heimkehrern suchte das alte Nisthaus auf, nur $1/4$ nicht. Bei diesen handelte es sich um solche Vögel, die einen neuen Ehepartner erkoren hatten oder bei ihrer Rückkehr den Nistplatz verändert vorfanden. Die weiteste „Umsiedlung", die einer Altschwalbe bisher nachgewiesen werden konnte (England), betrug 8 km.

VI. Die Mauser

1. Allgemeines und Verlauf in Europa-Afrika

Seit Johann Natterer in Wien Ende des 18. Jahrhunderts durch neun Winter die Mauser der Rauchschwalben an gekäfigten Vögeln studiert hatte[1], war es mit der Herrlichkeit des Aberglaubens von der Unter-Wasser-Überwinterung der Rauchschwalbe zu Ende gegangen. Aber noch Chr. Ludwig Brehm tat die Mauser mit wenigen Worten ab, als er 1823 über die Rauchschwalbe schrieb.

Die pränuptiale und postjuvenale Mauser ist eine totale und findet beim Großgefieder ausschließlich in den Winterquartieren statt, beim Kleingefieder größtenteils. In Europa werden vor dem Wegzug außer dem Kleingefieder manchmal auch die kleinen und mittleren Deckfedern der Schwingen vom Beginn der Mauser betroffen[2]. Während der Wintermonate gibt es in Afrika am gleichen Platz keine zwei Vögel, die im gleichen Mauserzustand wären[3]. Die Schwungfedern werden von innen nach außen, die Schwanzfedern zentrifugal von innen nach außen vermausert. Die Mauser des Kleingefieders beginnt im warmen Klima Ostpersiens schon ab Mitte Juni und macht sich dort zuerst an Kopf und Hals bemerkbar[4]. In Europa beginnt sie nur ausnahmsweise im Juli, im allgemeinen erst im August. Am 26. Juli in Uganda zu ungewohnt früher Jahreszeit erscheinende Rauchschwalben, Alte und Junge, waren ausnahmslos noch in einem sehr schäbigen Gefiederzustand, und ebenso treffen im August noch völlig unvermauserte Rauchschwalben in Ostafrika ein. Die stahlblauen Federn des frischen Kleingefieders haben in Südafrika im Februar die dunkelbraunen der Stirn ersetzt, und die neuen rotbraunen Kehlfedern nehmen den Platz der alten ein, die ihren Glanz verloren haben.

In ganz seltenen Fällen haben in Großbritannien späte, also Mitte Oktober, wegziehende Rauchschwalben die innerste, neunte Schwungfeder schon zu $3/4$ vermausert, und in einem Fall wurde auf

---

[1] *Audouin,* Explic. Somm. Planch. Oiseaux de l'Egypte..., 1826.
[2] *Vaurie,* Americ. Mus. Nov. Nr. 1529, 1951 und „Handbook of British Birds".
[3] *van Someren,* Nov. Zool., Vol. 29, 1922, S. 90. Die von *Verheyen* (1953) vertretene Ansicht, Altschwalben machten in den afrikanischen Winterquartieren zwei komplette Mausern durch, die eine von September bis Januar, die andere von Februar bis April (während die Jungen nur eine durchmachten), ist wenig einleuchtend. So schnell nutzt sich das Gefieder denn doch nicht ab!
[4] *Sarudny,* Die Vögel Ostpersiens (1898) russ.; St. Petersburg, 1903.

den Shetlands am 27. März eine besonders früh zurückgekehrte Rauchschwalbe gefunden (vielleicht war sie überhaupt nicht bis nach Afrika gezogen?), die ihre Schwungfedern noch nicht vollständig durchgemausert hatte. Das unterbricht aber nicht die Regel, daß Rauchschwalben aus ihren afrikanischen Winterquartieren erst dann aufbrechen, wenn die Mauser ihres Großgefieders vollendet ist.

Mitte September in Kamerun eintreffende Rauchschwalben haben ein noch ziemlich ramponiertes Gefieder, treten aber bald danach in die Mauser. Ende Oktober findet man in Südwestafrika noch Rauchschwalben ohne jedes Anzeichen einer beginnenden Mauser des Klein- und Großgefieders. Mitte November ist die Mauser der Jungschwalben in ihr Alterskleid beendet, soweit es das Kleingefieder betrifft, und nur noch die alten Steuer- und Schwungfedern harren der Erneuerung, doch tragen viel nördlicher, in Abessinien, viele Jungschwalben noch im Dezember ihr unvermausertes Jugendkleid, das dann sehr abgetragen aussieht. In Südafrika zeigt das Großgefieder bei vielen noch im Januar den alten Zustand, und Mitte Februar fehlten in Angola fast allen überwinternden Rauchschwalben die Spieße, die bei vielen dann wenigstens im März etwa zur Hälfte vermausert sind, zu einer Zeit, wo das Kleingefieder schon in der wunderbar blauen Farbe einer grade abgeschlossenen Mauser erglänzt. Aber bis Mitte, ja Ende April gibt es in Südafrika Rauchschwalben, die Steuer- und Schwungfedern noch nicht erneuert haben. Es ist anzunehmen, daß die in Südeuropa, aber teilweise auch schon in Mitteleuropa von Februar bis Ende März eintreffenden Rauchschwalben aus zentral- und nordafrikanischen Überwinterungsplätzen stammen, wo die Mauser rascher verlaufen mag als im Süden[5].

2. Mauserverlauf in den asiatischen Überwinterungsgebieten

Nach Whistler geht auch in Indien die Mauser langsam und unregelmäßig vor sich und dauert den größten Teil des Winters über. Bei manchen Stücken ist sie, wie in Afrika, im April noch nicht abgeschlossen, und in Nordburma ist die Vollmauser der Jungvögel des Vorjahres erst im Mai beendet. Jungvögel, die das ganze Jahr hier bleiben, mausern allgemein zwischen Februar und Mai. Von zwei

---

[5] Vgl. zum Kapitel „Mauser in Afrika und Europa" noch folgende Arbeiten: *Verheyen*, René, Band „Oiseaux" in „Expl. Parc Nat. Upemba", Brüssel, 1953, S. 543; *Serle*, W., Ibis, 1950; *Zink*, G., Vogelwarte, Bd. 16, 1952, S. 98; *Niethammer*, G., Vogelzug 10, 3., 1939, S. 129; *Broekhuysen*, G. J., Ostrich XXIV, Nr. 3, 1953, S. 148; *Young*, Ch. G., Ibis, 1946; *Grant*, Ibis, 1900; *Seebohm*, Ibis, 1887; *Witherby*, Ibis, 1928; *Barrat*, Ibis, 1876; *Sharpe*, Ibis, 1904; *Sclater*, Ibis, 1911; *Neumann*, Oscar, Journ. f. Ornith., 1905, S. 200; *Sachtleben*, H., Die Vögel Litauens, München, 1921; *Richards*, B. A. and *Goodwin*, D., Br. Birds 43 (1950), S. 300; *Vietinghoff-Riesch*, A. Frhr. von, Bonn. Zool. Beitr. 1955, Sonderheft.

zur gleichen Zeit — am 9. Dezember — geschossenen Exemplaren aus den indischen Zentralprovinzen bzw. Bengalen hatte das eine grade mit der Mauser begonnen, das andere sie abgeschlossen. In der südiranischen Provinz Luristan mauserte eine Rauchschwalbe noch Mitte April ihre Stoßfedern.

Die Mauser behindert die Rauchschwalbe nicht, ihr Gezwitscher ertönen zu lassen[6].

---

[6] Vgl. hierzu: *Whistler*, Journ. Bombay Nat. Hist. Soc., 1936; *Vaurie*, Americ. Mus. Nov. Nr. 1529, 1951; *Standford and Ticehurst*, Ibis, 1938.

VII. Die Ökologie der Rauchschwalben

1. Natürliche Nisträume

Die Frage nach dem ursprünglichen Biotop der Rauchschwalbe vor Erscheinen des Menschen wird wahrscheinlich nie ganz gelöst werden. Unter den 29 Vogelarten, die in der Felsnische Remetehegg in Ungarn aus dem Pleistozän festgestellt wurde, befanden sich auch Rauchschwalben, und ebenso wurde sie zahlreich im Pleistozän bei Magdeburg, in den Fuchslöchern am Roten Berg von Saalfeld und auch in der Höhle von Balcarova-skala (CSR?) festgestellt[1]. Im Pleistozän Schwedens hat man sie ja schon gemeinsam mit dem Menschen wohnend festgestellt[2], und je weiter die Menschheitsgeschichte zurückreicht, um so länger wird sie die Gefährtin des Menschen gewesen sein. Während aber Schweden noch unter der Decke der letzten Eisschicht lag und diese grade erst abschmolz — man hat das ziemlich genau auf Jahre rekonstruieren können —, war sie im vorderen Orient sicher schon die Bewohnerin menschlicher Siedlungen, deren Kulturen inzwischen längst untergegangen sind, die man aber ebenfalls ziemlich genau zeitlich erfassen kann.

Immerhin hätte die Siedlungsdichte des prähistorischen Menschen kaum genügt, ihrem Raumanspruch zu genügen, und so können wir annehmen, daß sie durch lange Zeitperioden hindurch ein vom Menschen unabhängiges Dasein geführt hat, immer jedoch mit der inneren Verwandschaft zu seiner Umwelt und mit der stets auslösbaren Bereitschaft, sich ihm zuzugesellen.

Wo sie ihn nicht fand, konnte sie jedoch sporadisch auch ohne ihn siedeln, und in diesen spät aufgeschlossenen Gebieten, oder dort, wo ausgeprägte Biotope, wie flußnahe Lehmwände oder meeresnahe Klippen ihr besonders günstig erschienen und sie wild bleiben konnte, hat sie bis heute eine gewisse Selbständigkeit bewahrt.

Deshalb ist es vielleicht auch nicht richtig, von e i n e r ökologischen Felsen- oder Lößwandabstammung zu sprechen. In der menschenleeren Urlandschaft wird es von jeher beide ökologischen Rassen gegeben haben: Rauchschwalben, die nie anders als in Felsriffen genistet hatten

---

[1] *Lambrecht,* Koloman, Aquila XXI, 1914 und *Janossy,* Aquila 55—58, 1948/51, S. 207.

[2] *Holmström,* 1942/47, l. c., vgl. a. *Schnurre,* Otto, Die Vögel der deutschen Kulturlandschaft, 1921.

und solche, die immer in flußnahen Lößwänden und an lokalen Steilwänden im Steppengebiet lebten, ja vielleicht sogar solche, die Felsenpartien der Waldlandschaft seit alters besiedelten. Im allgemeinen scheint die Zahl der wildlebenden Kolonien schon seit Jahrzehnten im Rückgang begriffen zu sein, ganz augenscheinlich als Folge konkurrierender menschlicher Siedlung. Wie sahen diese Siedlungen fern vom Menschen in den verschiedenen Ländern aus?

Steilufer- und Kavernenbrüter

Für Deutschland haben wir nur drei Hinweise, von denen wiederum nur zwei einigermaßen zuverlässig erscheinen. Auch diese beiden können als erloschen gelten. Der eine, recht unwahrscheinliche, stammt von Borggreve, der in seiner 1869 erschienenen Vogelfauna von Norddeutschland ihr Brüten an den Kreidefelsen von Rügen anführt. Wahrscheinlich liegt hier eine Verwechslung mit der Mehlschwalbe vor.

In einer Arbeit über die Vogelwelt Thüringens gibt Paul Wichtrig[3] Felsen der höheren Lagen Thüringens als Brutplätze der Rauchschwalbe an, und schließlich gingen O. Schnurre[4] Nachrichten zu, wonach sie am Kaiserstuhl im Breisgau frei brüte.

In England wurden im vorigen Jahrhundert Brutplätze der Rauchschwalbe an der Küste von Banffshire festgestellt[5], auch auf den Kanalinseln ist sie hin und wieder Felsenbrüter[6]; ebenso in Schottland und an den Klippen zwischen Berwick und der Marshall-Meadows an der Nordseeküste[7]. Das Vorkommen erlosch jedoch 1879. Möglich ist ein freies Brüten auf der entlegenen Insel St. Kilda der Hebriden. Für Irland geben Ussher & Warren[8] die Rauchschwalbe als häufigen Bewohner der Kalksteinhöhlen fern aller menschlichen Siedlungen um die Jahrhundertwende an, immer jedoch brüteten sie angesichts des Tageslichtes. Zahlreiche Höhlen wurden bei Lower Lake und Killmary vorgefunden. Eine davon hatte nach den zahlreich hier nistenden Rauchschwalben den Namen „Swallow-Island". Auch an der Küste von Dublin und Cork nistete sie, und Ruttledge gibt in seinem Buch über die Vögel Irlands Meereshöhlen in Clare und auf den Achill-Inseln an. Von einer Höhle von Schill-Harbour in Cork sagt er, daß sie seit nunmehr fünfzig Jahren als Nistplatz von Rauchschwalben benutzt werde.

---

[3] *Wichtrig*, Paul, Verh. Ornith. Ges. Bay., XXI, 1937, S. 181.
[4] *Schnurre*, O., Vogel der deutschen Kulturlandschaft, 1921; zit. *Balser*.
[5] *Sharpe & Wyatt*, A Monograph of the Swallow .., 1885—1894 zit. *Edwards*.
[6] *Dobsen*, R., The Birds of the Channel Islands, London, 1952, S. 86.
[7] *Baxter*, E. V. and *Rintoul*, L. J., The Birds of Scotland, London, 1953; *Bolam*, George, Birds of Northcumberland...
[8] *Ussher*, R. J. and *Warren*, The Birds of Ireland, London, 1900 und *Lindner*, Ornith. Mschr., 1912, S. 201, S. 201 sowie *Ruttledge*, The Birds of Ireland, 1954.

Auf den F a r ö e r n nistet die Rauchschwalbe an der Westküste von Vägseidi. Zu Beginn des 20. Jahrhunderts nisteten sie in Felsen nahe dem Landungsplatz von Mykenes[9].

In B e l g i e n wurde im Juli 1928 bei Hemalle-sous Argenteau an der holländischen Grenze im höhlenartigen Eingang zu einem verlassenen Sandsteinbruch ein Rauchschwalbennest gefunden. Es befand sich 6—7 m vom Eingang auf einer kleinen Schulterwehr des Bogens in 3—4 m Höhe in unmittelbarer Nachbarschaft von Feldsperlingen, Hausrotschwanz und Fledermäusen[10].

In F r a n k r e i c h wurde die Rauchschwalbe brütend an den Inseln und Küstenfelsen der Bretagne gefunden[11], Jouard sah ein Pärchen am gleichen Biotop wie Felsenschwalben in den Französischen Ostpyrenäen brüten, ein Nest vom Rauchschwalbentyp war zehn Meter über einem Wildbach an einer Felsennische angebracht[12]. Im Departement Maine et Loire nistete ein Pärchen mehrere Jahre hindurch von 1916 oder 1917 an in einer Felsenhöhle ganz nahe von deren höchstem Bogen etwa 1,50 m vom Höhleneingang entfernt in Puy-Notre-Dame[13]. Im Kriegsjahr 1917/18 brütete eine Rauchschwalbe in der Champagne in einer Felsspalte, offensichtlich verdrängt durch die Kriegshandlungen[14].

S p a n i e n: Aus Andalusien wußte Thompson schon 1849 zu berichten, Rauchschwalben brüteten fern aller menschlichen Siedlungen zusammen mit Felsenschwalben am Gipfel des Lomo de Vaca. Zu Beginn des 19. Jahrhunderts war es Verner Willoughby, der in einem Buch „Mein Leben unter den wildlebenden Vögeln Spaniens" von Sandsteinfelsen bei Sierra Nevada erzählte, in denen Kolonien der Felsen- wie der Rauchschwalbe existierten[15].

In P o r t u g a l[16] heißt im Douero-Distrikt die Rauchschwalbe gradezu „Andorinha das minas", weil sie hier in unterirdischen Galerien haust, die vom Wasser ausgespült sind. Rey[17] traf sie in den 70er Jahren des vorigen Jahrhunderts an verschiedenen Stellen der steilabfallenden Küste von Algarves im Süden des Landes zur Brutzeit oft in beträchtlicher Zahl.

---

[9] *Kenneth Williamson,* Ibis, 1945 und *Ferdinand,* Dansk Ornith. Tidsskr. 41 (1947).
[10] *van Beneden,* Le Gerfaut, 1932, S. 204.
[11] *Bureau, L.,* Nos oiseaux, 1933, und Alauda, 1953, S. 266.
[12] *Jouard,* Alauda, Bd. V, 1933, S. 246.
[13] *Mayaud, Noël,* Le Gerfaut, 1933, S. 38.
[14] *Rebousin,* Rev. franç d'Ornithol., 1917/18, S. 195.
[15] *Willoughby, Verner,* My Life among the wild Birds in Spain, London 1909.
[16] *Tait, William,* The Birds of Portugal, 1924, S. 113—116.
[17] *Rey, E.,* Journ. f. Ornith., 1872, S. 143.

Jugoslawien: Mehrere Ornithologen — so Othmar Reiser und Pichler — fanden sie um die Jahrhundertwende und vorher an steil abfallenden Felsen der Narenta brütend[18].

Bulgarien: Weitab von allen menschlichen Siedlungen brüteten Rauchschwalben in den kapellenartig ausgewaschenen Uferfelswölbungen unterhalb Bjelenowo und Swischtschowsko.

Griechenland[19]: Zur Jahrhundertwende hat sie zweifellos vereinzelt zusammen mit Mehlschwalben in den „Klissuren" des Zygosgebirges gebrütet. Krüper fand sie dann unter der Decke eines Konglomeratfelsen zusammen mit Felsenschwalben. Peus, der eben noch die Brutbiologie der Rauchschwalbe in Griechenland erforschte, entdeckte sie als Bewohner geräumiger Großhöhlen, wo sie in der Dämmerzone zwischen 5 und 8 Meter vom Eingang der Höhle entfernt in Nischen nistete. Im Peloponnes, aber auch in Böotien mit seinem steilen Felsengestade und zahlreichen Großhöhlen, schließlich am Austritt des Asopos-Flusses, der die Felsen durch einen gemauerten Steinkanal verläßt, brütete sie frei, hier nur 80 cm über dem Wasserspiegel an der Kanaldecke. Stets wurden die Nester noch vom Tageslicht erhellt. An Felswänden fand Peus die Rauchschwalbe in Griechenland jedoch nicht.

Rumänien: An senkrechten Klippen unter Felswänden fand Joung im vorigen Jahrhundert zweimal kleine, wilde Rauchschwalbenkolonien in der Dobrudja, in dem einen Fall waren die Nester gegen senkrechte Klippen unter einem überhängenden Felsenband gebaut und ließen etwa 1 Zoll Raum um sich herum zum Ein- und Ausfliegen. Im andern Fall waren sie oben an das Gewölbe einer Höhle geheftet. Wenn Dombrowski 1912 in seiner „Ornis Romaniae" von kleinen Rauchschwalbengesellschaften spricht, die an steilabfallenden Felsen brüteten, so bezieht er sich wahrscheinlich auf Beobachtungen Henry Seebohms, die dieser gemeinsam mit Joung anstellte[20].

Die bedeutendsten wilden Brutplätze der Rauchschwalben befinden sich aber zweifellos auch heute noch in den riesigen Gebieten **Sowjetrußlands**. Über sie hat H. Grote die einschlägige Literatur in einer 1927 erschienenen Arbeit gesammelt[21].

Südlich der Stadt Ovidopol, wo der Dnjester felsenartig steile Lehmwände bildet, ehe er sich in das Schwarze Meer ergießt, sind freibrütende Rauchschwalben nicht selten; ihre Nester stehen meist ganz niedrig vom Boden entfernt. Auch in der Krim und im Kaukasus nisten, wie Menzbir Ende des 19. Jahrhunderts berichtet[22], in den Felsen

---

[18] *Reiser*, Othmar, Materialien zu einer Ornis Balcanica, I, Bosnien, Wien 1939; *Pichler*, A., Ornith. Mschr. 31, 1906, S. 426.

[19] Vgl. hierzu *Reiser*, O., l. c., Bd. III, Griechenland, Wien 1905; *Peus*, F., Bonner Zool. Beitr., 1954 (Sonderheft).

[20] *Seebohm*, Henry, History of British Birds, zit. d. *Sharpe & Wyatt*, 1885/94.

[21] *Grote*, Hermann, O. Mber. 1927, S. 65—68.

[22] *Menzbir*, Die Vögel Rußlands, Moskau 1895 (russ.).

Rauchschwalben. Häufiger sind Nachrichten jedoch aus dem asiatischen Rußland.

So schreibt schon 1811 der Reisende Pallas „Nidos haec species ... in alpestribus Dauuriae ad praerupta rupium excelsarum cum Hirundine alpestri struit"[23]. Sie baute also auch in Sibirien[24] gern im gleichen Biotop mit der Felsenschwalbe, wie von Spanien bis zum Balkan. 1834 hatte Constantin Lambert Gloger ihr wildes Siedeln in Transkaspien und Sibirien angegeben, wo sie in lehmigen Sandhügeln und lockeren Ufern der Steppe brüte[25]. Der Sibirienforscher Th. v. Middendorff fand Mitte des vorigen Jahrhunderts Rauchschwalben an der Mündung der Podkamennaja Tunguska in den Jenissei zahlreich an deren felsigen Hügeln brüten[26], und sein Zeitgenosse Radde, der Südostsibirien durchforschte und tonige Flußufer von ihr besiedelt fand, kennt sie als Minirer der Steilwände, in die sie ihr Nest ähnlich der Uferschwalbe anlege. Ihre halbrunden Nester baute sie aus frischem Schlamm ein Fuß tief in den Wänden, und die Gänge dazu erhielten eine Wendung im rechten Winkel[27]. Bostanjoglo nennt die Rauchschwalbe einen häufigen Brutvogel der Steilküsten des Aralsee's, Grote vermutet, daß es sich um die Küsten der Paskiewicz- und der Perowsk-Bucht handelt. In den Felsenschluchten Ui-Mullah der Mittleren Kirgisensteppe fand Sushkin[28] unter überhängenden Felswänden Rauchschwalben brüten, und nach Radde gab es auch freie Kolonien an den steilwandigen Flußtälern des Amu-darja. Vielleicht bezieht sich darauf die Bemerkung Dementjews und Spangenbergs[29] (1947), die Rauchschwalbe brüte in Turkestan häufig nahe von Felsen und Böschungen. Schon Radde und Walter hatten in ihren „Vögel Transkaspiens" 1888 von Rauchschwalben gesprochen, die dort außer an Siedlungen auch in den Steilwandungen von Flußtälern brüteten — freilich nicht annähernd so häufig, wie in Europa — und der baltische Ornithologe Baron Harald Loudon erzählt, wie er 1909 in einem Gebirge bei Kasandschijk in Zentralasien weitab von menschlichen Siedlungen auf Rauchschwalben traf, die offenbar am Nestbau waren[30]. Der ältere Johannsen vermutete an der Mündung des Kleinen Tscholyman im Altai freibrütende Rauchschwalben in den Felsen, da es dort weit und breit keine menschlichen Siedlungen gab[31]. Im Tal des Salzflusses Rudischur bei Tebbes an der

---

[23] *Pallas*, vgl. *Grote*, 1927.
[24] Auch in Ostsibirien, z. B. im Amurgebiet, wie erst 1954 *Worobjew* (Die Vögel des Ussuri-Gebietes, Moskau 1954 [russ.]), berichtet.
[25] *Gloger*, C. L., Vollständiges Handbuch... der Vögel Europas, Berlin 1834.
[26] *Middendorff*, Th. von, Sibirische Reise, Bd. II, St. Petersburg 1853.
[27] *Radde* und *Walter*, Ornis V, 1889, S. 70.
[28] *Sushkin*, P., Die Vögel der mittleren Kirgisensteppe, 1914.
[29] *Dementjew*, *Spangenberg*, *Rustanow*, Ibis, 1947.
[30] *Loudon*, Harald Baron von, Journ. f. Ornith., 1910.
[31] *Johannsen*, Herm., Vögel des Gouv. Tomsk, 1898 (russ.).

iranisch-afghanischen Grenze brütete sie nach Sarudny in den Lehmufern[32].

Nordafrika: Auch hier werden steile Felswände in menschenarmen Gegenden als Brutplätze gewählt. Erlanger fand 1889 in Tunesien solche Kolonien bei Kasserine an Stellen, wo die Ufer des Qued ganz nahe zusammentraten[33].

Nordamerika: Die amerikanischen Ornithologen vermuten, daß die Rauchschwalbe vor Erscheinen des weißen Mannes in den Staaten und in Neufundland in Spalten, Höhlen oder sogar Baumhöhlen gebrütet habe, und vermuten, daß sie das heute noch vereinzelt in abgelegenen Gegenden tut. Eine Reihe solcher Brutplätze ist bekannt. So fand Ridgway[34] im vorigen Jahrhundert von Rauchschwalben bewohnte Höhlen in Nevada. Von einer ganzen Anzahl von Freibruten in Felsen berichtet Bent in seinem 1942 erschienenen Buch „Life Histories of North American Swallows": Im Staate Washington lebt sie an überhängenden Sandsteinfelsen in der Nähe der pazifischen Küste. Im Staat Colorado ist sie Bewohner der Hot Sulphur Springs. Sie nistet längs der Felsen von Hangman's Creek ähnlich wie die Cliff-Swallow, die amerikanische Felsenschwalbe, und an den Osthängen des Kaskadengebirges an Felsen in der Gegend von Yakima.

Ganz im Norden von Alaska, am Kotzebue-Sund, fand man, wie Nelson[35] berichtet, zwei Rauchschwalbennester auf der Unterseite einer tiefen Spalte, die sich in einen Felsenriff hineinerstreckte.

Baumnester

Es ist nicht ganz verständlich, wieso Aristoteles zu der Ansicht kam, die Rauchschwalben bauten ihre Nester aus Lehm und Schleim eines neben dem anderen auf Baumspitzen[36], denn Baumnester gehören auch heute zu den größten Seltenheiten und sind es damals wohl ebenso gewesen. Daß sie außerdem eine Art Atavismus bedeuten, ist wohl sehr wahrscheinlich! Manche Ornithologen — so Martorelli — glauben sogar, im Baumnest die ursprünglichste Form des Nistens vor der schicksalhaften Begegnung mit dem Menschen erblicken zu können. Auch der 1503 verstorbene neapolitanische Gelehrte Giovanni Pontanus hatte geschrieben: „Quod nidum in tignis peregrina reponit Hirundo", ließ sie also auch auf Zweigen ihr Nest bauen. Einen Übergang zwischen Ufernischen- und Zweignest fand Sarudny[37], als er Ende des 19. Jahrhunderts Ostpersien durchforschte. Im Tal des Salzflusses Rud

---

[32] *Sarudny*, Vögel Ostpersiens, St. Petersburg 1903.
[33] *Erlanger*, Journ. f. Ornith., 1899, S. 484.
[34] *Ridgway*, nach *Sharpe* und *Wyatt*, l. c., 1894.
[35] Zit durch *Bent*, A. L., 1942, und *Bailey*, Birds of Alaska, 1948.
[36] *Aristoteles*, hist. an. VI, 1, p. 559 zit. aus *Pauly*, Realenzyclopaedie.
[37] *Sarudny*, 1898, vgl. H. *Grote*, 1927, *Menzbir*, 1895.

i Schur, in der Nähe von Tebbes, sah er eine Höhle, die schattig und tief am lehmigen Flußufer angelegt war, und von deren Decke, bei weitem nicht den Boden berührend, die vom Wasser ausgespülten Wurzeln eines Strauches hingen, die von oben durchgewachsen waren. Hier entdeckte er ein Rauchschwalbennest der gewöhnlichen Halbkugelform, das aus Lehmkügelchen errichtet war, aber so frei in der Luft hing, daß es schaukeln konnte. Es war nur an drei Wurzeln befestigt, die es im oberen Teil durchbohrten und einige cm unterhalb des Nestes wieder aufhörten. Noch seltsamer waren Entdeckungen, die ihm im Gouvernement Orenburg gelangen, wo die Rauchschwalbe ihre Nester oberirdisch an Erlenstämme klebte, die die Mündung des Flusses Ilek säumten. Die starken Seitenäste schützten die Nester vor Regen. Vom Nisten in einer 10 m hohen Baumhöhle und von einem Nest, das in die Astgabel eines Bergahorns gebaut wurde, erzählen aus England Sharpe und Wyatt in ihrer Schwalbenmonographie[38]. Das Bergahornnest wurde sogar abgebildet. Eine ganze Anzahl Fälle ist von Nestern an überhängenden Zweigen und Ranken bekannt geworden[39]: Im „Zoologist" von 1911 wird z. B. das Nest einer Rauchschwalbe am Außenzweig eines Ahorns über dem Zufluß des Flusses Chelmer erwähnt, 7 m von jedem Ufer entfernt, und wir kennen Nachweise von Anheftung an Walnußzweige (Belgien)[40], Eschen (Niederlande)[41] und zwischen den hängenden Ranken von Weinreben (Ungarn)[42]. In der Lombardei wurde ein Nest an freihängenden Maiskolbenbündeln aufgesetzt[43].

Wie Horvath[44] berichtet, bauten im Juni des Jahres 1904 Rauchschwalben ihr Nest unter freiem Himmel auf einen Baumast in Ungarn und zogen ihre Jungen erfolgreich hoch. Das gleiche geschah in Schottland 1924[45].

In Nordfrankreich bauten unter der Einwirkung der Kriegshandlungen im ersten Weltkrieg 1917/18 Rauchschwalben kolonieweise Nester bis zu drei Meter hoch in eine Pappel[46].

2. Bewohner von Brücken und Schleusen

Das Brückensiedeln war schon dem griechischen Grammatiker und Lexikographen Hesychios bekannt, der im 5. Jahrhundert v. Chr. lebte und es so deutete, als ob es eine Folge der Verdrängung aus den

---

[38] *Sharpe* und *Wyatt*, 1894, zit. *Seebohm*, History of Br. Birds.
[39] Vgl. *Bessant* in „Zoologist", 1886, *Fitsch* in „Zoologist", 1911.
[40] *Tant*, 1911/12, l. c.
[41] *Lechner*, Ardea, Bd. 1, 1911/12, S. 83.
[42] *v. Madarasz*, Ibis, 1896, S. 135.
[43] *Grote*, H., O. Mber. XXVII, 6, 1929.
[44] *Horvath*, G. von, Aquila, 1904.
[45] *Ritchie*, Scot. Nat., 1924, S. 83, mit Abbildungen.
[46] *Kirk*, C., Br. Birds XI (1917/18).

Städten wäre; dabei hätte man höchstens an die Pythagoräer denken können, denen die Schwalbe wegen ihrer Schwatzhaftigkeit lästig war und die deshalb ihre Nester von den Häusern entfernten — woran man im alten Griechenland das Haus eines Angehörigen dieser Schule erkennen konnte.

Aber auch den seit langem der Zivilisation erschlossenen Ländern fehlt die Rauchschwalbe kaum jemals als sporadischer Brückensiedler, und in manchen Gegenden trägt sie gradezu den Namen „Brückenschwalbe":

Europäisches Rußland: In der Ukraine unter Brücken und Badehäusern[1]; St. Petersburg (Leningrad) und Umgebung, z. B. Peterhof[2].

Schweden: Unter der Landstraßenbrücke in Södermanland[3] und unter einer Eisenbahnbrücke bei Uppsala. Wahrscheinlich sind die Fälle damit aber noch längst nicht erschöpft.

Dänemark: Unter Eisenbahn- und anderen Brücken vereinzelt. 1922 wurde ein Brückennest bei Hatsund gefunden, über das täglich acht Züge hinwegfuhren[4].

Großbritannien und Irland: Auf den Shetland-Inseln, wo die Rauchschwalbe im allgemeinen selten brütet, brachte 1914 ein Paar sein Gelege unter einer Brücke in Sellafirth hoch. Unter einer Eisenbahnbrücke nistete sie im Schottland[5]. Eine niedrige Brücke beherbergte ein Rauchschwalbennest mit fünf Jungen 1930 bei Sandwich[6], und Ticehurst[7] berichtet von einer erfolgreichen Brückenbrut in Suffolk. Verschiedene Nester wurden in Irland unter Brücken und Brückenbogen gefunden[8], ja Thompson gibt schon 1849 Holzbrücken als Nistplätze für Schottland und Irland an[9].

Niederlande: In den wasserreichen und seit Jahrhunderten hochkultivierten Niederlanden ist die Rauchschwalbe kein seltener Bewohner von Brücken, Schleusen und Dückern. Aus Süd-Beveland, Friesland, der Nordseeküste, von Amsterdam und von den Drehbrücken in der Provinz Drenthe wird darüber berichtet[10].

---

[1] *Goebel*, H., Die Vögel des Kreises Uman, St. Petersburg, 1879.
[2] *Mewes* und E. F. v. *Homeyer*, Ornis, 1886, S. 235; *Büchner*, E., Die Vögel des Gouv. St. Petersburg, 1884 (russ.).
[3] *Holmström*, C. T., 1942/47, l. c., und *Rosenius*, 1929.
[4] *Rasmussen*, Limosa 17, 1923.
[5] *Baxter*, 1953, l. c.
[6] Vgl. Br. Birds, Bd. 24 (1930/31).
[7] *Ticehurst, Claud*, B., A History of the Birds of Suffolk, London 1932.
[8] *Ussher* and *Warren*, 1900, l. c.
[9] *Thompson*, W., Natural History of Ireland, London 1849.
[10] *Pellinkhof*, Ardea, 1921, Bd. X, S. 117; *Sluiters*, J. E., Ardea, 1947, Bd. 35, S. 189; *Vleugel, Warren* und *Wilmink*, Ardea, 1948, Bd. 36, S. 28, Anonymus, in: Limosa 14, 1941; *Leege*, Otto, Ornith. Mschr. 1907, S. 424.

Frankreich: Im 18. Jahrhundert fand Vieillot, wie wir uns erinnern, winters eine Rauchschwalbe unter einer Brücke, die dort den Winter verbrachte, in eine Art Kältestarre verfiel, an warmen Tagen aber herausgeflogen kam. Daß sie auch heute unter Brücken nistet, beweist das Sumpfgebiet der Camargue, wo sie nur wenige cm über dem Wasserspiegel unter einer kleinen Fußgängerbrücke brütend gefunden wurde[11].

Luxemburg: Morbach, dem wir erstmalig eine gute Darstellung der Vogelwelt von Luxemburg verdanken, fand Rauchschwalbennester auf T-Trägern der Brücken über die Alzig, und zwar recht häufig[12]. Manchmal genügt dazu auch ein einzelner Eisendraht, der aus einer Betonbrücke hervorragt, um das Nest anheften zu können[13].

Griechenland: Unter Betonbrücken über den Kephissos fand Peus[14] 1952 Rauchschwalbennester.

Deutschland: C. L. Gloger wies 1834 wohl als erster auf Brückennester der Rauchschwalben hin. 1858 brüteten in Mecklenburg Rauchschwalben unter der Zugbrücke auf dem Werder und ließen sich selbst durch das täglich vielmals wiederholte Aufziehen der Zugbrücke in keiner Weise stören[15]. Auch unter der großen Eisenbahnbrücke bei Stettin brüteten Rauchschwalben mitten im Strudel des Verkehrs, und ebensowenig ungestört mochte sich unter der Alsterbrücke von Hamburg[16] und unter verkehrsreichen Brücken bei Friedrichshagen (Mecklenburg) und Cuxhaven[17] ihr Leben abgespielt haben. Groebbels[18] fand in Nordhannover Nester in einem Anglerschuppen am Balksee und an der Unterseite einer Holzbrücke über den Kanal, Bodenstein[19] in einem Eisenbahndurchlaß; in Ostfriesland soll sie ebenfalls zuweilen unter Brücken nisten[20]. In Hann.-Münden stehen Nester unter einer Holzbrücke, die, über eine Straße gespannt, zwei Mühlengebäude miteinander verbindet.

3. Nester in Brunnen, Schächten und in Steinbrüchen

In den Zisternen der Steppen Ungarns, Rumäniens und Südrußlands ist die Rauchschwalbe gar nicht so selten brütend sogar in beträcht-

---

[11] *Hugues*, M., Alauda, 1937.
[12] *Morbach*, 1943, l. c.
[13] *Hulten*, M., Bull. Ligue Luxemb. 32, IV, 1952, S. 510.
[14] *Peus*, Bonn. Zool. Beitr., 1954.
[15] *Preen*, Journ. f. Ornith., 1859, S. 447.
[16] *Krohn*, Die Vogelwelt Schleswig-Holsteins, Hamburg 1924. — 1886 waren mehrere Nester unter einer niedrigen Holzbrücke auf der Uhlenhorst bei Hamburg gefunden worden; an den Elbbrücken trat sie damals massenweise als Brutvogel auf.
[17] *Steinbacher*, Georg, Beitr. Fortpfl.-biol. Vög., 18, 5 (1942), S. 170.
[18] *Groebbels*, Fr., Ornith. Mittlg. 3, 1951, S. 180.
[19] *Bodenstein*, G., Beitr. Fortpfl.-biol. Vög., 1943, S. 58.
[20] *Leege*, Otto, Ornith. Mschr., 1907, S. 424.

licher Zahl gefunden worden, ja auf der Pußta Hortobágy kann sie als klassischer Brunnenbewohner gelten[21]. Ihre Nester beginnen hier oft gleich unter dem oberen Rand des Brunnengestells, so daß man mit der Hand danach greifen kann. In den mit Holz ausgelegten viereckigen Brunnen finden sich ganze Kolonien von 15 bis 20 Paaren, mehrere Stockwerke hoch. Soweit die Brunnen aber mit Ziegeln ausgelegt sind, werden die Nester unter dem oberen und unteren Rand des Brunnengestells angelegt, da nur sie einen Schutz gewähren. Auch in den Steppen von Askania Nova wurden 1936 in tiefen Brunnen Rauchschwalbennester gefunden[22], die in 8 bis 10 m Tiefe angebracht waren. In Rumänien sind Rauchschwalben besonders in der Steppe Baragan Brunnenbewohner[23]. Die rotbäuchige Rasse transitiva findet in Palästina, wie Reverend Tristram Mitte des vorigen Jahrhunderts feststellte[24], an kleinen vorspringenden Steinen unter dem gewölbten Dach der in dauerndem Gebrauch befindlichen Ziehbrunnen — also oberirdisch, in etwa 2 m Höhe — Nistplätze. In Ägypten brütet die dort ansässige Rasse savignii zuweilen in Brunnen[25]. Aber auch in Süd- und Südwesteuropa kommt ein Brüten in Brunnen vor, wenngleich recht selten, da es hier keine Steppen mit Zisternen gibt. Um zu ihrem Brutplatz — einer unter der Ruine eines Hauses gelegenen Zisterne — in Bologna zu gelangen, mußten die Rauchschwalben durch eine im letzten Krieg entstandene Mauerbresche tauchen und dann in kompliziertem Zickzack-Flug weiterfliegen. Dort unten nisteten sie zusammen mit Mehlschwalben[26].

Schon Ende des 18. Jahrhunderts ist die Rauchschwalbe als Brunnenbewohner in England bekannt[27], neuerdings von Hosking[28] als solche wiederentdeckt worden.

Als Bewohner von K o h l e n s c h ä c h t e n — befahrenen wie unbefahrenen — ist sie seit den Zeiten von C. L. Gloger um 1834 bekannt. In der Gegenwart sind Fälle aus Schottland mitgeteilt worden. Von hier stammen auch sichere Nachweise über ihr Brüten in Steinbrüchen von Giffnock, Williamswood und Rentwewchire[29]. In einem L i c h t s c h a c h t von 1,12 × 0,90 m und 24 m Höhe fand Groebbels 1954 in Hamburg ein Nest 20 m hoch, 4,32 m von der Oberkante[30].

---

[21] *Schenk*, Jacob, Aquila XIV, 1907, S. 223.
[22] *Zemsch*, Acta Mus. Zool. Kijew 1937 (ukrainisch).
[23] *Dombrowski*, „Ornis Romaniae", Bukarest 1912.
[24] *Sharpe* und *Wyatt*, 1894, Zit. Tristram.
[25] *Sharpe* und *Wyatt*, 1894.
[26] *Bastia*, Rivista Italiana di Ornith., 1947.
[27] *White*, Gilbert, Natural History of Selborne, 1789.
[28] *Hosking*, E., and *Newberry*, C., The Swallow, London 1947.
[29] *Baxter*, 1953, l. c.
[30] *Groebbels*, Fr., Ornith. Mittlg., 6, 1954, S. 256.

4. Nester in Ruinen, Unterständen und Bunkern

Bezieht die Rauchschwalbe alte Schloß- und Burgruinen, so entspricht das — fast könnte man sagen — einem romantischen Zug ihres Wesens. Nun, so schlimm ist das nicht, und eher könnte man behaupten, sie scheue sich auch nicht, alte Ruinen zu besiedeln. Das scheint z. B. bei den Rauchschwalben der Fall zu sein, die sich die Ruinen von Bronchil Castle am Nordende der Insel Raasay in den Hebriden auserkoren hatten, und bei manchen irischen Rauchschwalben. In Dänemark führt R. I. Olsen[32] unter den Vögeln, welche die Ruinen eines in der Nähe des Strandes gelegenen Hauses bewohnten, auch die Rauchschwalbe auf. Früher scheint das noch häufiger der Fall gewesen zu sein, als es sich noch nicht lohnte, verfallene Gebäude wiederaufzubauen. Denn Friedrich Naumann[33] schreibt in seiner Erstausgabe von 1833: „ziehen alte, verlassene, wüste Gebäude vor"[34].

Die Ruinen der Akropolis von Athen besiedelt sie wohl schon seit sehr alten Zeiten. Wenn sie dagegen in beiden Weltkriegen zum Bewohner von Ruinen, Unterständen und Bunkern wurde, so beweist das bei den Ruinen ihren ungewöhnlichen Starrsinn in der Beibehaltung eines einmal ausgewählten Brutplatzes. Fällt auch die Ruine zusammen, dann macht sich zum mindesten ersatzweise ihre Ortstreue verbunden mit großer Unempfindlichkeit gegen Störungen bemerkbar, und sie brütet dann unter Umständen einfach in einem Geschützunterstand über den Köpfen der Soldaten.

Besonders häufig ward sie Bewohner von Unterständen und Laufgräben während des Stellungskrieges an der französischen Front im ersten Weltkrieg. Freund und Feind haben sich ihrer dabei angenommen. Sunkel[35] fand sie in Flandern in den Unterständen der vordersten Front, und die Trümmer des unglücklichen Tahure besiedelte sie noch bis zuletzt[35a]. Schweres Artilleriefeuer hinderte sie hier ebensowenig wie an anderen Stellen der Front. Auf der „anderen Seite" kämpfend fand sie der Engländer Boyd[36] als Ruinenbewohner von Peronne; von da siedelte sie, als es unerträglich wurde, in die Offiziersmessen und errichtete in den Baracken an Nägeln ihre Nester. Südlich Rouvroy[37] machte sie sich schon 1916 in den Schützengräben heimisch,

---
[31] *Collier*, Ibis, 1904.
[32] *Olsen*, R. J., Dansk Ornith. Tidsskr. VI, 1912.
[33] *Naumann*, J. A., hersg. J. Fr. *Naumann*, „Naturgeschichte der Vögel Deutschlands", Leipzig 1833.
[34] *Parrot*, Journ. f. Ornith., 1905.
[35] *Sunkel*, Werner, Verh. Ornith. Ges. Bay., Bd. XV, 2, 1922—35 a) Gef. Welt, 1915, S. 135.
[36] *Boyd*, A. W., Ibis, 1919.
[37] *Böker*, H., Ornith. Mschr., 1917.

nachdem die Dörfer zerstört waren. Ihre Nester befanden sich in den Stolleneingängen, an kleinen Baracken und in den großen, bergmännisch angelegten Tunnels, wo sie dicht neben den Köpfen der Soldaten ihre Bruten hochbrachte. L. Schuster[38] schildert ihr Nisten in der Feuerstellung seiner Batterie in der Champagne, wo ihre Nester unter den Eisenschienen der Geschützdeckungen standen. Gegen das Krachen einschlagender Granaten waren sie auch hier völlig unempfindlich. Der Ort St. Marie wurde oft an einem einzigen Nachmittag mit 1000 Schuß schweren Kalibers bedacht. Ähnlich verhielten sie sich bei Verdun und an der Aisne. Auch in den Nissenhütten, die 1918 für die Unterkünfte englischer Truppen in Nordfrankreich aufgestellt wurden, zogen die Rauchschwalben alsbald ein und wurden ungemein zutraulich. In der Not nahmen sie mit holzverkleideten und ausgeschalten Schützengräben vorlieb, und zwar unmittelbar nach deren Herstellung und ohne Zögern. Ein Pärchen machte besondere Anstrengungen, unter der Haube eines Geschützfahrzeuges zu nisten und gab diesen Versuch erst nach Tagen auf[39]. An der russischen Front siedelten sich Rauchschwalben damals in Einzelfällen ebenfalls mit größter Ungeniertheit in militärischen Unterkünften: Unterständen und Blockhäusern an, z. B. in Polesien[40].

Aus dem letzten Weltkrieg, der ja einen Stellungskrieg nur im Osten kannte, liegen ähnliche Erfahrungen nur wenig vor. In einem Fall brütete die Rauchschwalbe nach Zerstörung des Hauses in tief in die Erde getriebenen Bunkern und Stollen, z. T. mehr als 1 m tief, und zwar recht systematisch[41]. Nach dem Krieg fand man in den Niederlanden ein Sechsergelege in Hoek van Holland in einem aus dem Krieg stammenden Bunker 2 m über der Erde[42].

5. Bewohner verschiedener Landschaftsformationen

Auch als Kulturfolger kann die Rauchschwalbe ihre Plastizität in der Auswahl verschiedenster Landschaftstypen beweisen. Ob ihre Eignung hierzu aus einer einzigen Wurzel resultiert, oder ob sie vor der Begegnung mit dem Menschen schon mehrere biologische Rassen besaß, wird sich schwer entscheiden lassen. Ich selbst glaube, daß man ursprünglich mit zwei biologischen Rassen zu rechnen hat, einer „Felsen-Rauchschwalbe" und einer „Steppen-Rauchschwalbe". Auf dem Zuge oder aus Oasen vorstoßend wird sie gelegentlich zum Wüstenvogel, überfliegt aber auch Formationen aller Art, wie Meere, Hoch-

---

[38] *Schuster*, L., Journ. f. Ornith., 1921.
[39] *Congreve*, Ibis, 1918.
[40] *Zedlitz*, Graf O. von, Journ. f. Ornith 65, 2, 1917.
[41] *Kummer*, Ornith. Mschr. 51, 1943.
[42] Vgl. Limosa, 22, 1949.

gebirge bis über 3000 m und jagt über großen Waldkomplexen, weitab von allen Siedlungen, über Mooren und Salzsteppen.

Wald

Große, geschlossene Waldgebiete ohne menschliche Siedlungen kann sie jedoch nicht besiedeln. So ist die weit nach Süden reichende Einbuchtung ihrer nördlichen Verbreitungsgrenze im Ural und die Ungewißheit der Grenzlinienführung zwischen dem nördlichen Jenissei und der Lena in Sibirien zu erklären. Aber oft genügt schon eine kleine Auflockerung des Waldmassivs: eine Waldsiedlung, wie in den oberen Lagen des Bayerischen Waldes[43], um sie seßhaft werden zu lassen. In den Waldgebieten des Weserberglandes, der Egge, des Sauerlandes, des Westerwaldes, der Rominter Heide, im Pfälzer Wald, Spessart, Schwarzwald und TeutoburgerWald ist sie in kleinsten Weilern und Einzelgehöften, manchmal sogar fernen Mühlen zu Hause. In anderen Waldgebieten scheint sie sich weniger gern anzusiedeln, und natürlich drücken solche Massive, wie der Harz, der in seinen geschlossenen Teilen zu über 90 %/o bewaldet ist, die gesamte Schwalbensiedlungsdichte einer Provinz stark herab. Im Hardt-Wald der Rheinpfalz war sie nach Parrot[44] selten. Auch in der landwirtschaftlich genutzten Kulturlandschaft kommt sie weitab von allen menschlichen Siedlungskernen nur selten als Brutvogel vor. Einige dieser Fälle lernten wir bei der Kennzeichnung der Rauchschwalbe als Brückenbewohner kennen; in Schweden nistet sie manchmal in entlegenen Heuschobern[45], und einmal wurde ihr Nest sogar auf einer Lichtung in einem Fichtenwald gefunden. Das darf als große Ausnahme gelten[46]. Auch bei Amsterdam nistete sie in einer Waldung[47], wahrscheinlich aber wohl doch hier an einer Blockhütte oder dergleichen. Im schottischen Bergland bewohnt sie noch ganz entlegene Hütten inmitten der wildesten Bergszenerie. Auf Jagdflügen dringt sie allgemein in die entlegensten Waldungen vor, über deren Kulturen, Dickungen und Althölzern man sie dann fliegen sieht, besonders bei Forstinsektengradationen. Schacht[48] sah sie in entfernten, vom Wind geschützten waldreichen, fichtenbestockten Tälern des Teutoburger Waldes eifrig jagen.

Auf dem Zug überfliegt sie jedes Waldmassiv; nur wenn es überdimensional wird, wie das große zentralafrikanische Waldgebiet, das

---

[43] *Gengler*, J., Verh. Ornith. Ges. Bay. XI, 1913. Häufiger Bewohner vieler Orte tief im Wald.
[44] *Parrot*, Verh. Ornith. Ges Bay. VII, 1906, S. 244.
[45] *Witt-Strömer*, Hälsinglands Fåglar, Stockholm 1950.
[46] *Salomonsen*, Finn, Dansk Ornith. Tidsskr. XXI, 1927.
[47] *Sluiters*, Ardea, 1947, l. c.
[48] *Schacht*, H., Die Vogelwelt des Teutoburger Waldes, 1877 und 1931.

den Kongo umgibt, wird es unter Umständen gemieden und jedenfalls nicht für längere Rasten ausersehen. Nur wasserreiche Teile bilden eine Ausnahme, und selbstverständlich jede menschliche Siedlung, jede Plantage, alles, was den Eindruck des massiven Urwaldes unterbricht. Im West-Iran wird das Waldmassiv des Zagroßgebirges mindestens zur Zugzeit von Rauchschwalben bevölkert[49].

Steppe

Die Steppe mit ihren Erdrissen, in Südrußland „Balkas", in Nordafrika „Queds" genannt, ihren in den Löß erodierten Flußtälern, weidenden Großviehherden oder ihrem Großwild, war vielleicht der eine — manche Ornithologen, wie O. Schnurre und W. Sunkel, sagen: einzige — Ur-Biotop der Rauchschwalbe[50]. Auch heute noch ist sie überall dort ein Steppenvogel, wo sie diese günstigen Biotope zur Anlage wilder Kolonien findet, oder — abgeleitet — menschliche Siedlungen, seien es auch nur Winterhütten der Nomaden, Zelte von saisonhafter Dauer oder irgendwelche verlassenen und verfallenen Bauten. In den Steppen von Astrachan lernte sie schon Seebohm[51] 1882 kennen, ich selbst während des ersten Weltkrieges; und ebenso zahlreich ist sie in den Bergsteppen des Kaukasus. Im südlichen Ural kennt sie Sarudny und aus den Steppen Turkmenistans Dementjew und Spangenberg als Steppenbewohner[52]. Wie sehr sie auch auf dem Zuge in Afrika eine Steppenformation der Wüste vorziehen, konnte Niethammer feststellen, der sie zwar häufig in der Kalahari, nie jedoch in den Wüsten des südlichen Angola auf dem Zuge fand[53]. Als Jagdhabitat sind die Steppen für Rauchschwalben wegen ihres Insektenreichtums gradezu ideal und werden nur noch durch die Sumpfformation übertroffen.

Wüste

Wie wir sahen, sucht die Rauchschwalbe Wüsten zu vermeiden, wenn sie ihre Zugziele über zusagendere Landschaftstypen erreichen kann. Ist das nicht möglich, so entschließt sie sich ohne Zögern zu dem so gefahrvollen Überquerungsflug, der sie über Tausende von Kilometern wasser- und nahrungsloser Sandflächen hinwegführt. Dabei entstehen wahrscheinlich Verluste von ungeahnter Größe, die sich nur selten dadurch zeigen, daß tote Rauchschwalben längs der Pisten liegen, oder daß sich verdurstende Schwalben an Oasen niederlassen und auf Kamelkarawanen herabstürzen. Aber auch von ihren wüstennahen

---

[49] *Paludan*, Knud, Journ. f. Ornith., 1938.
[50] *Schnurre*, O., Vögel der deutschen Kulturlandschaft, Marburg 1921; *Sunkel*, W., Die Vogelfauna von Hessen, 1926.
[51] *Seebohm*, Henry, Ibis, 1882.
[52] *Dementjew* und *Spangenberg*, Ibis, 1947.
[53] *Niethammer*, G., Zool. Garten, N.F. Bd. 19, 1952, S. 134.

Siedlungskernen aus — Oasen in Nordafrika und Zentralasien — fliegen sie jagend bis 20 km tief in die Wüsten[54]. Die syrischen Wüsten könnten von den aus Asien einströmenden Populationen an sich gemieden werden — ein großer Teil von ihnen fliegt ja die Küsten entlang —, doch kommen Überquerungen, die ebenso gefahrvoll sind, wie die der Gobi und Sahara, nicht ganz selten vor.

Anders steht es mit dem Winteraufenthalt der amerikanischen Rauchschwalbe in Peru. Hier erreichen — im Gegensatz zu Südwestafrika — viele Flüsse aus dem Landinnern die Küste. Die Wüste wird von Flußoasen in regelmäßigen Abständen zerlegt. Für die Rauchschwalben ist es ein leichtes, von einer solchen Flußoase zur anderen zu fliegen, und es wird ihnen noch leichter gemacht durch die Telegraphendrähte, die sich längs der großen Nord-Süd-Verbindungsstraßen entlangziehen und auf denen sie rasten können[55].

Schon die geographische Verbreitung der Rauchschwalbe zeigt, welche Rolle die O a s e n[56] am Rande großer Wüsten für die Grenzsiedler spielen. Meist handelt es sich sogar um eine ausgesprochene Vorpostensiedlung, die aber auch nur der Bebauung der Oasen durch den Menschen zu verdanken ist. In den ägyptischen Oasen ist die Rauchschwalbe einer der gewöhnlichsten Vögel — auch Durchzugsvögel —; in Tunesien, Algerien und der Cyrenaika werden wohl alle im Bereich der Verbreitung liegenden Oasen besiedelt, Siedlungskerne sind die Oasen Bu Ngem und Giofra in Tripolitanien, Biskra, Gabes, Gafza, El Kef, Souk el Araba, El Kantara. Im Vorgebirge des westlichen Nan-schan fand Przwalski[57] die Rauchschwalbe als eine der 29 in einer Oase der Gobi vorkommenden Vogelarten auf 40° N—94° E. Als L a g u n e n b e w o h n e r gibt Radde sie für Turkestan 1889 an[58].

Hier wäre noch der Rauchschwalbe als F e l s e n - u n d M e e r e s k l i p p e n b e w o h n e r zu gedenken, wir haben das aber schon bei der Besprechung ihrer natürlichen Niströume getan.

6. Die Rauchschwalbe als Kulturfolger

Ob diejenigen rotbäuchigen Rauchschwalbenrassen, die bisher in die nordostasiatische tytleri und die amerikanische erythrogaster aufgespalten wurden, nach dem Urteil ihrer Kenner jedoch zu einer einheit-

---
[54] *Butler*, Ibis, 1905.
[55] *Niethammer*, 1953, l. c.
[56] *Tristram*, H. B., Ibis, 1859; *Moreau*, Ibis, 1927; *Erlanger*, Journ. f. Ornith., 1899, S. 484; *Zedlitz*, Graf O. von, Rev. franç. d'Ornith. 1913/14, S. 284; *Balsac*, H. de, Alauda XIX, 1951; *Millet-Horsin*, Rev. franç. d'Ornith., Bd. 2, 1911/12, S. 352; *Rothschild* und *Hartert*, Nov. Zool., Vol. XVIII, 1912; *Moltoni*, Rivista Italiana, Bd. VII—IX, 1937—39.
[57] *Deditius*, Journ. f. Ornith., 1886, S. 527.
[58] *Radde* und *Walter*, Ornis V, 1889.

lichen Rasse gehören, gleichzeitig entstanden sind, oder — wenn nicht — welche von ihnen die ältere war, wird sich schwer enträtseln lassen. Vieles spricht dafür, daß die Nordostasiatin über Alaska nach Nordamerika eingewandert ist, obwohl der Beweis nicht ganz schlüssig sein kann, weil sie auch hier in Ausnahmefällen frei brütet, also theoretisch auch schon vor jedem Auftreten des nomadisierenden oder siedelnden Menschen dagewesen sein k a n n. Die Verbreitung in Kanada und den USA sieht aber ganz danach aus, als sei die Ausbreitung von dem bis zur Kältegrenze mit Rauchschwalben ausgefüllten Alaska nach Süden und Südosten noch nicht zum Stillstand gekommen. Und tatsächlich erobert sie sich hier in Südstaaten auch heute noch neue Areale. Sehr verdächtig ist schließlich ihr mexikanischer Vorstoß bis Vera Cruz und Pueblo, mit freien Flanken am Pazifik und der Küste des Golfs von Mexiko. Allerdings könnten sich hier die heißen Küstenzonen, die „Tierra caliente" siedlungsfeindlich auswirken. — Diese Einwanderung kann sehr gut mit der des Cro-Magnon-Menschen zur Eiszeit aus Innerasien nach Osten über Alaska nach Südamerika parallel gegangen sein und ist im Süden an genau dem gleichen geographischen Breitengrad zum Stillstand gekommen, wie jener der Südost-Asiatin (gutturalis) im subtropischen China, während andere Gebiete noch aufgefüllt werden könnten[59], so Ostkanada, die Südstaaten und der pazifische Gürtel von Mexiko. In Amerika ist demnach das mögliche (potentielle) Verbreitungsgebiet der bisher als erythrogaster bezeichneten rotbäuchigen Rauchschwalben größer als das tatsächliche (effektive). In Sibirien gibt es dagegen keine ökologisch und klimatisch noch besiedlungsfähigen Gebiete für die nordostasiatische Schwester der Amerikanerin (tytleri), die hier nur dann Ausweitungsmöglichkeiten innerhalb ihres tatsächlichen Verbreitungsgebietes — das mit dem möglichen zusammenfällt — besitzt, wenn die Siedlungstätigkeit des Menschen ihre Ausschlußgebiete ökologischer Art — also etwa große Waldgebiete — auflockert.

Aus Höhlen, Nischen und Meeresklippen einerseits, aus Gips- und Lehmwänden an Flußmündungen und in Erosionstälern von Steppen anderseits hat sich nun die Rauchschwalbe allseitig dort ausgeweitet, wo der Mensch auftauchte; und ihre Widerstände waren um so geringfügiger, je mehr die Behausung des Primitivsiedlers dem Ur-biotop entsprach, also etwa die Lehmhütte in der Nähe von Lehmwänden auftauchte, oder die Steinruine, ja das Steinhaus in der Nähe von Felsenklippen am Meeresstrand.

Deshalb ist es auch sehr wahrscheinlich, daß sie in Ländern mit Jahrtausende alter Kultur und Zivilisation schon längst beheimatet war, als sie noch in Nordeuropa, Asien und Nordamerika innerhalb ihres derzeit effektiven Verbreitungsgebietes nur in verschwindender Anzahl

---

[59] also zum potentiellen, nicht effektiven Verbreitungsgebiet gehören.

vorkam. Bagdad, Ur, Persepolis, Theben, Troja, Athen, Korinth, Rom, alles Stätten längst untergegangener Kulturkreise mögen einst von ihr besiedelt gewesen sein. Das älteste Dorf im Irak blickt angeblich auf eine 4700jährige Geschichte zurück, die älteste Stadt in Palästina soll vor 5000 Jahren entstanden sein. In Schweden siedelte zwar die Rauchschwalbe nach fossilen Funden bereits mit dem höhlenbewohnenden Menschen zusammen, aber solange Schweden noch vergletschert war — vermutlich bis etwa 7000 v. Chr. —, wird es auch weder Menschen noch Schwalben gekannt haben. Wir stehen in Island sogar heute noch im Prozeß der Besiedlung eines hochnordischen Landes durch die Rauchschwalbe, die nur durch die rezente Klimaänderung möglich war und sich erst in den letzten Jahrzehnten ausgewirkt hat. Dazu tritt siedlungshemmend die sehr niedrige Populationsdichte des Menschen bis ins 18. Jahrhundert hinein. Wir werden sehen, daß der Sommerstand an Rauchschwalben eines größeren, vornehmlich landwirtschaftlich genutzten Landes mit noch nicht zu moderner Wohn- und Landeskultur etwa der menschlichen Bevölkerungsdichte entspricht. Rußland aber hatte zur Zeit Iwans des Schrecklichen einschließlich des eben eroberten Sibiriens 5 Millionen Einwohner, im 18. Jahrhundert 40 Millionen, heute auf die gleiche Fläche berechnet etwa 200 Millionen Einwohner, und entsprechend mag die Zahl der Rauchschwalben als Ausdruck der Vergrößerung des ländlichen Wohnraums für Vieh und Mensch gestiegen sein. Grade Sibirien, die Mongolei und der Kaukasus sind gute Beispiele für die Kulturbedingtheit der Rauchschwalbe. Seit 100 Jahren bestätigen alle Sibirienforscher, daß sie nur im Gefolge der Menschen auftrete und — mit den wenigen von uns schon aufgeführten Ausnahmen — nie wild brüte[60]. Das gilt von Tiflis bis Kamtschatka, von Turkestan bis Tomsk und bis zum Amur. Auch in Japan sind Rauchschwalben erst mit der Errichtung von Fischerhütten in die Kurilen eingezogen[61], und in Persien haben sie sich in der Gegend von Teheran der Kulturlandschaft viel besser angepaßt als die Mehlschwalben. In der Türkei, in Syrien und dem Irak erscheint sie[62] gewöhnlich dort, wo Menschen wohnen und ihre Lehmhütten bauen. Im Irak hat selbst das ärmlichste Beduinendorf seine Rauchschwalben, Kamelkarawanen werden von Rauchschwalben ebenso aufgesucht, wie in der Sahara[63]. Auch in Tunesien sucht sie Menschennähe, brütet in den kleinsten Eingeborenenhütten und lebt, wie in China, Japan und Indien in viel engerer Berührung mit dem Menschen als in Europa. Trotzdem ist die Rauch-

---

[60] *Schrenck*, 1856, *Johannsen*, 1895, E. *v. Homeyer*, 1870, *Poljakow*, 1909, *Bankowski*, 1913, *Koslow*, 1933, *Bergmann*, 1935.
[61] *Yamaschina*, zit. von *Hartert*, E., Die Vögel der paläarktischen Fauna, Erg.-Bd. 1932—38, S. 346.
[62] *Weigold*, Hugo, Journ. f. Ornith., 1913, S. 1.
[63] *Balsac*, Heim de, Alauda XIX, 1951.

schwalbe auch hier echt kulturbedingt; in ganz Skandinavien und Finnland kennen wir keinen einzigen Fall wilden Brütens, den einen etwas fraglichen, wo sie in einer Waldlichtung einzeln gebrütet haben soll, vielleicht ausgenommen. Mindestens ist die wirkliche Brücke gleichzeitig ein Symbol der Brücke zum Menschen. Werden einmal Viehunterstände weitab von Gebäuden besiedelt, dann meist vorübergehend, und sie werden wieder verlassen, wenn das Vieh den Platz wechselt[64]. Auch Heuschuppen werden im Norden manchmal — aber durchaus nicht regelmäßig — von Rauchschwalben weitab von jeder menschlichen Siedlung angenommen[65].

7. Die Rauchschwalbe als Höhenvogel

Auf dem Zuge überwindet die Rauchschwalbe bei guter Sicht und nicht zu heftigen Winden sehr große Höhen. Sie kann dann auch aus einem zielstrebigen vorübergehend in einen schwebenden Jagdflug überwechseln und so den Eindruck erwecken, als ob sie in der Nähe Brutplätze habe.

Sie ist jedoch in Wahrheit kein ausgesprochener Höhensiedler, schon aus dem Grunde, weil sie fast nie Felswände von Hochgebirgen besiedelt und hierin der Mehlschwalbe sehr nachsteht. Allerdings hat man sie an den verschiedensten Teilen der paläarktischen Region mit Felsenschwalben und in den USA mit der cliff-Swallow zusammen brütend gefunden. In rauhen Lagen mit späten Schneefällen hat man durchaus den Eindruck, daß es ihr schwer fällt, dem Menschen höher als 1000 m zu folgen. Nur in Gebieten mit kontinentalem Binnenklima steigt sie wesentlich höher.

So liegen im West-Himalaya ihre vermutlich höchsten Brutorte in 3100 m[66], und in der chinesischen Provinz Sinkiang siedelt sie bis 2650 m[67]. 2500 m erreicht sie im Kaukasus bei Ssardar Bulat[68] und in Gebirgsdörfern des Iran[69]. In Südostsibirien werden Höhen von 1650 m schon nicht mehr besiedelt[70], und in Transkaukasien erreicht sie nach Radde[71] auch nur Höhen bis 1800 m. Dagegen steigt sie in Westsibirien bis 2140 m[72]. Bis zu 2100 m brütet die amerikanische

---

[64] *Rosenius*, Paul, „Sveriges Fåglar...", Lund 1929.
[65] *Witt-Strömer*, „Hälsinglands Fåglar", Stockholm 1950.
[66] *Meinertzhagen*, Ibis, 1927; *Omaston*, Ibis, 1925; *Oates*, Fauna of Brit. India, Vol. II, 1890; *Whistler*, Ibis, 1937.
[67] *Zugmayer* (Parrot) Verh. Ornith. Ges. Bay., 1908, S. 266.
[68] *Satunin*, Ornitholog. Wjestnik (Ornith. Mittlg.), 1912, S. 106.
[69] *Beldi*, Graf von, Aquila, 1918, S. 90; *Sharpe & Wyatt*, 1894, l. c. (Blanford).
[70] *Lorenz*, Th., Beitr. z. Orn. Faun. Nordseite Kaukasus, Moskau 1887.
[71] *Radde*, Ornis III, 1887, S. 489.
[72] *Schnitnikow*, Vögel von Ssemïrjetschje, Leningrad 1949, vgl. *Taczanowski*, Journ. f. Ornith. 1872, S. 351 u. *Radde*, Reisen im Süden von Ostsibirien, 1863.

Rauchschwalbe in hochgelegenen Städten von Arizona[73], und in der zentralchinesischen Provinz Szetschwan fand Hugo Weigold die Südostasiatin in 1750 m[74]. In Nordafrika ist die Rauchschwalbe noch in 1150 m Brutvogel des Atlas[75].

In Europa stehen die zu R u m ä n i e n gehörenden Südkarpaten (Transsylvanischen Alpen) mit 2000 m in der Höhenverbreitung der Rauchschwalbe an erster Stelle[76]. Es folgt die S c h w e i z[77] mit dem siedlungsökologisch sehr günstigen Engadin und seinem kontinentalen Binnenklima, in dem ja auch die Holzarten sehr hoch ansteigen. Angebliche Bruten bis 2000 m werden sich zwar kaum nachweisen lassen, doch stehen Sils Maria (1830 m), Pontresina (1820 m), Zernez (1700 m), Davos (1550 m) und Vrin (1525 m) als Brutplätze fest. Am St. Gotthard wird Andermatt mindestens sehr unregelmäßig besiedelt, Splügen gilt wieder als gesichert. Im Oberen Wallis galt bislang das Lötschental als sporadisch besiedelt, doch habe ich während eines einwöchentlichen Aufenthaltes zur Brutzeit 1954 zwischen Brig und Blatten, geschweige denn in höheren Lagen, nicht eine einzige Rauchschwalbe angetroffen. Im Schweizer Jura kommt sie sicher bis 1100 m, vielleicht bis 1250 m vor.

In F r a n k r e i c h[78] brütet die Rauchschwalbe im Zentralmassiv und in den Cevennen bis 1400 m, in den Savoyer Alpen bis ebenfalls 1400 m und ist hier in den 1300 m hochgelegenen Ortschaften sogar noch häufig. In den französischen Ost-Pyrenäen steigt sie als Brutvogel sogar bis 1500 m.

Auf der s p a n i s c h e n Seite[79] besiedelt sie dagegen Lagen von 1500 m schon nicht mehr, ebensowenig in der Republik Andorra; an einigen Stellen werden 1350 m erreicht, im Val d'Azun siedelt sie aber nur bis 850 m. In der Sierra de Gredos geht sie bis 1370 m.

J u g o s l a w i e n[80]: In den dinarischen Alpen brütet die Rauchschwalbe bis 1450 m, während in Mazedonien nur 1000 m, in Kroatien sogar nur 800 m erreicht werden.

---

[73] *Stevenson*, The Wilson Bull., 1951, Vol. 63, Nr. 4.
[74] *Weigold*, H., Abh. u. Ber. Dresdner Zool. Mus., 1923, und brieflich.
[75] *Balsac*, Heim. de, Alauda XVI, 1948, S. 92.
[76] Fauna Regni Hungariae, Budapest 1918, S. 86.
[77] *Corti*, Bergvögel, Zürich 1935; *Baumann*, Vögel der Schweiz, 1943; *Meylan*, Olivier, Alauda IX, 1937, S. 33, und Arch. Suiss. Ornith. 1, 1933, S. 88; *Hess*, Alb., Ornith. Mschr., 1915, S. 128; *Studer* u. *Fatio*, Katalog der Schweiz. Vögel, II, 1894, S. 160; *Burg*, G. v., Ornith. Mschr., 1909, S. 461.
[78] *Poty*, Bernard, Alauda XX, 1952, S. 267; *De Vogue*, G., Alauda XVI, 1948, S. 133; *Wallis*, Ibis, 1895; *Mayaud*, Alauda III, 1931; *Meylan*, Olivier, Alauda IX, 1937, S. 33.
[79] Über die Höhenverbreitung in Spanien vgl. *Witherby*, Ibis, 1928; *Ticehurst*, Ibis 1925; *Willoughby*, Verner, 1909, l. c.; *Ticehurst* und *Whistler*, Ibis, 1927.
[80] *Rucner*, D., Larus, 1949 (3), S. 83; *Karaman*, Larus, 1949 (3); *Reiser*, O., Ornis Balcanica, Bd. I, Wien 1939; *Harrison*, Ibis, 1925.

In Bulgarien[81] scheint die Höhengrenze der Verbreitung bei 1000 m zu liegen, in dem 1175 hoch gelegenen Rila-Kloster sucht man sie schon vergeblich.

Tschechoslowakei[82]: Im Böhmerwald ist sie ebenfalls bis 1000 m Brutvogel.

Ungarn[83]: Die früher zu Ungarn gehörenden Transsylvanischen Alpen wurden bis 2000 m hoch besiedelt (s. Rumänien).

Österreich[84]: Im Vorarlberg geht sie bis 900 m und ist im 1040 m hohen Krimml (Hohe Tauern) schon nicht mehr zu finden. Im Salzburgischen traf ich sie im Sommer 1954 als Brutvogel noch am Gschütt-Paß in 971 m Höhe an, doch werden Bruten hier häufig durch späte Schneefälle im Juni unmöglich gemacht, und man gewinnt den Eindruck, daß die Rauchschwalbe hier bereits an der Grenze ihrer ökologischen Höhenverbreitung angelangt ist.

Liechtenstein: Hier verläuft die Höhengrenze ebenfalls ungefähr mit der 1000-m-Schichtlinie. Die höher gelegenen Orte und Weiler waren nach meinen Beobachtungen, die ich im Sommer 1954 anstellte, alle unbesiedelt.

Deutschland[85]: Der höchste deutsche Ort, das Kirchdorf Wamberg bei Garmisch, wird von Rauchschwalben besiedelt (1020 m). Im Bayrischen Wald werden noch die höchstgelegenen Ortschaften bewohnt, doch fehlt sie augenscheinlich in Zwieselmühle. Im Harz und Thüringer Wald nistet sie bis 900 m, im Erzgebirge bis 1000 m. Was das Riesengebirge betrifft, so besiedelt sie die etwa 700 m hoch gelegenen Ortschaften, wie Schreiberhau, nur sporadisch, steigt aber an den Bauden des Kammes bis 1400 m (z. B. an der Wiesenbaude, wo aber infolge des rauhen Klimas nur selten Bruten hochkommen). Am Glatzer Schneeberg nistet sie bis 1280 m (Krohn).

Schottland: In Schottland brütet sie zwischen Loch Tay und der Bridge of Balgie in 1800 Fuß Höhe und in Aberdeenshire auf 1600 Fuß[86].

---

[81] *Patew*, Pawel, Kgl. Naturw. Inst. Sofia 8, S. 172, ref. Vogelzug, 1936, S. 63; *Jordans*, A. von, Kgl. Naturw. Inst. Sofia 13, 1940, S. 120; *Harrison*, Ibis, 1935.

[82] *Le Roi*, Otto, Ornith. Jahrb. XXIII, 1912, S. 41.

[83] Fauna Regni Hungariae, 1918, l. c.

[84] *Bau*, Alex., Ornith. Jahrb. XI, 1900, 1903; *Plaz*, Graf von, Ornith. Jahrb. XXII, 1911/12, S. 163.

[85] *Groebbels*, Fr., Der Vogel in der deutschen Landschaft, Neudamm 1938, und Der Vogel, Berlin 1932; *Mayhoff*, Verh. Ornith. Ges. Bay., XV, 2, 1923; *Heyder*, R., Mittlg. Ver. Sächs. Ornith. V (1936—38), S. 238; *Gengler*, J., Ornith. Jahrb. 24, 1913, S. 54; *Löns*, Herm., Ornith. Jahrb. 21, 1910/11, S. 39; *Krohn*, Ornith. Mschr., Bd. 53, 1928, S. 54; *Besserer*, Frhr. v., Verh. Ornith. Ges. Bay., 1904, Bd. V, S. 282; *Hogrebe*, Ornith. Mschr. 62, 1937, S. 146; *Bruns*, H., Ornith. Abh. 3, 1949; *Wittrich*, Verh. Ornith Ges. Bay., XXI.

[86] *Baxter*, E., 1953, l. c.

Ganz andere Höhen gewinnt sie zur Zugzeit[87]. Dann werden die höchsten Alpenketten spielend überwunden, und kaum mit dem Glas erkennbar, zieht sie über die höchsten Grate der Pyrenäen. In den Abruzzen wird sie noch in 2300 m beobachtet. Im West-Himalaya sahen Forscher sie noch bis 4400 m, in Nordburma und auf Java überwintern Nordostasiatische bis 3000 m, und in der gleichen Höhe sah man europäische Rauchschwalben zur Zugzeit in Ostafrika jagen, während im Hochland des Kamerunberges noch bis 2700 m Rauchschwalben beobachtet wurden.

8. Die Rauchschwalbe als Stadtbewohner

Die französische Benennung „Hirondelle de ville" und die deutsche „Stadtschwalbe" deuten darauf hin, daß sie früher Städte mindestens genau so besiedelt hat, wie das Land. Seit geraumer Zeit ist das anders geworden.

Die Sage erzählt, in Theben und Bizya in Thrazien habe es keine Schwalben gegeben, da sie diese Städte wegen der Verbrechen gemieden habe, die von Tereus verübt worden waren.

Dieser griechische König hatte der Sage zufolge die Schwester seiner Gattin Progne vergewaltigt und ihr, damit sie diese Missetat nicht ausplaudern konnte, die Zunge abgeschnitten. Darob ergrimmt, tötete seine Frau Philomele — beides Töchter des Königs Pandion von Athen — ihr mit Tereus gezeugtes Kind und servierte es ihm bei Tisch. Um die beiden Schwestern vor dem rasenden Tereus zu retten, verwandelte Vater Zeus beide in Vögel, die eine in eine Schwalbe, die andere in eine Nachtigall. Sehr anmutig ist die Sage wirklich nicht!

Plinius allerdings behauptete es anders: Die Schwalben hätten Theben verlassen, weil es bei den häufigen Kriegen zu oft von Hand zu Hand gegangen sei. Heute bewohnt die Rauchschwalbe nicht nur die Ruinen der Akropolis, sondern auch Athen selbst und die ganze nähere Umgebung[88]. — Eine Aufzählung der Städte, die in ihrem Weichbild heute noch Rauchschwalben beherbergen, wäre deshalb sinnlos, weil sie dem Problem der Stadtsiedlung als solchem gar nicht gerecht würde. Grade die Großstädte sind durch Eingemeindungen so weit ins offene Land herausgewachsen, daß formal wohl jede Großstadt noch — oder wieder — ihre Rauchschwalben als Brutvögel haben wird. Man darf also nur den Prozeß untersuchen, der in rein städtisch bebautem Gelände vor sich gegangen ist. Und aus diesem Bereich ist mit wenigen Ausnahmen die Rauchschwalbe seit etwa 90 Jahren ent-

---

[87] *Oustalet,* Les oiseaux de la Chine, 1877; *Hartert,* E., Ergänzungsband, l. c.; *Naumann-Hennicke,* 1901 (E. Hartert), Bd. IV, S. 193; *Sclater,* Ibis 1917; *Jerdon,* Ibis, 1871; *Whitehead,* C., and *Magrath,* H., Ibis, 1909, S. 90; *Smythies,* Ibis 91, 1949; *Vaughan,* Rivista Italiana, 1953, S. 140; *Sjöstedt,* Yngve, Wiss. Erg. Schwed. Zool. Exp. Kilimandjaro 1905/06, Uppsala 1908; *Young,* Ch. G., Ibis, 1946.

[88] *Parrot,* 1905, l. c., und *Reiser,* O., Ornis Balcanica III, 1905; *Peus,* Bonn. Zool. Beitr., 1953.

weder ganz verschwunden oder doch in unaufhaltsamem Rückzug begriffen. Süd- und Südosteuropa, Nordafrika und Asien machen allerdings dabei eine sehr auffallende Ausnahme. Auch scheint sich neuerdings ein gewisses Anpassungsvermögen der Rauchschwalbe einzustellen, das sie befähigt, in zunehmendem Maße Garagen, Speicher und Treppenflure zu besiedeln, wie das z. B. in Augsburg festgestellt wurde[89]. In Städten orientalischer Prägung ist ihre Siedlungsdichte heute noch sehr hoch und steht wohl in direktem Zusammenhang mit einer erblich fixierten größeren Affinität zum kleinräumig siedelnden Menschen, zu seiner Kulturstufe, auch wohl Unreinlichkeit und zu dem Vorhandensein von Kleinvieh, Unrat und damit verbundenem Nahrungsreichtum[90].

Die Rauchschwalbe in ihren jeweiligen Rassen ist als Stadt- und Großstadtbewohner bekannt aus Japan, China, Indien — hier besonders im Kaschmir —, Irak (Bewohner von Teheran), Ägypten (Kairo).

In Europa ist sie besonders im Süden und im Balkan Städtebewohner. Mostar besiedelt sie stärker als dessen ländliche Umgebung[91], sie bewohnt Skoplje, Monastir, Agram und viele andere Städte Jugoslawiens[92]. In Bulgarien[93] ist sie in Sophia und Philippopel häufiger Brutvogel, und in Südmähren besiedelt sie die mittelgroßen Städte, wie Zlin[94]. Sie wird in den Städten Siziliens, aber auch Oberitaliens (hier z. B. in Venedig und Turin) als Brutvogel angetroffen[95]. In Frankreich[96] verschwand sie angeblich aus Paris um die Jahrhundertwende, wurde aber 1938 hier wieder als „gemein" angegeben. 1911 war eine deutliche Abnahme in Marseille wahrzunehmen, die angeblich auf eine Verdrängung durch Mauersegler zurückzuführen war, von der man aber nichts weiteres gehört hat. In Belgien wurde sie 1952 nistend in Löwen angetroffen[97]. In England galt 1871 ihr Brutvorkommen für London als erloschen, 1928/29 und 1952 wird sie wieder als Bewohner der City angegeben, nistet hier aber auch im Zoologischen Garten und an den Gebäuden des Battersea-Parks[98]. In Dänemark galt sie schon 1920 als sel-

---

[89] *Wüst*, W., Abh. Naturw. Ver. Schwaben IV, 1949.
[90] *Withaker*, Birds of Tunisia, London 1905.
[91] *Pichler*, 1906, l. c.
[92] *Rössler*, Ornith. Jahrb., 1909; *Makatsch*, W., Die Vogelwelt Macedoniens, 1950; *Karaman*, Larus, 1948.
[93] *Reiser*, O., Ornis Balcanica, 1894; *v. Boetticher*, H., Kgl. Naturw. Inst. Sofia, Bd. II, 1929, S. 252.
[94] *Balthasar*, Vlad., Sylvia, 1950, S. 16 (tschechisch).
[95] *Malherbe*, Faune ornithologique de la Sicilie, 1834, S. 102; *Ninni*, A., Fauna Veneta, 1878/82.
[96] Ztschr. La Nature, 1901; *Varigny*, Ornith. Beob. IX, 1911/12, S. 211, vgl. ferner Oiseau, Vol. VIII, 1938.
[97] *Herroelen*, P., Le Gerfaut, 1952, S. 246.
[98] *Macpherson*, Br. Birds 22 (1928/29), S. 222; *Cramp*, Br. Birds 45 (1952), S. 433; *Hamilton*, Zoologist, Vol. 3, 1871.

tener Bewohner von Kopenhagen, nahm aber weiterhin ab, obwohl sie 1925 hie und da in Dachkammern, auf Böden usw. brütete, wohin sie durch geöffnete Fenster gelangen konnte. 1929 ward sie nur noch in der Nähe eines alten Hofes mit Stallgebäude im Stadtinnern angetroffen[99]. Die S c h w e i z[100] hat brütende Rauchschwalben jedenfalls in Zürich und in dessen Bannkreis, aber bis 1909 kamen sie noch an der Zentralstraße vor. Auch Basel hat noch Brutpaare, und in Bern sah ich im Juni 1954 viele Rauchschwalben längs der die Stadt durchfließenden Aare herumfliegen. Die aufgelockerten seenumgebenen Städte des Tessin, wie Locarno, Bellinzona und Lugano beherbergen sie allgemein.

In den zu R u ß l a n d[101] gehörenden Baltischen Provinzen war die Rauchschwalbe Ende des vorigen Jahrhunderts noch in allen mittleren Kreisstädten ansässig, außerdem aber in den weiten und niedrigen Vorstädten, vor allem Rigas. Als Straßenvogel verschwand sie aus Moskau um die Jahrhundertwende. Suschkin traf sie aber damals noch in allen Städten des Gouv. Ufa, und in Taganrog und Rostow am Don war sie 1910 häufiger als die Mehlschwalbe, ja in Kislowodsk im Kaukasus hatte fast jedes Haus sein Rauchschwalbennest.

Der Kern d e u t s c h e r G r o ß s t ä d t e[102] ist heute für Rauchschwalben so gut wie unbewohnbar geworden. Nur wo Flüsse von Grünanlagen umsäumt ihn durchschneiden, kann sie sich noch an einzelnen Stellen halten. Die mittleren und kleineren Städte, soweit sie ihren Charakter als Ackerbürgerstadt gewahrt haben, sind allenthalben auch von Rauchschwalben besiedelt.

Aus der Innenstadt von H a m b u r g verschwand sie schon um 1910, war aber 1928 noch von der über die Binnenalster führenden Brücke als Brutvogel bekannt und brütete 1936 unter dem Schutzdach des Dammtorbahnhofs, wo man sie auch heute noch bis zu „Planten und

---

[99] *Rosenius*, 1929, l. c.; *Floystrup*, Dansk Ornith. Tidsskr., 1920.
[100] *Knopfli*, Ornith. Beob., 1906, S. 167; *Riggenbach*, H., Ornith. Beob. 46, 1949, *Finner*, daselbst, 1943, S. 80.
[101] *Greve*, Zool. Garten, 1904; *Sushkin*, Vögel des Gouv. Ufa, Moskau 1897 (russ.); *Loewis*, O. von, Baltische Singvögel, 1895; *Lorenz*, 1887, l. c.
[102] *Brinkmann*, 1933, l. c.; *Dietrich*, Fr., Hamburgs Vogelwelt, 1928; *Hagen*, W., Die Vögel von... Lübeck, 1913; *Lunau* C., Beitr. Fortpfl.-biol. Vög. 18, 1 (1942); *Hogrebe*, Ornith. Mschr., 1926; *Kumerloeve*, H., Nat. Ver. Osnabrück, Bd. 25, 1950, S. 222; *Kuhk*, R., Die Vögel Mecklenburgs, 1939; *Tantow*, F., Vogelleben der Niederelbe, 1936; *Zimmer*, Ber. Ver. Schles. Ornith. 1, 1904; *Robien*, P., Abh. u. Ber. Pomm. Nat. Ges., 9. Jahrg. 1928, S. 31, und Gef. Welt, 1913, S. 333; *Mylius*, R., Gef. Welt, 1904, S. 295; *Krohn*, Gef. Welt, 1910, für Magdeburg vgl. Gef. Welt, 1919, für Wanne-Eickel vgl. Gef. Welt, 1930; *Schäfer*, H., Abh. Nat. Ges. Görlitz II, Bd. 31, 1931; *Ringleben*, H., Ornith. Mschr., 1934, S. 153; *Dersch*, Ornith. Mschr., 1913, S. 335; *Besserer*, Frhr. v., Verh. Ornith. Ges. Bay. V, 1904, S. 282; *Bünger*, O. Mber. III, 1895, Nr. 1; *Preen*, Naumannia, Bd. 6, 1856, S. 62; *Beckmann*, K. O., Vogelwelt von Schleswig-Holstein, 1951; *Jäckel*, Naumannia, 1858; *Roux*, P., Ornith. Mschr. XX, 1895, S. 40.

Blomen" jagend, vielleicht auch brütend antreffen kann. Für Kiel führt sie Beckmann 1951 als Brutvogel an, für Lübeck Hagen, der aber 1913 als Brutplätze nur die Stadtperipherie kennt. Die Städte Mecklenburgs hat sie nach Kuhk schon sei geraumer Zeit verlassen, nistete aber noch 1856 häufig inmitten der Stadt Schwerin. Auch das Häusermeer von Stettin bewohnte sie 1913 mit der Mehlschwalbe zusammen an verschiedenen Stellen. Brinkmann kennt sie 1933 als Bewohner der ältesten Teile von Hildesheim und Braunschweig, und an einem Dachvorsprung einer Göttinger Veranda fand sie Quantz brütend. Aus Osnabrück seit 1926 im Verschwinden, lebte sie, allerdings in Außenbezirken, noch 1941. Nürnberg kannte sie als Innenstadtbewohner 1858. In Erlangen war sie im letzten Drittel des vorigen Jahrhunderts noch recht häufig. In Augsburg hatte 1898 ein Paar in einem Starenkobel der Maximilianstraße genistet, 1949 zeigte sie sich wieder als Stadtbewohner. In München bewohnt sie natürlich aufgelockerte Stadtbezirke mit parkartigem oder villenartigem Charakter, wie Nymphenburg und unzählige andere. 1895 war sie noch Bewohner der Leipziger Innenstadt, besonders seiner Toreinfahrten. Auch in der Innenstadt von Dresden sah man sie zu Beginn des Jahrhunderts im Sommer öfters hin- und herfliegen, und in Plauen/Vogtland war sie noch 1911 Brutvogel. In Breslau wird sie 1904 als Bewohner angeführt, sie war 1931 in der Innenstadt von Görlitz häufig, und bewohnte noch 1919 die Außenbezirke von Magdeburg.

In Bonn sah ich die Rauchschwalbe während des ganzen Sommers am Rhein jagend und vermute, daß sie hier in der Nähe gebrütet hat. Auch am Botanischen Garten jagte sie regelmäßig zur Brutzeit die engen und alten Straßen dieses Stadtviertels entlang.

In kleineren Ackerbürgerstädten hält sie sich nach wie vor. So kenne ich sie als häufigen Bewohner der südhannoverschen Stadt Duderstadt, und als sporadischen von Hann.-Münden, Ringleben nennt sie für Sangerhausen und Nordhausen.

9. Kamine als Nistplatz

Der im Jahr 1517 auftauchende Name „caminaria"[1], die polnische Bezeichnung „Kominiarska", die französische „Hirondelle de cheminée" die portugiesische „Andorinha das chaminés", die deutsche „Rauchschwalbe" und die Lokalnamen „Schornstein"- und „Schlotschwalbe" deuten darauf hin, daß die Rauchschwalbe seit alten Zeiten Kaminbewohner war. In England waren zu Gilbert Whites Zeiten (1720 bis 1793) Essen die gewöhnlichsten Nistplätze. In seiner „Naturgeschichte

---
[1] *Suolahti*, Die deutschen Vogelnamen, Straßburg 1909.

von Selborne" sagte er, sie brüte in ihnen der Wärme wegen, könne aber nicht in einem Kamin leben, der unmittelbar mit einer Feuerstelle verbunden sei und bevorzuge Schächte, die an den Küchenschornstein angeschlossen seien. Den Rauch aber nähme sie auf sich „as Y have often observed with some degree of wonder". Noch zu Lathams Zeiten nistete die Rauchschwalbe 1794 allgemein in England in Rauchfängen, und John Gould (1837) fand sie im Innern von Essen und Kohlengruben ebenfalls nistend. Anfang der 70er Jahre nistete sie jedoch in England schon in Essen sehr viel seltener als an anderen Nistplätzen[2]. Als Sharpe und Wyatt 1884 an ihrer Schwalbenmonographie arbeiteten, wurde ihnen von E. Barlett geschrieben: „Bei Restaurierung der ungeheuren Elisabethanischen Essen in Maidston wurde in einer Tiefe von vier Fuß von der Oberkante des Kamins das erste Nest mit vier Eiern am 15. Juni gefunden. In einem zweiten Kaminsystem mit verschiedenen Essen, darunter einer besonders engen, fand er ein Nest mit drei Eiern am 20. August 1885 sechs Fuß sieben Zoll tief von der Oberkante. Eine weitere Esse des gleichen Kaminsystems beherbergte ein Nest in acht Fuß sieben Zoll, und diese Esse war so eng, daß es für die Rauchschwalben recht schwierig war, herauszukommen. Er beobachtete sie oft, wie sie über dem Kamin schwebten und mit erhobenen Flügeln in den Kamin niedertauchten. Dabei verursachte der Schwingenschlag in der eingeschlossenen Luft des Kamins ein donnerndes Gepolter. Bei dem Versuch, dort Schwalben zu fangen, fielen manchmal Eulen den Kamin herunter[3]. Barlett hat oft aber auch junge Schwalben in der Hand gehabt, die zu früh aus dem Nest gekrochen waren und ebenfalls durch die Essen in die Räume herunterfielen." Das am tiefsten stehende Nest war elf Fuß zwei Zoll, also 3,40 m tief im Schornstein angebracht, sein Fundament war viele Jahre alt und zeigte, daß in dieser Zeit verschiedene Nester darauf gebaut worden waren. Während von Schottland Kaminnester, wenn auch seltener, so doch in früheren Jahren zweifellos (z. B. 1833) bekannt waren[4], scheinen die irischen Rauchschwalben nie in Kaminen gebaut zu haben[5].

---

[2] *Wayne,* W. H., Zoologist 1872.
[3] Daß junge Schwalben in Spültöpfe mit heißem Wasser fielen und sich dabei verbrühten, kam auch vor (Zoologist, 1863).
[4] *Rennie,* S., Fror Nat., Bd. 32 Nr. 284, 1831, S. 19. Allerdings bestreitet das *Hepburn* (Zoologist, 1843) und behauptet, Rauchschwalben hätten in Schottland bis damals nicht in Kaminen von Wohnhäusern gebaut.
[5] *Ussher* and *Warren,* 1900, l. c. — Für Großbritannien vgl. *White,* S., British Hirundinidae, 1789; *Latham,* John, General History of Birds, Vol. VII, 1823; *Gould,* J., The Birds of Europe, 1837; *Sharpe* and *Wyatt,* A Monograph of the Swallows, Bd. I, 1885/94; *Thompson,* l. c. (für Irland).

Frankreich[6]: 1779 und später hatten Buffon und sein Mitarbeiter Montbeillard berichtet, man fände Schwalbennester in Kaminen etagenweise übereinandergebaut, bis zu vier übereinander in verschiedener Größe. Die umfangreicheren bildeten eine Halbkugel und nähmen die Mitte der Kaminwand ein, die kleineren seien in Ecken angeheftet und bildeten nur eine Viertelkugel, ja manchmal einen umgekehrten Kegel. In einem Fall hatte das zu unterst stehende Nest keine Auskleidung, während in den oberen Stroh, verwelkte Kräuter und Federn zu finden waren. Bei kleinen Nestern standen manchmal zwei nebeneinander, und Buffon nahm an, daß sie von noch jungen und unerfahrenen Rauchschwalben gebaut seien. Dieser ganze Bericht wurde von Rennie 1833 ziemlich wörtlich gebracht[4]. Mitte des 19. Jahrhunderts fand der in Savoyen lebende Bailly in seiner Heimat keine Schornsteinnester, doch berichtet in neuester Zeit (1929) Oury von der Halbinsel Cotentin, daß in der kleinen Stadt Valognes sogar heute noch Rauchschwalben in Kaminen brüteten, und Claudon sah sie 1933 in den Vogesen in einer der landesüblichen alten Essen brüten. Für die französische **Schweiz** beschreibt Bersot ein Nest, das in einem geräumigen Schornstein über einer Küche gebaut wurde, 17 cm tief, 19 cm lang, 9 cm hoch, und das ½ kg wog. Er fügt aber hinzu: „Une fois la cheminée etrécie, chapeautée, les hirondelles l'abandonnent."

Belgien: 1946 schreibt Verheyen[7]: Dort, wo die alten Kamine verschwunden sind, ist es selten, daß Essen zum Nestbau wiedergewählt werden.

In **Luxemburg**[8] wird das Kaminbewohnen erstmalig 1868 von La Fontaine — den Ferrant 1926 wortwörtlich wiedergibt — erwähnt. Morbach, dem wir die neueste und zuverlässige Avifauna von Luxemburg 1943 verdanken, erinnert sich nur eines einzigen Falles aus seiner Jugend, als er eine Rauchschwalbe im Kamin seines elterlichen Hauses brütend fand.

Dänemark: Einen guten Einblick gewährt Helms[9] in den Vorgang der allmählichen Verdrängung der Rauchschwalben aus den Essen. Noch um 1870 war sie hier ein gemeiner Brutvogel, man fand das Nest auf vorspringenden Steinen oder am Kachelofenrohr. Es war sechs bis sieben Meter tief in die Essen gebaut, und man hörte, wie in England, das donnerartige Gepolter, wenn die Rauchschwalben

---

[6] *Buffon*, Comte de, Histoire naturelle, Bd. VI, 1779; *Oury*, R., L'oiseau IX, 1929, S.554; *Bailly*, Ornithologie de la Savoie, Bd. 1, 1853, S. 243; *Claudon*, Faune ornithologique du Dep. des Vosges, 1953; *Bersot*, E., Nos oiseaux, 1933, Nr. 112, S. 207.

[7] *Verheyen*, R., Les Passereaux de Belgique, 1946.

[8] *Morbach*, J., Vögel der Heimat, 1943; *La Fontaine*, Alf., Faune des Pays de Luxembourg, 1868.

[9] *Helms*, O., Dansk Ornith. Tidsskr., 1914, Bd. VIII.

aus dem Kamin herausflogen. Damals gab es noch keine Kohle und keinen Koks. Holz und Torf aber setzten feste Asche ab, die den Schwalben sogar zu einem Rußbad verhalfen, das sie ebenso zu lieben scheinen, wie andere Vögel des Einemsen. Die Nester waren mit einer Schicht Asche bedeckt, als wären sie lackiert. Pferdehaare und Stroh waren aschig und steif wie Garn. Als die Kohle kam und Asche absetzte, die fein und dünn wie Mehl war, zogen die Schwalben ab, weil sie weder diese Asche noch den Rauch vertrugen. 1914 war in den alten Schornsteinen kein Rauchschwalbennest mehr zu finden.

S c h w e d e n : In der 23. Ausgabe des Linné aus dem Jahre 1788 findet sich der kurze Satz: „In caminis saepius." Ob er sich auf Schweden bezieht, steht dahin. A. E. Brehm kannte die Rauchschwalbe jedenfalls auch aus Schweden als Essenbewohner[10].

D e u t s c h l a n d[11]: Friedrich Naumann und C. L. Gloger berichten um 1833 fast gleichzeitig über das Brüten in Schornsteinen. Gloger sagt 1834, sie schiene den Rauch nicht nur nicht zu scheuen, sondern sogar die Rauchfänge, unter denen geheizt würde, vorzuziehen, vielleicht der Wärme wegen. Damit befand er sich im Gegensatz zu den englischen Beobachtungen, wo zwar auch von einem Wärmebedürfnis die Rede war, aber doch von einem Meiden solcher Kamine, die unten auf eine Feuerstelle mündeten. In S i z i l i e n , wo die Rauchschwalbe ehedem ebenfalls Essenbewohner war, hatte sie diese auch nur dann aufgesucht, wenn darunter kein Feuer gemacht wurde[12]. Als 1874 jedoch Frenzel das Volkslied wiedergab:

„Wenn sie des Morgens aus dem Schornstein kommt
Hat sie Zotteln am Kopf, Fetzen und Schmutzklumpen am Rock,
Ruß in den Augen",

war sie in den deutschen Städten bereits auf dem besten Wege, ein seltener Essenbewohner zu werden. In der damaligen Gründerzeit schossen Mietskasernen auf, die mit sogenannten „Russenessen" bestückt waren, deren Dimensionen nicht nur viel schmaler waren, sondern die sich nach oben zu pyramidenartig verjüngten. Mit Kohlenruß versetzt wurden sie für die Schwalben unbewohnbar, und diese schlugen dafür nur noch hier und da ihren Wohnsitz in den Rauchfängen von Bauernhäusern auf. In der Zeit des alten Schacht schienen sie sich brutbiologisch grade umzustellen (1876). Sie zogen aus den neuen Häusern mit der ihnen zu engen und unbequemen Bauart ihrer

---

[10] Vgl. Olphe *Gaillard,* Journ. f. Ornith., 1860, S. 387; *Rosenius,* P., 1929 (l. c.), erwähnt sie jedoch für Schweden nicht als Kaminbewohner. — *Linné,* C. v., Systema naturae, 23. Ausg., 1788.
[11] *Gloger,* C. L., 1834, l. c.; *Hausmann,* A., Gef. Welt 3, 1874, S. 329; *Frenzel,* W., Gef. Welt, 1874, S. 129; *Naumann,* Fr., 1833, l. c.; *Russ,* K., Vögel der Heimat, 1887; *Brahts,* Naumannia, 1855.
[12] *Malherbe,* 1843, l. c.

Essen aus, wo sie bisher vielfach einzeln genistet hatten, überwanden den Hang zur Streitsucht, den Schacht stark genug hielt, um ein kolonieweises Brüten unmöglich zu machen und zogen auf engeren Raum zusammen, ohne jedoch ihre „individual distance" so zu verlieren, wie die Mehlschwalben. 1887 spricht Ruß schon von „früher gewaltigen Schornsteinen in Vorstädten und Dörfern" und von den engen Russenessen, welche die Rauchschwalben ihrer Brutgelegenheiten beraubten. Aber wie in Irland augenscheinlich auch früher Essen für Rauchschwalben nicht in Frage kamen, so waren wohl auch in Deutschland die Schwalben nicht allenthalben Essenbewohner gewesen, jedenfalls kennt sie Alfred Edmund Brehm nur aus Mecklenburg als solche, und in Ostsibirien scheint die Rauchschwalbe auch nie Schornsteinbewohner gewesen zu sein[13], ebensowenig in den Vereinigten Staaten[14].

10. Garagen, Fabriken und Lagerräume

Fabriken können auch im ländlichen Siedlungsraum der Rauchschwalbe stehen und gehören nicht unbedingt zum städtischen Erscheinungsbild. Ihr mehr städtischer als ländlicher Charakter ist aber unbestritten. Und wenn sie in einer Umgebung stehen, die als Jagdgebiet der Rauchschwalbe keine Bedeutung hat und womöglich die Gebäude siedlungsfeindlich errichtet sind, werden sie zu den ökologischen Ausschlußgebieten zählen. Es gibt aber in ländlicher Umgebung viel Ausnahmen. So berichtet die „Gefiederte Welt"[15] von Fabrik- und Lagerräumen, die in einem verhältnismäßig kleinen Raum 25 Rauchschwalbennester beherbergten, wobei alle Gebäude mehr oder minder gleichmäßig besiedelt waren. 1932 heißt es in einer anderen Veröffentlichung der „Gefiederten Welt", daß alle Gebäude einer Industrieanlage innen und außen von ihr besiedelt wurden[16]. Krätzig fand sie in der Krim in einem Lagerschuppen brütend[17], und Rossi in den Abruzzen in einem alleinstehenden Fabrikgebäude[18]. In einer Brauerei bei Tegernsee nistete sie in der Rosette eines Lüsters trotz Lärm, Tabakgeruch und Petroleumbeleuchtung[19]. Freilich wird die Autogarage ihnen schwerlich ein Ersatz für Pferdeställe sein können. Nicht so sehr der Benzingase wegen — gegen Unbilden dieser Art sind Rauchschwalben weitgehend hart — als wegen der größeren Unruhe und des Fehlens der warmen Viehausdünstungen bei niedrigen

---

[13] *Taszanowski*, Journ. f. Ornith., 1872, S. 351.
[14] *Hadfield*, Zoologist, Vol. 18, 1860.
[15] Gef. Welt.
[16] *Seifert*, E., Gef. Welt, 1932, S. 453.
[17] *Krätzig*, Journ. f. Ornith., 1943, S. 281.
[18] *Rossi*, Rivista Italiana, 1948.
[19] *Blum*, Zool. Garten, XXVIII.

Decken. Im Mai 1952 brüteten mehrere Paare in der Garage eines Eisenwerkes in der Pfalz trotz dauernden Betriebes an den dort stehenden vier bis sechs Wagen. Da zu allen Schwierigkeiten aber noch ein Abspritzen der Garagendecke kam, verzögerte sich die Brut in allen Phasen: Am Nest wurde angeblich sechs Wochen lang gebaut. Erst am 7. Juli lagen in einem der Nester zwei Eier, und nur eins wurde ausgebrütet.

11. Die Rauchschwalbe als Bewohner geweihter Stätten

Kirchen, Klöster, Klosterruinen, Moscheen, Pagoden und Tempel, Grabmäler usw. werden im Orient und Südosteuropa hauptsächlich ihres Nischenreichtums, Halbdunkels, manchmal auch ihres Verfalls wegen besiedelt. Abgeschiedenheit allein könnte nicht für einen Reiz gelten, denn in diesen Ländern lockt ja gerade die Nähe des Menschen besonders. In Deutschland sind Fälle kirchenbewohnender Rauchschwalben selten, doch erzählte ein Theologe aus seiner Jugend, er erinnere sich, wie eine Schwalbe an der Kanzel auf- und abgeflogen sei, die in der Patronatsloge einer Kirche bei Leipzig genistet habe[20], und Neunzig fand sie in den offenen Kreuzgängen des unweit Tübingen gelegenen Cisterzienserklosters Bebenhausen sogar zahlreich brütend[21]. Ich sah sie in der Kirche von Gemen bei Borken im Münsterland herumfliegen — möglicherweise hatte sie hier gebrütet — und glaube, daß solche Fälle gar nicht so vereinzelt dastehen werden. In Jugoslawien fand Pichler 1906 Rauchschwalben zu Hunderten in Klöstern der Umgebung von Mostar brütend[22].

In der chinesischen Provinz Foh-kien ist sie als Glücksbringer verehrt und nistet in den buddhistischen Tempeln[26], und auch die griechischen Tempel standen ihr — seltsamerweise bis auf einen, den der Artemis, — zum Nisten offen.

In Jerusalem nistet die transitiva-Rasse in Mengen an der ehemaligen türkischen Festungsmauer, die 1534 vom Sultan Soliman um die Altstadt gelegt wurde, brütet aber auch am Felsendom der Omar-Moschee Kubbet es Sachra auf dem alten Tempelplatz der Juden. In der Moschee wird sie nicht sonderlich gern gesehen, worauf schon das damaszenische Sprichwort deutet: „Die Schwalbe preist Gott und beschmutzt die Moscheen!" Eher geduldet ward sie in Gewölben und Brunnen, und am häufigsten war sie zweifellos in Hütten und Wohnhäusern zu finden, durch deren in Israel stets offene Fenster sie unbehindert ein- und ausflog, und wo sich deshalb oft ein halbes Dutzend Nester in einer kleinen Stube befinden. Abgesehen von 1. Mos. 11, 19

---
[20] *Richter*, A., Ornith. Mschr., 1890.
[21] *Neunzig*, R., Gef. Welt, 1905, Nr. 36.
[22] *Pichler*, A., Ornith. Mschr. 31, 1906, S. 426.

und 5. Mos. 14, 18, wo Schwalben unter den nicht eßbaren Vögeln genannt werden, hat Luther in zwei hebräischen Worten „deror" und „agûr" Bezeichnungen für die Schwalbe gefunden. „Deror" nistet in Häusern und Tempeln (84. Psalm) und hat nach Sprüchen Salomons 26, 2, einen ziellosen Flug[23]. Im Talmud kommt sie wiederholt als „Vogel der Freiheit" vor und wohnt dann im Haus wie im Feld. Aber auch im Innern der Tempel ließ man sie gewähren, da sie dort unter Gottes Schutz stand.

In Ägypten kannte v. Heuglin die Rauchschwalbe schon vor 100 Jahren als Bewohner von Grabmälern, Moscheen und Brunnen[24]. Im Siebenstromland, UdSSR, bewohnt die Eurasierin die in der Steppe liegenden Kirgisen- und Kosakengrabmäler[25].

12. Außenwandbrüter

Noch zu Friedrich Naumanns Zeiten — 1833 — galten Bruten an der Außenwand als große Ausnahmen, und Eugen Rey gab 1912 sein Urteil darüber in den Worten ab: „äußerst selten".

Eine innere Verwandtschaft zur Mehlschwalbe, die in seltenen Fällen zur Bastardierung führt, zeigt sich auch in der Fähigkeit, Nester nach deren Art zu bauen, und sie tut das entweder ganz spontan, oder wenn ihr der Weg zum Innern des Wohnraums verschlossen ist, sie also unter Platzmangel leidet. Schließlich sind es die in manchen Gegenden üblichen Bauten mit weit überkragenden Dächern, die bis einen Meter über die Mauer reichen und ihr das begehrte Halbdunkel geben. Echte Mehlschwalbennester werden allerdings in fast allen diesen Fällen nur ausnahmsweise gebaut, bei überkragenden Dächern sind sogar meist Balken als Nestunterlage verwendet. Die japanische Rauchschwalbe legt ihre Nester ebenso häufig an Außenwänden wie im Innern der Bauten an[27], und auch bei der Nordostasiatin fand man in Kamtschatka Nester an der Außenwand angebracht. Häuser mit überkragenden Dächern finden sich vor allem in Fennoskandien, Rußland und in den Alpenländern. Überall hier sind dann auch Außenbrüter keine Seltenheit.

Fälle von Außenbruten kennen wir aus L u x e m b u r g[28], S a v o y e n[28], F r a n k r e i c h[29] (hier in der Bretagne und in den Vo-

---

[23] „Wie ein Vogel dahinfähret und eine Schwalbe flieget, also unverdienter Fluch trifft nie."
[24] *Heuglin, v.*, vgl. *Sharpe* und *Wyatt*, 1894, l. c.
[25] *Schnitnikow*, 1949, l. c.
[26] Vgl. *Jabouille*, 1935.
[27] *Jahn, H.*, Journ. f. Ornith. 90, 1942.
[28] *Morbach*, 1943, l. c.
[29] *Steinbacher, G.*, Beitr. Fortpfl.-biol. Vög. 18, 5, 1942, u. *Claudon, A.*, 1933, l. c.

gesen), mehrfach in Nord- und Südtirol[30], Griechenland[31], Ungarn[32], Jugoslawien[33], Spanien[34] und Schweden, wo mir im Frühjahr 1950 ihr Brüten an den Außenwänden und Dachvorsprüngen der Bahnhöfe in Lappland auffiel, aber auch in Tunesien[35]. An der Mündung der Drau in die Donau fand Wüst die Außenseiten der pittoresken hölzernen Schiffsmühlen von einer Kolonie von zwölf Paaren besetzt[36]. In Innsbruck fand ich sie auf dem Knie von Dachrinnen brüten.

Deutschland: Auch bei uns sind Fälle von Außenwandnestern nicht ganz selten, sobald Vorsprünge, Balkone und Mauernischen mit rauher Wandfläche dazu reizen. So fand Quantz das Nest einer Rauchschwalbe unter dem Vorsprung einer Göttinger Veranda[37], Tantow sah Außenwandbewohner an der Niederelbe[38], H. Schäfer in Arnsdorf bei Görlitz[39], Wörner[40] im Westerwald, Reichling kannte einen Einzelfall im Münsterland[41].

Recht aufschlußreich lagen die Verhältnisse in Ostpreußen: Thienemann bezeichnet noch 1908 einen Fall von Außenbrüten in Rossitten als „gradezu abnorm"[42], einige Fälle bringt Tischler in seinen „Vögel Ostpreußens". Als eine Rominter Spezialität betrachtete Steinfatt das Anbringen von Nestern an der Außenseite von Gebäuden, führt es aber hier richtigerweise auf den norwegischen Stil zurück[43]. Allerdings wird auch mangelnde Nistgelegenheit in Ställen in Betracht gezogen. Darin hatte in Ungarn Béla v. Scéöts Erfahrungen sammeln können, als er es im Frühjahr vergaß, die im Winter mit Stroh verstopften Luken zu seinem Kuhstall zu öffnen: Die heimkehrenden Rauchschwalbenpaare wurden daraufhin prompt zu Außenbrütern[44].

In den oberen Harzdörfern scheint das Brüten an Außenwänden auch eine Verdrängungserscheinung zu sein. Jedenfalls glaubte Quantz

---
[30] *Hoffmann, B.*, Verh. Ornith. Ges. Bay. XV, 4, 1923, S. 349.
[31] *Makatsch*, 1950, l. c.
[32] *Scéöts, Béla v.*, 1913, *Maisières*, Cl. Th., Le Gerfaut, 1941 (31), S. 14.
[33] *Parrot*, Journ. f. Ornith., 1905.
[34] *Ticehurst*, Ibis, 1928, für die Prov. Galicien.
[35] *Erlanger, C. Frhr. v.*, Journ. f. Ornith., 1899, S. 484.
[36] *Wüst, W.*, Beitr. Fortpfl.-biol. Vög. 18 (1942), Nr. 5.
[37] *Quantz*, 1917, nach *Brinkmann, M.*, Vogelwelt Nordwestdeutschlands, 1933.
[38] *Tantow*, Vogelleben der Niederelbe, 1936.
[39] *Schäfer, H.*, 1931, l. c.
[40] *Wörner, E.*, Ornith. Mschr. 59, 1934, S. 29.
[41] *Reichling, H.*, Journ. f. Ornith., 1919.
[42] *Thienemann, J.*, Journ. f. Ornith., 1908.
[43] *Steinfatt, Otto*, Vogelwelt 73, 1952, H. 3, S. 92.
[44] *Scéöts, Béla v.*, Aquila XX, 1913, S. 470.

in Orten wie Altenau, Clausthal, Bunter Bock und St. Andreasberg die fast stets geschlossenen Fenster von Gebäuden und Stallungen dafür verantwortlich machen zu können[45]. Im Kuhstall der Besitzung Friedrich Naumanns vermehrte sich die Rauchschwalbe von Jahr zu Jahr, so daß schließlich 26 Paare darin siedelten und ein Pärchen, das keinen Unterschlupf mehr fand, sich draußen bei den Mehlschwalben ansiedelte[46].

Bei einzelnen Paaren aber ist eher eine vererbte Neigung als eine zufällige Möglichkeit Ursache des Außenbrütens. So hatte ein Paar sein Nest an die glatte Giebelwand eines Hauses in der Nähe von Lübeck unter dem Dachfirst angebracht. Obwohl das Nest dort mehrfach heruntergestoßen ward, wurde es in der gleichen Form einer Viertelkugel immer wieder erneuert, und dies, obwohl im Haus genügend Möglichkeit zur Anlage eines Innenbaues gewesen wäre[47].

Recht eingehend wurden Außennester von Lunau in Ostholstein untersucht. Er fand sie dort öfter unter dem Dachüberstand, der durch einen sogenannten Krüppelwalm gebildet wurde, meist an Fachwerkbauten, hin und wieder aber auch an anderen Gebäuden. In letzterem Fall waren sie unter Balkonen, an Rauhputz oder irgendeiner Steinkonsole unter dem vorspringenden Erker eines Lübecker Bürgerhauses angebracht, ja sogar an einer Zinkrinne unterhalb einer Dachtraufe. Allein bei Lübeck konnten innerhalb weniger Jahre 30 an Außenwänden nistende Paare festgestellt werden[48].

13. Toreinfahrten

Zu den Außenbauten im weiteren Sinne gehören auch Nester in Torbögen, die manchmal sogar an sehr zugiger Stelle stehen können[49]. Thompson, der die griechischen mit den irischen Verhältnissen Mitte des vorigen Jahrhunderts verglich, fand die Säulenhallen am Golf von Korinth in ähnlicher Weise von ihr besiedelt, wie die Portikushallen in Nord-Irland[50]. 1895 lagerte Erlanger mit seiner Karawane in der Oase Gafza unter den Torbögen des Funduks, aus deren Wand einige Steine herausgefallen waren, in denen Rauchschwalben nisteten[51]. Festungstore als Brutplätze erwähnt Naumann[52].

---

[45] *Quantz*, B., Beitr. Fortpfl.-biol. Vög., 1931, S. 31.
[46] Neuer Naumann, Bd. IV, 1901 (E. *Hartert*).
[47] *Matthiessen*, 1931, l. c.
[48] *Lunau*, C., Beitr. Fortpfl.-biol. Vög. 18, 1 (1942).
[49] Vgl. Gef. Welt, 1919.
[50] *Thompson*, W., Natural History of Ireland, London 1849.
[51] *Erlanger*, Frhr. v., 1899, l. c.
[52] Neuer Naumann, Bd. IV, 1901 (E. *Hartert*).

14. Bahnhofsvogel

Fast in allen Ländern fühlt die Rauchschwalbe — übrigens nicht minder die Mehlschwalbe — eine besondere Vorliebe für Bahnhofsanlagen. In der S c h w e i z lebt sie an fast allen Bahnhöfen der St. Gotthardbahn[53], Corti kennt sie von der Bahnstation Rivera-Bironico im Tessin[54], und wenn man in Locarno aussteigt, begrüßt einen im Frühling als erstes eine in der Halle brütende Rauchschwalbe. Hoffmann kennt sie als Bahnhofsvogel aus Südtirol[55], Parrot aus Griechenland schon 1905[56], und Peus berichtet vom Bahnhof von Levadia, daß er 1952 nicht weniger als 27 Paare beherbergt habe[57]. Sharpe und Wyatt erwähnen sie vom Bahnhof Ruščuk in Rumänien, Makatsch von Mazedonien[58], und Millet-Horsin[59] sah ein Albino in der Bahnhofshalle von St. Raphael in der Nähe von Toulon aufwachsen. In schwedische Bahnhöfe ist sie gradezu vernarrt und läßt sich durch nichts davon abbringen, an ihren Außengiebeln zu nisten[60], besonders in Lappland konnte ich sie 1950 noch fast am Polarkreis als Bahnhofsvogel bewundern. An einem ungarischen Bahnhof hatten sich die Rauchschwalben derart an den Verkehrslärm gewöhnt, daß sie zu Nachtvögeln wurden, ähnlich den Tauben des Broadway in New York. Den um 2 Uhr nachts aus Budapest eintreffenden Schnellzug begrüßten sie zwitschernd wie am Tage[61]. Als Kenneth im Jahre 1909 mit der transsibirischen Eisenbahn von Wladiwostok zum Baikalsee fuhr, sah er fast jedes Bahnhofsgebäude von Rauchschwalben bewohnt[62]. Selbst in Nordafrika bleibt sie dieser Vorliebe treu, denn Graf Zedlitz traf an der Strecke Biskra-El Kantara brütende Rauchschwalben am Bahnhof Fontaine-de-Gazelles[63].

Demgegenüber sind die deutschen Nachweise recht dürftig. In den zehn Jahren von 1878 bis 1888 brüteten im Wartesaal III. Klasse der Station Brühl (zwischen Bonn und Köln) Rauchschwalben, die so zahm waren, daß sie sich an den damals üblichen Petroleumlampen, auf denen sie brüteten, herauf- und herunterziehen ließen[64]. Über dem Eingang zu einer Bahnhofswirtschaft fand sie Kierski 1933 in einem pommerschen Seebad brüten[65].

[53] *Gengler*, J., Ornith. Jahrb., 1909, S. 41.
[54] *Corti*, Ornith. Beob., 1942, S. 33.
[55] *Hoffmann*, B., Verh. Ornith. Ges. Bay. XV, 4, 1923, S. 349.
[56] *Parrot*, 1905, l. c.
[57] *Peus*, 1953, l. c.
[58] *Makatsch*, 1950, l. c.
[59] *Millet-Horsin*, Rev. franç. d'Ornith., 1917/18, S. 228.
[60] *Rörström*, Fauna och Flora, 1928.
[61] *Agardi*, Eduard, Aquila, Bd. 46—49, 1939/42, S. 292.
[62] *Kenneth*, Ibis, 1909.
[63] *Zedlitz*, O. Graf von, Rev. franç. d'Ornith., 1913/14.
[64] *Ulm-Erbach*, Gräfin von, Mittl. Ornith. Ver., Wien 1888.
[65] *Kierski*, 1933.

15. Das ländliche Siedlungsgebiet

Hütten und Zelte

Die Neigung, sich den höhlenbewohnenden Primitivmenschen anzupassen und dem Nomaden zu folgen, bei Kriegern und Forschern Zuflucht in deren Zelten zu suchen, war und ist sozusagen der erste schüchterne Versuch, sein Leben zu teilen und von ihm zu profitieren. Er gelang immer besser, als der Mensch seßhaft wurde, hat aber heute in Gebieten mit hochentwickelter Landes- und Ackerbaukultur seinen Höhepunkt bereits überschritten und wird dort zusehends rückläufig.

Von Alexander II., dem Sohn des Pyrrhus, der ab 272 v. Chr. König von Epirus war, wird erzählt, er sei in seinem Zelt von einer Schwalbe besucht worden, die aber als Unglücksbotin höchst unwillkommen war[1]. Aelian, dem wir diese Geschichte verdanken, berichtet auch von Antiochus dem Großen, der um 200 v. Chr. regierte, in sein Zelt sei ebenfalls eine Schwalbe geflogen und habe damit Unglück prophezeit. Noch heute nisten Rauchschwalben gern in den Zelten von Reisenden auf Kreta, in den Schilfhütten mazedonischer Fischer und Hirten[2], und Glegg fand sie bei Edessa in Feldschuppen und Zelten[3]. Die Fischersiedlungen der Dobrudja waren Ende des 19. Jahrhunderts allenthalben von Rauchschwalben besiedelt[4].

Bewohner von Zelten und verlassenen Winterunterkünften der Nomaden ist sie vor allem in Asien. So fand sie Swinhoe 1881 sehr zahlreich als Zeltbewohner im Süden von Afghanistan[5], und wenige Jahre später berichtete der Reisende Atchison, bei Sturm seien Rauchschwalben in Afghanistan öfter Schutz suchend in sein Zelt gekommen[6]. In Japan erschien die Rauchschwalbe als Brutvogel auf den Kurilen erst nach der Errichtung von Fischerhütten[7], und in der Mongolei fand der russische Forschungsreisende Przwalski ihre Nester an die Decke von Zelten und Hütten geheftet[8]. In einer einzigen verlassenen Burjätenhütte Ostsibiriens fand man nach Taszanowski bei Darsun 20 Rauchschwalbennester[9]. Im Südural besiedelt sie die Jurten der Kirgisen[10]. Am Amur fand sie v. Schrenck 1856 in den Eingeborenendörfern recht zahlreich, während sie die soeben errichteten russischen Siedlungen noch nicht angenommen hatte[11]. Im Altai folgte sie dem ersten

---

[1] *Aelianus* u. *Lenz,* H. O., Zoologie der alten Griechen und Römer, 1856.
[2] *Makatsch,* 1950, l. c.
[3] *Glegg,* W. E., Ibis, 1924, S. 67.
[4] *Almásy,* G. von, Aquila V, 1898, S. 109.
[5] *Swinhoe,* Ibis, 1881, S. 100.
[6] Nach *Sharpe & Wyatt,* 1894, l. c.
[7] *Yamaschina* lt. *Hartert,* E., Ergänzungsbd. S. 346.
[8] *Przwalski* lt. *Sharpe & Wyatt,* l. c.
[9] *Taszanowski,* 1872, l. c.
[10] *Sarudny,* lt. *Grote,* H., Journ. f. Ornith., 1919.
[11] *Schrenck,* L. v., Die Vögel des Amurlandes, 1856.

Das ländliche Siedlungsgebiet 159

Brückenschlag in bisher siedlungsfeindlichem Waldgelände[12]. Recht schnell reagierte sie auf die Schaffung neuen Siedlungsraumes in den eingepolderten Flächen Hollands und den Kolonistendörfern der nördlichen Salzsteppen Spaniens. Von Nord-Alaska berichten Bent und Bailey[13] über Besiedeln von Eskimohütten und anderen verlassenen Unterkünften der Eingeborenen am Naatak, wo sie auf 68° N noch zahlreich brütet.

Dorfbewohner

Das dörfliche Siedlungsgebiet der Rauchschwalbe läßt sich recht schwer umschreiben. Es gehören dazu geschlossene Rundlinge und Straßendörfer wie weitabgelegene Einzelgehöfte, ja sogar — ähnlich den Brücken — Bauten, Schuppen und sogar heuschoberartige Gebilde[14]. Im engeren Sinn nistet sie in Wohnhäusern, Hofgebäuden, Schmieden und Wagnerwerkstätten, Stallungen, Remisen, Schuppen, Schüttböden, Gastwirtschaften, Bootshäusern, Backhäusern, Badehäusern, Jagdhütten, Hausböden, Hausfluren, Schlafkammern (besonders in alten Zeiten und heute noch im Salzburgischen)[15]. Nicht umsonst trägt sie in Amerika den Namen „barn-Swallow" und in Schweden „Ladusvala". Withaker und Boyd[16] sind sich allerdings darin einig, daß sie keine bestimmten Gebäude bevorzugt, und auch bei uns stößt die prozentuale Trennung der Besiedlung verschiedener Bautypen auf starke Bedenken. In Schweden scheint sie alte Höfe den neuerrichteten vorzuziehen[17]. Die Bedachung des Hauses spielt keine Rolle bei der Besiedlung. Das ließ sich auch in Ungarn bestätigen, wo sie neuen Bauweisen gegenüber viel unempfindlicher war als die Mehlschwalbe. In Rußland gehören Kleinstädte, Dörfer und entlegene Einzelhöfe in gleicher Weise zu ihrem Siedlungsgebiet[18], und auch in Kamtschatka kommt sie nur gemeinsam mit dem Menschen vor[19]. Sie folgt seiner Landeskultur am Oberen Irtysch[20] und in Turkestan[21], aber auch am Kaukasus[22].

---

[12] *Johannsen*, Herm., Ornith. Jahrb., 1898, u. *Johansen*, Hans, Journ. f. Ornith. 96, 1955, S. 83.
[13] *Bent*, 1942, l. c.; *Bailey*, Birds of Alaska, 1948.
[14] Bei Åland bewohnen sie sogar unbewohnte Laubwiesen-Inseln der Schären (*Palmgreen*, Ornis Fennica, 1935). Vgl. auch *Witt-Strömer*, Hälsinglands Fåglar, 1950.
[15] *Dalla-Torre*, K. von, und *v. Tschusi*, Ornis I, 1885, S. 290.
[16] *Withaker*, I. I. S., Birds of Tunisia, Vol. I, 1905, S. 182; *Boyd*, A. W., Br. Birds XXX (1936/37), S. 98.
[17] *Rosenius*, 1929, l. c.
[18] *Menzbir*, 1895, l. c.
[19] *Bergmann*, Sten, Zur Kenntnis nordostasiatischer Vögel, Stockholm 1935.
[20] *Poljakow*, Ornith. Wjestnik, 1912 (russ.)
[21] *Radde* und *Walter*, Ornis V, 1889.
[22] *Bankowski*, 1913.

Bewohner von Gaststätten

Am meisten kann sie ihre Unbekümmertheit um das, was um sie herum vor sich geht, bei der Besiedlung vorstädtischer und dörflicher Schankstätten beweisen. Ihre Dickfelligkeit grenzt hier manchmal ans Wunderbare. 1883 erregte ein Paar die Aufmerksamkeit der Bewohner des Dörfchens Seegritz bei Leipzig dadurch, daß es mitten in der Gaststube nistete und trotz zahlreicher Gäste unbekümmert durch die geöffneten Fenster ein- und ausflog[23]. Auch in einem badischen Dorfwirtshaus standen zwei Nester in der Schankstube auf einer Eisenschiene[24], und eine ähnliche Unempfindlichkeit gegen Tabaksqualm und Petroleumfunzelgestank bewies 1911 ein Pärchen, das in einem stark besuchten Café in Verviers in Belgien nistete[25]. Im Gundorfer Gasthof bei Leipzig stand 1907 ein Nest gar unter der Decke des Tanzsaales auf einem Kronleuchter[26], und ähnlich dickfellig war ein Rauchschwalbenpaar in Böhmen, das auf dem Musikpodium seine Jungen aufzog und sich weder durch die Musik noch durch die Tanzenden stören ließ[27].

In einem rheinischen Wirtshaus kümmerten sich 1890 die dort brütenden Rauchschwalben in keiner Weise um die kartenspielenden, trinkenden und rauchenden Bauern, und der Wirt kam auf die praktische Idee, sie mit Zwirnsfäden zu kennzeichnen. So konnte er feststellen, daß ihnen das Treiben sehr behagt hatte, denn sie trafen beide im nächsten Jahr an der gleichen Stelle wieder ein[28]. Auch ein Wirtshausbetrieb mit Gasflammenbeleuchtung bei Kreuznach konnte sie 1899 in keiner Weise stören[29]. In der Wirtsstube von Bornheim bei Mörs aber schmückten sie das Bild des Kaisers Friedrich II. mit ihrem Nest, und was damit zusammenhing, in wenig königstreuer Weise[30].

Mitte August 1952 konnte ich am Niederrhein feststellen, daß diese Gepflogenheiten auch heute noch keineswegs erloschen sind. Im hellerleuchteten Vorraum eines Gasthauses in Kalkar, wo die Rauchschwalben angeblich schon seit 20 Jahren zu brüten pflegten, ließen sie sich durch den dauernden Betrieb in keiner Weise stören. ♂ und ♀ saßen nachts auf den Schirmen der Glühbirnen, die Jungen hockten im Nest, das auf der Leitung angebracht war; ein zweites Nest stand in der Ecke des Raumes. War die Tür zur Straße geschlossen, so flatterten die Elternvögel einige Zeit vor einer winzig kleinen Öffnung der Fensterscheibe und schossen dann mit zusammengelegten

---
[23] Gef. Welt 12, 1883, S. 275.
[24] Gef. Welt, 1924, S. 256.
[25] *Coopmann*, Le Gerfaut, Bd. 1 (1911/12), S. 119.
[26] *Hesse*, E., Journ. f. Ornith., 1907.
[27] 5. Jahresber., 1886, Com. ornith. Beob. Österr.-Ung., Wien 1888.
[28] *Bungartz*, Mittlg. ornith. Ver. Wien 14, 1890, S. 226.
[29] Vgl. Ornith. Mschr., 1899.
[30] *Otto*, Hugo, Zool. Beob. 48, 1907.

Abb. 14. Fütterungsakt der Rauchschwalbe am Nest. (Foto: Georg Schützenhofer)

Abb. 15. Zur Schwalbensiedlung geeigneter Kuhstall in Westfalen mit reichlichen Neststützen, trotzdem unbesiedelt, da das Vieh den ganzen Sommer über auf der Weide steht. (Aufn. A. v. V.-R., 1950)

Abb. 16. Zwei Schwalbennester unter der Decke, links auf einem Nistbrettchen. (Aufn. A. v. V.-R., 1950)

Flügeln durch das Loch. Ähnlich unbekümmert benimmt sich die Rauchschwalbe dann, wenn sie sich, wie es auch vorgekommen ist, im Sprechzimmer eines vielbeschäftigten Arztes zur Brut niedergelassen hat[31].

Aus dem Ausland ist über das Nisten in Schankstuben weniger bekannt. Ein Fall stammt aus der Schweiz[32]. In Dalmatien brüten Rauchschwalben in großer Zahl in der Restauration der Radoboljequelle[33].

Bewohner von Abortanlagen

Gelegentlich läßt ihre Unbekümmertheit die Rauchschwalbe auch zum Bewohner privater und öffentlicher Bedürfnisanstalten werden. Mir wurde ein solcher Fall von einem Münchner Vorort berichtet. Auch in Nürnberg nistete sie 1912 im WC des Heimes der Naturforschenden Gesellschaft dicht oberhalb der Decke[34], und 1901 kam eine Brut erfolgreich in der Bedürfnisanstalt des Bahnhofs eines kleinen westfälischen Städtchens aus, dessen Name aus Taktgefühl verschwiegen sei[35].

Ställe

Die moderne Wirtschaft ist der Besiedlung von Ställen aller Art nicht mehr günstig. War früher ein Viehstall nur gering besiedelt, so lag das meist am Mangel an Befestigungsmöglichkeiten für das Nest. Heute kann ein Stall noch so viel derartige Möglichkeiten haben und doch kein einziges Rauchschwalbennest beherbergen. Woran liegt das? Wir wissen, daß die Rauchschwalbe solange Kaminbewohner war, als ihr das technisch-biologisch ermöglicht wurde, und daß sie es war, weil ihr hier zwei Voraussetzungen in idealer Weise gegeben waren: Halbdunkel und temperierte Wärme. Beides konnte sie in fast gleich idealer Weise in Viehställen finden. Und hier kam noch sekundär hinzu, daß in nächster Nähe Nahrungsreichtum lockte und Nistmaterial zu finden war.

Kaum das Halbdunkel bleibt bei den modernen Methoden der Viehwirtschaft bestehen. Die Tore werden weit geöffnet, elektrisches Licht erhellt lange jeden Stallwinkel. Die Decken werden ohne Rücksicht auf Schwalbennester und Bruten gekalkt, die Wände gegen Fliegen mit DDT-Präparaten besprizt. Das Vieh wird, sobald es die Witterung ermöglicht, ins Freie getrieben und bleibt dort Tag und Nacht. Oft sieht es die heimkehrende Schwalbe überhaupt nicht, und wenn es wieder gestallt wird, ist die Zeit des Herbstzuges schon gekommen. Der hygienische Viehpalast bedeutet im Verhältnis zum alten Tiefstall eine grö-

---

[31] Ornith. Mschr., 1878.
[32] Bieler Tageblatt, 1915, vgl. Ornith. Beob. XIII, 1915/16, S. 45.
[33] *Pichler*, A., Ornith. Mschr. 31, 1906, S. 426.
[34] *Gebhardt*, Mittlg. ü. d. Vogelwelt, 1912.
[35] *Hornung*, Victor, Zool. Garten 42, 1901.

ßere ökologische Hürde für die Rauchschwalbe, als der Sprung von der Lehmwand einer Steppenerosionsschlucht zum Bauernstall. Man kann entgegnen, daß eine in einer Schankwirtschaft oder einem nie geheizten und vielbegangenen, Tag und Nacht erleuchteten Flur nistende Rauchschwalbe ja auch aller dieser Vorteile entbehre, und daß sie schon zu den Zeiten Bewohner solcher lauten, kalten, ewig erleuchteten und nahrungsfreien Biotope gewesen sei, als der Kuhstall noch alle ihre Bedürfnisse nach Wärme, Halbdunkel usw. erfüllt habe. Ich kann darauf nur antworten, daß es wohl eben „Stämme" geben muß, die umweltmäßig nach der einen Seite neigen und solche, die es nach der anderen Seite tun. Vielleicht hat sich die Kuhstall-Schwalbe aus der Steppen-Schwalbe entwickelt und die Außenbord-Schwalbe aus der felsenbewohnenden? Den Nachweis vom Wechsel der Nistbiotope könnte allein — und zwar unschwer — das Beringungsexperiment bringen[35a].

Selbst die Besiedlung eines einzigen Stalltyps kann sehr verschiedene Verhältniswerte haben. Im Dorf Labenz in Pommern fand Matthiessen[36] folgende vor:

	Schweineställe		Kuhställe		Pferdeställe		Dielen	
	Zahl	%	Zahl	%	Zahl	%	Zahl	%
Paare, 1930	63	57	6	5,5	2	2	39	39,5
Paare, 1931	69	59	6	6	1	1	41	35

Die Siedlungspotenz eines Schweinestalles kann aber sehr unterschiedlich sein. Oft haben Schweineställe keine Anbringungsmöglichkeiten für Nester (T-Träger und dergleichen) und scheiden deshalb aus. Oder die Decke ist zu niedrig und die Lüftung zu schlecht. Oder auch die Schweine werden draußen geweidet. Dann steigt die Konkurrenzfähigkeit der anderen Stallarten, und es kann zu einer prozentual äußerst niedrigen Besiedlung von Schweineställen kommen, wie sie Creutz (1953) und Neubauer (1909)[37] wiedergeben. Nach Creutz wohnten z. B. von 100 stallbewohnenen Rauchschwalbenpaaren nur sieben in Schweineställen, 80 in Kuhställen und 10 in Pferdeställen[38]. In Oxford wurden aber Schweineställe bezogen, obwohl es bessere und wärmere Stallungen gab[39], und in Yorkshire hatten Schweineställe fast die gleiche Siedlungsfrequenz wie Kuhställe[40]. Hühnerställe werden nur selten besiedelt. Ich fand alljährlich ein Nest in einem nur 1,90 m hohen Hühnerstall in Eisenberg/Pfalz.

[35a] Es scheint allerdings — worauf ich schon hinwies — daß innenbrütende Stallschwalben, wenn ihnen der Zugang versperrt wird oder Übervölkerung eintritt, zu Außenbrütern werden können.
[36] *Matthiessen*, 1936, l. c.
[37] *Creutz*, G., 1953, l. c.; *Neubaur*, R., Ornith. Mschr. 34, 1909, S. 172.
[38] *Creutz*, l. c. Manchmal vertreiben auch die Kutscher die Schwalben aus Pferdeställen, wenn ihre Geschirre beschmutzt werden.
[39] *Aplin*, Zoologist 4, Vol. 8, 1904.
[40] *Cleasby* und *Martin*, Br. Birds, Vol. 32 (1938/39), S. 337.

Balken als Unterlagen

Bei der Suche nach dem Urbiotop der Rauchschwalbe sind manche auch auf die Baumlandschaft geraten. Sie glauben das aus der hin und wieder vorkommenden örtlichen Bezeichnung „Baumschwalbe" und aus ihrer Vorliebe für Balken folgern zu dürfen. Die ganz wenigen von uns schon angeführten Fälle von Brüten an Bäumen und Ranken sind dagegen wohl kaum beweiskräftig, ich selbst halte sie jedenfalls nicht dafür, und auch die Benutzung von Balken, von der ja schon Virgil wußte, nur für eine Materialersparnis, nicht für eine Urstoff-Erinnerung. In England ist das Nisten auf Balkenunterlagen besonders beliebt, Henry Seebohm schien es Ende des vorigen Jahrhunderts, als ob es hier mehr üblich wäre, denn auf dem Festland[42]; und auch in Irland war es noch um 1900 verbreitet[43].

16. Ungewöhnliche Nistplätze

Wenn wir von ungewöhnlichen Nistplätzen sprechen, so tun wir das vom Statistischen her und aus einer rein vermenschlichenden Betrachtungsweise. Für die Rauchschwalbe ist die Krone eines 18-Enders und der Flügel eines ausgestopften Uhus dagegen genau so eine Unterlage, wie ein schlichter Stallnagel.

Bewohner von Transportmitteln

Schiffe

S c h i f f e werden als unvollendete Rümpfe, Wracks, aber auch als fahrende Passagierdampfer nicht ganz selten besiedelt. Für Schottland erwähnt Baxter[44] einen schon sehr weit zurückliegenden Fall (1812) der Besiedlung eines im Bau befindlichen Schiffes und Ticehurst[45] den eines alten Bootes bei Breydon. Manchmal stehen Nester unter der Schutzwölbung eines altmodischen Schaufelraddampfers[46]. Befährt das Schiff eine bestimmte Strecke, z. B. über einen größeren See, so folgen ihm die Alten nach. So geschah es 1920 mit dem Dampfer einer Schweizer Verkehrsgesellschaft und 1942 mit einem Schiff, das den Lake Georges im Staate New York befuhr und dem die Schwalben, ihre Jungen

---

[41] Vgl. Dansk Ornith, Tidsskr. 34 (1940).
[42] *Seebohm,* Henry, History of British Birds, vgl. auch *Berndt,* R., Beitr. Fortpfl.-biol. Vög. 15, 1939, S. 32.
[43] Usher and Warren, 1900, l. c.
[44] *Baxter,* E., 1953, l. c., zit. Hugh *Gladstone,* wonach 1812 zwei Paar erfolgreich in einem Schiff nisteten, während noch die Arbeiter daran tätig waren.
[45] *Ticehurst,* Cl. B., 1932, l. c.
[46] *Pennant,* zit. d. Tant (l. c.), erwähnt einen Fall, wo das Nest unter den Stützen eines solchen Schaufelrades nur 50 cm über dem Wasser stand. Dieser Schlepper, mit Namen „Clarence", machte täglich Dienst. Sein Schaufelradkasten wurde wiederholt erfolgreich von Rauchschwalben besiedelt.

fütternd, auf seiner Linie folgten[47]. Noch hartnäckiger war ein Pärchen, dessen Nest in der Kajüte eines in Holland stationierten Wohnschiffes stand, und das diesem Schiff ebenfalls auf seinen Fahrten folgte[48]. Auch in Srinagar (Indien) werden häufig Wohnboote besiedelt[49].

Eisenbahnwagen

Ausrangierte, längere Zeit unbenutzt stehende, aber auch im Betrieb befindliche Eisenbahnwagen sind als Nistort nichts außergewöhnliches. Von einem solchen Fall berichtet Jakob Schenk[50] aus der Steppe Hortobágy. In Winnipeg (USA) fuhren Rauchschwalben mit einem Frachtwagen, der mehrmals in der Woche auf einer bestimmten Strecke verkehrte[51]. In Deutschland stand ein Nest im abgestellten Güterwagen der Strecke Tilsit—Insterburg und wurde weiterbenutzt, als der Wagen wieder in Betrieb genommen wurde[52]. 1885 entdeckte man ein Rauchschwalbennest unter dem Sitz eines Bremserhäuschens, das zu einem Personenwagen gehörte, der täglich zwischen Ratibor und Kosel (OS) pendelte[53].

Straßentransportwagen

Transportwagen, die auf Straßen verkehren, stellen brutbiologisch natürlich ebenso hohe Anforderungen an die Rauchschwalbe. So wird 1937 von dem Wagen einer holländischen Wegebaugesellschaft berichtet, der Frachten zwischen Brabant und Ostfriesland transportierte und auf dieser 300 km langen Strecke von einem in seinem Innern nistenden Rauchschwalbenpaar begleitet wurde[54]. In England war es ein Milchwagen, dem bei seinen verschiedenen Ortswechseln ein in ihm nistendes Pärchen treulich folgte[55].

Bewohner landwirtschaftlicher Maschinen und Geräte

Gerade auf diesem Gebiet ergeben sich für die Rauchschwalbe reiche Möglichkeiten, vom Normaltyp des Nistortes abzuweichen. Da wird das Nest an einer im Kuhstall herabhängenden Sense angebracht[56], dort hält es sich auf den nach oben stehenden Borsten eines Stall-

---

[47] *Bent*, 1942, l. c.; zit. *Gates, Burton, W.*, 1903.
[48] Vgl. Org. Cl. Ned. Vogelber., 1935/36.
[49] *Bates* and *Lowhter*, Breeding Birds of Kaschmir, Oxford 1952.
[50] *Schenk*, Jakob, Aquila XIV, 1907, S. 223.
[51] *Rowan*, Auk 39, 1922; *Bent*, 1942 (l. c.), zit. *Swarth*, H. S., 1935, wonach in Br. Columbien Rauchschwalben einem fahrenden Zug folgten, in dem ihr Nest stand.
[52] Vgl. Gef. Welt, 1883.
[53] Vgl. Gef. Welt, 1885.
[54] Vgl. Limosa, 1937.
[55] *Ware*, E. H., Br. Birds 43, 1950, S. 85.
[56] *Homoky-Nagy*, Vortrag, Lichtbild, X. Int. Ornith. Congr. Uppsala, 1950.

besens[57], auf dem irgendwo abgehängten Kummet eines Pferdes, auf einem schaukelnden Strohgeflecht[58]. Sarudny fand im Gebiet von Ssemirjetschensk das frei am Ende zweier Strohseile angeheftete Nest einer Rauchschwalbe, das auf diese Weise die Verbindung krönte, mit der die Zeltstangen zusammengebunden waren[59]. In anderen Fällen wurde — in Deutschland — der von einer Scheunendecke herabhängende eiserne Doppelhaken bezogen[60], in Dänemark ein ebenfalls von der Decke herabhängender alter Tonnenreifen[61], und zwar so, daß das Nest rings um ihn herum gebaut wurde. In Rumänien fand Dombrowski eine alte Dreschmaschine von ihr besiedelt[62]. Besonders seltsam war der Nistplatz einer thüringischen Rauchschwalbe. Hier befand sich zwischen Futterraum und Kuhstall eines Gehöftes eine ziemlich starke Brettertür, die in der Mitte horizontal geteilt war. Der obere Teil stand während des Sommers meist offen. Auf einer Querleiste, die den unteren Teil nach oben abschloß, brütete jahrelang eine Rauchschwalbe, obwohl die Tür tagsüber oft geöffnet wurde und dabei jedesmal heftig gegen die Stallwand schlug. Seltsamerweise schlug das Nest nicht mit, sondern kam dabei in eine Wandnische zu stehen. Hatte die Rauchschwalbe das beim Bau des Nestes erkannt oder hatte ein unbekannter Helfer ihr diese Nische geöffnet? Jedenfalls war das Nest beim Bau mehrfach abgestürzt, von der Rauchschwalbe aber jedesmal wieder an die gleiche gefährliche Stelle gesetzt worden[63]. In einer Scheune ruhte ihr Nest auf einem Büschel Netze[64]. Zwischen zwei Hufeisen stand das Nest einer Rauchschwalbe dicht am dröhnenden Amboß einer Dorfschmiede. Auch sonst kommen Schmieden als Brutplatz vor[65].

Nester im Innern von Wohnräumen

Allgemein beliebt sind elektrische Drähte, Klingeln, Klingelzüge und Lampenschirme. Vor Hoteleingängen und Hofeinfahrten werden Nester ebenfalls hin und wieder auf Beleuchtungskörpern angebracht[66]. Bei Bauten auf zentral hängenden Lampenschirmen wundert man sich immer wieder über den statischen Sinn der Rauchschwalbe, die es versteht, durch dauernde Erhöhung des nach außen hängenden Nestrandes

---

[57] *Eykmann*, Avifauna.. der Prov. Utrecht, Jaarb. 2, Cl. Ned. Vogelk., 1912.
[58] *Hortling*, 1929, l. c.
[59] *Sarudny* lt. *Grote*, 1927, l. c.
[60] *Buxbaum*, Ornith. Mschr., 1903.
[61] Vgl. Dansk Ornith. Tidsskr. 37, 1943.
[62] *Dombrowski*, Rob., Ornis Romaniae, 1912.
[63] *Toepel*, Ornith. Mschr., 1897, S. 199.
[64] *Dagley*, Br. Birds XXIV (1930/31), S. 257.
[65] *Höpfner*, Ornith. Mschr., 1892; *Forbush*, 1929, zit. durch *Bent*, 1942.
[66] *Wörner*, E., Beitr. Fortpfl.-biol. Vög., 1933, S. 57.

allmählich wieder eine horizontale Lage zu erzwingen[67] oder auf der anderen, dem Nest entgegengesetzten Seite, Gegengewichte anzubringen[68]. Noch schwieriger ist das Anheften eines Nestes auf einen Glockenzug altmodischer Prägung oder auf einen elektrischen Draht, der dann meist durch den unteren Teil des Nestes geht[69]. Wird die Klingelschnur — wie das einst üblich war — gezogen, so pendelt wohl auch das Nest mit hin und her. Ofenrohre[70], Gasleitungsrohre[71] und herumstehende Schürhaken dienen auch als Nestunterlage. Sehr sonderbar war das Verhalten einer Rauchschwalbe, welche die Gelegenheit wahrnahm, sich auf der Krücke eines Stockes anzusiedeln, der $1/2$ m waagerecht aus einem Mauerloch hervorragte, in das man ihn gestoßen hatte, und der in dieser Lage erheblich schwankte[72]. Ähnlich war ein Nest angebracht, das Sarudny in einem persischen Dorfe Transkaspiens an einem frei hängenden Stab gebaut fand, der in schräger Lage von der Hüttendecke frei herabhing[73].

Eine gewisse Vorliebe besteht für topfartige Gebilde, und sie reicht vom simplen Hut — in dem Staunton zu seiner Überraschung gleich drei Nester vorfand[74] — bis zur Kokosnuß in der Vorratskammer[75]. Daneben finden sich Konservendosen[76], Biertöpfe[77] und sogar eine mit alten Kartoffelresten angefüllte Schüssel[78], ja sogar eine Schuhkiste in einem Regal[79]. Sobald einmal der Besitzergreifungswille ausgeklinkt ist, ist im Zimmer selbst kein Gegenstand mehr sicher. Da wird in Bozen ein Kruzifix als Nestunterlage gewählt[80], in einer Schulklasse die Landkarte[68], in der Gaststätte eines fränkischen Wirtshauses eine Schwarzwälder Uhr[69].

Außerordentlich beliebt sind T i e r p r ä p a r a t e. Einmal ist es ein ausgestopfter Uhu[81], dann ein mit ausgebreiteten Flügeln von der Decke

---

[67] *Kummerlöwe*, H., Mittlg. ü. d. Vogelw., 27, 1928, S. 31; *Boetticher*, H. von, Anz. Ornith. Ges. Bay. II, 1930; *Zielke*, Verh. Ornith. Ges. Bay. XXI, 3, 1938, S. 332.
[68] *Thye*, Dansk Ornith. Tidsskr. 1933 (mit Skizze); *Jacquemin*, L'oiseau, XI, 1941, S. 125; hier Gleichgewichtsherstellung auf einer durch das Nest einseitig belasteten und so schiefhängenden Landkarte im Schulraum.
[69] *Jäckel*, Systematische Übersicht der Vögel Bayerns, 1891.
[70] *Buxbaum*, 1903, l. c.
[71] *Höpfner*, Ornith. Mschr., 1892.
[72] *Boyd*, A. W., Br. Birds 36 (1932/33), S. 255.
[73] *Sarudny* lt. *Grote*, O. Mber., 1927, S. 65.
[74] *Staunton*, Br. Birds Vol 23 (1929/30), S. 190. Der Hut hing allerdings alt und verbraucht in einem Stall.
[75] *Jäger*, M., Regulus, 1954, S. 42.
[76] *Glasewald*, Konrad, Beitr. Naturdenkm. Preuss., Bd. 15, H. 3, 1933.
[77] *Patterson*, Br. Birds Vol 22 (1928/29) m. Foto. Da die Lehmkugeln in den Topf fielen, wurde er mit einem Strohhalm überbrückt.
[78] *Armitage*, Br. Birds Vol 22 (1928/29).
[79] *Ferrier*, Br. Birds Vol 31 (1937/38).
[80] Vgl. Mittlg. Ornith. Ver. Wien, 1888.
[81] *Recker*, Zool. Garten, 34, 1893, S. 250.

herabhängender Bussard[82]. Als man eine ausgestopfte Eule entfernt, auf der ein Nest errichtet wurde, siedelt die Rauchschwalbe in eine danebenliegende Muschel[83]. Rehböcke werden ebenso wie Gemsen meist nur als Kopfpräparate benutzt und nur ausnahmsweise als bloßes Gehörn oder Krucke[84]. Dagegen bilden Hirschgeweihe — je stärker um so besser — ideale Nestunterlagen in Deutschland, Großbritannien, Rumänien und anderen Ländern, sobald die Rauchschwalbe zu ihnen Zutritt hat[85].

In Wien stand ein Rauchschwalbennest im Maul des Pferdes der Statue des Erzherzogs Karl vor dem Kaiserlichen Palais[83].

17. Unempfindlichkeit gegen Störungen und Hindernisse

Die unglaubliche Unempfindlichkeit der Rauchschwalbe gegen Lärm, Menschengewühl, Gerüche aller Art, Nachtbeleuchtung und andere Störungen haben wir schon zur Genüge kennen gelernt. Sie findet ihre Grenzen erst dort, wo sie sich verfolgt fühlt. Dann schnellt allerdings nicht nur die Fluchtdistanz von der Berührungsfähigkeit auf viele Meter, sondern sie kann auch endgültig vergrämt sein und nie wiederkommen. Das Beringen faßt sie als eine arge Belästigung auf, und deshalb bringen dauernde Beringungskontrollen auch nicht immer einwandfreie Ergebnisse für die Besiedlungsdichte, die nach solchen Störungen oft fällt.

Gegen ein Vertauschen ihrer Eier sind sie dagegen duldsam[86], und noch weiter geht die Dickfelligkeit solcher Rauchschwalben, die sich nachts in ihren Briträumen einschließen lassen und morgens geduldig warten, bis ihre Einfluglöcher geöffnet werden[87]. Ist das Nest niedrig angebracht, so dulden sie es, daß der Schweizer beim Melken der Kühe hereinschaut[88] und scheuen auch nicht Fremde. Für Irland bringt Thompson[89] Beispiele von Nisten in belebten Klassenzimmern und mitten in einem Falkenhof von Belfast, wo sie weder die Julen der Falken noch die Sprenkel der Habichte scheuten, und kaum zwei Meter davon brüteten. In Essex brüteten sie im Glockenturm einer Kapelle ungestört durch deren Läuten[90]. Auch gegen Feuer sind sie recht unempfindlich. Als in einem schlesischen Gutshof bei Ohlau der massiv gebaute

---
[82] *Boetticher*, H. von, Anz. Ornith. Ges. Bay. II, 1930.
[83] *Tant*, E., Le Gerfaut I/II, 1911/12.
[84] Gef. Welt, 1888; *Scheithe*, C., Ornith. Mittlg. 7, 1954, S. 236.
[85] *Rüdiger*, E., Zool. Garten 32, 1891; Br. Ornith. Cl, 1896; *Dombrowski*. Ornis Romaniae, 1912; Gef. Welt, 1903; *Floericke*, C., Jahrb. f. Vogelkunde, Bd. 1, 1907.
[86] *Taczanowski*, 1872, l. c.
[87] *Vacquez*, M. P., Ornis XI (1900/01), S. 253.
[88] *Thompson*, 1849, l. c.
[89] *Bent*, 1942, l. c., für die USA.
[90] *Ranson*, J., Zoologist, Vol. 20, 1862, S. 8035.

Pferdestall von einem Feuer bedroht wurde, das ihn in Rauch und Qualm hüllte und brennende Balken abstürzen ließ, bauten die dort eingezogenen Rauchschwalben ungeachtet des Menschengewühls und der Spritzen weiter[91], und bei einem Steppenbrand in Ost-Afrika jagten zahlreiche Rauchschwalben Anfang 1932 über der Feuerfront[92]. Völlig unempfindlich ist sie gegen Ausdünstungen und Gerüche aller Art; Benzinabgase in Garagen stören sie in keiner Weise. Radde fand sie 1884 im dichten Dampf schwefliger Säure, die sie überzogen, wenn sie in kaukasischen Kupferwerken brütete und der Wind auf sie zustand, und Garling erwähnt mehrfach ein Rauchschwalbenpaar, das in einem niedrigen Fabrikgebäude bei Berlin brütete, dessen Luft von kleinsten Sulphatkristallen angefüllt war, die auf menschliche Organe äußerst reizbar wirkten[93].

Ihr gewandter Flug erlaubt den Rauchschwalben nicht nur durch Löcher zersprungener Fensterscheiben oder schmale Spalten, die gerade ihren Körper durchlassen, mit angewinkelten Schwingen zu tauchen, sie scheut nicht einmal Fußwanderungen durch Tonrohre und Lüftungskanäle, um zu ihrem Brutplatz zu gelangen[94]. Besonders erfinderisch war ein ostholsteinsches Paar, das mehrfach im rechten Winkel gebrochene Entlüftungskanäle durchkriechen mußte, um in seinen Kuhstall zu kommen. Ein anderes drang in ähnlich mühsamer Weise ins Innere eines Bauernhauses ein, in dem es nistete. In Steinkrug kannte ich ein Paar, das erst in den Clo-Vorraum einer Gastwirtschaft fliegen mußte, dann im rechten Winkel über die oben offene Clo-Tür eskaladierte, im Clo selbst wieder um 90° abwinkelte und dann durch ein kleines Entlüftungsfenster in die Scheune drang, wo sein Nest stand.

---

[91] *Richter*, Ornith. Mschr. 1885, S. 57 (Mschr. d. Dtsch. Ver. z. Schd. d. Vög.).
[92] *Zink*, G., Vogelwarte 16, 1952, S. 98.
[93] *Garling*, M., Gef. Welt, 1911. S. 77 und Beitr. Forstpfl. biol. Vög., 1938.
[94] *Lunau*, 1942, l. c.

VIII. Siedlungsdichte

1. Wieviel Paare nisten unter einem Dach?

Die „individual distance" ist bei den Rauchschwalben ziemlich ausgeprägt, man kann das beobachten, wenn sie aufgereiht auf Telegraphendrähten sitzen, selbst dann mit einem gewissen Abstand voneinander und nicht „dicht auf dicht". Noch seltener stehen zwei Nester dicht nebeneinander, wie das etwa bei der Mehlschwalbe der Fall ist[1].

Trotzdem ist die Zahl der Nester, die man in einem Gebäude, einem Hof oder einem Dorf findet, heute in wirtschaftlich modernisierten Ländern meist tief unter dem ökologischen Potential des gleichen Raumes zu Zeiten extensiverer Wirtschaftsmethoden. Sind diese noch erhalten, so kann es andererseits sogar zu Übervölkerungserscheinungen kommen. Wo die Grenze liegt, bei deren Überschreitung eine Abwanderung beginnt, ist nur selten festzustellen. Sie kann auch psychologisch begründet sein. Friedrich Naumann behauptete, es gäbe unter den Rauchschwalben besonders eigensinnige Paare, die gern für sich allein wären und keine anderen in größerer Nähe duldeten[2].

In USA fand Bent[3] selten mehr als acht besetzte Nester in einer Scheune, im Staat Massachusetts standen allerdings in einer einzigen Scheune 27 besetzte Nester, und Dr. Charles W. Towsend fand in einer langen Scheune in Ipswich 55 Brutpaare, eine Zahl, die in Nordfinnland nicht einmal auf 550 qkm zu finden ist. Krüper, den Othmar Reiser[4] zitiert, zählte im Dach des Quellenhäuschens von Ätolikon in Griechenland mindestens 30 Paare, und Zemsch bezeichnet eine am Ufer des Schwarzen Meeres in der Ukraine stehende mit 50 bis 60 Nestern besetzte Scheune gradezu als übervölkert[5]. 60 Nester fand Rosenius auch in einem dänischen Kuhstall[6] und Borchert in einem solchen des Harzes[7]. Neubauer erwähnt den Kuhstall des Rittergutes Krosigk im Saalekreis, in dem 31 Nester standen[8], doch wurde diese Zahl von den 40 Paaren übertroffen, die Friedrich Naumann in größeren

---

[1] *Boyd*, Br. Birds 33, S. 200; nach ihm unter Tausenden von Fällen nur einmal!
[2] Neuer Naumann, 1901, Bd. IV.
[3] *Bent*, 1942, l. c.
[4] *Reiser*, O., 1905, l. c.
[5] *Zemsch*, J., Acta. Mus. Zool. Kijewens 1939, S. 329.
[6] *Rosenius*, 1929, l. c.
[7] *Borchert*, W., Abh. u. Ber. Mus. Magdeburg IV, 1927, S. 429.
[8] *Neubaur*, Ornith. Mschr. 34, 1909, S. 172.

Ställen fand[9], und in dem durch seinen intensiven Schwalbenschutz bekanntgewordenen Boschhof bei Wolfratshausen im Isartal fand ich im Frühjahr 1949 auf 1045 qm Innenfläche des Kuhstalls bei 90 Stück Großvieh 60 Rauchschwalbennester. Auf dem benachbarten Hof Mooseurach nisteten 1948 120 Paare! 20 bis 30 Nester sind in manchen Bauernhäusern der Elbmarsch nach tom Dieck[10] nicht selten, und 20 Nester fand auch Schacht in den 70er Jahren des vorigen Jahrhunderts auf einer 15 m langen Tenne des Teutoburger Waldes[11]. Im gleichen Jahrzehnt standen in einer verlassenen Burjätenhütte Ostsibiriens, die von Taczanowski erwähnt wird[12], 20 Nester. Ebensoviel beherbergte das Badehotel von Christiansmünde in Dänemark 1941[13].

In den Dörfern Palästinas stehen in einer einzigen kleinen Stube oft sechs Nester, und in einer Jagdhütte auf den Balearen wurden auf wenigen Quadratmetern Grundfläche vier Nester der Rauch- und sechs der Mehlschwalbe gezählt[14]. In Finnland, wo die Bestandsdichte von Norden nach Süden erheblich zunimmt, gelten auf den Kulturböden der Alandsinseln drei bis vier Paare im gleichen Gebäude als normal[15]. Noch auf 65° N wurden in einem Heuhaus in Karlö acht Rauchschwalbennester gezählt[16]. Bis zu welcher örtlichen Dichte der Rauchschwalbenbestand anschwellen kann, wenn günstige Verhältnisse sich treffen, beweist ein Bauernhof am Inn, wo 280 Nester der Rauchschwalbe gestanden haben sollen[17].

Davis[18] spricht der amerikanischen Rauchschwalbe einen gewissen Raumanspruch zu. Er diktiere die obere Grenze unabhängig von Nahrung und Nistmöglichkeit. Wäre er erreicht, so würde der Überschuß auch bei Vorhandensein beider Bedingungen verdrängt.

2. Siedlungsdichte geschlossener Ortschaften

Als erster unternahm es der alte Schacht[11], Siedlungsstatistiken für eine Ortschaft aufzustellen. Von 40 Gebäuden waren 1876 28 durch Rauchschwalben besiedelt mit zusammen 30 Brutpaaren, doch fand er im gleichen Raum nie mehr als zwei Nester und glaubt das auf die starke Befehdung der Rauchschwalben unter sich zurückführen zu müssen. Der Frühlingsstand von 60 Rauchschwalben stieg im Sommer nach dem Ausfliegen der Bruten auf 234. Mehr als 50 Jahre nach

---

[9] Neuer Naumann, 1901, Bd. IV.
[10] tom Dieck, Vogelwelt der Jadestädte, 1933.
[11] Schacht, 1876, l. c.
[12] Taczanowski, 1872, l. c.
[13] La Cour, T., Dansk Ornith. Tidsskr. 35, 1941.
[14] Bennath, L'Oiseau, Vol. V, 1935, S. 332.
[15] Palmgreen, Pontus, Ornis Fennica, 1935.
[16] Baker, E. C. Stuart, Ornis Fennica, 1929.
[17] Lt. Mösbauer.
[18] Davis, D. E., Auk, 1952.

diesen tastenden Versuchen nahmen fast gleichzeitig Boley für Hessen und Matthießen für Hinterpommern, etwas später Brinkmann für Oberschlesien Bestandszählungen vor.

In Hessen wurde das nahe Kassel gelegene Dorf Dillich mit 530 Einwohnern, 30 kleinen und mittelgroßen bäuerlichen Betrieben und einem größeren Gutshof, zusammen 100 Stall- und Wohngebäude, als Versuchsort gewählt. Es ergab sich[19]

Jahr	Frühjahrsstand Altvögel	Sommerstand Jung- u. Altvögel	je Gebäude Sommerstand abgerundet
1928	94	431	4
1929	109	525	5
1930	105	448	4
1931	99	510	5

Im Durchschnitt der vier Jahre, 1928 bis 1931, entfiel also im Sommer nach dem Flüggewerden auf je einen Einwohner eine Rauchschwalbe, auf jedes Gehöft fünf Rauchschwalben. In rein ländlichen Bezirken wird sich dieses Verhältnis auch auf größere Räume anwenden lassen.

Im hinterpommerschen Dorf Labenz stieß Matthießen auf noch wesentlich günstigere Umstände. Von den 62 Häusern waren 43, also 66 %, besetzt; 19, also 34 %, unbesetzt. In diesen 43 Häusern waren 110 bewohnte Nester[20].

Jahr	Frühjahrsbestand Altvögel	Sommerstand Jung- u. Altvögel	je Gebäude (62) Sommerstand
1930	220 (322)	1244 (2000)	20
1931	234 (377)	1036 (1670)	16

Leider ist nicht bekannt, wieviel Einwohner Labenz hatte, wohl aber kann man nach dem Sommerstand an Rauchschwalben berechnet auf ein Ortsgebäude annehmen, daß im Jahr 1930 die Besiedlung etwa fünfmal so stark war, als in Dillich, 1931 mindestens dreimal so stark.

Weniger günstig — wohl bedingt durch den industriellen Charakter des Landes — lagen die Verhältnisse in Oberschlesien. Hier stellte Brinkmann[21] in den Jahren 1933 bis 1937 eingehende Untersuchungen an. Eine Kontrolle von zunächst sechs Dörfern des Kreises Oppeln ergab neben interessanten Aufschlüssen über Schwankungen im Bestand auch Ergebnisse über die Bestandsdichte. Es betrug

---

[19] *Boley*, A., Vogelzug, 1932, S. 17. Die Zahlen wurden von mir entsprechend verwendet.
[20] Die Zahlen sind von mir der obigen Statistik angeglichen worden. Die in Klammern stehenden Zahlen bedeuten die Siedlungsdichte umgerechnet auf 100 Häuser. Vgl. *Matthiessen*, C., Beitr. Fortpfl.-biol. Vög. VII, 1931, S. 47; VIII, 1932, S. 103; IX, 1933, S. 48, und Ornith. Mschr. 58, 1933, S. 191.
[21] *Brinkmann*, M., Schriftenreihe Ver. oberschles. Heimatk. 17, 1938, ref. Vogelzug 10, 1. 1939, S. 37 und Beitr. Fortpfl.-biol. Vög., 1938, S. 161.

Siedlungsdichte

	Anzahl der Paare in 6 Dörfern:						
Jahre	1933	1934	1935	1936	1937	Durchschn. je Jahr	Durchschn. je Dorf/Jahr
Paare	340	422	431	392	441	405	68

Man wird also mit einem Sommerstand je Dorf von 544 Rauchschwalben im Durchschnitt der fünf Jahre rechnen können, was ungefähr die Verhältnisse von Dillich bei Kassel widerspiegelt[22].

In den zwölf Dörfern, auf die Brinkmann später seine Untersuchungen ausdehnte, stieg die Zahl der Paare zwischen 1933 und 1937 erheblich, fast bis auf das Doppelte, nämlich von 55 auf 120 Paare je Ortschaft oder einen ungefähren Sommerstand von 960 Rauchschwalben, womit fast die Siedlungsdichte des hinterpommerschen Dorfes Labenz erreicht wurde. Für die 29 Landgemeinden des Kreises Kosel errechnete Brinkmann daraus einen Sommerstand von 78 000 Rauchschwalben. Da der Landkreis Kosel etwa ein Fünftel der ehemaligen Provinz Oberschlesien ausmachte, würde diese einen Sommerstand von rund 400 000 Rauchschwalben haben, d. h. etwa ein Viertel bis ein Drittel der Einwohnerzahl von 1944.

3. Siedlungsdichte ganzer Länder

Man kann solchen Berechnungen, wenn sie auf größerer Ebene durchgeführt werden, auch die Flächeneinheit — ausgedrückt in Quadratkilometer — zugrundelegen. Auf Länderbasis ist das bisher nur von Merikallio für Finnland durchgeführt worden[23].

Den derzeitigen Rauchschwalbenbestand in Finnland schätzte dieser 1954 auf 340 000 Paare, also etwa 680 000 Altvögel. Das würde einem Sommerstand von 2,7 Millionen Rauchschwalben entsprechen, der drei Viertel der 80 % Einwohnerzahl ausmacht, und im Durchschnitt je Quadratkilometer ein Paar (Einwohner je Quadratkilometer zehn).

Für Mittelschweden errechnete Olsson (1947)[24] je Quadratkilometer Kulturland der Provinz Dalekarlien fünf Brutpaare, die Zahl der Sommer-Rauchschwalben wird hier ungefähr derjenigen der Einwohnerzahl gleichkommen, und man wird für Schweden mit etwa 6,7 Millionen Sommerschwalben rechnen können.

Großbritannien: Mit seinen 300 Einwohnern/qkm hat England den Höhepunkt seiner potentialen Rauchschwalbenbesiedlung bereits überschritten, da der Bevölkerungszuwachs nicht zugunsten der Ausdehnung kleiner landwirtschaftlich extensiv betriebener Einheiten ging, sondern in der Richtung der Zusammenballung

---

[22] Nach *Brinkmann* (Vogelwelt Nordwestdeutschlands, 1933), sind auch viele Dörfer am Steinhuder Meer optimal von Rauchschwalben besiedelt.
[23] *Merikallio*, Einari, Über regionale Verbreitung..., Teil II, Helsinki, 1946 und briefl. vom 15. Juli 1954.
[24] *Olsson*, Viking, Fauna och Flora, 1947.

größerer Menschenmassen in Großstädten. Im Flachland errechnete Boyd[25] für die Grafschaft Ceshire 10 bis 12,5 Paare/qkm. Für Yorkshire kam Cutbertson[26] 1952 auf elf Paare/qkm. Der Sommerstand wird für Großbritannien trotz dieser ungewöhnlich günstigen ländlichen Ergebnisse noch unter der Oberschlesiens liegen und dürfte etwa ein Fünftel bis ein Achtel der Einwohner des Inselreiches betragen.

D e u t s c h l a n d von 1937 schätze ich mit 1,5 bis 2 Millionen Paaren ein, was einem Sommerstand von knapp 20 Millionen Rauchschwalben entsprechen würde.

E u r o p a hatte 1950 bei 9,7 Millionen Quadratkilometer 534 Millionen Einwohner. Man wird annehmen können, daß es über 30 Millionen Paare verfügte, also 60 Millionen Altschwaben, zu denen 180 Millionen Jungschwalben treten, so daß es im Sommer von 240 Millionen Rauchschwalben bevölkert ist.

---

[26] *Cutbertson*, E., Br. Birds 46 (1953), S. 263, ref. in Ibis 96, 1954, S. 164.
[25] *Boyd*, A. W., Br. Birds XXVI (1932/33), S. 255.

IX. Todesrate und Lebenserwartung

1. Höhe der Todesrate

Die Natur drängt auf eine Stetigkeit der Siedlungsdichte, also auf Populationskonstanz. Aber elastisch und verschwenderisch, wie sie ist, hält sie nicht starr an diesem Prinzip fest, sondern pendelt um einen Pol. Und sie kann auch dabei nur dann zu einer rhythmischen Ausbalancierung des Gleichgewichts kommen, wenn die Umwelt des Tieres unverändert bleibt.

Die Todesrate (Mortalität) der Rauchschwalbe wird ausgedrückt durch den Vernichtungsquotienten, d. h. den Prozentsatz der dem Umweltwiderstand zum Opfer gefallenen Nachkommen. Ist dieser grade so groß, daß die Ausgangspopulation wieder erreicht wird, so hat man es mit einem normalen Vernichtungsquotienten zu tun. Dieser schwankt z. B. bei Insekten zwischen 95 und 99 %, ist aber auch bei Kleinvögeln sehr hoch und beträgt bei der Rauchschwalbe in Großbritannien 63 %[1], in den USA 73 %[2]. In Europa wird er etwa 69 % betragen.

Legen wir die von uns angenommenen europäischen Verhältnisse zugrunde, so ergibt sich folgender Sommerstand:

		Verlustrate
Zahl der Altschwalben	60 Millionen	50 %
Zahl der Jungschwalben	180 Millionen	75 %
Summa:	240 Millionen	69 %

Es müßten also, um zur Populationskonstanz zu kommen, vom Beginn des Ausfliegens der Jungen bis zur Rückkehr der Schwalben im folgenden Frühjahr an Verlusten eintreten:

Verluste an Altschwalben	30 Millionen
Verluste an Jungschwalben	135 Millionen
Summa:	165 Millionen

Es ist nun die Frage, ob die Rauchschwalbe mit ihrer ziemlich hohen Vermehrungsziffer (die Endpopulation beträgt in Großbritannien normal das Dreifache der Ausgangspopulation, in Deutschland etwa das Vierfache!) jene Verluste ausgleicht, die bis zum nächsten Frühjahr entstehen, oder ob die Todesrate eine so hohe ist, weil die Vermehrungs-

---

[1] *Lack*, X. Int. Orn. Congr. Uppsala, 1950 u. Br. Birds 42, 1949.
[2] *Mason*, E. A., Bird Banding 24:91-100, ref. Ibis 96, 1954, S. 165.

ziffer der Rauchschwalbe bedeutend ist. Manches spricht für die Ansicht, die Vermehrungszahl sei das Primäre, und tatsächlich kann die Rauchschwalbe durch erhöhte Eierzahl je Gelege und einen höheren Prozentsatz an Drittbruten ungewöhnlich hohe Verluste in ziemlich kurzen Zeiträumen ausgleichen und auf diese Weise zur Bevölkerungskonstanz kommen. Anderseits hat man aber bemerkt, daß bei einem Ansteigen der örtlichen Populationsdichte auch der Vertilgerkreis mitschwang, also primär wurde, und zum Beispiel der Beuteanteil an Rauchschwalben beim Sperber von 1 % auf 10 % stieg[3].

Daß der Vernichtungsquotient auch eine selektive Bedeutung hat, wird man schwer nachweisen können. Welche unhaltbaren Verhältnisse sich aber binnen kürzester Frist anbahnen würden, wenn er nicht am Werk wäre, ergibt die einfachste Überlegung:
In Europa würde sich bei vorsichtiger Schätzung die Population wie folgt vermehren:

Ausgangsjahr 1954, Frühjahrsstand ...... 60 Millionen
1. Folgejahr 1955, Frühjahrsstand .... 240 Millionen
2. Folgejahr 1956, Frühjahrsstand .... 960 Millionen
3. Folgejahr 1957, Frühjahrsstand .... 3850 Millionen usw.

d. h. es würden überall dort, wo bisher ein Paar genistet hat, im dritten Jahr einer ungestörten Gradation 64 Paare nisten — die entweder verhungern müßten, oder der Menschheit zur Plage würden, wahrscheinlich aber völlig degenerieren würden und einer Epidemie von ungeheurem Ausmaß zum Opfer fielen, die sie nicht auf 60 Millionen, sondern vielleicht auf kaum eine Million reduzieren würde.

2. Der Vertilgerkreis

Allgemeines

Unter Vertilgerkreis verstehen wir die Summe jener organischen Faktoren, die von der Natur dazu ausersehen sind, eine Tierart ergänzungsweise zu den wirksam werdenden anorganischen Faktoren in ihrer Populationsdichte zu halten[4]. Dort, wo anorganische Faktoren einer Tierart nichts anhaben können, ist der Vertilgerkreis allein am Werk. Bei Zugvögeln spielt er dagegen eine um so untergeordnetere Rolle, je kleiner der Vogel ist und je größer seine Zugwege sind. Bei der Rauchschwalbe fällt das besonders ins Auge. Wie hoch bei ihr der anorganische Teil des Vernichtungsquotienten ist, wird sich rechnerisch nie feststellen lassen, ich schätze ihn jedoch auf 80 % der Todesrate

---
[3] *Uttendörfer*, O., Abh. Naturf. Ges. Görlitz, 1930 und Ernährung der Greifvögel und Eulen, 1952, l. c.
[4] Umgekehrt ist zweifellos auch die Tierart dazu „ausersehen", ihren Vertilgerkreis zu ernähren.

ein, d. h. von den 165 Millionen europäischer Rauchschwalben, die bis zum nächsten Frühjahr umkommen, dürften 130 Millionen durch Nahrungsmangel — hervorgerufen durch Kälte oder Regenperioden — und direkt durch Kälte, Stürme, Tropenregen, Staubwinde, Schneetreiben, Hagel, Ermattung und Ertrinken im Meer umkommen. Wohl nur 35 Millionen europäischer Rauchschwalben werden alljährlich organischen Gefahren zum Opfer fallen. Sie lassen sich durch einen Kreis darstellen, der in Sektoren aufgeteilt werden könnte. Gern wüßten wir im einzelnen die Wirkung der verschiedenen organischen Einzelwiderstände. Leider sind sie uns aber nicht bekannt, und wir können sie höchstens erahnen. Den größten Teil werden Parasiten einnehmen, kaum darstellbar wird der Sektor einiger höherer Wirbeltiere sein. Nur der Sperber ließe sich vielleicht noch bild- und zahlenmäßig erfassen. Ob nun aber im Vertilgerkreis das einzelne Tier und die Tierart eine meßbare Größe darstellt oder nicht, darf uns nicht davon abhalten, sie als biologisches Phänomen zu würdigen. Auch der Mensch wird zum Schluß in diesen Vertilgerkreis einbezogen werden, wenn er es auch ausschließlich ist, welcher der Rauchschwalbe einst ihre große Verbreitungschance, die Möglichkeit also, sich einen Bevölkerungsüberschuß zu sichern, gegeben hat. Und dies weist uns darauf hin, daß in der Natur ein Wille am Werk ist, die Rauchschwalbe solange unter dem Druck der Populationsstatik zu halten, bis sich ihre Umweltverhältnisse wieder gebessert haben, unter Umständen aber eine Bevölkerungseinschränkung einzuleiten, wenn die Umweltverhältnisse ungünstiger werden.

Ob der gesamte Vernichtungsquotient auch selektiven Wert hat, werden wir ebenso mehr erahnen als beweisen können. Zweifellos werden große Katastrophen wahllos in die Schwalbenmassen eingreifen, und die inmitten einer Schwalbendruse sitzende Rauchschwalbe, die von den Leibern der sie umgebenden vor dem Frosttod geschützt wird, braucht noch lange nicht die lebenswerteste zu sein. Wenn aber von den einjährigen und älteren Rauchschwalben nur 50 % zugrundegehen[5], von den Jungschwalben dagegen etwa 75 %, so sehen wir die Erfahrung als Überwinderin von Umweltsbedrohung am Werke und können vermuten, daß auch kräftige und instinktsichere Jungschwalben zu einem höheren Prozentsatz am Leben bleiben und daß sie die höhere Lebenserwartung nicht allein ihrer Entwicklung, sondern auch einem Erbgut verdanken. Schwache Spätlinge gehen auf dem Zug natürlich am ehesten zugrunde. Und den ersten großen Aderlaß wird schon auf dem Wegzug für die nach Süden ziehenden

---

[5] Ganz unabhängig voneinander hat man in Japan und den USA (*Davis* 1937) festgestellt, daß 50 % der Altvögel wiederkommen. Da diese absolut nistplatztreu sind, bedeutet das gleichzeitig die Verlustrate.

Massen die Alpenschwelle fordern, die sich ja manchmal katastrophenartig auswirkt, die Überfliegung der Meere, der Sahara, die Begegnung mit ägyptischen Sandstürmen, tropischen Regengüssen und Hagelwettern. Oft entschließen sich die wandernden Massen ja nur im äußersten Notfall zur Umkehr oder suchen im letzten Augenblick Unterschlupf zu finden. Die Natur verlangt ihr Recht, sie drängt die Schwalben vorwärts, der Aderlaß muß ja stattfinden; und deshalb hat sie ihnen auch die Gabe der Wettervoraussicht, die man ihr immer wieder andichten wollte, versagt. Nur ganz selten weicht sie rechtzeitig dem Verderben aus, so wenn sie sich zum Rückzug entschließt oder, wie es in Afrika beobachtet wurde, einer ihr tödlichen Wetterlage, deren Herannahen sie erkennen konnte, durch Massenflucht in menschliche Unterkünfte ausweicht. Bis zum Ende des Jahres werden von den europäischen Rauchschwalben schätzungsweise bereits 80 Millionen den Gefahren anorganischer Natur erlegen sein, 50 Millionen kostet der Heimzug das Leben. Oder in Prozenten ausgedrückt: Von denen, die durch Hunger und Witterungsunbilden umkommen, erliegen 60 % diesen Gefahren noch im gleichen Jahr, 40 % im kommenden bis zum Wiedereintreffen. Das sind natürlich nur Schätzungen.

Von den biotischen Faktoren werden zu behandeln sein: Säugetiere, Vögel, Reptilien, Amphibien, Fische, Insekten, zuletzt der Mensch und das Instrument, das er handhabt: die Technik.

Säugetiere

Unter den **Säugetieren** spielen Fuchs, Marder, Wiesel, Iltis, Katzen und Ratten für den Vertilgerkreis eine gewiß sehr untergeordnete Rolle.

Füchse erwischen übernachtende Rauchschwalben gelegentlich im Rohr. Steinmarder, Iltis und Wiesel werden sie eher im Haus erbeuten. Im allgemeinen beruhen diese Angaben auf Annahmen[6], exakte Beobachtungen darüber wären sehr erwünscht.

Katzen[7] halten vielfach nur eine ungefährliche Nachlese. Bei der großen Schwalbenkatastrophe, die 1770 Paris heimsuchte, fielen ihnen und Ratten ermattete und todgeweihte oder sogar schon verendete Rauchschwalben natürlich zum Opfer, und das gleiche geschah bei der Märzkatastrophe 1882 in Zürich. Einer Notiz der „Abendpost" vom 10. Oktober 1952 konnte man die aufregende Nachricht entnehmen, daß

---

[6] Neuer Naumann, 1901 Bd. IV; *Bent*, 1942, l. c.
[7] Grand Vocabulaire, 1770; Gef. Welt, 11, 1882; Ztg. „Abendpost" v. 10. Okt. 1952; *Bechstein*, Joh. Matth., Gemeinnützige Naturgeschichte, Leipzig, 1783 bis 1795; *Pichler*, Ornith. Mschr. 31, 1906, S. 247; *Blakiston*, Ibis, 1878; *Buxton*, Br. Birds 39 (1946); *Nicod*, Nos oiseaux, XIX, 1947/48; *Rosenius*, 1929, l. c.; *Gengler*, J., Verh. Ornith. Ges. Bay., 1927, S. 468; *Bent*, 1942, l. c. für USA. zit. *Forbush*.

die Dörfer Lothringens über Nacht zum Festplatz für Katzen geworden seien, die eine reiche Ernte unter den „zu Tausenden" auf dem Boden ermattet herumhüpfenden Schwalben hielten.

Meist werden Rauchschwalben dann ein Opfer von Katzen, wenn sie sich an einer Lehmpfütze Baumaterial holen. Das wußte schon Bechstein, der 1795 erzählt, sie beschlichen sie dann tief gebückt und holten sie manchmal noch mit einem kühnen Sprung aus der Luft. Auf den gleichen Vorgang weist Nicod 1947/48 hin. Bent erzählt von einer großen schwarzen Katze, die ein leidenschaftlicher Vogelfänger war, im hohen Grase lag und auf über sie hinwegstreichende Schwalben paßte. Flog eine Rauchschwalbe niedrig über sie, so sprang sie in die Höhe und erwischte sie dabei. Auch im Kriegsgefangenenlager englischer Offiziere in Eichstätt konnte Buxton beobachten, wie eine Rauchschwalbe von einer Katze getötet wurde, die bei schlechtem Wetter niedrig über sie hinwegstrich.

Die Rauchschwalben erkennen in der Katze sehr wohl ihren Feind. Im Korridor unserer Steinkruger Flüchtlingswohnung wurden eingedrungene Katzen unter schreckenerregenden Warnschreien sogar die Teppe heruntergejagt, und da es dort kein Ausflugloch gab, mußte die Schwalbe nach einer solchen Attacke die Treppe wieder heraufffliegen. Gengler berichtet von der Rhön, daß die Schwalben durch ihr Geschrei andere herbeilockten und dann gemeinsam die Katze vertrieben, und Rosenius will die Katzen mit Geschrei und Flügelschlägen vertrieben wissen. Der von Bent zitierte Forbush beschreibt die Angriffe nicht nur auf Katzen, sondern auch auf Wiesel.

Es scheint, daß große Katzengefahr die Rauchschwalben noch zu weiteren Vorsichtsmaßnahmen veranlaßt. In der Gegend von Mostar in Jugoslawien sind sie wohl deshalb mehr in der Stadt als in den katzenreichen Dörfern verbreitet, und in Japan nistet sie anscheinend auch außerhalb der Reichweite von Katzen und Ratten. Über Vernichtung von Rauchschwalbengelegen durch R a t t e n berichtet Ringleben[8], daß in und bei Sangerhausen in Thüringen nach seinen eigenen Beobachtungen ein ziemlich hoher Prozentsatz durch Ratten vernichtet wurde. Mehlschwalben werden ja viel stärker von Ratten heimgesucht[9].

Raubvögel, Eulen und andere Vögel

Eine ganze Reihe von Tag- und Nachtraubvögeln sind bisher als Vertilger der Rauchschwalbe nachgewiesen, aber nur der Sperber kommt vielleicht als gerade noch meßbare Größe ihres Vertilgerkreises in Frage. Die andern haben wegen ihres sporadischen Vorkommens nur ein biologisches Interesse.

---

[8] *Ringleben*, H., Ornith. Mschr. 59, 1934, S. 153.
[9] *Lühmann*, M., Vogelzug 8, 2. 1937.

Der Sperber (Accipiter nisus L) wird etwa 1 % der Rauchschwalben-Population seines Jagdbereiches vertilgen[10]; wenn man bedenkt, daß der Mortalitätsfaktor dieser Bevölkerung 65 bis 70 % beträgt, so ist das nicht viel und bleibt immer noch bescheiden, auch wenn sein Anteil gelegentlich auf 10 % steigt. Allerdings waren von fast 60 000 Brutvögeln, die man Sperbern bisher nachweisen konnte, 2669 Rauchschwalben, die meisten davon junge, aber auch nicht wenig alte[11]. Als absolute Zahlen besagt das gar nichts. Die Sperber jagen bei gutem wie schlechtem Wetter, und sie holen, wenn sie zu Schwalbenspezialisten werden, ihre Beute aus kilometerweit entfernten Dörfern, dann sogar jeden Spatzen verschmähend.

Da der Sperber fast nie fliegende Rauchschwalben schlägt, erkennen diese in ihm nicht ihren Gegner und hassen ganz unbesorgt auf ihn, ja sie können ihn sogar in die Flucht jagen[12]. Nicht immer geht das gut ab, und es kommt vor, daß der Sperber sich blitzschnell herumwirft und eine Schwalbe schlägt[13]. Um abendlich tummelnde Rauchschwalben kümmert er sich herzlich wenig und schlägt statt dessen lieber Fledermäuse[14]. Nur sehr selten kommt es vor, daß er sich mit Baumfalken verbündet und auf Rauchschwalben jagt, die sich im Schilf zur Ruhe begeben wollen[15].

Der Baumfalke ist ihr geborener Gegner, und käme er nicht so selten vor, könnten die Lücken, die er schlägt, recht empfindlich sein. Er bejagt sie nur im Fluge, und nur einmal wurde ein Baumfalke beobachtet, der nach Sperberart auf Leitungsdrähten sitzende Rauchschwalben angriff und in anderthalb Monaten auf diese Weise 18 Rauchschwalben erledigte[16]. Beim Angriff streckt er seine Fänge nach vorn und faßt die Beute mit schnellem Griff, und während die andern Rauchschwalben schreiend auseinanderstieben, hakt er im Geäst eines Baumes auf und rupft die Schwalbe hastig, daß die langen Schwungfedern im Winde herumfliegen und kreiselnd zur Erde gleiten. Jagt er mit einem andern Baumfalken zusammen, so schwingt er sich jetzt wohl mit der gerupften Beute vom Ast, steigt zu seinem höher anwartenden Partner herauf, übersteigt ihn und läßt dem ♀ von oben die Schwalbe zufallen, das diese dann geschickt auffängt und den Jungen zum Horst trägt[17]. Nach Fehlschlägen vergeht allerdings ein-

---

[10] An einem Horst wurden bis 57 Rupfungen gefunden (*Uttendörfer*, Abh. Nat. Ges. Görlitz, 31, H. 1, 1930, S. 27).
[11] *Uttendörfer*, O., Neue Ergebnisse über d. Ernährung der Greifvögel ..., 1952.
[12] *Parrot*, Verh. Ornith. Ges. Bay., IX, 1908.
[13] *Kleinschmidt*, O., Falco, 1907, Nr. 1.
[14] *Taylor*, Ibis, 1886, S. 379.
[15] *Parrot*, Journ. f. Ornith., 1888, S. 138.
[16] *Purchon*, R. D., Proceed. Zool. Soc. London 18, 1948, S. 145.
[17] *Liebe*, K. Th., Ornith. Mschr., 1893.

zeln anjagenden Baumfalken schnell die Lust am Weiterjagen, und sie ziehen es vor, eine leichtere Beute, etwa einen Buchfinken zu schlagen.

Meist jagt allerdings bei Gemeinschaftsangriffen das stärkere ♀ von unten an, während das ♂ beharrlich von oben herabstößt und versucht, die nach oben drängende Rauchschwalbe nicht durchzulassen. Sobald eine ermüdete Rauchschwalbe nach unten geht, wird sie dort vom ♀ in Empfang genommen, das sie wieder nach oben in die Fänge des ♂ treibt, welches die Zwischenzeit ausgenutzt hat, um sich in einer Art Schwebeflug auszuruhen[18]. Manchmal gelingt den Rauchschwalben auch ein Überraschungsmanöver: Sie sausen blitzschnell nach unten und drücken sich auf den Erdschollen. Überhaupt ist die Reaktion der Rauchschwalben mindestens so faszinierend, wie der Angriff der Baumfalken. Manchmal flößen diese ihnen überhaupt keinen Respekt ein, dann wieder fliehen sie panikartig vor ihnen davon. Die Zahl der Feinde spielt dabei zunächst überhaupt keine Rolle; befinden sich Baumfalken auf dem Zug oder jagen sie auf Libellen oder Weißlinge, so werden sie völlig ignoriert. Auch ruhig sitzende Baumfalken lösen keine Reaktion aus[19], nicht einmal fliegende, sofern ihre friedlichen Absichten deutlich sind; ja manchmal kreuzen sich die Flugbahnen beider, ohne daß sich einer um den andern kümmert[20]. Erst beim Angriff erfolgt eine Reaktion, und oft von so erstaunlicher Schnelligkeit, daß Plinius und nach ihm Isidorus von Sevilla die Rauchschwalben von Raubvögeln für schlechthin unangreifbar hielten. Auch scheinen, wie bei den Menschen, die einen tapfer, die andern feig zu sein. So erschien, wie Mühlmann[21] erzählt, in einem sich hoch in der Luft tummelnden Schwarm plötzlich ein Baumfalke. Einige Rauchschwalben versuchten sofort sich zu drücken, andere waren dreister. Der Baumfalke ignorierte zunächst alle, schraubte sich rasch höher, ließ sich aber dann seitwärts abtrudeln und versuchte hin- und herfliegend eine Rauchschwalbe anzugreifen. Beide stürzten in die Tiefe, doch entzog sich der letzte Akt dem Auge des Beobachters.

Manchmal scheint der Baumfalke die Rauchschwalbe nur zu necken[22], aber meist ist es doch blutiger Ernst, und nicht selten gelingt ihm auch der Schlag auf dem ersten Angriffsflug nach wenigen Stößen. Dann wieder geht die Jagd zweier Baumfalken ganz niedrig über dem Boden in so engen Kurven, daß sich die Falken im Flug fast auf den Rücken legen. Die verfolgte Schwalbe macht ihnen diese engen Kurven in rasendem Tempo vor, versucht aber dazwischen, nach oben zu ent-

---

[18] *Haller*, Werner, Ztschr. Wild und Hund, 52. Jahrg., 1949.
[19] *Liebe*, K. Th., 1893; vgl. auch *Fowler* in Zoologist 4. Ser. Vol. 3, 1899, und *Corbin*, Zoologist 3. Ser. Vol. 16, 1892.
[20] *Bährmann*, Udo, Deutsche Vogelwelt 71, 1950, S. 95.
[21] *Uttendörfer*, 1952, l. c.
[22] *Mühlemann*, Ornith Beob. III, 1904, S. 68.

kommen, wo ihr der Weg in die Freiheit wieder durch den zweiten Baumfalken verlegt wird. Einer kräftigen Rauchschwalbe gelang es auf diese Weise siebenmal, sich dem Zugriff zu erwehren, bis sie sich zuletzt doch noch, wenn auch völlig erschöpft, in eine Fichtendickung werfen konnte, wo sie gerettet war[23]. Haben zwei Baumfalken aber eine Rauchschwalbe erbeutet, so endet das Zusammenspiel nicht einmal stets friedlich; sie fahren sich unter Umständen erbittert kämpfend in die Federn und traktieren sich mit Fußtritten und Flügelschlägen[24].

Eine besondere Vorliebe haben Baumfalken für Massenübernachtungsplätze. Sie können sich hier gradezu zu Dauerrentnern ausbilden und scheuchen sogar schon sitzende Vögel wieder auf. Ja manchmal werden die zu den Schlafplätzen ziehenden Scharen — das wurde z. B. in Ungarn beobachtet — von ihren Peinigern begleitet[25]. Während aggressive Rauchschwalben ihr scharfes „biss-wisst" schreien, stoßen nah angegriffene in ihrer Todesangst nur noch ein leises „dewiliehk" aus.

An Schlafplätzen wird der Baumfalke sich nur dann zu schaffen machen, wenn das Getreide hoch ist und die Feldlerchen, die außerhalb dieser Zeit seine Hauptnahrung bilden, schwer zu erbeuten sind. Immerhin bildet die Rauchschwalbe 29 % der Nahrung der Baumfalken, die Feldlerche nur 20 %[26].

Nach Sperber und Baumfalke kommen ihrem Wirkungsgrad nach zwei Eulenarten als Rauchschwalbenfeinde in Frage: Schleiereule und Waldkauz.

Die Rauchschwalbe macht nach den Untersuchungen Uttendörfers und seiner Mitarbeiter fast 4 % der Vogelnahrung einer Schleiereule aus[27], und die Darstellung einer von Rauchschwalben verfolgten Schleiereule von Lucas Cranach ist daher sehr lebenstreu. Da Schlafgesellschaften auch auf nächtliche Räuber eine starke Anziehungskraft ausüben, kann man annehmen, daß die meisten Rauchschwalben von Schleiereulen im Schlaf erbeutet werden, im Gegensatz zur Mehlschwalbe, die aus dem Nest geholt wird. Das ist für die nächtens die Dächer kontrollierende Schleiereule kein Kunststück. Besonders sorgfältig wurde die Beuteliste dänischer Schleiereulen erforscht[28]. Hier macht die Rauchschwalbe unter allen Beutetieren — also nicht nur Vögeln! — zwischen 0,35 bis 1,26 % aus, was nicht eben viel ist. Bei

---

[23] *Liebe*, K. Th., 1893, l. c.
[24] *Stehle*, W., briefl.
[25] *Sólymosy*, L., Aquila 42/45, 1935/38, S. 757.
[26] *Uttendörfer*, O., Ber. Ver. Schles. Ornith. 21 (1936), S. 23; Die Ernährung der deutschen Raubvögel und Eulen, 1939; Neue Ergebnisse über die Ernährung..., 1952.
[27] *Uttendörfer*, O., Beitr. Fortpfl.-biol. Vög., 1942, S. 165.
[28] *Lange*, Halfdan, Dansk Ornith. Tidsskr., 1948, S. 50. Das Ergebnis stammt aus 39 000 Untersuchungen.

dem ungeheuer großen Material, das durch Jahre an den verschiedensten Stellen des Königreichs untersucht wurde, geben diese Zahlen ein sehr zuverlässiges Bild. Natürlich werden fast alle Rauchschwalben im Sommer geschlagen, im Winterhalbjahr wurde nur eine, wohl im Herbst zurückgebliebene Schwalbe gefunden.

Auch beim W a l d k a u z ist die Rauchschwalbe mehr als nur ein gelegentlicher Fang. Unter 6000 bestimmbaren Vögeln befanden sich nach Uttendörfers Untersuchungen 125 Rauchschwalben oder 2 % seiner Vogelnahrung. Sie sind entweder am Nest geschlagen oder gelegentlich der ersten Übernachtungen von Jungen im Freien. Ein Waldkauz war es wohl auch, der sämtliche fünf Junge einer Brut nacheinander sich nachts vom Fensterladen holte, auf dem sie schliefen[29].

Bei allen anderen Vögeln, deren Nahrung größtenteils oder teilweise aus Vögeln besteht: Raubvögeln, Eulenartigen und Würgern — ist die Rauchschwalbe mehr oder minder eine zufällige Beute.

Beim W a n d e r f a l k wurden bisher unter 6410 Vögeln nur zehn Rauchschwalben (= 0,15 %) gezählt[30], davon einmal in den Vogesen. Beobachtet wurde das erfolgreiche Schlagen bisher noch nicht.

Wenn der Z w e r g f a l k in fast allen ornithologischen Werken als Jäger der Rauchschwalbe aufgeführt wird, so beruht das auf einer bisher noch ganz unbewiesenen Annahme. Es gibt nur ganz wenige, wirklich exakte Beweise dafür, und auch in der Uttendörferschen Liste erscheint die Rauchschwalbe unter den 35 Vogelarten, die dem Merlin bisher nachgewiesen wurden, nur ein einziges Mal: 1947 gelang Ringleben auf der Insel Neuwerk der Nachweis. In Schottland, wo der Merlin ebenso brütet, wie in Finnland, ist er als Schwalbenjäger bei den dortigen Falknern unbekannt, er verfolgt höchstens einmal eine, ohne sie ernsthaft anzujagen. Dagegen wurde er in Finnland im Mai sogar häufig auf Schwalben jagend angetroffen[31], und in Schweden beobachtete Holmström[32] einen Merlin, der eine Rauchschwalbe kröpfte. In Norwegen erscheint die Rauchschwalbe auf der Beuteliste des Merlins ebensowenig wie in Großbritannien. Für Deutschland hat das seinen guten Grund: Bei uns jagt der Merlin auf seinem Frühjahrs- und Herbstzug[33] meist im Wald und dann auf Goldhähnchen. Überhaupt spezialisiert er sich sehr stark, und seinem Beuteschema entspricht im Biotop der Rauchschwalbe, also in der Feldmark am meisten die Feldlerche. Rauchschwalben sind zur Zugzeit des Merlins bei uns aber außerdem nur selten und können ihn deshalb auch nicht reizen.

---

[29] *Thomé*, Else, 1942, l. c.
[30] *Uttendörfer*, 1952, l. c.
[31] *Suolamainen*, E. W., Act. Soc. Fauna et Flora Fenneca 37, 1.
[32] *Holmström*, 1942—47, l. c.
[33] Er brütete bekanntlich nur ganz sporadisch im Isergebirge und in den Alpen.

Als vierte Falkenart kommt gelegentlich noch der T u r m f a l k e in Frage. Um fliegende kümmert er sich selten. Aus einer Schar sich tummelnder Rauchschwalben schlägt ein wendiges ♂ wohl auch einmal eine heraus[34]; am ersten erbeutet der träge Turmfalke sie ähnlich dem Würger dann, wenn er hungrig, sie ermattet, auf einem Schiff auf hoher See während der Zugzeit sich niedergelassen haben. So wurde eine Schar schutzsuchender Rauchschwalben von drei afrikanischen Turmfalken auf dem Roten Meer völlig aufgerieben[35], und auf der Höhe von Kreta überfielen sogar sechs Turmfalken in der Takelage des Schiffes nachts eingefallene, ermattete Rauchschwalben und räumten unter ihnen auf[36].

Im Gegensatz zum Sperber ist der H ü h n e r h a b i c h t, der doch Kleinvögel durchaus nicht verschmäht, gar kein Schwalbenjäger. Von 8309 Vögeln in 123 Arten waren es nur drei Rauchschwalben, die Habichten zum Opfer fielen. Gerade deshalb wohl greifen sie Habichte, wenn sie in den Hühnerhof eindringen, auch so dreist an, daß manche dabei Federn lassen[37]. Nur in einem Fall drehte — ähnlich verhängnisvoll wie der verfolgte Sperber — der angegriffene Habicht den Spieß um, warf sich plötzlich auf den Rücken und griff die Schwalbe, um mit ihr in den Fängen zu seinem Horst zu streichen[38].

In Südost-Europa greift sich auch der K u r z z e h e n - H a b i c h t (Accipiter badius brevipes), der, an Waldsäumen entlangjagend, neben Eidechsen, Insekten und Sperlingsvögeln auch Fledermäuse und Bienenfresser erbeutet, hin und wieder eine Rauchschwalbe[39].

Als letzter Tagraubvogel wäre schließlich noch die W i e s e n w e i h e zu erwähnen, der bisher zehn Vögel in sechs Arten nachgewiesen wurden und die im allgemeinen mehr Mäuse jagt. Uttendörfer weiß von einem einzigen Rauchschwalbenfang zu berichten.

Dem a m e r i k a n i s c h e n U h u, Bubo bubo virginianus, wurden einige Rauchschwalben der Rasse erythrogaster nachgewiesen[40]. Ein S t e i n k a u z, der in einem jugoslawischen Stall gemeinsam mit Rauchschwalben brütete, hielt sich so an seine Mitbewohner, daß deren letzte Paare ihre Nester verließen und der Stall erst wieder von einigen Paaren besiedelt wurde, als die feindlichen Steinkäuze getötet waren[41].

---

[34] *Sigg*, F., Ornith. Beob. 1951, S. 176.
[35] *Lang*, Ornith. Beob. 45 1948, S. 227. Bei den Turmfalken handelt es sich um die Rasse Falco tinnunculus carlo.
[36] *Ladige*, Mittl. Zool. Mus. Hamburg 49, 1914.
[37] Gefiederte Welt, 1913.
[38] *Behrends*, Dansk Ornith. Tidsskr. 40, 1946.
[39] *Dementjew*, G. P., Vögel der Sowjetunion, Bd. I, 1951 (russ.).
[40] *Uttendörfer*, 1952, l. c.
[41] *Jgalffy*, Larus, 1949, S. 370 (jugoslawisch).

S p e r l i n g s k ä u z e übernahmen in Ungarn die Rolle des Steinkauzes[42]. Der W a l d o h r e u l e konnte Uttendörfer unter 4673 Beutevögeln nur elf Rauchschwalben nachweisen, sie nahmen 0,23 % der Vogelnahrung ein. In Jütland ist ihr Anteil aber erheblich größer und betrug 55 unter 707 Beutevögeln, also 7,7 %[43].

Unter den Passerines sind es zwei Würgerarten, die den Rauchschwalben bei Gelegenheit gefährlich werden können, R o t k o p f w ü r g e r (Lanius senator) und R a u b w ü r g e r (Lanius excubitor). Der Rotkopfwürger kommt nur auf die gleiche hinterhältige Weise an ermattete Rauchschwalben heran, wie auf Schiffen mitreisende Turmfalken. Das erlebte Magrath z. B. auf seiner Rückreise aus Indien; der Würger tötete sein Opfer durch einen Hieb auf die Hirnschale und verzehrte es dann[44]. Der Raubwürger greift dagegen auch kerngesunde Rauchschwalben in seiner und ihrer Heimat an, fängt sie sogar im Fluge und tötet sie später mit Schnabelhieben[45]. An seinen Standorten findet man dann auch wohl die Rupfung einer erwachsenen Rauchschwalbe[46]. In Dänemark beobachtete Andersen 1945, wie ein Rauchschwalbennest mit vier Jungen von einer K o h l m e i s e geplündert wurde, die drei Jungen den Kopf einhackte, bis sie selbst zuletzt von der Rauchschwalbe wohl getötet wurde, denn sie lag unweit ihrer Opfer[47].

In Tiergärten kommen jagende Rauchschwalben manchmal auf ganz abenteuerliche Weise um. So kennt man mehrere Fälle[48], wo sie von tief im Wasser schwimmenden Kormoranen erfaßt und verzehrt wurden, und in einem Fall griff sich ein Marabu unversehens eine Rauchschwalbe[49].

Reptilien

In der Ausgabe von 1669 beruft sich Conrad Gessner auf Oppianus, der das Märchen von der die Jungen eines Schwalbennestes raubenden Schlange erzählt. Wenn diese erwürgt sind, fliegt die Altschwalbe ohne jede Furcht heran und läßt sich ebenfalls töten und verzehren.

---

[42] *Bethlenfalvy*, E., Aquila 51—54, 1944—47; auch Spatzen, die sich in Rauchschwalbennestern breitgemacht hatten, wurden von ihm geschlagen.
[43] *Skovgaard*, 1928.
[44] *Magrath*, Br. Birds III (1909/10), S. 187.
[45] *Favarger*, J., Nos oiseaux, Nr. 220, 1952.
[46] *Bäseke*, Beitr. Fortpfl.-biol. Vög., 1936, S. 253.
[47] *Andersen*, Dansk Ornith. Tidsskr. 40, 1946.
[48] z. B. vom Hamburger Zoo; vgl. Brehms Tierleben, Aufl. 1926, und *Gätke* (zit. durch v. Lucanus, Leben der Vögel, 1925).
[49] *Bungartz*, zit. d. M. *Schneider* (Beitr. z. Vogelk. 2, 1952, S. 199). Hier wird aus dem Werk von Bungartz Abu Sein zitiert: „Unbeweglich, nur das listige Auge blinzelnd ließ er die Schwalbe mehrmals an sich vorüberfliegen, mit einer plötzlichen Kopfbewegung hat er sie dann erwischt und schon war sie auch in seinem Schlund verschwunden, worauf die alte Ruhestellung mit Würde wieder eingenommen wurde."

Als Schwalbenfeinde werden Schlangen wohl nur im Südostraum Europas in Frage kommen. Auch von da ist nur ein verbürgter Fall bekannt: Schon 1875 war in Österreich eine Rauchschwalbenbrut aufgefressen worden, ohne daß es damals gelang, die Ursache einwandfrei festzustellen. Zwei Jahre später kam Lechner grade dazu, wie eine 3/4 m lange Natter von schiefergrauer Farbe eine Jungschwalbe erfaßt hatte — zwei waren schon verschwunden — und mit der Hälfte des Leibes frei am Querbalken herabhing. Die Schlange wurde erschlagen. Da im gleichen Jahr eine Ringelnatter am Bachstelzennest ertappt wurde, war sie als Übeltäterin verdächtig; auf Grund der Kletterleistung und Größe kommt eher die Vierstreifennatter, Elaphe quadrilineata, in Betracht, doch könnte man auch an Zorn- und Eidechsennatter denken[50].

Amphibien

Ähnlich wie Kormorane und Hechte, so scheinen auch besonders große Frösche hin und wieder niedrig über das Wasser streichende Rauchschwalben zu erhaschen und zu verzehren[51]. Auch am Ufer einer Pfütze hat schon ein großer Wasserfrosch erfolgreich auf Schwalben gelauert[52]. In Massachusetts fing ein großer Frosch (bullfrog) aus dem Wasser eine Rauchschwalbe. Der Frosch wurde getötet, und man fand die ausgewachsene Rauchschwalbe in seinem Magen[53].

Fische

In einer Abhandlung „Aquatic Animals Preying on Birds"[54] berichtet W. E. Glegg von einem Hecht (Esox lucius), der im Juli 1824 in England aus einem Flußlauf heraus auf eine fliegende Schwalbe stürzte und sie fing, und er zitiert Bickerdyke (1922), der über die Nahrung des Hechtes schreibt, er habe gehört, daß dieser auch auf Schwalben springe.

Spinnentiere

Als Opfer von Spinnen erwähnt Glegg Rauchschwalben zweimal, jedoch seien sie ohne Beuteabsicht und ohne Angriffe der Spinnen in deren Netzen verunglückt. In Portugiesisch-Ostafrika fand die Berichterstatterin des „Ibis" 1892 überwinternde Rauchschwalben nach kolos-

---

[50] Diese Hinweise verdanke ich der Freundlichkeit von Dr. Buchholz, Bonn.
[51] So beschreibt Döhnen (Mittl. ü. d. Vogelw., 1929, S. 94), wie am Elbufer bei Königstein ein Frosch eine Lehmklümpchen sammelnde Rauchschwalbe überfiel. Als man ihn mit Steinwürfen tötete, hatte er schon den halben Körper verschluckt. O. Schnurre (briefl.), sieht darin nichts Außergewöhnliches, da Kleinvögel (so Rotkehlchen) hin und wieder Fröschen zum Opfer fallen.
[52] Viehl, Mittlg. ü. d. Vogelw., 1911/13.
[53] Bent, 1942, zit. Forbush, 1929.
[54] Glegg, W. E., Ibis, 1945.

salen Regengüssen und Stürmen in große Spinnetze verstrickt, aus denen sie sich nicht befreien konnten.

Räuberische Insekten

In seinem Buch „Das idyllische Jahr", das um die letzte Jahrhundertwende geschrieben wurde, widmet Müller-Guttenbrunn zwei Abschnitte einem Schwalbennest. Er erwähnt in seinem Tagebuch, daß die Jungen von A m e i s e n überfallen und getötet wurden.

Die Parasiten

> „Mures habent pulices et hirundines muscas a quibus et haec animalia bruta cruciantur. Nescivi, sed nuper expertus sum et vidi in utrisque, et sic quoque bestiolae suos cruciatus habent."
>
> Martin Luthers Tischreden

„Sowohl dem Grade des Parasitenbefalls als auch der Zahl der bekannten Schmarotzer nach stehen die drei häufigeren Schwalbenarten an erster Stelle wohl überhaupt aller in Europa freilebenden Vögel", sagt Niethammer[55] und zählt fünf verschiedene Arten von Federlingen, zwei Wanzenarten, vier Lausfliegen-, vier Vogelblutfliegenarten, fünf Floh-, sieben Milbenarten, fünf verschiedene Arten von Saugwürmern, sieben Bandwurm- und sieben Fadenwurmarten auf. Von dieser fast 40 Arten umfassenden Parasitenwelt sind allerdings nur einige Plagegeister ersten Ranges, die den Tod einzelner Schwalben, manchmal sogar den Massentod herbeiführen können.

Von den W a n z e n sind es die zu den Plattwanzen *(Oeciacus)* gehörenden Schwalbenwanzen, die den Rauchschwalben zusetzen. Sie saugen nachts, wenn die Schwalben am Nest sind, und dann nur alle paar Tage, vielleicht nur wöchentlich einmal. Die Mehrzahl überwintert im Nest. Ein Austausch mit Bettwanzen kommt nur ganz selten vor, d. h. man findet fast nie Bettwanzen im Schwalbennest und Schwalbenwanzen beim Menschen, eine Übertragung der Bettwanze durch die Rauchschwalbe ist also ausgeschlossen. Nach Eichler[56] dürften viele Todfunde auf das Konto der Plattwanze zurückzuführen sein. Die Wanze hat aber ihrerseits in Spinnen Todfeinde, die ihre Netze an den Nestern befestigen und wohl im Winter mit ihnen aufräumen. Auch die Bücherskorpione *(Chelifer cancroides),* die sich häufig in Schwalbennestern finden und sich dort hauptsächlich von

---

[55] *Niethammer*, G., Handbuch der deutschen Vogelkunde, 1937.
[56] *Eichler*, W., Ornith. Mschr., 1935, zit. auch *Kemner*, Ent. Tidsskr. XLVI (1925), *Lehnert*, Ornith. Mschr. XLI (1953) und *Pfeiffer*, Zentralbl. f. Bakteriologie, 1931.
Die Schwalbenwanze beißt auch den Menschen nicht, da sie eine höhere Körpertemperatur hat, als dieser und an eine bestimmte Temperatur gebunden ist.

Milben ernähren, kommen als gelegentliche Vertilger der Schwalbenwanzen in Frage. Unter den Schmeißfliegen oder B r u m m e r n (*Tachinidae*) ist es vor allem die Vogelblutfliege (*Protocalliphora caerulea*), deren Maden ausschließlich blutsaugend leben und leicht den Tod ganzer Bruten verursachen können. Wie Boyd[57] in England feststellen konnte, überleben nur wenige Junge den Befall. Man sieht die Schwalben häufig in den Nestern Jagd auf Maden machen, und diese werden auch im Puppenstadium von Parasiten befallen. Die Lausfliegen oder Pupipara sind hauptsächlich durch die berüchtigten *Ornithomyia avicularia* und *biloba* vertreten, die in den 80er Jahren des vorigen Jahrhunderts ein massenweises Zugrundegehen von Schwalben verursachten[58]. Die außerordentlich schwer befallenen Schwalben waren sehr ängstlich, kamen durchs Fenster geflogen und ließen sich leicht einfangen. Im „Wild und Hund" wird 1950[59] berichtet, daß an einer einzigen Rauchschwalbe acht Lausfliegen gefangen wurden (an Mauerseglern wurden bis 24 abgelesen!)[60].

Unter den Flöhen macht der K a m m f l o h (*Ceratophyllus rusticus*) den Rauchschwalben ziemlich schwer zu schaffen. Rosicky[61] führt außer ihm noch *C. hirundinis, C. fringillae* und *C. gallinae* an. Die parasitisch lebende M i l b e *Dermanyssus gallinae* ist in der Schwalbenliteratur durch eine Beobachtung Lühmanns[62] bekannt geworden, dem das besonders unruhige Verhalten der Jungen zweier benachbarter Nester aufgefallen war. Die bereits befiederten Jungen kletterten in dauernder Unruhe am Nestrand umher, ihr rauhes struppiges Gefieder deutete darauf hin, daß sie erkrankt waren. Sogar die fütternden Alten ließen sich ungern am Nestrand nieder. Zu Tausenden bedeckten Milben wie gelbliches Puder das Nest, den Nestrand und die nähere Umgebung. Aus beiden Nestern kamen denn auch nur zwei Junge hoch, die noch dazu vorzeitig das Nest verließen, die übrigen gingen an Entkräftung zugrunde oder fielen beim dauernden Umherklettern aus dem Nest und kamen auf diese Weise um. Die Verfolgung der Milben durch eine freilebende Wanze kann bei diesen Massen auch kaum etwas ausrichten.

Einen seltsamen Befall zeigten Rauchschwalben, die Mitte Dezember 1937 auf dem Zug in Südwestafrika erschienen und so von Z e c k e n befallen waren, daß Tierärzte ihnen keinen Blutausstrich mehr machen konnten. Diese im weiteren Sinn auch zu den Milben gehören-

---
[57] *Boyd*, A. W., Br. Birds 28 (1934/35), S. 225.
[58] *Dalla-Torre*, K. v., und v. *Tschusi*, Ornis I, 1885, S. 290.
[59] *Noack*, H., Wild und Hund, 1950.
[60] Gefiederte Welt, Jahrg. 10, 1881, berichtet von einer ermattet aufgefundenen Rauchschwalbe, die trotz Pflege bald starb und an der nur zwei Ornithomyia avicularia gefunden wurden.
[61] *Rosicky*, B., Sylvia 11—12, 1949/50 (tschechisch).
[62] *Lühmann*, M., Vogelzug 8, 2. 1937.

den Parasiten, der Art *Ixodes brunneus* Koch angehörend, saßen bis zu sieben in der Größe von Bohnen am Hals der geplagten Rauchschwalben, die — soweit sie nicht tot herumlagen — so ermattet waren, daß man sie mit der Hand fangen konnte. Zweifellos war die Infektion erst in der Nähe der Winterquartiere erfolgt, einen weiten Zug hätten die Schwalben mit den Parasiten nicht durchführen können[63]. Zählungen von Parasiten im Rauchschwalbennest haben schon erstaunliche Resultate ergeben: So fand 1860 Frauenfeld[64] in einem einzigen Nest 21 Puppen der Fliege *Stenopteryx*, dazu 87 Flöhe und mehrere Motten. In einem zweiten Nest acht *Stenopteryx*puppen, 14 Flöhe und zwei Sackträgerraupen, in einem dritten, 1861 untersuchten Nest 17 *Stenopteryx*fliegen, 14 Puppen der gleichen Art und unzählige Flöhe. Ein von Franz Löw ebenfalls 1861 untersuchtes Nest enthielt außer 150 leeren Puppen der Schwalbenlausfliege *Ornithomyia avicularia*, 480 größtenteils leere Säcke der Raupe einer Mottenart (*Tinea spratella*), sehr viele Larven eines Käfers *Attagenus megatoma* F., einige Exemplare der Bücherlaus und das leere Gehäuse einer Schnecke *Helix ericetorum Drap*[65]. Über den Massentod von finnischen Rauchschwalben Mitte der 20er Jahre berichtet Fabricius[66] und sieht als Ursache Schmarotzerinsekten an.

Eichler sieht die Gefährlichkeit des Parasitenbefalls darin, daß viele ihre Opfer grade in der nahrungsarmen Zeit befallen, wo der Widerstand herabgesetzt ist. Die Parasiten unterstützen also die ungünstigen Folgen einer Schlechtwetterperiode, und zwar nicht nur durch Blutverlust, sondern auch durch Übertragung von Blutprotozoen[67].

Da der Schmarotzerbefall im Bereich der selektiv wirkenden Mortalität liegt, würde dessen Unwirksam-machen nur die Todesrate auf einen anderen Sektor verschieben, von dessen selektiver Bedeutung man vielleicht nicht so überzeugt sein könnte. Die zur Schmarotzerbekämpfung vorgeschlagenen Mittel sind zwar gut gemeint, stören aber die Populationsdynamik. Man kann deshalb die vorgeschlagenen Maßnahmen nur mit größten Vorbehalten erwähnen. Sie bestehen im Abbruch des oberen Nestteiles unter Belassung der Basis, Absuchen des Nestes im Winter auf Puppenbefall, Einfangen der heimkehrenden Schwalben und ausgebrüteten Jungen und Ablesen der Schmarotzer und schließlich im Bestäuben des Nestes mit dem Universalmittel DDT.

---

[63] *Putzig*, P., Vogelzug 10, 1. 1939, S. 25.
[64] alles nach Neuer Naumann, 1901, Bd. IV.
[65] *Löw*, Franz, Verh. K. u. K. zool.-bot. Ges., 1861, S. 393.
[66] *Fabricius*, Ornis Fennica 4, 1927.
[67] *Eichler*, Wolfdietrich, Anz. Schädlingskd. 18, 1, S. 4—10. ref. Vogelzug 13, 1942.

Der Mensch als Feind der Rauchschwalbe

Abneigung und Abwehr

Eine intensive Landeskultur kann die ehemals optimalen Lebensbedingungen der Rauchschwalbe wesentlich verschlechtern. Niemand wird darin aber eine Maßnahme gegen sie erblicken. Im Gegenteil: Die schwalbenfeindlichen Intensivierungs- und Meliorationsarbeiten werden entweder mit Gleichgültigkeit oder aber sogar mit bedauerndem Achselzucken über die unvermeidlich damit verbundenen Folgen durchgeführt. Nur selten kommt es dabei auch zur Zerstörung von Nestern aus Gründen der Reinlichkeit oder Ansteckungsfurcht[68]. Dagegen hat es schon von jeher — früher mehr denn heute, und besonders dort, wo der Aberglaube noch Macht über die Gemüter besitzt — eine Art ideologischer Feindschaft gegen die Schwalbe gegeben, die entweder daraus entstand, daß man sie für einen Unglücksvogel hielt oder auf ihre Unruhe und frühmorgendliches intensives Singen zurückzuführen ist.

Bei den Alten symbolisierte sie die Undankbarkeit und prophezeite Lebensgefahr, Familienintrigen und Niederlagen. Aelian sagt von ihr[69]: „Hirundo tam diu hominum hospitio utitur, dum pullos ex se peperit ac aluerit, deinde ingrata in desertos recessus abstrusa latet, quam ob rem Pythagoras minime tecto recipiendam censebat". Bei den römischen Auguren und den persischen Wahrsagern wird die Rauchschwalbe mindestens als eine verdächtige, wenn nicht sogar unheilvolle Erscheinung angesehen. Vielleicht hat die Unbeständigkeit ihres Fluges, auf den die Auguren ja besonders aufpaßten, dabei eine Rolle gespielt, stellte doch auch der Ärodynamiker Lionardo da Vinci sie als Symbol der Unbeständigkeit hin. In Ostchina gilt sie zwar heute noch allgemein als ein Glücksbringer, im Innern des Reiches der Mitte ist jedoch vielfach der Glaube verbreitet, sie sage Unheil voraus[70].

---

[68] Hin und wieder werden ihre Nester auch heute noch abgestoßen, weil man Unreinlichkeit, Übertragung von Wanzen oder Krankheitskeimen, z. B. der Maul- und Klauenseuche, befürchtet. — Vgl. *Besserer*, Frhr. v., Verh. Ornith. Ges. Bay. IV, 1904, S. 282; *Eckardt*, Vogelzug und Vogelschutz, 1910; *Russ*, Karl, Gef. Welt, 1878, S. 318; *Schlebach*, Die Vogelwelt der Mittelweser, 1936.

[69] *Aelian* (2. Jahrh. v. Chr.) n. *Lenz*, H. O., Zoologie der alten Griechen und Römer, 1856. — Auf deutsch: Die Schwalbe nutzt solange die Gastfreundschaft des Menschen aus, als sie ihre Jungen ernährt, und kehrt dann, die Undankbare, in verlassene Wüsteneien zurück, wo sie sich verbirgt, weshalb Pythagoras den Rat gab, sie nicht unter seinem Dach zu dulden. — Aus dieser Anschauung ist später das Sprichwort entstanden: „Hirundines sub tectos non habeas", d. h. „Dulde keine Schwalbe unter deinem Dach!" Vgl. *Aldrovandi*, Ornithologiae ... libri XII, Bologna, 1599—1603.

[70] *Vaughan* and *Jones*, Ibis, 1913.

Als ausgesprochener Unglücksvogel gilt die Rauchschwalbe auf den Faröern[71]. Überall, wo sie sich zeigte, wurde sie vertrieben. In Sachsen bedeutete ehedem eine sitzende Schwalbe, die sich als erste des Jahres zeigte, Unglück, während eine um das Haus herumfliegende anzeigte, daß der Sohn in den Krieg ziehen wird. In vielen Gegenden herrschte der Aberglaube, die Rauchschwalben seien zwar an sich Glückbringer, rächten sich aber bitter, wenn man sie schlecht behandle oder gar töte. Dann brannte das Haus ab, der Blitz zündete in der Scheune, die Kühe gaben rote Milch (Mastitis) oder standen trocken. Der Bräutigam ging verloren, und anderes Unglück stellte sich ein. Bauten die Schwalben „auf Raub", d. h. errichteten sie liederliche Nester, so glaubten die Thüringer Bauern zu den Zeiten von K. Th. Liebe ebenfalls, daß eine Feuersbrunst bevorstünde. Kein Wunder, daß der Wende sie aus dem Stall ausräucherte, um die Zauberei los zu werden — vor der Rache schien er sich nicht zu fürchten —, und wenn andere den Rat gaben, die Niststellen unbequemer Schwalben mit grüner Seife zu beschmieren. In seinen Tischreden läßt sogar der den Vögeln wohlgesonnene Martin Luther seinen Barfüßermönch also reden: „Hütet Euch vor dem Vogel, der Schwalbe! Inwendig ist sie weiß, aber auf dem Rücken ist sie schwarz, es ist gar ein böser Vogel, wahrhaftig nirgends nutz und wenn man diesen Vogel erzürnt, so wird er ganz unsinnig und stickt die Kühe, und wenn dieser Vogel pferchet, so werden die Leute blind davon, wie ihr das im Buch Tobias leset."

Den meisten Unwillen erregte jedoch ihr Singen, das „chelidonizein", bei den Griechen. Die Sage erzählt von einem gewissen Bessos, der seinen Vater ermordet hatte und einst bei einem Freund eingeladen war. Plötzlich nahm er seine Lanze und durchstach ein Schwalbennest, so daß die Jungen tot herunterfielen. Als man ihn fragte, warum er das getan hätte, sagte er, sie hätten ihn des Vatermordes bezichtigt. Nun wurde er der Gerechtigkeit überantwortet, aber auf der Schwalbe blieb es sitzen, daß sie geschwatzt hatte. Und während sie sonst in Tempeln und Staatsgebäuden nisten durfte, versuchte man ihr das Brüten im Tempel der Diana dadurch zu vergraulen, daß man eine Basiliskenhaut darin aufhing. Als Störenfried wurde sie auch in nicht philosophischen Kreisen empfunden, vor allem deshalb, weil ihr frühmorgendliches Zwitschern die gern spät aufstehenden Griechen in ihrem Morgenschlummer und in einer geträumten Umarmung störte[72].

Auch Virgil nannte sie „garrula", d. h. die Schwatzhafte, und als der heilige Franz von Assisi auf der Burg Savurniano zu predigen begann, mußte er erst den Schwalben Ruhe gebieten. Abraham a Santa Clara vergleicht sie mit einem verleumderischen Menschen: „Ehr-

---

[71] *Petersen*, E., Dansk Ornith. Tidsskr. 44, 1950, S. 124.
[72] nach O. *Keller*, Antike Tierwelt, 1913.

abschneider sind sie, denn sie schwatzen, schwabeln und besudeln den Menschen." Sogar die hohe Geistlichkeit hat sich deshalb einmal gegen sie aufgelehnt: der Bischof Egbert von Trier. Von ihm heißt es in einer Ballade[73], er sei im Zorn ergrimmt, weil Schwalben, die durch einen offenen Torbogen in den Dom geflogen waren, ihn mit ihrem Schwatzen am Celebrieren der Messe gehindert hätten. So verfluchte er sie, sie möchten alle tot zu Boden fallen. Es hätte nicht viel gefehlt, daß der wackere Bischof sich auf den Herrn Jesus Christus berufen hätte, den — als er am Kreuz hing — eine Schwalbe durch ihre Geschwätzigkeit störte und der sie dadurch bestrafte, daß sie nun ewig ihre Nahrung vom Boden (!) aufnehmen muß und auf trockenen Ästen sitzen darf. Wie seltsam, daß die gleiche Schwalbe in gewissen Gegenden Frankreichs „Poule de Dieu" heißt, daß sie als Herrgottsvögelein" Ehren genießt, da sie den Herrn am Kreuz nicht nur nicht störte, sondern versuchte, mit ihrem kleinen Schnabel Dornen aus seinem Dornenkranz zu ziehen und sich dabei so verletzte, daß sie nun ewig ein blutbeflecktes Kinn tragen muß. Und wie seltsam, daß man sie im vorigen Jahrhundert in Genua in Massen fing, nicht aber in Pisa, weil sie dort als Muttergottesvogel Verehrung genoß[74]! In Polen nannte man sie eine „verwünschte Klatschbase" und in Lettland einen „großen Stänkerer", „Mahjas besdeliga".

Beschließen wir diesen Exkurs in die Unbeliebtheit der Rauchschwalbe mit zwei Aussprüchen: Der Mohammedaner aus Damaskus sagt: „Die Schwalbe lobt Gott und beschmutzt die Moschee"[75], und ein Deutscher bekundete: „Falsche Freunde sind die Schwalben, Sonnenuhren, die nur da sind, wenn die Sonne scheint[76]."

Fang und Jagd in der übrigen Welt

Früher war der Schwalbenfang allgemein verbreitet. In romanischen Ländern steht er auch heute noch in Blüte. Man jagt die Rauchschwalbe um ihrer Federn oder ihres Fleisches willen, um einen Leckerbissen zu haben, aus Sport oder aus Haß.

In Europa sind Spanien, Italien und Südfrankreich die klassischen Länder der Schwalbenjagd.

In S p a n i e n ist die Verfolgung sicher sehr alten Ursprungs. Dem Engländer Willoughbi, der im 17. Jahrhundert lebte, wurden schon auf dem Markt von Valencia Schwalben in Mengen zum Kauf angeboten[77]. 1849 berichtet Thompson von einem Sport, der darin bestand, daß man von den mächtigen Türmen der Alhambra aus Schwal-

---

[73] Vgl. Kapitel „Schwalbe in der Literatur", S. 279.
[74] *Giglioli*, H., Ibis, 1875, S. 51.
[75] *Riehm*, Handwörterbuch des biblischen Alterthums, 1894.
[76] *Hippel*, Th. Gottl. v. (1741—96), Schriftsteller.
[77] *Nozema*, Cornelius, Nederlandische Vogelen, 1770.

ben mit Angelschnüren fange[78]. Heute geht das so vor sich: Eine Anzahl mit Angelruten ausgerüsteter Männer und Knaben klettert irgendwo auf die Dächer ihrer Häuser. An langen Schnüren, die mit Angelhaken versehen sind und an Gerten befestigt werden, spießt man große Fliegen — auch Federn können dazu benutzt werden — und fährt damit durch die Luft, bis sich eine Schwalbe daran fängt. Da die Fangart als ein großer Sport gilt und mit viel Leidenschaft betrieben wird, läßt man oft die Schwalbe wieder frei, was bei geschickter Lösung des Angelhakens auch gelingt[79].

In F r a n k r e i c h , dem Land der Gourmets, stand die Schwalbe als Leckerbissen in besonderem Ruf. Schon Buffon (1779) berichtet, man finge sie Ende des Sommers in großer Zahl an erlenbestandenen Flußläufen beim Übernachten. Bailly, der 1856 über die Ornithologie Savoyens schreibt, berichtet von furchtbaren Verfolgungen, denen die Schwalben in der damals Sardinischen Monarchie ausgesetzt seien, als man ganze Körbe von ihnen einbrachte. Sie wurden dort mit seidenen, fast unsichtbaren Netzen gefangen, die man deshalb auch Spinnennetze nannte. In A l g e r i e n verkaufte man sie später als Delikatesse, am Spieß gebraten oder als Pastete[80]. Tant berichtet, daß sie in Elsaß-Lothringen noch Anfang des Jahrhunderts wegen ihres fetten Fleisches ebenso beliebt gewesen seien wie Ortolane[81].

In I t a l i e n war die Schwalbenjagd überall eine Selbstverständlichkeit. Schon 1843 spricht Malherbe[82], als er Sizilien besucht, von der „guerre à outrance", die sich besonders gegen die durchziehenden Schwalben richtete und mit Schießen und Netzfang, besonders längs der Küste geführt werde. Erst die Ankunft der Wachteln machte diesem mörderischen Treiben ein Ende. Man überdeckte das Rohr, das die Schlafenden schützen sollte, mit einem großen Netz aus festem Hasenzwirn und trat es nieder. Die im Schlamm erstickten Schwalben wurden meist erst am nächsten Tage aufgelesen. „Hunderte von den lieben Schwalben", so schließt Christian Ludwig Brehm seinen traurigen Bericht, „werden so an einem einzigen Abend von den habsüchtigen Italienern gefangen[83]." 80 Jahre später findet Ganzlin das Vogelschießen mit à la Monte-Carlo vorgelassenen Tauben, aber auch Bachstelzen, Grasmücken und Rotschwänzchen, vor allem Schwalben in vollem Gang, begleitet von den Klängen eines Blasorchesters. Beson-

---

[78] *Thompson*, Natural History of Ireland. Als Kuriosum sei mitgeteilt, daß zu Beginn des Jahrhunderts ein eifriger Forellenangler in England plötzlich statt einer Forelle eine Rauchschwalbe an seiner künstlichen Fliege hatte (*Flemying*, Zoologist, 1903).

[79] Vgl. Ornith. Beob. XIX, 1921/22, S. 61.

[80] Ztg. La Nature, Jahrg. 1901.

[81] *Tant*, E., Le Gerfaut I/II, 1911/12.

[82] *Malherbe*, Faune ornithologique de la Sizilie, 1843.

[83] *Brehm*, Chr. Ludw., Der vollständige Vogelfang, 1855, Neuaufl. 1926,

ders Männer besserer Stände beteiligen sich an diesem „Volksvergnügen"[84]. Alle Proteste — so einer, der in einer österreichischen Zeitschrift 1880 gegen den Schwalbenmord in Italien erscheint[85] — fruchteten nichts. In der Lombardei wurden, wie Tant 1912 berichtet, angeblich an einem einzigen Tag gegen Ende des Herbstes von drei Vogelfängern 300 kg Schwalben getötet. Man benutzte damals dazu schon moderne Mittel: Am Strand wurden Pfähle errichtet, die mit Drähten verbunden waren, durch die man, sobald die Schwalben sich niedergelassen hatten, Strom hindurchleitete, der Hunderte auf einmal tötete.

Durchziehende Rauchschwalben werden auch in S y r i e n heftig verfolgt. Hier sind es vor allem Knaben, die sie sehr geschickt mit Katapulten abschießen, wenn sie die schmalen Gassen von Damaskus entlangjagen[86].

Während des Zuges werden Rauchschwalben auch in Afrika von Eingeborenen gejagt[87]. In Südnigerien pflegen sie in freiem Gelände auf Hügeln ein mehrere Quadratmeter betragendes Gebiet auszuwählen und darauf eine ausreichende Zahl steifer Grasstengel zu setzen, jeder mit Leim an der Spitze beschmiert. Dann werden geflügelte Termiten losgelassen, und die Eingeborenen ziehen sich zurück. Die Schwalben jagen tief an und verfangen sich bald im Leim. Sie werden nun getötet und später auf dem Markt verkauft. Der Erfolg einer solchen Schwalbenjagd hängt davon ab, daß man die richtige Zeit wählt, zu der die Schwalben ziehen und die Termiten mit ihrem Hochzeitsflug beginnen. Die beste Zeit ist die Trockenperiode. Auch in Teilen des Belgischen Kongo werden Schwalben von Eingeborenen geschossen.

Besonders große Opfer erforderte seinerzeit die M o d e. Sharpe und Wyatt sprechen in ihrer Monographie der Schwalben (1883 bis 1894) von dem „grausamen und gefühllosen Krieg", der in den damaligen Jahren üblich war und der für Putz und Damenhüte große Massen forderte. Unter dem Druck der öffentlichen Meinung war allerdings der Höhepunkt der Modetorheit schon überwunden. Aber in den gleichen Jahren bringt Olphe-Gaillard einen Brief aus Marseille zum Abdruck, von wo ein Naturwissenschaftler eine Offerte über Tausende von Schwalben als Fleischware bekam, während zu gleicher Zeit ein anderer Bekannter bei einem Schmuckwarenhändler einen Korb mit mehreren tausend Rauchschwalben, ebenfalls noch im Fleisch, fand. Der Händler versicherte ihm, er habe vor einigen Tagen mehrere tausend erhalten, davon seien aber zwei Drittel in Fäulnis über-

---

[84] *Ganzlin,* P., Gef. Welt, 1933, S. 317.
[85] Mittlg. Ornith. Ver. Wien, 1880.
[86] *Meinertzhagen,* R., Ibis, 1935.
[87] *Marchant,* Ibis, 1942; *Drost und Schüz,* Vogelwarte, 1952; vgl. auch Vogelzug 7, 1936.

gegangen. So schnell ließ sich die Modetorheit nicht abdrosseln. 1880 bezog ein einziger französischer Kaufmann 2000 tote Schwalben.

Noch 1904 wird ein ausgedehnter Handel von Schwalbenflügeln mit England und Amerika betrieben, die meisten davon kommen aus Italien und Frankreich. Besorgte Schwalbenfreunde befürchten bereits ihre völlige Ausrottung[88].

Wie Tant noch 1912 berichtet, wurden mit Hilfe elektrischer Batterien in Marseille an einem einzigen Tag 10 000 Schwalben getötet, nach Paris geschickt und dort für Damenhüte verarbeitet. 2600 wurden unabgebalgt versandt, 7400 auf den Schindanger geworfen. Die amerikanische Rauchschwalbe wird auch heute noch während des Zuges auf den westindischen Inseln, z. B. Barbados, durch Sportjäger dezimiert, wenn sie tief über dem Wasser die Küste entlang zieht[89].

Fang und Jagd in Großbritannien, Deutschland und Österreich

In England wendete sich Wakefield 1850 gegen die Grausamkeit des Schwalbenschießens[90]. Alfred Edmund Brehm[91] erinnerte sich noch in späteren Jahren mit Abscheu der „blutgierigen Bubenjäger" seiner Jugend, die Mitte des 19. Jahrhunderts bei Halle und Wien Schwalben in Massen fingen. In der Gegend von Wien und in Ungarn fing man, wie schon sein Vater, der Renthendorfer Pfarrer, zu berichten wußte, die Schwalben in grünen Netzen, die über Bäche gespannt wurden, und verkaufte sie als „Spießvögel" auf dem Wiener Vogelmarkt. Friedrich Naumann[92] wußte noch Näheres über diese Methode, die Anklang an den Massenfang in Italien hatte: Zwei Personen hielten an beiden Enden ein feines, aus Seide gestricktes Klebegarn, das über alle von Schwalben gern besuchten Flugpässe gelegt wurde. Es lag zunächst am Boden und wurde blitzschnell angezogen, wenn eine Schwalbe die Enge durchflog. Aber anders als der alte Brehm betrachtet er in seiner Erstauflage, 1833, das Schwalbenschießen noch als eine besondere und keineswegs verwerfliche Kunstfertigkeit. Ziemlich lang scheint der Schwalbenfang bei den „Halloren" in der Gegend von Halle üblich und erlaubt gewesen zu sein, denn Alfred

---

[88] *Olphe-Gaillard*, 1890.
[89] *Audubon-Guide*, 1946. Daß die Schwalbenjagd aber bei den Indianern Nordamerikas nicht üblich war, beweist jene rührende Erzählung *Wilhelms* („Unterhaltungen aus der Naturgeschichte", 1795) von dem nach Neuwied an den Rhein gebrachten Irokesen, der auf Schwalben schießen sollte, sich aber standhaft weigerte, das zu tun.
[90] *Wakefield*, Zoologist, 1850, S. 2952. Der Einsender ist empört über das barbarische Amüsement einiger „Sportsleute", die Altschwalben sogar während der Aufzucht ihrer Jungen schossen und führt einige Beispiele aus der Gegend von Melbourne an.
[91] *Brehm*, A. E., Das Leben der Vögel, 1861; 2. Aufl., 1867.
[92] *Naumann*, J. A., hrg. J. F. *Naumann:* Naturgeschichte der Vögel Deutschlands, 1833.

E. Brehm erinnert sich 1867 ja grade ihrer mit Abscheu, und als Gloger 1881 sein Büchlein „Schutz den Vögeln" herausgibt, muß er bedauernd von der Rauchschwalbe sagen: „... dennoch wird sie bei Halle und Wien massenweise gefangen, um die winzigen Leiber zu essen." Die Halloren oder Seifensieder von Halle fingen sie auf eigens dazu eingerichteten Herden. Im Gegensatz zu Alfred Brehm nannte Fr. Naumann diese Methode einen „anmutigen Fang". Wir geben seine eingehende Beschreibung aus dem „Neuen Naumann" wieder, da sie historisches Interesse besitzt:

„Weil aber der Schwalbenherd (soviel ich weiß) nirgends beschrieben ist, so mag das Nötigste davon in möglichster Kürze hier folgen: Die beiden Netze (Wände) gleichen denen vollkommen, die man für die Herde hat, worauf man Wasserschnepfen, Kiebitze, Regenpfeifer und dergleichen fängt, oder denen des Lerchenherdes mit dem Spiegel; d. h. es sind sogenannte halbe Wände ohne Busen, welche nur so breit sind, als die Länge der Stäbe erfordert, welche sie ausgespannt erhalten; aber sie sind eine der kleinsten Arten dieser Wände, und kleiner noch als die Lerchenwände, nur 10 bis 11 m lang und 2 m breit, die Maschen etwa 3 cm weit (Anm.: Die Schlagwände zum Lerchenherd mit dem Spiegel sind gewöhnlich 13 bis 16 m lang und 2,5 m breit — Naum.). Diese Wände werden nun auf einem Platze aufgeschlagen, über welchem die Schwalben recht häufig herumfliegen, und womöglich im Schutze gegen den eben herrschenden Wind, etwa hinter einer Mauer, einem Zaune, einem Gebüsch oder dergl., bald nahe an den Häusern, bald entfernter auf Angern, Wiesen oder sonst wo, weil der Wind, wenn er quer über den Herdplatz weht und stark ist, dem schnellen Zuschlagen der Netze sehr hinderlich wird, die Schwalben auch an jenen von Wind geschützten Plätzen ruhiger sind und weniger schnell fliegen. Sind nun die ausgebreiteten und auf der Erde liegenden Netze an ihren Pflöcken (den Stellen, wo die sie in Spannung haltenden Stäbe sich bewegen) befestigt, die Spannleinen angezogen und die 10 bis 13 m lange Rückleine so angebracht, daß sich jene daran leicht zurücken lassen, so wird der eine schwalbenähnlich geformte Lappen aufs Netz gebunden, der andere mittels eines kurzen Fadens an ein dünnes bewegliches Stöckchen (Ruhr) gehängt, welches durch einen langen, bis zum Vogelsteller reichenden Faden gezogen werden kann, so daß dann der Lappen einer flatternden Schwalbe ähnlich wird. Nun setzt sich der Vogelsteller etwa 20 m von den Netzen, die Rückleine in der Hand, frei auf die platte Erde und befestigt den Faden, welcher das Ruhr in Bewegung setzen soll, mit einem Pflöckchen neben sich in der Erde. Kommt nun eine Schwalbe niedrig genug über den Herdplatz geflogen und gibt sie durch ihr Geschrei zu erkennen, daß sie den Lappen als etwas Auffallendes gewahrt, so läßt der Vogelsteller den an dem Ruhr sogleich etwas zappeln, muß aber auch jetzt, wenn die Schwalbe nach diesem herabschießt und sich ihm nähert, schnell die Netze zuschlagen und die Neugierige ist gefangen. Sie muß nun statt des Lappens lebend ans Ruhr, und es werden bald mehrere gefangen, wovon ebenfalls noch einige lebend ans Netz gebunden werden, damit recht viele durch ihr Flattern die vorbeistreichenden noch freien Kameraden neugierig machen und dadurch ins Unglück bringen. Es setzt sich aber auch nie eine, sondern sie müssen alle im Fluge gerückt werden, wozu von seiten des Vogelstellers einige Gewandheit gehört. Ich habe diesem Fange öfters beigewohnt und in wenigen Stunden oft viele Dutzend fangen sehen; daß aber der Lerchenspiegel, wie Bechstein (am anderen Ort) angibt, von den Halloren auf diesem Herde zum Fangen der Schwalben gebracht würde, habe ich niemals gesehen, und auf mein Befragen darnach auch stets eine verneinende Antwort erhalten."

3. Die Bestandsschwankungen der Rauchschwalbe
(Zu- und Abnahme und ihre Gründe)

Zugkatastrophen im Heimatgebiet (Brutareal)

Die Bestandsdichte der Rauchschwalbe ist Schwankungen säkularer und periodischer Natur ausgesetzt, wobei die periodischen Schwankungen einen kürzeren oder längeren Rhythmus haben können. Der Hauptaderlaß der Rauchschwalben ist zweifellos auf Katastrophen zurückzuführen, die ihrerseits wieder als seltene Großkatastrophen über weite Gebiete wirksam werden oder sich als Kälteeinbrüche und Regenperioden zur Brutzeit auswirken und mehr lokalen Charakter tragen. Aber auch Unwetterkatastrophen im Überwinterungsgebiet können geschlossen ziehende Populationen schwer treffen.

Die schwersten Katastrophen, von denen Rauchschwalben betroffen wurden, ereigneten sich 1740, 1770, 1829, 1855, 1881, 1931 und 1936. Örtliche treten wohl in irgendeinem Winkel der Erde alljährlich auf[1]. Von der Katastrophe 1740 sagt Buffon: „In diesem Jahr waren die Schwalben angekommen, bevor es Insekten gab. Durch Kälterückschlag gab es große Verluste. Die Schwalben fielen tot oder sterbend in die Straßen oder mitten auf die Felder, sie haben also kein Vorhergefühl für Wetter." In einer Eichsfelder Chronik[2] wird gesagt: „1756 eodem wenig oder gar keine Schwalbe ins Eichsfeld gekommen." Das „Grand Vocabulaire" von 1770 berichtet über eine Unwetterkatastrophe, von der Paris in diesem Jahr heimgesucht worden war. Man sah erschöpfte Schwalben in Mengen auf die Straßen fallen, und die Umgebung der Stadt war stellenweise besät mit toten und sterbenden Vögeln. — 1816 wurden Englands Rauchschwalben durch im Juni herrschende Nordostwinde stark gezehntet. Friedrich Naumann aber erinnerte sich noch als alter Mann der großen Schwalbenkatastrophe, die im Sommer 1829 große Mengen hinwegraffte. 1831 fand Bernhard Altum wohl noch als Folge dieses Geschehens nur ein Sechstel der gewohnten Brutpaare[3]. Eine beinahe dramatische Schilderung des großen Unglücks, das

---

[1] Dabei verkriechen sich viele Rauchschwalben in ihren Übernachtungsplätzen im Schilf, werden von Frost und Schnee überrascht und sterbend womöglich unter einer dünnen Eisschicht gefunden. Das war, wie schon *Bechstein*, 1795, und nach ihm K. Th. *Liebe* und andere Ornithologen richtig erkannten, der Grund zum Aberglauben von der Selbstversenkung der Rauchschwalbe. 1888 fand ein Thüringer Beobachter im Winter bei Eis, als das Schilf gemäht wurde, 50 tote Rauchschwalben, die dort wie erdrosselt hingen. (Ornith. Mschr., 1888, S. 131.)
[2] *Schuster*, L., Zool. Garten 44, 1903.
[3] *Altum*, B., Forstzoologie, Bd. II, 1880.

im Spätfrühling 1855 neben England auch Helgoland traf und die dort durchziehenden Rauchschwalben in Massen zugrundegehen ließ, gibt Gätke[4]:

Wohl im Vorgefühl schlechten Wetters fanden sich am 29. Mai unglaubliche Massen von Rauchschwalben zusammen. Am folgenden Tag hatten alle fliegenden Insekten vor dem plötzlich einsetzenden eisigen Ostwind Schutz am Boden gesucht, und die Schwalben folgten ihnen dorthin und umflogen sogar Gätke selbst, wenn durch seine Schritte sitzende Insekten aufgescheucht wurden. Fast fürchtete er, auf Schwalben zu treten, so dicht folgten sie ihm. In den Klippen angekommen sah er dann das Unglück: Tausende waren so erschöpft, daß sie dicht unter den Felsen in Klumpen von 50 und mehr hingen, den Kopf unter die Flügel gesteckt, dicht zusammengedrängt. In der nun folgenden Nacht erfroren die Rauchschwalben in solchen Mengen, daß man sie am Morgen in Säcken zusammenlesen mußte.

Der Schwalbentod hielt in diesem Jahr aber auch in Bayern seine Ernte; so fand man in Augsburg Klumpen zusammengedrängter und toter Schwalben auf dem Boden einer Fabrik[5]. K. Th. Liebe nannte die Periode von 1859 bis 1865 Katastrophenjahre, in denen vielfach kaltes Frühjahrswetter herrschte, doch erholten sich in Thüringen die Rauchschwalbenbestände von 1872 an wieder, um 1878 erneut stark abzufallen[6]. Im südöstlichen Ungarn und an der Donau gab es 1876 ein so großes Schwalbensterben, daß Tausende tot auf den Straßen lagen und den Schweinen als Futter hingeschüttet wurden. Die abends in ihren Hütten sitzenden ungarischen Fischer wurden von den eindringenden Schwalben überrascht, die, ins Feuer fallend, sich ihre Flügel verbrannten[7]. — Ein ähnlicher Vorfall ist aus den Karpaten bekannt. — In den Ortschaften flogen die verzweifelten Rauchschwalben sogar in die Zimmer, und wenn die Überlebenden schließlich abzogen, drängten immer neue Schutzsuchende nach. Der alte Schacht hielt damals, in den 70er Jahren, die Klagen über die Abnahme der Rauchschwalben in Deutschland für durchaus berechtigt. Aber auch in Schweden setzte von 1880 an eine recht lang währende Abwärtsbewegung ein.

Eine Katastrophe von großem Ausmaß brachte in Mittel- und Norddeutschland der Juni des Jahres 1881[8]. Sehr heftig wurden Sachsen und Schlesien betroffen. Die soeben ausgeflogene erste Brut erlitt besonders schwere Verluste. Noch am Boden flatternd suchten die Schwalben ängstlich nach Nahrung, die flugfähigen drängten sich eng

---

[4] *Gätke,* H., Die Vogelwarte Helgoland, 1891, S. 435.
[5] *Jäckel,* 1891, l. c.
[6] *Liebe,* K. Th., Journ. f. Ornith., 1878, S. 355.
[7] *Hodek,* v., Mittl. Ornith. Ver. Wien, 1877, ref. i. Gef. Welt 7, 1878.
[8] Vgl. auch Gef. Welt 10, 1881, und *Clodius,* Ornith. Rundschau, 1905. *Clodius* berichtet über den Zeitraum 1880—1905, die Rauchschwalbe habe in diesen 25 Jahren in Mecklenburg schon zweimal starke Einbußen erlitten und nur einmal eine wesentliche Zunahme gezeigt.

zusammen, drusenähnliche Gebilde darstellend, wie sie Konrad Lorenz 50 Jahre später bei der Katastrophe von 1931 beobachtete und beschrieb. In Klumpen zusammengeballt, die Köpfe nach innen, gaben sie durch ihre nach außen gestreckten Flügel- und Schwanzfedern der Druse ein igelförmiges Aussehen. Sie verhielten sich in diesem Zustand so ruhig, daß man sie schon für tot hielt, und viele verendeten denn auch, wenn man sie zur Erwärmung in Stuben brachte. Unter einer einzigen Stallwand wurden 190, meist junge Rauchschwalben gefunden, und die Elbe schwemmte täglich Hunderte von Schwalbenleichen an. Aber auch unter den Alten hielt der Tod reiche Ernte: Auf einem schlesischen Gut wurden in 107 Nestern lauter tote Altschwalben gefunden, manchmal bis 13 in einem einzigen Nest. Ende Juni war die Katastrophe abgeschlossen, die Nester standen leer, Sperlinge versuchten die Kadaver aus den Nestern herauszuzerren.

Im folgenden Jahr — 1882 — wurde Zürich und seine Umgebung von einer heftigen Schwalbenkatastrophe heimgesucht[9]. Mitte März lagen hier und in Winterthur Hunderte von Schwalben tot auf der Straße, und diesmal waren es Katzen, die das Totengräberamt besorgten.

Die Lücken der Katastrophe von 1881 waren im allgemeinen 1883 wieder wettgemacht, nur in Schlesien dauerte es bis 1887 und in Böhmen bis 1893, um den alten Stand wieder zu erreichen. Die Verluste zu schätzen ist sehr schwer, man kalkulierte sie im Jahr nach der Katastrophe auf etwa 15 % ein, in manchen Gegenden mögen sie viel höher gewesen sein.

Verfolgen wir die Entwicklung der Schwalbenbestände in den 50 Jahren zwischen den beiden Katastrophen von 1881 und 1931 (auf diese muß noch gesondert eingegangen werden) und bis in die Gegenwart, so ergibt sich für die einzelnen Länder etwa folgendes Bild:

Großbritannien: Trotz der intensiven Klagen, die über die „scarcity of Swallows" in den 60er Jahren laut werden und in keinem Heft des „Zoologist" fehlen, hatte die Rauchschwalbe als Folge der erhöhten Bautätigkeit dieser Periode im großen und ganzen auf dem Lande zugenommen[10]. In den 90er Jahren stellte man insbesondere eine Zunahme auf den Orkney-Inseln fest[11]. Erst 1922 kommen Klagen über Abnahme der Bestände durch Industrialisierung und Entwässerung. Die veränderte Bautechnik hatte besonders in den Städten seit langem den Prozeß zuungunsten der Rauchschwalbensiedlung vorbereitet[12]. Immerhin ist auch heute noch das Land von dieser Rück-

---

[9] Gef. Welt 11, 1882, S. 300.
[10] *Hadfield*, Zoologist, 1864.
[11] *Sharpe* and *Wyatt*, 1894, l. c.
[12] Vgl. Mittlg. ü. d. Vogelw. XX, 1922.

wärtsentwicklung nicht unbedingt betroffen, wie eine 1720 ha große Kulturfläche in Yorkshire erkennen läßt, für die man aus den Jahren 1938 bis 1952 exakte Zahlen als Unterlagen besitzt. Hier stieg die Zahl der Brutpaare je Quadratkilometer von 4,25 (1938) auf 6,80 (1952) mit einem geringen Absinken in der Zwischenzeit[13].

I r l a n d : Nach 1845 trat in den Rauchschwalbenbeständen von Irland — besonders wird Belfast erwähnt — eine rasche Aufwärtsentwicklung ein[14].

D ä n e m a r k[15]: In dem halben Jahrhundert von 1875 bis 1925 nahmen beide Arten stark ab, und zwar als Folge der veränderten Bauweise auf dem Lande und des schwindenden Interesses der bäuerlichen Bevölkerung, die dem frommen Mythos vom „Glücksvogel" nicht mehr anhing. 1885 traten starke Verluste durch Kälterückfälle im Frühjahr ein.

S c h w e d e n[16]: Seit 1880 — dem Katastrophenjahr — hielt die Abnahme augenscheinlich recht lange an. Besonders schmerzlich wird sie in den Jahren 1922 und 1923 empfunden. Ohne Umweltänderungen sinkt 1923/24 in einem Stall die Zahl der Brutpaare von zwölf auf ein einziges Paar. Mir selbst fiel 1950 in Schweden auf, daß einerseits die Bauart der Holzhäuser mit ihren überkragenden Dächern dem Siedlungsbedürfnis der Rauchschwalben (als Außenbrüter) sehr entgegenkam, daß aber anderseits die hochrationalisierte Landwirtschaft Südschwedens mit ihrer Leere des Kuhstalls und ihrer Hygiene die Rauchschwalben zu einer Seltenheit gemacht hatte.

F i n n l a n d[17]: Eine für Schwalben gefährliche Wetterlage, die hohe Verluste mit sich brachte, trat u. a. Ende Juni 1926 ein.

B a l t i k u m[18]: Um 1930 wurden laufend Verluste in der Siedlungsdichte der Rauchschwalben vermerkt.

R u ß l a n d (U d S S R): Ohne Zweifel hat die Rauchschwalbe grade in Rußland in den letzten Jahrhunderten sehr stark zugenommen, wenn dieser Zunahme auch vorübergehende und lokale Einbußen — z. B. augenscheinlich auf Kamtschatka — gegenüberstehen. Der enorme Bevölkerungszuwachs zwischen dem 17. Jahrhundert und der jüngsten Vergangenheit kam ja fast ausschließlich der bäuerlichen Siedlung zugute, die ein Schrittmacher für die Schwalbensiedlung ist. Darüber ist im Kapitel „Die Rauchschwalbe als Kulturfolger" schon

---

[13] *Cutbertson*, E. J., Br. Birds 46 (1953). Über die Relativität der Bestandesschwankungen in Schottland vgl. *Baxter*, The Birds of Scotland, 1953.
[14] *Thompson*, 1849, l. c.
[15] *Lütken*, Ornis, 1885, S. 92, und 86, S. 57; *Estrup*, Dansk Ornith. Tidsskr., 1914; *Holten*, Dansk Ornith. Tidsskr. 19, 1925.
[16] *Flodin*, Fauna och Flora 19, 1924; *Kolthoff* und *Jägerskiöld*, Nordens Fåglar, 1898.
[17] *Hortling*, Ivar, 1929, l. c.
[18] *Drost* u. *Schüz*, Vogelzug, 1933; *Transehe*, N. v., briefl.

vieles gesagt worden. Die Bevölkerung Europas einschließlich des asiatischen Rußlands betrug 1650 103 Millionen Einwohner, 1950 592 Millionen; Rußland mit Sibirien allein hatte im 16. Jahrhundert nur 5 Millionen Einwohner, im 18. Jahrhundert 40 Millionen und hat gegenwärtig 190 Millionen Einwohner. Überall, wo noch neue, bisher unbewohnte Gebiete (z. B. in Kasachstan) besiedelt werden, erschließen sich auch der Rauchschwalbe neue Gebiete, wie früher schon im Altai und am Amur. Im Gebiet des Balchatschsees in Zentralasien hält ihre dem Menschen folgende Siedlungsdynamik ganz augenfällig an[19]. Auch größere Verluste können diesen Prozeß nur für kurze Zeit rückläufig machen, und die ostsibirischen Rauchschwalbenbestände werden natürlich an ihren Grenzvorkommen durch Schnee- und Kälteeinbrüche fast alljährlich stark eingedrückt. Daß die steigende Industrialisierung und Verstädterung der Sowjetunion anderseits auch wieder eine rückläufige Bewegung einleitet, ist klar. Aus dem Straßenbild von Moskau verschwand die Rauchschwalbe schon im Jahrzehnt 1894 bis 1904[20]. In Mittelrußland war 1933 ein großes Sterben als Folge später Kälteeinbrüche im Frühjahr[21].

I t a l i e n : Die seit alten Zeiten üblichen Massenfänge haben sich wahrscheinlich auf die heimische Population nur in geringem Umfang und auf die Population der Ursprungsländer jedenfalls weniger verhängnisvoll ausgewirkt, als das eine tierfreundliche Presse, die diese Massenfänge mit Recht verabscheut, darstellt und dargestellt hat, seit Oken 1837 dagegen die Feder ergriff. Schon Mitte des 19. Jahrhunderts schob Baldamus den Schwalbenrückgang in Europa auf die fortschreitende Bodenkultur und ausdrücklich nicht auf das Konto der auch von ihm gebrandmarkten Verfolgungen im Süden, und ebenso verneint 1906 Kollibay den Schwalbenfang im Süden als Ursache des Rückgangs, sondern führt diesen auf Unwetterkatastrophen zurück. Freilich gibt Arrigoni für den Archipelag von Toskana um 1911 eine enorme Abnahme in der damaligen Zeit zu[22].

F r a n k r e i c h : Ein im Jahr 1886 geschriebener Brief begann mit den Worten: „Je crois, que nos enfants ne connaîtront pas les nids d'Hirondelles. Quand les Hirondelles auront disparu de la France, nous serons bientôt reduits a celles des collections!" Nun, die Befürchtungen waren leicht übertrieben. Aber daß die Rauchschwalbenbestände Frankreichs seit etwa 1890 stark abnahmen, war kein Geheimnis — in der Vendée trat diese Erscheinung sehr augenfällig ein —[23] und um so verwunderlicher, als die Landeskultur in Frank-

---

[19] *Schnitnikow*, 1949, l. c. (russisch).
[20] *Lorenz*, Die Vögel des Gouvernements Moskau (wann? wo?).
[21] *Grote*, H., Beitr. Fortpfl.-biol. Vög., 1941.
[22] *Arrigoni*, E., und *Damiani*, G., Rivista Italiana I, S. 7, 1911/12.
[23] *Guerin*, G., L'oiseau 9, S. 244.

reich ja noch bis in die Gegenwart stark extensiven Charakter trägt und auch die ländliche Bauweise nicht schwalbenfeindlich genannt werden kann[24]. Schlimme Zeiten brachten die Jahre um 1910 bei Dijon[25] und Besançon, wo die Populationen stellenweise auf 50 % zusammenschrumpften. Zu Beginn des Jahrhunderts waren starke Rückgänge aus der Gegend von Marseille[26] und aus Nordfrankreich (Picardie) gemeldet worden, 1917 aus dem Departement Charente. In der Vendée und im Dep. Eure et Loire setzt sich die Rückwärtsentwicklung angeblich bis in die Gegenwart fort[27]. Trotzdem wäre es verfehlt, sie allzu tragisch zu nehmen: Auch für England und Deutschland wurde schon das Aussterben der Rauchschwalben prophezeit — und ist unterblieben.

N i e d e r l a n d e - B e l g i e n - L u x e m b u r g : Mit dem Fortschreiten der in Holland[28] ja seit Jahrhunderten eingeleiteten Landeskultur ist auch der Scheitelpunkt der optimalen Rauchschwalbenbesiedlung des Landes überschritten. Bauart der Häuser, Weidewirtschaft, Stall- und Hofhygiene und fortschreitende Entwässerung haben ihr schwere und dauernde Einbußen zugefügt. Sogar in der mit Heideflächen und Wald noch reichlicher bestockten Provinz Drente sind die Rauchschwalben durch Änderungen in der Bauweise moderner Schafställe seltener geworden. Eine Zunahme haben nur die neuen Polder zu verzeichnen, die am Isselmeer (Zuidersee) entstanden und sofort besiedelt wurden.

1916 und 1935 waren außerdem für Rauchschwalben sehr ungünstige Jahre.

Auch in B e l g i e n — z. B. im hochindustrialisierten Kohlengebiet und um Tournay — klagt man über den Rückgang der Rauchschwalben[29]. In L u x e m b u r g glaubt man dagegen während der Jahre 1930 bis 1940 eine Zunahme und eine besondere Bereitwilligkeit der Schwalben, unter Brücken, in Erkern, an Balkonen und in Einzelräumen zu brüten, beobachtet zu haben[30].

Ö s t e r r e i c h u n d U n g a r n [31]: Schwere Verluste erlitten die Rauchschwalben in Österreich durch die Katastrophen der 80er Jahre;

---
[24] Vor allem dadurch, daß sich in den Bauernhöfen noch die zweiteiligen Türen erhalten haben, die meist im oberen Teil offenstehen und den Rauchschwalben das Ein- und Ausfliegen ermöglichen.
[25] *Paul*, Rev. franç. d'Ornith., Bd. 2, 1911, S. 280.
[26] Hier wohl auch als Folge der Verfolgungen der Schwalben zu Genuß- und Modezwecken.
[27] *Labitte*, A., L'Oiseau, 1954, S. 135; *Varigny*, Ornith. Beob. IX, 1911/12, S. 211; vgl. auch Rev. franç. d'Ornith., 1917.
[28] *Brouwer*, Ardea 31/32 (1942) und Ardea, 1954, S. 149; *ten Kate*, Org. Ned. Cl. Vogelk. 8, S. 76; *van Heurn*, Ardea VI, 1917, S. 14.
[29] Vgl. Le Gerfaut, 1952.
[30] *Morbach*, 1943, l. c.
[31] *Dalla-Torre* u. *v. Tschusi*, 1885, l. c.; *Hellmayr*, Ornith. Jahrb., 1899.

sie erholten sich aber bis 1885 wieder ziemlich vollständig von diesen Verlusten und erschienen stellenweise in dreifacher Zahl. In Niederösterreich bedauerte Hellmayr 1899 die von Jahr zu Jahr mehr spürbare Abnahme, für die er keine Erklärung wußte. Um diese Zeit — 1902 — erlitten auch die ungarischen Rauchschwalben vorübergehend starke Einbußen, die bis zu 80 % der Siedlungsdichte gingen[32].

Nicht einmal die idealen Siedlungsgebiete des Balkan blieben vor Schwankungen bewahrt, gingen doch sogar in der rumänischen Dobrudja Ende des 19. Jahrhunderts die Rauchschwalbenbestände — wohl nur vorübergehend — zurück[33].

Die Schweiz[34]: Sehr wechselnd ist der Rauchschwalbenbestand in der Schweiz. Die Rauchschwalbe überschreitet hier die 1200-m-Grenze nur ungern und wohl nur in aufsteigenden Entwicklungsphasen. Höhenlagen von 1200 bis 1800 m, die noch vor wenigen Jahrzehnten besiedelt waren, ganze Hochtäler mit ihren Dörfern und Weilern, wie im Wallis, stehen heute rauchschwalbenleer. Trockenjahre, wie 1947, und die langen Regenperioden der Jahre 1948, 1949 und 1954 setzten den in dünner Streuung und sozusagen „auf Abruf" siedelnden Rauchschwalben höherer Lagen besonders zu, während ihnen ein kontinentales Gebirgsklima, wie im Engadin, wo ja auch die Holzarten viel höher hinaufsteigen als anderswo, noch ein Festklammern an Höhenorte (z. B. Pontresina und Sils Maria) ermöglicht. Siedlungsfördernd sind Jahre mit gleichmäßiger Verteilung von Sonne und Niederschlägen, reichem Insektenleben und Gegenden, in denen ein Baustil mit weit überkragenden Dächern üblich ist. In guten Schwalbenjahren — z. B. 1952 — werden zwar nicht alle verlorenen Posten zurückerobert, aber die Gelegezahl steigt im Durchschnitt beträchtlich, und auch die durchschnittliche Zahl der ausgekommenen Jungen ist höher als sonst.

Deutschland[35]: Die Verluste von 1881 wurden in Deutschland erst allmählich wieder wettgemacht; in Schlesien, dessen Rauch-

---

[32] *Chernel*, v., Aquila, 1902, S. 227.
[33] *Almasy*, Aquila, 1898.
[34] Gef. Welt, 1927; *Ingold*, Ornith. Beob. 30, 1932, S. 13; *Nicod*, Louis, Nos Oiseaux 21 (220) : 168—170, 1952.
[35] *Dietrich*, 1928, l. c.; *Ecke*, Hansgeorg, Der Vogelzug, 1933, S. 65; *Heinroth*, O., Die Vögel Mitteleuropas, Bd. 1; *Kuhk*, Die Vögel Mecklenburgs, 1939; *Sunkel*, W., Vogelfauna von Hessen, 1926; *Gebhardt, Sunkel*, Die Vögel Hessens, 1954; *Schacht*, H., 1877, l. c.; *Wolff*, G., Die lippische Vogelwelt, 1925; *Wörner*, E., Beitr. Fortpfl.-biol. Vög., 1933, S. 57; derselbe, Ornith. Mschr., 1934, S. 29; *Matthiessen*, 1936, l. c.; *Pfeifer*, Seb., Die Vögel unserer Heimat, 1936; *Schilling*, Ornith. Mschr., 1925, S. 203; *Saxenberger*, Ornith. Mschr., 1904, S. 201; *Hartmann*, A., briefl. v. Juni 1949; *Passig*, H., Gef. Welt, 1907; *Stadler*, Gef. Welt, 1916, S. 222; *Oken*, Ibis, 1837; *Kollibay*, Die Vögel der preuß. Provinz Schlesien, 1906, S. 216; *Pax*, Ferd., Wirbeltierfauna von Schlesien, 1925; *Floericke*, C., Jahrb. f. Vogelkund., 1. Jahrg., 1907; *Bechstein*, Joh. Matth., Gemeinnützige Naturgeschichte, 1795. *Werneburg*, Ztschr. f. F. u.

schwalbenbestände schon seit 1870 Einbußen erlitten hatten, dauerte der Abstieg bis 1887. Aber grade an einzelnen Landschaften kann man die Relativität von Bestandsschwankungen erkennen: Auch in Erlangen und dem Regnitztal war, wie der kritische Gengler bemerkt hatte, die allgemeine Abwärtsbewegung zwischen 1880 und 1890 nicht spurlos vorübergegangen; aber bald danach stellte er selbst eine Zunahme fest, und 1950 kamen grade bei Erlangen die Rauchschwalben in „ungeheurer Zahl" vor. 1907 und 1908 wurden in ganz Deutschland Klagen über die durch Kaltwetterperioden verursachte Abnahme der Rauchschwalben laut[36] — man sah sie schon ganz aussterben —, 1914 werden die Störche mit in diese düstere Prognose einbezogen. 1920 erreichen die Befürchtungen einen Höhepunkt — aber noch lebte sie allenthalben. Zwischen 1926 und 1936 mutmaßte Sebastian Pfeifer den Rückgang im Maingau auf etwa 35 %, bei Lehrte soll ihre Siedlungsdichte zwischen 1929 und 1949 um 30 % gefallen sein. Das sind aber mehr oder weniger vage Schätzungen. Über das Katastrophenjahr 1931 wird noch zu berichten sein.

1935 vermehrte sich die Rauchschwalbe sichtlich im Haßgau[37], aber im folgenden Jahr wurde Bayern durch eine Oktoberkatastrophe betroffen, die den Münchner Tierschutzverein vor seine große Bewährungsprobe stellte, sich aber nicht im entferntesten so auswirkte, wie die große Katastrophe von 1931. Das Unglück von 1936 setzte sich in ganz Süddeutschland, der Schweiz und in Jugoslawien fort und erreichte im unteren Maintal seinen Höhepunkt am 11. und 12. Oktober. Die Verluste betrugen bis zu 90 %, in den Dörfern des Landkreises Hanau wurden Hunderte von toten und entkräfteten Rauchschwalben aufgelesen.

Mitte Oktober 1939 setzten in Ostpreußen plötzliche Fröste und Schneefälle ein[38]; in Guja starben einige hundert Nachzügler, die schon seit langem Not gelitten hatten. Im Jahr darauf raffte der Massentod große Rauchschwalbenmengen am Kurischen Haff und in der Niederlausitz bei Guben hin[39] und traf besonders die eben ausgeflogenen Jungen, die ja gegenüber Witterungsunbilden empfindlicher sind als

---

Jagdw. 1, 1867, S. 96; *Baldamus*, Vogelmärchen, zit. aus Gef. Welt 7, 1877, S. 28; *Bohmann, L.*, Vogelzug 8, 1. 1937; *Gengler, J.*, Die Vögel des Regnitztales, 1906; *Niethammer, G.*, Abh. Nat.-Mus. Wien 5, 1941.
[36] Von einem Massensterben im Stall berichtet *Wehr* (Ornith. Mschr., 1908, S. 80) aus der Gegend von Naumburg: Von 32 Nestern waren Ende Juli nur noch 4 besetzt, in den übrigen 28 lagen verhungerte Junge. Auch in Vorpommern traten 1908 Bestandsschwankungen auf (*Hübner, E.*, Avifauna von Vorpommern, 1908). In Pommern hatte man schon 1864 eine erhebliche Zunahme konstatiert (*Hintz, W.*, Journ. f. Ornith., 1864, S. 161).
[37] *Gerner*, Gef. Welt, 1935.
[38] *Tischler, F.*, Vögel Ostpreußens, 1941.
[39] *Posingis*, Deutsche Vogelwelt 65, 1940, S. 165.

Nestjunge[40]. Ein Kälterückfall im Mai 1941 tötete viele Rauchschwalben in Oberschlesien. Niethammer sah eine matt umherfliegen, die plötzlich hilflos ins Wasser abstürzte[41].

Genaues wissen wir über die größte bisher bekanntgewordene Schwalbenkatastrophe, diejenige vom Herbst 1931[42]. Unweit Wien hat Konrad Lorenz diese Katastrophe eingehend untersucht. Sie begann am 25. September.

Schon seit der Mitte des Monats entstand unter dem Einfluß einer polnischen Zyklone jene Ungarn und Österreich durchquerende, kalte Luftzone, die vor allem den aus dem nördlichen Europa stammenden Nachtrupps verderblich wurde. Diese Gebiete ließen sich im darauffolgenden Jahr ziemlich genau umreißen, denn überall, wo die Rauchschwalben den Weg nach Afrika westlich der Alpen nehmen, gab es keine Bestandslücken, während in den Gebieten, aus denen die Schwalben über die Alpen zu ziehen pflegen, in den folgenden Jahren recht empfindliche Leerräume entstanden. Die verunglückten Schwalben stammten also vornehmlich aus Lettland, dem Memelland, Ostpreußen, Brandenburg, Mecklenburg, Dänemark (aber nur von dessen äußerstem Süden), Schleswig-Holstein, dem östlichen und südlichen Hessen-Nassau, dem Süden der Provinz Sachsen, aus Thüringen, Schlesien, dem polnischen Oberschlesien, der Tschecho-Slowakei und aus Bayern, dessen östlicher Teil besonders schwer betroffen wurde. Außerdem hatte Hessen südlich des Mains und als äußerster westlicher Pfeiler Düsseldorf Verluste zu beklagen. Wie hoch diese im einzelnen waren, werden wir noch sehen, den Bearbeitern fiel aber auf, daß irgendwo eine Art Zugscheide sein müßte, die vielleicht durch die damalige Provinz Hannover und Hessen-Nassau ging und sich für die westlich davon beheimateten Schwalben als rettend erwiesen hatte.

Fennoskandien und das nördliche Dänemark, dessen Schwalben doch auch über die Alpen ziehen, hatten jedoch keine Verluste. Die Erklärung war einfach: Sie waren schon mit ihrem Nachtrupp durchgezogen, als die Katastrophe hereinbrach! Auch bei den anderen war es wohl vornehmlich der Nachtrupp, der sich aus den Jungschwalben der zweiten Brut rekrutiert.

Merkwürdigerweise wirkt sich die ungeheure Stauung im Zug, die so vielen Schwalben das Leben kostete, nicht erst am Fuße der Alpen aus, sondern schon viel früher in der norddeutschen Tiefebene; die gleichen Erscheinungen, die L o r e n z zu seinen Untersuchungen bei Wien veranlaßten, konnte man auch bei Leipzig beobachten. Es war eben

---

[40] *Wörner*, Ornith., Mschr., 1934.
[41] *Niethammer*, G., Abh. Nat. Mus. Wien 52, 1941.
[42] *Lorenz*, K., Vogelzug, 1932, S. 4; *Csörgey, Heller, Schifferli*, Vogelzug, 1932, S. 1; *Drost* und *Schüz*, Vogelzug, 1953, S. 67; *Drost* und *Rüppell*, Vogelzug 1932, S. 4; *Desselberger*, Vogelzug, 1932, S. 94.

ein allgemeines, sich in große Tiefe erstreckendes „Steckenbleiben", das teilweise in ein wildes Zurückfluten der Schwalben ausartete.

In Leipzig bildeten die Schwalbenmassen geradezu eine Plage für die befallenen Häuserblocks, die arg beschmutzt wurden. Bei Wien sammelten sich bis zu 80 Schwalben in einem einzigen Wohnzimmer.

Lorenz, der in seinem Wohnort am Nordabfall des Wiener Waldes den Verlauf der Katastrophe verfolgte, waren diese Erscheinungen nicht ganz unbekannt. Er hatte ein „kleines Steckenbleiben" der Zugschwalben schon zu wiederholten Malen erlebt, allerdings noch nie in so grandiosen Ausmaßen wie jetzt. Es begann mit dem schon von Gätke 1855 und in Schlesien 1881 beobachteten Zusammenballen zu Klumpen; aber hier waren es Rauch- und Mehlschwalben, die in Höhlen und Nischen dem Massentod entgegengingen. Woher kam es, daß bei dem seit Mitte September einsetzenden Schlechtwetter auf einmal viel mehr Schwalben da waren, als tags zuvor? Der Zugtrieb mochte schon bei verhältnismäßig geringer Schädigung des Allgemeinbefindens versagen, man konnte auf sein Wiedererwachen hoffen, sobald mit dem Eintritt von schönem Wetter auch der Körperzustand der Rauchschwalben sich bessern würde. Zunächst aber saßen sie sichtlich erkrankt mit abstehenden Flügeln und dick aufgeplustertem Gefieder da; ihr dauerndes zuckendes Schwanzwerfen deutete zwar nicht auf Schmerzen beim Absetzen von Kot, also auf Hungerdurchfall hin, wie Brehm es noch aufgefaßt hatte, wohl aber darauf, daß der schleimig-klebrige Stuhl nur durch Schleuderbewegungen abgesetzt werden konnte. Es war Lorenz klar, daß nur eine baldige Schönwetterperiode die Rauchschwalben retten könnte — aber sie kam nicht. Noch war bei den Fliegenden wenig von ihrem kranken Zustand zu merken, aber schon deutete sich die zweite Phase der Erkrankung an: Das Verkriechen und Zusammenballen, das vielleicht einmal Anlaß zu der Sage vom Winterschlaf der Schwalben geworden war.

In Lorenz' Heimatdorf begann diese Zusammenballung genau am 25. September. Die Schwalben verdichten sich dabei an ganz wenigen Punkten zu gewaltigen Massen. Besonders waren es drei Häuser mit vielen Hunderten Obdachsuchenden. In jeder Ritze und jeder Höhle saßen Klumpen, von denen die zuletzt Angekommenen mit Schwanz und Flügelspitze stachelartig hervorragten. Wo vor diesen Eingängen etwa eine waagerechte Fläche gegeben war, bildete sich sofort um sie herum eine dicke Traube von Schwalben, die mit den Köpfen nach dem Eingang lagen. Oft waren die Trauben so hoch und dick, daß sie den Höhleneingang völlig verbargen; der Eingang selbst kam erst nach Wegräumen der in tiefen Schlaf versunkenen Schwalben zum Vorschein. Welch seltsamer und verhängnisvoller Masseninstinkt hatte hier die Schwalben dazu getrieben, an wenigen Stellen Kristallisationskerne zu bilden, der für einen großen Teil von ihnen tödlich werden mußte, während eine Anzahl anderer Löcher unbenutzt blieb. Aber vielleicht rettete dieser seltsame Masseninstinkt wenigstens den Kern derer, die durch Außensitzende noch eine Zeit gewärmt wurden. Lorenz nannte diese eigenartig stachligen Schwalbengebilde „Kristallisationsdrüsen" oder „Seeigel". Aus einem einzigen Mehlschwalbennest zog er 21 Rauchschwalben, darunter allerdings einige schon flachgedrückte Leichen.

Die Rauchschwalben der inneren Drüsenteile schliefen fest! Das war die erste Feststellung. Man deckte die äußeren Lagen des Seeigels — die dort sitzenden Schwalben konnten nicht schlafen, weil sie den Kopf nicht unter die Flügel zu stecken vermochten — ab, ohne sie aufzuwecken. Jedoch war es kein Todesschlaf — dies war die zweite, nicht minder auffallende Entdeckung —, den sie schliefen, denn beim Erwachen wurden sie sofort schlank, glatt und großäugig. Nicht alle! Die schon erkrankten verkrochen sich sofort wieder in die Höhle. Es lag also hier eine Anpassung an kritische Wetterlagen, eine Wärmespeicherung und eine Herabsetzung des eigenen Wärmeenergieverbrauchs durch todesähnlichen Schlaf vor, die beim Steigen der Außentemperatur sofort wieder abgeschaltet werden konnte.

Lorenz behielt einige Rauchschwalben in seinem Zimmer. Sie blieben ruhig. Erst vier Wochen später erwachte bei ihnen die Zugunruhe wieder, bis dahin hatte der Zugtrieb vollständig geschlummert.

Der Zugtrieb aber brauchte nicht zu schlummern, um einige von vielen Schwalben am Leben zu erhalten, er konnte auch in sein Gegenteil umschlagen, um die Masse zu retten. Noch Ende August sah Silvia von Spiess in Rumänien Rauch- und Mehlschwalben, die, wie gewöhnlich, längs der Küste bei Tuzla zogen, im September jedoch nur noch in kleinen Trupps und nicht mehr so schnell. Schließlich schien auch hier der Zug zu stagnieren, man sah überall jagende Rauchschwalben, denen sich immer mehr Mehlschwalben zugesellten, die schließlich die Überzahl hatten. Plötzlich, nach einem am 21. September einsetzenden Südwind, begann der Rückzug der Rauchschwalben nach Norden, der durch einen Schirokko am 23. September zur vollen Entfaltung kam und in einen hastigen Gegenzug ausartete. Dieser Gegenzug konnte aber die anderen Vogelarten, die weiter in Nord- und Südrichtung zogen, nicht aufhalten! So sah man verschiedenartige Schwärme in direkt entgegengesetzter Richtung ziehen, z. B. an dem berüchtigten 25. September Bachstelzen nach Süden, Rauchschwalben in dauerndem Gegenzug nach Nord. Dieses Ausweichen dauerte bis zum 29., an welchem Tag es wieder einzelne nach Süden ziehende Rauchschwalben gab. Unverständlich blieb, weshalb es Zugstauungen und Gegenzug nicht nur nördlich des tiefverschneiten Karpatenzuges in Siebenbürgen, sondern auch südlich davon im sogenannten Oltenien gab, wo der Zugweg nach Süden hindernislos freilag. Versagte hier der südwärts gerichtete Zutrieb plötzlich? Auch in der Schweiz verlief der Schwalbenzug in der ersten Septemberhälfte noch normal. Rauch- und Uferschwalben übernachteten, wie sonst, in den Schilfbeständen der großen Seen, zu ihnen stießen die Vor- und Haupttrupps der Artgenossen aus dem Norden. Als der Kälteeinbruch kam, lichteten sich die Scharen sehr rasch, die Schwalben hatten sich durch rechtzeitigen Wegzug nach Süden gerettet, während sie sonst bis zum Oktober zu bleiben pflegten.

Auf die Katastrophe am Nordhang der Alpen deuteten nur kleine Gesellschaften von Jungvögeln hin, die Ende Oktober in ermattetem Zustand eintrafen, und bei denen der Zugtrieb erloschen sein mochte. Diese Erscheinung kam im übrigen auch sonst alljährlich einmal vor.

Alles in allem waren die Verluste bedeutsam gewesen! In Mecklenburg fehlten im Jahr darauf 90 %, Brutschwalben, in Hessen-Nassau betrug die Abnahme zwischen 40 und 60 %, in der Provinz Sachsen bis 50 %. Badens Verluste waren mit 70 % so hoch wie die von Mecklenburg, Schlesien hatte 30 %, Teile des Kreises Neumark bis 50 %. In Bayern waren die Verluste im Osten, besonders aber im Südosten hoch, Niederbayern schätzte sie auf 50 bis 60 %, das Gebiet zwischen Inn und Alpen auf 30 bis 50 %. In einem besonders dicht besiedelten Bauernhof fiel hier die Besiedlung von 280 auf 160 Paare.

Es gab auch Ausnahmen: In Dänemark, aus dessen nördlichen Teilen die Schwalben rechtzeitig abgezogen sein mochten, war nur eine teilweise Verminderung zu beobachten, in Oldenburg hatten die Schwalben eher zugenommen (wahrscheinlich zogen also auch sie, ähnlich den belgischen, westlich um die Alpen herum). In der Provinz Hannover hielten sich Zu- und Abnahme die Waage, glimpflich davongekommen waren Oberhessen und der Freistaat Sachsen, sowie die CSR. Im Süden zeigten, wie nicht anders zu erwarten, die Schweiz und die Steiermark keine Einbußen, wenn sich auch das gezehntete Gebiet bis an den Fuß der Alpen erstreckte.

Am ungeklärtesten blieben die „Inseln": Sachsen, Magdeburg, die Gegend um Öls. Warum hatten sie, die mitten im Einzugsgebiet der Katastrophe lagen, nicht im Schwalbenbestand gelitten? Es war doch schließlich bei der Erfassung der Auswirkung nicht nur gemutmaßt, sondern auch gezählt worden. Die Antworten von Drost und Schüz lassen zwei Möglichkeiten offen: Entweder es hat aus diesen Gebieten doch eine Abwanderung nach SW um die Alpen herum stattgefunden, und die „Zugscheide" ist nicht eine einfache Linie, die man durch eine Landschaft legen und auf eine Karte eintragen kann, oder aber diese Schwalben haben das Katastrophengebiet vor bzw. nach dem Wettersturz überflogen; oder schließlich, es war hier nur eine späte zweite

Brut betroffen worden. Ein Fragezeichen stand jedoch hinter jeder dieser Erklärungen. Die Natur, die immer nach Ausgleich sucht, füllte übrigens die Lücken bald wieder aus. Schon 1932 schien es so, als ob stellenweise eine dritte Brut (bei günstiger Witterung) häufiger zustande käme als sonst.

Zug- und Überwinterungskatastrophen in Afrika

Man kann die Verluste der europäischen Populationen, die zwischen dem Einfliegen und dem Heimzug aus Afrika auch ohne Katastrophen alljährlich entstehen, gut auf 50 %, d. h. auf etwa 100 Millionen Rauchschwalben beziffern. Von den organischen Ursachen — z. B. darüber, welche Raubvögel in Afrika die dort überwinternden Rauchschwalben bejagen — wissen wir noch gar nichts, eine auffallende Lücke in der Schwalbenforschung. Unter den anorganisch bedingten Verlustquellen, die so große Massen hinraffen, sind Wüstenwinde über der Sahara, Ozeane[43], Tromben, tropische Regengüsse und Hagelwetter die wichtigsten. Alle Forscher, welche die Sahara durchquerten, fanden Rauchschwalbenkadaver[44]. Blizzardähnliche Stürme an der ägyptischen Mittelmeerküste spülen manchmal Tausende an Land, und Kältewellen, denen die nordafrikanische Küste im April ausgesetzt ist, fordern viele Tote, so in Tunis und Südalgerien, wo ziehende Rauchschwalben so ermattet waren, daß sie tot aus der Luft fielen und auf den Straßen aufgesammelt wurden. Auch das Verschlagenwerden über den Atlantik erfordert wahrscheinlich hohe Opfer. Sehr eindrucksvoll schildert Lynes[45], wie in Kenia große Rauchschwalbenmassen in Küstennähe durchziehen und sich angesichts einer drohenden Wetterlage stauen, die drohende Gefahr diesmal rechtzeitig erkennend und verhaltend, bis sie vorübergezogen ist. Lynes meint als erfahrener Afrikaner, daß kalte Luftströmungen, Nahrungsmangel und heftige Regengüsse in den Tropen große Gefahren für die Schwalben bedeuten. Noch Mitte April wurden in Kapland Rauchschwalben, die sich zum Heimzug rüsteten, neuerdings von schweren Unwettern betroffen[46].

4. Die Technik als Todesursache

Im Vergleich mit der Witterung als artregulierendem oder das Pendel der Populationsdichte in Bewegung setzendem Faktor bleibt die Technik ebensoweit zurück wie die Verlustquellen durch Raubvögel.

---

[43] Vgl. E. *Hartert* im Neuen Naumann, 1901, Bd. IV, und O. *Heinroth*.
[44] *Laenen*, J., 1949/50 und Ibis, 1892, mit Verlustmeldungen aus Port. Ostafrika. Vgl. auch *Verheyen*, Le Gerfaut, 1952, S. 102. Danach verlor eine einzige Winterkolonie in Belg. Kongo bei einem Tornado ein Drittel ihres Bestandes.
[45] *Lynes*, 1907/08.
[46] *McLeod*, Ostrich, 1953.

Telegraphendrähte kommen der Siedlungsentwicklung zweifellos sehr entgegen, da die Schwalben von hier aus das Terrain besser überblicken, als ehemals von dürren Baumspitzen aus und Verfolgern leichter entgehen; daß dann einige auch einmal gegen Drähte fliegen und zu Tode kommen, will nicht viel besagen[47]. Unter 503 in den Jahren 1926 bis 1940 von der Vogelwarte Helgoland als tot oder krank zurückgemeldeten Rauchschwalben waren nur 7,4 % an Drähten verunglückt[48], und 5,3 % durch Anfliegen an Windschutzscheiben von Autos getötet worden[49]. Die Rauchschwalbe zählt mit zu den Opfern des Eiffelturms, hin und wieder fallen einige in Fabrikschornsteine oder prallen gegen sie an[50]. Auf der Elbe bei Königstein verunglückte sogar eine Rauchschwalbe dadurch, daß sie vom Rad eines Dampfers erfaßt wurde[51]. In den USA wurde eine Rauchschwalbe durch einen durch die Luft sausenden Golfball getötet[52], und in England kamen rastende Rauchschwalben dadurch um, daß sie zwischen den Flügeln von Wetterhähnen eingequetscht wurden[53]. Bei Benutzung von Pferdehaaren zum Nestbau verwickeln sie sich manchmal darin und kommen um[52].

Trennen wir die kurzfristigen Bestandsschwankungen von den langfristigen, so ergibt sich folgendes Bild:

Kurzfristige Bestandsschwankungen sind ausschließlich eine Folge von Wetterunbilden, die sich praktisch das ganze Jahr über auswirken können. Die durch sie bewirkten Verluste — schon Olaus Magnus wies 1555 auf ihre Auswirkung hin — sind unter Umständen so hoch, daß sie örtlich oder regional die Rauchschwalbenbestände im folgenden Jahr auf 10 % des Vorbestandes absinken lassen können. Die Verluste werden oft schon im zweiten Jahr, spätestens im zwölften Jahr nach ihrem Eintritt ausgeglichen.

Die anhaltenden Abnahmen beruhen auf verschiedenartigen Gründen und hängen meist damit zusammen, daß der Siedlungsimpuls der Rauchschwalbe durch Umweltänderungen entscheidend geschwächt wird. Die Länder mit hochentwickelter Industrie und stark mechanisierter Landwirtschaft werden davon nachhaltiger betroffen als Länder

---

[47] *Liebe*, K. Th., stellte nach Gewitter schon 1874 verunglückte Rauchschwalben unter Telegraphendrähten fest.
[48] *Grittner*, J., Naturschutz 21/1941, S. 141; vgl. auch J. *Schenk*, 1944/47 und *Skovgaard* (Dansk Ornith. Tidsskr. IX, 1915), 1915; letzterer fand in Dänemark unter 44 an Leitungsdrähten verunglückten Vögeln nur eine Rauchschwalbe.
[49] Bull. Ligue Luxemb. IV, 1950. — Auf einer 3 km langen Wegstrecke innerhalb eines Luxemburgischen Ortes wurden innerhalb eines halben Jahres mehr zufällig neun überfahrene Rauchschwalben gefunden. Bei Nebel fliegen sie zweifellos leichter an (Neunzig, 1938).
[50] *Pensler*, O., Gef. Welt, 1938, S, 343.
[51] *Peiter*, W., Journ. f. Ornith., 1900, S. 400.
[52] *Bent*, 1942, l. c.

mit extensiver Landeskultur, hohem Anteil an Sümpfen und Wasserflächen und primitiver Siedlungstätigkeit.

Der Zustand der Viehhaltung spielt dabei eine große Rolle. Solange das Vieh noch nicht gestallt wurde, lebten die Rauchschwalben mehr als Stadtvögel in den ihnen zusagenden Essen. Die Viehstallung ersetzte ihnen die Wärme, schob sie räumlich enger zusammen, und gab ihnen mehr Nahrung in unmittelbarer Nachbarschaft. Mit der Rationalisierung des Landwirtschaftsbetriebes änderte sich diese für unsere Rauchschwalben so vorteilhafte Lage erneut, und sie verließen die während des Sommerhalbjahrs leerstehenden Ställe, diesmal ohne dafür Ersatz zu finden, zumal auch sonst die Hygiene des landwirtschaftlichen Betriebes, z. B. das Fehlen von Misthaufen und Pfützen, mit einem erheblichen Verlust an Nahrungsquellen verbunden war, dem der Ersatz des Pferdes durch den Motor noch weiteren Vorschub leistete. Ich kenne diese Verhältnisse von verschiedenen modernen Gutsbetrieben her, sie sind aber besonders lehrreich aus einem Beispiel der Normandie. Dort beherbergte ein Hof bis 1916 zahlreiche Rauchschwalben. Nach dem Tode des Besitzers wurde er verpachtet, und in jedem Stall standen jetzt nur noch ein Pferd und eine Kuh. Die Rauchschwalbensiedlung sank umgehend auf die Hälfte. 1918 und 1919 wurde der Gutsbetrieb völlig stillgelegt, Pferde und Kühe verschwanden ganz und mit ihnen restlos auch die Rauchschwalben. 1920, als ein neuer Betrieb aufgezogen wurde, nahm die Zahl des Groß- und Kleinviehs in stattlichem Umfang zu, und sofort entstand auch eine richtige Rauchschwalbenkolonie[54].

Vielfach wird der Rückgang mit Recht auf Entwässerungen zurückgeführt, z. B. 1922 in Großbritannien, 1904 in Schlesien (Oder bei Breslau). Manche glaubten auch an eine Verdrängung durch konkurrierende Vögel. Aber wir sahen ja, wie häufig die Kämpfe mit Sperlingen zugunsten der Schwalben ausgehen, und Nestparasitismus kann in keinem Fall für den Rückgang der Rauchschwalben verantwortlich gemacht werden. Auch der Mauersegler kommt als Verdränger oder

---

[53] *Clifton,* The Zoologist, 1867.
[54] *Legendre,* Rev. franç. d' Ornith., 1919/20, Bd. VI, S. 139. — Die Verschlechterungen im Gutsbetrieb beziehen sich auch auf die Pflasterung, Teerung und Betonisierung der Fahrbahnen, die modernen Entlüftungsanlagen (H. G. *Ecke,* 1953), die chemische Bekämpfung der Stallfliegen, auf das Fehlen von Neststützen natürlicher Art oder künstlicher Nestunterlagen. In Misdroy führte man den Rückgang der Rauchschwalbensiedlung auf die Bevorzugung poröser Ziegel zum Häuserbau zurück, die Feuchtigkeit anzögen und dadurch die Nester naß werden ließen. In Italien haben durch Bestäubung weiter Landflächen mit Kontaktgiften die Schwalben weiter Einbußen bis zu 70 % gehabt, teils wegen Nahrungsmangel, teils weil möglicherweise auch die Verfütterung begifteter Insekten den Jungen Schaden zugefügt hat. Auch in den USA sind ähnliche Beobachtungen gemacht worden, vor allem bei Überdosierung von DDT (*Steinbacher,* J., Gef. Welt 74, 1950, S. 102).

Nahrungskonkurrent nicht in Frage, ebensowenig wie die Mehlschwalbe, weil sich die Jagdhorizonte der Rauchschwalbe, die als Steppenvogel gern tief jagt, und die der anderen Luftplanktonjäger kaum je ernstlich überschneiden. Allerdings jagt sie häufig auch gemeinsam mit Mehl- und Uferschwalben.

5. Verfolgungen und Neckereien

Die Rauchschwalbe als Angreifer

Die Angriffslust der Rauchschwalben auf Tiere, die ihnen gefährlich werden können: Katzen, Baumfalken, Sperber, Habichte, ist auffallend. Sie quittieren zwar oft ihre wirklichen Feinde — vor allem, wenn diese sich ruhig verhalten — gar nicht, greifen aber dafür völlig harmlose Tiere erbittert an. Ruhig über dem Wasser kreisende Rote Milane werden von den um sie herumjagenden Rauchschwalben ganz in Ruhe gelassen, genauso harmlose Bussarde dagegen wieder angegriffen. Auch Eichelhäher[55], Nebel- und Rabenkrähen, die sich dann meist schleunigst in einen Baum retten, rotrückige Würger und Turmfalken sind nicht vor ihnen sicher. B. L. Sage erlebte heftige Angriffe auf eine Ringeltaube, die sich abends zu ihren Artgenossen in einen hohen Baum einschwingen wollte[56], und Staats von Waquant sah sie auf Haustauben hassen, die sich gerade niedergelassen hatten; ja eine besonders rabiate Rauchschwalbe setzte sich einer grade herausfliegenden Taube auf den Rücken und wurde mehrere Meter weit mitgerissen, wobei die Taube sogar Federn verlor[57]. Quantz beobachtete einmal einen Flug Rauchschwalben, der sich ständig über einem Starenschwarm hielt und dessen Bewegungen mitmachte, wobei nicht ganz klar war, ob sie es aus spielerischem Gefühl taten oder ob eine Art Nahrungsparasitismus sie dazu trieb. Auch futterparasitierende Spatzen werden energisch vertrieben[58]. Unter Umständen vertreiben sie aus Futterneid sogar Sumpfvögel, wie das am Isselmeer der Fall war, wo sie heftig auf Flußuferläufer und Trauerseeschwalben haßten. In den USA wurden Habichte (Accipiter velox) und Würger (Lanius ludovicianus) angegriffen[59].

Die Rauchschwalbe als Angegriffene

Dagegen wird sie von Grauen Bachstelzen fast immer vertrieben. Ich beobachtete das einmal sehr schön am Rheinufer bei Bonn, aber

---

[55] Gengler, J., Vögel des Regnitztales, 1906, und Verh. Ornith. Ges. Bay., 1927, S. 468; Stöss, J., Gef. Welt, 1939, S. 98.
[56] Sage, B. L., Br. Birds 44 (1951), S. 68.
[57] Wacquant-Geozelles, Staats von, Mittlg. Ornith. Ver. Wien 15, 1891, S. 84, 102.
[58] Beaux, O. de, Rivista Italiana Ornit. XX, 1950, S. 2.
[59] Bent, 1942, l. c. und Cross, Fr. C., Wils. Bull., Vol. 62, 1950.

viel eingehender hat diesen kläglichen Verlauf Rhezak[60] beschrieben: Er sah Ende September 1895 auf einem freien Feld bei Troppau einen größeren Schwarm Rauchschwalben niedrig auf Insekten jagen. In seiner Nachbarschaft befand sich ein ebenso emsig am Boden nach Insekten suchender Trupp Grauer Bachstelzen. So oft die Rauchschwalben in deren Nähe kamen, erhoben sich die Bachstelzen und verfolgten die ängstlich fliehenden Rauchschwalben mit großem Geschrei. Die augenscheinlich etwas ermatteten Schwalben versuchten nur vereinzelt, sich zu verteidigen, ließen dabei aber regelmäßig Federn und suchten bei einem größeren Schwarm Zuflucht, an den sich die Bachstelzen nicht herangetrauten. Dieses „Gefecht" dauerte etwa eine halbe Stunde, und jeder neu erscheinende Schwalbenflug wurde mit der gleichen Erbitterung und dem gleichen Erfolg angegriffen. Eine ähnliche Szene zwischen Rauchschwalben und Grauen Bachstelzen beobachtete Clancy 1935 in Ayrshire[61].

In den USA schilderte Davis, wie ein „Kingbird" (Tyrannus tyrannus) junge Rauchschwalben attakierte, die sich 50 Yards von seinem Nest herumtrieben[62].

6. Lebensalter und Krankheiten

75 % der Rauchschwalben eines Jahrganges erreichen vermutlich noch nicht einmal ein Alter von einem Jahr. Hat die Jungschwalbe den 1. Januar ihres ersten Lebensjahres erreicht, dann hat sie im allgemeinen die Chance, noch ein Jahr und einen Monat am Leben zu bleiben. Von den über einjährigen kehrt im folgenden Frühjahr etwa die Hälfte zurück, und wahrscheinlich steigt die Lebenserwartung dann noch ein bis zwei Jahre. Rauchschwalben von vier und viereinhalb Jahren sind jedenfalls keine Seltenheit[64].

Ein noch höheres Alter wird aber bereits wieder — alles nach Ringfunden — seltener erreicht werden. Fünf Jahre stellte Ryszewski in Polen, Sunkel in Hessen fest[65], sechs Jahre alt wurde eine ungarische Rauchschwalbe[66]. Für Belgien schätzt Verheyen[67] das Höchstalter auf sechs bis sieben Jahre. Siebeneinhalb Jahre alt wurde eine polnische Rauchschwalbe, die im Herbst 1939 in Uganda erbeutet wurde[68].

---

[60] *Rhezak*, E. C. F., Ornith. Mschr. XX, 1895, S. 53.
[61] *Clancy*, Br. Birds 29 (1935/36)
[62] *Davis*, David E., Wilson Bull., Sep. 1941.
[63] *Lack*, D., Br. Birds 42 (1949).
[64] *Boley*, A., Vogelzug, 1932, S. 17; *Uchida*, S., Bird Banding 3, 1, 1932, S. 1—11, ref. *Schüz*, Vogelzug, 1932, S. 91, und *Schüz*, E., Vogelzug, 1933, S. 171.
[65] *Rydzewski*, Vogelzug 9, 1. 1938, S. 16; *Sunkel*, W., Vogelring 7, S. 22, 32.
[66] *Sceötz*, Bela v., nach *v. Lucanus*, 1925, l. c.
[67] *Verheyen*, R., Resultats du baguge... 1928—38; *Dupont*, Ch., Le Gerfaut, 1937, S. 35.
[68] *Szczepski*, Jan, Acta Ornith. Mus. Zool. Polon. 1950, S. 287.

Stölter berichtete 1869 von einer Florentiner Rauchschwalbe, die acht Jahre hintereinander in seiner Wohnung nistete, man weiß aber nicht, wie er ihre Identität feststellte[69]. In England kehrte, wie wir bereits wissen, eine mit einem Kanarienring versehene Rauchschwalbe neun Jahre hintereinander zu ihrem Nistplatz zurück[70]. Baxter weiß von einem anderen Ringvogel zu berichten, der in East Ross in Schottland am 5. Juli 1911 beringt wurde und neun Jahre später, im Juli 1920, von einer Katze getötet wurde[71]. Den Rekord hielt jedoch ein englischer Ringvogel, dem das beinahe biblische Schwalbenalter von 16 Jahren nachgewiesen werden konnte[72].

Gekäfigte Rauchschwalben, die frei im Zimmer herumfliegen können und keinen Umweltgefahren ausgesetzt sind, werden unter Umständen noch älter. Eine solche Rauchschwalbe wurde sogar 18 Jahre alt[73]. Über echte Krankheiten weiß man — mit Ausnahme des flüssigen Kotes in Hungerperioden — sehr wenig. Manchmal liegen tote Rauchschwalben♀ auf ihren Nestern, an denen nicht das geringste Krankheitssymptom zu finden ist[74].

---

[69] *Stölker*, C., Journ. f. Ornith, 1869, S. 338.
[70] *Flower*, Proc. Zool., Part. 4, 1925, S. 1365—1422, ref. Br. Birds 20 (1926/27), S. 71, und *Thomson*, Problems of Bird Migration, S. 156; *Enderes*, A. v., Mittlg. Ornith. Ver. Wien, 1878.
[71] *Baxter*, E., 1953, l. c.
[72] *Landsborough*, *Thomson*, *Leach*, Br. Birds 45 (1952), S. 265, 341.
[73] *Enderes*, A. v., Mittlg. Ornith. Ver. Wien, 1878.
[74] *Gengler*, J., Verh. Ornith. Ges. Bay. XVII, 1925 (Sonderheft).

X. Beziehungen zur Mehlschwalbe

Bei der Frage: Abnahme, periodische Schwankungen im Bestand oder Zunahme spielt das Verhältnis Rauch- zu Mehlschwalbe oft eine Rolle. Nicht im Sinn des Verdrängens der einen Art — davon kann wohl kaum je die Rede sein — als vielmehr deshalb, weil entweder beide sich die Waage halten oder einmal die eine, dann wieder die andere Art zahlenmäßig die Führung übernimmt. Die Mehlschwalbe dringt ja weiter nach Norden und auch höher ins Gebirge vor, sie ist einer ursprünglichen Nistweise in Felsen viel treuer geblieben als die Rauchschwalbe; trotzdem ist sie aber oft viel umweltempfindlicher als diese und wird durch Katastrophen ungleich härter betroffen. In Mähren gingen z. B. in den 80er Jahren nach mehrtägigen Regengüssen die Mehlschwalben massenweise ein — und erlitten Bestandeinbußen, die sich noch nach Jahren bemerkbar machten —, während Rauch- und Uferschwalben nicht betroffen wurden. Ähnliche Feststellungen machte O. Reiser in Bosnien und Taczanowski in Polen[1]. Auch die seit 40 Jahren beobachtete Abnahme der Mehlschwalbe in der Gegend von Sagan wird auf ihre Wetterempfindlichkeit zurückgeführt[2]. 1894 stellt Otto Kleinschmidt einen Rückgang der Mehlschwalbe bei Darmstadt[3], 50 Jahre später Tischler in Ostpreußen fest[4]. Auf dem Zug wird dagegen die Mehlschwalbe, die ja häufig vergesellschaftet mit der Rauchschwalbe zieht, von Unwetterkatastrophen weniger betroffen, vielleicht deshalb, weil sie mit ihren Massen die Alpenschwelle früher überschreitet als die mit soviel Nachzüglern und Spätlingen belastete Rauchschwalbe. Auch bei der Jungenaufzucht erleidet die Rauchschwalbe, die sich allein durch nahrungsarme Zeiten besser durchschlägt als ihre Verwandte, wieder schärfere Verluste. In der Siedlung selbst können wir vier Möglichkeiten unterscheiden, für deren jede es Beweise gibt:

1. Rauch- und Mehlschwalbe in etwa gleicher Streuung

Das kommt z. B. in Südtirol vor, wo beide Arten Außenbrüter sind[5].

---

[1] *Reiser*, O., Ornis Balcanica, l. c., 1939; *Taczanowski*, Ornis IV, 1888, S. 452.
[2] *Kayser*, Verh. Ornith. Ges. Bay. XVI, 1925; vgl. auch Gef. Welt, 1883, S. 318.
[3] *Kleinschmidt*, O., Journ. f. Ornith., 1894, S. 125.
[4] *Tischler*, Fr., Die Vögel Ostpreußens, 1941.
[5] *Hoffmann*, B., Verh. Ornith. Ges. Bay. XV, 4. 1923, S. 349.

2. Rauch- und Mehlschwalbe schließen sich lokal aus

Hermann Johannsen fand im Altai Dörfer, in denen es nur Rauchschwalben und solche, in denen es nur Mehlschwalben gab[6]. Auch in Böhmen scheint es Ortschaften gegeben zu haben, in deren einem Teil die Mehl-, in deren anderem die Rauchschwalben nisteten und ein gleichzeitiges Vorkommen am gleichen Haus ausgeschlossen war[7].

3. Rauchschwalbe häufiger als Mehlschwalbe

Vorwiegend trat die Rauchschwalbe auf: 1886 auf dem flachen Lande in Dänemark[8], 1894 bei Jena, 1910 und 1911 in verschiedenen Städten Südrußlands[9], wie Batum, Rostow am Don, Taganrog und im Gouv. Samara (Kuibyschew), wo die Mehlschwalbe sogar ganz fehlte. 1911 bei Salzburg[10] und nach 1940 in verschiedenen Gegenden Frankreichs, wie am Golf von Lion und in den „Landes de Gascogne"[11]. In Oberschlesien[12] neigte sich das Verhältnis Rauch- zu Mehlschwalben mit 3,5 : 1 sehr zugunsten der Rauchschwalbe. Auch im Harz (Andreasberg) wurde die Rauchschwalbe 1886 viel häufiger vorgefunden als die Mehlschwalbe, und im Kreis Lebus (Mark) war sie 1929 bei weitem häufiger[13].

4. Mehlschwalbe häufiger als Rauchschwalbe

Weit häufiger sind eigentlich die Fälle von Mehlschwalben-Dominanz. Im pommerschen Schwalbendorf Labenz an der Ostseeküste war das Verhältnis in den 30er Jahren wie 1,4 : 1 für die Mehlschwalbe[14], im hohen Norden Fennoskandiens überwiegt, wie nicht anders zu erwarten, die Mehlschwalbe bei weitem[15], während es in manchen Gegenden Finnlands fast ausgewogen ist. Dominant tritt die Mehlschwalbe ferner auf in Holland (Provinz Limburg)[16], Luxemburg[17], in verschiedenen Tälern der Schweiz[18], im Französischen Jura, den Ar-

---

[6] *Johannsen*, Herm., Vögel des Gouvernements Tomsk, 1898.
[7] *Peiter*, W., Journ. f. Ornith., 1900, S. 400.
[8] *Lütken*, Ornis, 1886.
[9] *Satunin*, Mittlg. d. Kaukas. Museums, Vögel des Batumer Gebietes, Bd. V, S. 285; *Alferaki*, Ornitolog. Wjestnik, 1910, Bd. 1; Ispolatow, daselbst, 1912 (alles russisch).
[10] *Plaz*, Graf v., Ornith. Jahrb. XXII, 1911/12, S. 163.
[11] *Hue*, Alauda 15, 1947; *Mayaud*, L'oiseau XI, 1941.
[12] *Brinkmann*, M., 1938, l. c.
[13] *Moeller* und *David*, Ornith. Mschr., 1929, S. 126. Das gleiche gilt für die Stadt Plauen i. V. für 1911 / *Dersch*, Ornith. Mschr., 1913, S. 335.
[14] *Matthiessen*, C., 1931, 32, l. c.
[15] Vgl. u. a. *Hortling*, I; Kocsag, VI, 1933.
[16] *Haverschmidt*, Mr. Fr., Faunistische Overzicht..., Leiden, 1942.
[17] *Morbach*, Joh., 1943, l. c.
[18] *Epprecht*, Ornith. Beob., 1942, 4, S. 64.

dennen, Vogesen[19] und besonders — trotz aller Häufigkeit der Rauchschwalbe — in Griechenland.

In der Rheinprovinz wiederum, wo die Rauchschwalbe im Bergland wie in der Ebene überall häufig ist, überwiegt gegendweise bald die eine, bald die andere Art[20]. So war es auch in einem Dorf bei Winsen a. d. Luhe, wo 1933 das Verhältnis der Rauchschwalben- zu denen der Mehlschwalbennester wie 24 : 104 war[21].

Auf dem Zuge vergesellschaftet sich die Rauchschwalbe recht häufig mit der Mehlschwalbe, und diese Gesellschaften treten auch noch in Afrika auf, aber man hat bezweifelt, ob sie sozusagen Herzensgemeinschaften aus verwandtschaftlichen Gefühlen heraus seien und nicht vielmehr Zufälligkeiten. Bei ihren Massenübernachtungen muß sich die Rauchschwalbe außerdem von ihrer Gefährtin trennen, die — im Gegensatz zu Uferschwalben — nur ganz ausnahmsweise im Schilf übernachtet[22]. Die im allgemeinen gutnachbarlichen Beziehungen zwischen beiden Arten äußern sich auch darin, daß junge Rauchschwalben und Mehlschwalben oft in bunter Mischung nebeneinander sitzen[23]. In ihren Jagdgebieten trennen sie sich allerdings hier und da, die Mehlschwalben jagen dann meist geschlossen und höher über den Ortschaften, die Rauchschwalben einzeln und niedrig.

5. Bastarde

Trotz ihrer verwandtschaftlichen Nähe sind B a s t a r d e zwischen Rauch- und Mehlschwalben große Seltenheiten. Man nimmt an, daß Kreuzbefruchtungen vorkommen, wenn abendlich zum Stall zurückfliegende Rauchschwalben ihre Unterkünfte verschlossen finden und dann zur Übernachtung in Mehlschwalbennester eindringen[24] — aber das wird wohl nur ein Zufall bleiben, und Möglichkeiten zur Verbastardierung gibt es ja bei dem häufig engen Zusammenleben unter überkragenden Dächern von Holzhäusern genug — ihre Nester stehen dann durcheinander und bis zu einem Fuß Abstand voneinander.

B i s h e r   b e k a n n t e   F ä l l e   v o n   B a s t a r d i e r u n g e n[25]:

1. Im Sommer 1825 entdeckte C. L. Gloger bei Neiße (Schles.) einen Bastard, den er an Friedrich Naumann schickte.

---

[19] *Stresemann*, E., Verh. Ornith. Ges. Bay. XIII, 3, 1918; *Barruel*, Alauda 17/18 (1949/50), S. 200.
[20] *Le Roi*, Otto, Verh. Nat. Ver. Rheinl.-Westf. 63, 1906, S. 171.
[21] *Tantow*, F., Vogelwelt der Niederelbe, 1936.
[22] Über die einzigen mir bekannten Fälle berichteten *Withaker*, 1872, aus England (Zoologist 7, 1872, S. 3314); für die Niederelbe *Tantow*, 1936 (l. c.); die Bemerkung *Niethammers* im Handbuch der deutschen Vogelkunde, die Mehlschwalbe übernachte nie im Schilf, bedarf also einer Einschränkung.
[23] *De Beaux*, 1950, l. c.
[24] *Gloger*, C. L., zit. d. E. *Hartert* im Neuen Naumann, Bd. IV, 1901.
[25] Vgl. hierzu: *Gloger*, C. L., Vollständiges Handbuch der Vögel Europas, 1834; *Homeyer*, E. v., Journ. f. Ornith., 1876, S. 203; *Homeyer*, A. v., O. Mber.,

2. Im Museum Tring, London, steht ein Bastard, der 1876 bei Anklam erlegt und von E. v. Homeyer im Journ. f. Ornith., Jahrg. 1876, beschrieben wurde.
3., 4. Im Zoologischen Museum Florenz stehen zwei Bastarde, die 1884 und 1885 bei Bologna und Padua erbeutet wurden.
5. Im Mai 1882 wurde ein ♂ Bastard in Schweden erlegt.
6. Im Juni 1889 wurde ein ♀ Bastard in Brighton, England, erlegt.
7. Ein sehr schöner, alter Bastard wurde am 24. April 1898 von O. Kleinschmidt bei Nierstein am Rhein erlegt.
8. Einen Mischling aus Cremlingen bei Braunschweig erwähnt Hampe, 1928.
9. Ein Bastard aus Kuopio in Finnland wird 1929 ohne nähere Angaben von Hortling angeführt.
10. 1930 wird ein Bastard von R. Berndt beschrieben.
11. 1931 wurde ein zweiter Mischling in Cremlingen festgestellt.
12. 1932 erwähnt Haverschmidt einen Bastard.
13. 1939 wird ein Mischling von Kihlén beschrieben.
14. 1937 berichtet A. van der Most van Spigk von einem Bastard aus Noordwigk van Zee in Holland.
15. 1939 gibt Uttendörfer das Resultat von zwei Gewölluntersuchungen bekannt, bei denen er Federn von Vögeln gefunden hat, die nur als Bastarde zwischen Rauch- und Mehlschwalbe gewertet werden können.
16. 1948 beobachtete Ringleben auf der Insel Neuwerk bei Cuxhaven einen Bastard am 29. April.
17. 1951 erfolgt der neueste Fund, der von Cl. Elsner mitgeteilt wird. Es handelt sich um einen Bastard, der erst freifliegend im Frühjahr 1951 in der Mark Brandenburg beobachtet wurde und dann zur Erlegung kam.

6. Das Äußere der Bastarde und ihr Verhalten

Es gibt Bastarde, die beiden Eltern ähneln, z. B. in den oberen Teilen ganz der Mehlschwalbe, in den unteren der Rauchschwalbe. Das von E. v. Homeyer 1876 beschriebene Stück machte dagegen mehr den Eindruck einer Rauchschwalbe. Die Schwanzfedern waren allerdings kürzer und ohne weiße Flecken an den Außenfedern, der Unterrücken unterbrochen weiß, die Tarsen an der Hinterseite befiedert, Oberkopf und Kleingefieder der Oberseite stahlblau, im Seitenlicht stahlgrün glänzend, Schwingen und große Deckfedern bräunlichschwarz, ebenso der Schwanz mit seinen stahlblauen Deckfedern und den fleckenlosen Fahnen, Bürzel weiß mit schwarzen Federrändern, Kehle weißlich rostrot, ähnlich wie bei Jungen im Herbst, darunter ein fünf Millimeter breites unterbrochenes Querband von schwarzbrauner Farbe. Die übrige Unterseite weißlich, an den Seiten schwach

---

V, 1837, Nr. 2; Neuer Naumann (E. *Hartert*), 1901, Bd. IV; *Rothschild*, Br. Ornith. Cl., Vol. 43, 1922/23, S. 128; *Hampe*, Ornith. Mschr., 1928 und 1931, S. 1, 49; *Stresemann*, E., Novit. Zool. 36, 1930, S. 14; *Haverschmidt*, Ardea, 1932, S. 120; *van der Most van Spigk*, Ardea 26, 1937; *Kihlén*, Beitr. Fortpfl.-biol. Vög. 1934, S. 38; *Ringleben*, H., Vogelwarte, 1948, S. 40; *Elsner*, Cl., Journ. f. Ornith., 1951, S. 65; *Kleinschmidt*, O., siehe Neuer Naumann, Bd. IV, 1901; *Uttendörfer*, O., Die Ernährung der deutschen Raubvögel, 1939, S. 325.

rostbraun überlaufen, Unterschwanzdeckfedern roströtlich überlaufen, die längsten Federn mit schwärzlichen Schaftstrichen und acht Millimeter vor der Spitze mit einem verwaschenen Fleck. An den Bauchseiten nahe des Schwanzes ein schwarzer Fleck, durch die weiße Federspitze teilweise verdeckt. Unterseite der Flügel gräulich rostweiß.

Das von Kleinschmidt am 26. April 1898 bei Nierstein erlegte Exemplar war ähnlich gefärbt, aber viel schöner.

Der von Ringleben 1948 auf Neuwerk beobachtete Durchzügler, dessen Habitus, Flug und Stimme im wesentlichen einer Mehlschwalbe glichen, unterschied sich von dieser durch die dunkle Kehle und durch einen stahlblau gefärbten Bürzel.

Der 1951 aus der Mark beschriebene Bastard war ziemlich intermediär, die Oberseite ganz dunkel, keine rostbraune Stirn, Kehle schwach rotbraun, nach hinten nicht dunkel begrenzt, Füße wie bei der Rauchschwalbe mit Schildern bedeckt, jedoch kleiner. Im Sitzen auffallende Ähnlichkeit mit einer Mehlschwalbe. Äußere Schwanzfederpaare nicht so lang wie bei der Rauchschwalbe, nur schwache Andeutung der bei Mehlschwalben vorhandenen hellen Flecke. Übrige Schwanzfedern einfarbig dunkel. Auf dem Flügel schwacher, metallischer Glanz.

Auch die Stimme richtet sich danach, ob Merkmale der Rauch- oder der Mehlschwalbe dominieren. Der Neuwerker Durchzügler rief wie eine Mehlschwalbe, der märkische Bastard wie eine Rauchschwalbe; die Lockstimme des einen Mischlings aus Cremlingen klang wie „wittwitt" rauchschwalbenartig, doch war das „i" etwas reiner, und als Nestjunges hatte er ein schnarrendes „err" hören lassen. Der 1825 bei Neiße erlegte Mischling hatte eine Stimme, die weder der einer Rauch- noch der einer Mehlschwalbe glich, sondern stieglitzähnlich, etwas gedehnter, aber weniger abgestoßen und nicht so angenehm.

Den Paarungsversuch zwischen Rauch- und Mehlschwalbe zu beobachten hatte Alexander v. Homeyer 1897 das Glück. Ein ♂ der Mehlschwalbe saß auf einem Telegraphendraht, neben ihm ein Rauchschwalbenweibchen. Das Mehlschwalbenmännchen sang heftig und näherte sich der Rauchschwalbe mit Flügelwippen. Endlich sprang es ihm auf den Rücken und wollte es begatten, doch flog die Rauchschwalbe fort und setzte sich 15 Schritt weiter. Das Mehlschwalbenmännchen folgte zwar mehrmals, doch kam es zu keiner Begattung.

Soweit man Bastarde aus Nestern kennt, waren es stets die einzigen unter normalen Nestgeschwistern; es entwickelt sich also keine Ehe zwischen den verschiedenartigen Eltern, sondern es kommt wohl nur zu einer mehr zufälligen Begattung.

An seinem Niersteiner Mischling beobachtete Kleinschmidt, daß er sich immer allein hielt und im folgenden Frühjahr als erste aller

Rauchschwalben eintraf. Der märkische Bastard versuchte wiederholt, ein ♀ der Rauchschwalbe zu treten, wurde aber von ihr wieder verjagt und blieb ohne Partner. Er flog ab und zu in den Stall, besserte dort ein leeres Rauchschwalbennest aus und baute dessen oberen Nestrand höher, als es bei Rauchschwalben üblich ist. Der Cremlinger Mischling machte Mitte Mai als zweijähriger Vogel den Versuch, ein ♀ der Rauchschwalbe zu treten, dessen Ehe dadurch vorübergehend sogar gefährdet wurde, und war im übrigen so zahm, daß er Mehlwürmer aus der Hand fraß.

XI. Ernährungsbiologie

Wenn man die Siedlungsdichte Europas mit 30 Millionen Paaren Rauchschwalben annimmt und für die Ernährung jeder Familie mit ihren Nachkommen im Verlauf der „europäischen Saison" 100 000 Insekten annimmt, so ergibt das eine Gesamtmasse von drei Billionen Nahrungstieren. Wahrscheinlich ist diese Summe noch sehr niedrig angesetzt, und wenn ich sie bringe, so nur deshalb, um unser völlig unzureichendes Wissen um die Ernährungsbiologie der Rauchschwalben darzutun. Denn was bedeuten schon einige Magenanalysen, Speiballenuntersuchungen und Beobachtungen bei diesen astronomischen Zahlen? Nicht viel mehr, als die 70 Afrikawiederfunde beringter Rauchschwalben innerhalb eines halben Jahrhunderts.

Um aber wenigstens eine Vorstellung darüber zu haben, aus welchen Ordnungen und Familien sich ihre Beutetiere rekrutieren, bringe ich das vorhandene Material in dem Bewußtsein seiner außerordentlichen Lückenhaftigkeit.

1. Nahrung wird am Boden trippelnd und höchstens emporflatternd aufgenommen

Nahrungsaufnahme vom Boden kann ein Zeichen von Erschöpfung sein, aber auch von ganz kräftigen Rauchschwalben vorgenommen werden. Erschöpft waren solche, die im Oktober 1936 in den Straßen von Innsbruck halbverfaulte Roßkastanienstückchen aufpickten[1]. E. Rey fand 1908 bei Oschatz/Sa. zwei kleine Schneckengehäuse[2], und Moltoni bei Tripolis 1934 kleine Muscheln im Magen von Rauchschwalben[3]. In Südafrika überwinternde Rauchschwalben ließen sich auf dem feuchten Meeresstrand nieder und erbeuteten im Vorwärtstrippeln Amphipoden (Flohkrebse) der Art *Talorchestia capensis*, von denen einige auch beim Springen im Flug gefangen wurden[4]. Eine trippelnde Nahrungsaufnahme in Sand und Schlamm ist wahrscheinlich gar nicht so selten[5], besonders, wenn bei Nässe die Insekten nicht fliegen. Springend und hüpfend sich vorwärtsbewegende Heuschrecken und Grillen

---

[1] Brit. Birds, 1937/38.
[2] *Rey*, E., Ornith. Mschr., 1908, S. 223.
[3] *Moltoni*, E., Rivista Ital. Ornit. IV, 1934, S. 170.
[4] *Broekhuysen*, Ostrich, 1953.
[5] Vgl. *Hammling* u. *Schulz*, Journ. f. Ornith., 1911. — *Blak-Knox*, Zoologist, 1866, S. 479, beobachtete Rauchschwalben, die auf dem Schlamm abgelassener Teiche nach Insekten suchten.

werden sogar mit besonderer Vorliebe angejagt. Das hatte Sajo bei der großen Invasion von Wanderheuschrecken in der Pußta Hortobagy 1890 miterlebt, als mehrere hundert Individuen umfassende Flüge sich niederließen und, sich am Boden formierend, unter Zwitschern, hier und da vorspringend, Heuschrecken fingen. Die Linie bewegte sich ziemlich rasch vorwärts[6]. In neuester Zeit glückte es Rudebeck, im nördlichen Upington (Kapland) etwa 10 000 Rauchschwalben über einem Schwarm der Heuschrecke *Locustana pardalina* zu beobachten, von denen besonders die hochspringenden halbwüchsigen Larven bejagt wurden[7]. In den USA fand man unter 54 Mageninhalten einmal die forstlich nicht unbedeutende Orthoptere *Oecanthus niveus* De Geer (snowy treecricket) und zwei Feldschnecken (field-crickets)[8]. Schwalben und Grillen brachte schon die Antike zusammen[9]; das 1727 erscheinende „Dictionnaire universel des mots français" erwähnt die Grille als Nahrung, und zahlreiche Feldgrillen sah ein Beobachter 1885 über dem Berliner Tempelhofer Feld neben Grünen Heuschrecken von Rauchschwalben erbeutet werden[10].

Am Boden werden aber auch S t e i n e aufgelesen, und diese Tatsache hat ja bekanntlich schon im Altertum zum Mythos des Schwalbensteins geführt. Die von Schwalben aufgenommenen und sogar zu Nest getragenen, ja an die Jungen ausgewürgten Steinchen, haben einen Durchmesser bis zu 6 mm[11], und finden sich im Magen 12 bis 14 Tage alter Junger, manchmal, wenn sie danebengewürgt werden, auch im Nest selbst. Zwei von Thomas[12] in England gemessene Steinchen hatten 5 × 3,3 × 3 und 4,5 × 3,5 × 1,5 mm Durchmesser. — Im Flug wird auch manchmal Kalk von einer abbröckelnden Wand aufgepickt[13].

2. Nahrung wird fliegend und flatternd in der Luft, an Pflanzenteilen, Wänden und ähnlichen Stellen aufgenommen

Eintagsfliegen *(Ephemeroptera)*[14]
Libellen *(Odonata)*

Libellen gehören mit zu den größten Beuteobjekten, und wo sie gemeinsam mit Eintagsfliegen schwärmen, werden diese wohl vielfach das eigentliche Ziel der Rauchschwalben sein. Die große *Calopteryx*

---
[6] *Schenk,* J., Aquila, 1907.
[7] *Rudebeck,* G., Vär Fågelvärld 12, 1953, S. 116.
[8] *Knowlton* and *Harmston,* The Auk, Vol. 60, 1943, S. 590.
[9] *Plutarch* u. O. *Keller,* Die antike Tierwelt, 1913.
[10] *Matthes,* F., Gef. Welt 14, 1885.
[11] *Madon,* Rev. franç. d'Ornith., 1927, S. 21.
[12] *Thomas,* J. F., Br. Birds 27 (1933/34).
[13] *Groebbels,* Der Vogel, 1932, S. 344.
[14] Verschiedene Autoren geben allgemein Eintagsfliegen an, u. a. *Martin,* 1909/10.

splendens wird aber sogar zu Nest getragen[15]. Gern werden in den Tagen ihres Auskriechens Gomphus-Arten bejagt: So beobachtete Martin[16] öfters an den Ufern der Creuse das Ausschlüpfen zahlreicher *Gomphus pulchellus, simillimus* und *Graslini,* die dann zu Tausenden über der Wasserfläche flogen und trotz ihres erheblichen Leibesumfanges von Rauchschwalben bejagt und erbeutet wurden.

Ufer- oder Steinfliegen *(Perlidae)*

Eben geschlüpfte Uferfliegen bilden für die Rauchschwalben eine zwar etwas große, dafür aber weichhäutige und schmackhafte Beute. Karaman[17] beobachtete in Jugoslawien sehr schön, wie Rauchschwalben um Steine kreisten, auf die sich schlüpfende Steinfliegen gesetzt hatten. Sobald sie eine Perlidae bemerkten, stießen sie nieder, um die Beute sitzend zu verschlucken. In Ungarn stellte Csiky Steinfliegen als Mageninhalt fest[18] und in Sachsen Rey, der sie als zur Gattung *Nemura* gehörend identifizierte[19].

Schnabelkerfe *(Rhynchota)*
Wanzen *(Heteroptera)*

In Ungarn wurden Beerenwanzen *(Dolycoris baccarum),* eine Schildwanze *(Eurygaster hottentotta),* eine Erdwanze *(Lygaeus campestris)* und eine wahrscheinlich zur Gattung *Elasmothetus* gehörende Art als Mageninhalte festgestellt[18], in Italien eine Blasenwanze der Gattung *Tingis*[20] und in England die zu den Blind- oder Weichwanzen gehörende *Stenoderma calcaratum*[21]. In die allerdings nicht gefährliche Verwandtschaft der Bettwanzen gehört eine *Membranacide* (Hautwanze) *Acanthia orthochila,* die Thomas (l. c) bei fütternden Altschwalben feststellte. Auch Wasserwanzen werden gern von der Oberfläche der Teiche oder in der Luft erbeutet[22].

Gleichflügler *(Homoptera)*

Plutarch schon berichtet von Zikaden, die mit großer Leichtigkeit von Schwalben gefangen würden[23]. Die Delphacide *Liburnia pellucida* wurde von Thomas nachgewiesen, die Stirnzirpe *Aphrophora alni* von Csiky. Auch Jassiden werden gefangen und an Junge verfüttert[14/17].

---

[15] *Sartori,* Aquila, 1939/42.
[16] *Martin,* Rev. franç. d'Ornith. 1909/10, S. 178.
[17] *Karaman,* Larus, 1948, S. 56.
[18] *Csiky,* E., Aquila XI, 1904, S. 270.
[19] *Rey,* E., 1908, l. c.
[20] *Giglioli,* Avifauna Italica, Bd. III, 1891.
[21] *Thomas,* J. T., Br. Birds, Vol. 27—31 (1933—40).
[22] *Friedrich,* Naturgeschichte der Vögel Europas, 1. Aufl., 1849; 5. Aufl., 1905; 6. Aufl., 1923.
[23] nach O. *Keller,* Antike Tierwelt, 1913.

Sehr beliebt scheinen schwärmende Blattflöhe zu sein. An einem regnerischen Tage Mitte Juli beobachtete ich auf einer Göttinger Straße, die von kugelbaumförmigen Weißdornen *(Crataegus)* flankiert war, den ganzen Tag über zahlreiche Rauchschwalben, die im Jagdflug die Straße niedrig auf- und abflogen, die Bäume umkreisten und von dort zahlreich sitzenden und herumfliegenden Apfelblattflöhen *(Psylla mali)* lebten, die ihnen in der nahrungsarmen Zeit eine sehr willkommene Beute waren.

Blattläuse (Aphidae)

Hin und wieder verirren sich Rauchschwalben an Zimmerpflanzen und sammeln an ihnen Blattläuse auf. Gerber, der sich besonders der Frage widmete, welche Vögel Blattläuse fressen, fand zufällig die Rauchschwalbe nicht unter ihren Vertilgern[24]. Diese Lücke wurde jedoch von Thomas (1. c) geschlossen, wenn er auch die Artzugehörigkeit nicht feststellen konnte. Da Blattläuse manchmal in riesigen Mengen schwärmen, dürfte ihre häufige Erbeutung durch Rauchschwalben gar keine Frage sein.

T e r m i t e n *(Isopteren)*

Überall, wo ziehende, überwinternde oder — bei gleichem Fortpflanzungsraum — heimische Rauchschwalben mit schwärmenden Termiten in Berührung kommen, bilden diese eine sehr wichtige Nahrungsquelle für sie, durch die der Zug sogar als Regel — wie es in Ostafrika der Fall ist — um einen Monat aufgehalten werden kann[25]. Die Rauchschwalben werden sogar veranlaßt, über weite Meeresstrecken zu fliegen — sie tauchen dann plötzlich auf den Kap-Verdischen Inseln auf[26]. Die Eingeborenen Nigeriens benutzten ja die Versessenheit der Rauchschwalben auf Termiten, um sie zu fangen[27]. — Sehr spärlich sind die Nachrichten über Termitennahrung aus den Vereinigten Staaten, wo sie wahrscheinlich auch eine bedeutende Rolle spielt. Unter den Vertilgern von *Reticulitermes flavipes* stellte Blake[28] jedenfalls auch die Rauchschwalbe fest.

K ä f e r *(Coleoptera)*
L a u f k ä f e r *(Carabidae)*

Natürlich werden nur kleinere Arten erbeutet[29], so *Bembidium nitidulum* und *Agonum parapunctatum*[29].

---

[24] *Gerber*, R., Anz. f. Schädlingskd. XXIII, 1950.
[25] *Gromier*, Rev. franç. d'Ornith., 1921/22, S. 155.
[26] *Bannerman*, D., The Birds of Tropical West Africa, 1939, Bd. 5.
[27] Vgl. Kap. Fang und Jagd: *Marchant*, Ibis, 1942.
[28] *Blake*, Ch. H., Auk, Vol. 58, 1941, S. 104.
[29] *Rey*, 1908, l. c.

Kurzflügler *(Staphylinidae)*

Tachyporus tarsus (Csiky, 04)
Tachinus rufipes (Csiky, 04)
Staphylinus brachypterus — häufig — (Norgate, 1881)[30]
Philonthus sp und *splendidulus* (Csiky, 04)

Hakenkäfer *(Dryopidae)*

Dryops viennensis (= Parnus obscurus) (Csiky, 04)

Blatthornkäfer *(Scarabaeidae)*

Aphodius spec, Mistkäfer (häufig) (Csiky, 04, Prévost 1899)[31]
Aphodius inquinatus (Ticehurst, 1932)[32]
Aphodius puntco-sulcatus (Ticehurst, 1932)

Kolbenwasserkäfer *(Hydrophilidae)*

Die meisten Vertreter werden über Wasser angejagt, einige Arten als Dungbewohner in der Nähe vom Hof.
Cryptopleurum atomarium, Kolbenwasserkäfer (Csiky, 04)
Hydrophilus haemorrhoidalis (Thomas, 1933/40)
Cercyon quisquilius (Ticehurst, 1932)
Anacaena limbata (Csiky, 04)

Cryptophagidae

(Meist auf Blumen lebende, kleine Käfer)
Ephistemus gyrionides (Thomas, 1933/40)
Cryptophagus spec (Rey, 08)

Marienkäfer *(Coccinellidae)*

Coccinella spec (Rey, 08)

Schnellkäfer *(Elateridae)*

Allgemein (Eckstein, 1901)
Athous spec (Thomas, 1933/40)

Blattkäfer *(Chrysomelidae)*

Adalia spec (Giglioli, 1891)

Rapsglanzkäfer *(Meligethes aeneus)*

Bei schlechtem Wetter tauchen Rauchschwalben zur Blütezeit des Rapses regelrecht in dessen Kelch, um sich von dort Glanzkäfer zu holen. Oft ist es aber nicht ersichtlich, ob sie die Käfer und deren sehr zahlreiche Parasiten, vor allem Schlupfwespen, bejagen oder andere Insekten, die zur gleichen Zeit in Mengen dicht über den Feldern fliegen.

---

[30] *Norgate*, Fr., Zoologist, Vol. 5, 1881.
[31] *Prévost*, Fl., Ornis X, 1899, S. 123.
[32] *Ticehurst*, Cl. B., History of the Birds of Suffolk, 1932.
[33] *Eckstein*, Aus dem Walde, 1901, S. 4.

Rüsselkäfer *(Cucurlionidae)*

Unter den im Magen oder Speiballen der Rauchschwalbe gefundenen Rüsselkäfern, die natürlich alle mehr, minder klein sind, finden sich einige Schädlinge in Landwirtschaft, Gartenbau und Forstwirtschaft, so der Bohnenkäfer, *Bruchus fabae,* der Erbsenkäfer *Bruchus pisi*[34], ein Blütenstecher[35] und *Anthribus variegatus*[36], der unter Umständen in der Forstwirtschaft schädlich werden kann, ebenso wie *Phyllobius-* und *Polydrosus-*Arten[37]. Im Staate Alabama, dessen Baumwollindustrie hauptsächlich durch einen Käfer zum Erliegen kam, nahmen bei Reihenuntersuchungen Käfer einschließlich der Rüsselkäfer 16 % der Rauchschwalbennahrung ein, darunter wieder besonders stark vertreten der Baumwollrüßler[38]. Außer den angeführten Arten kommen als Nahrungsbestandteile noch vor:

Apion flavipes (Csiky, 04)
Baris caeruleus (Csiky, 04)
Ceutorhynchus spec (Csiky, 04)
Monychus punctum album (Csiky, 04)
Rhinoncus pericarpius (Csiky, 04)

Borkenkäfer *(Ipidae)*

Zwei wichtige Kulturschädlinge werden von Rauchschwalben bejagt: Der Fichtenborkenkäfer, *Ips typographus,* und der Kaffeekäfer, *Stephanoderes hampei.* Den Fichtenborkenkäfer jagten zur Zeit der großen hessischen Borkenkäfer-Kalamität 1948 in großer Zahl herbeigeeilte Rauchschwalben, welche die Ränder der Befallsherde entlangflogen[39]. — Der Kaffeekäfer wurde in Südafrika von den dort überwinternden Rauchschwalben gefangen[40].

Hautflügler *(Hymenoptera)*
Blattwespen *(Tenthredinidae)*

Während einer Kalamität der Kiefernbuschhornblattwespe (*Diprion pini*) wurden in den 90er Jahren des vorigen Jahrhunderts zahlreiche Schwalben über den Fraßflächen kreisend beobachtet[41]. Sturm[42] nimmt zwar m. E. zu Recht an, daß sie es kaum auf die schwärmenden Imagines abgesehen haben, will das aber mit der Schutztracht der Blattwespen begründen. Ich neige mehr zu der Ansicht, daß die Blattwespen

---

[34] *Giglioli,* 1891, l. c.; *Szomjas,* L., Aquila 32/33 (1925/26), S. 295; *Purchon,* R. D., Proceed. Zool. Soc. London, Vol. 18, 1948, S. 145.
[35] *Csiky,* 1904; vielleicht war es der im Obstbau schädliche Apfelblütenstecher *Anthonomus pomorum.*
[36] *Csiky,* 1904, l. c.
[37] *Rey,* 1908, l. c.
[38] *Howell,* Birds of Alabama, 1924, S. 263.
[39] *Katzenmayer,* Dipl.-Arb. Hann.-Münden, 1948.
[40] *Leefmann,* Rev. of appl. Entom. XI, 1923.
[41] *Eckstein,* Ztschr. f. Forst- u. Jagdw. XXV, 1893, S. 643.
[42] *Sturm,* Ztschr. f. angew. Entom. 29, 1942, S. 616.

so niedrig am Boden schwärmen, daß sie deshalb nicht in den Jagdbereich der Schwalben geraten, die im Walde meist über den Baumkronen jagen. — Eine *Nematus spec.* wurde von Thomas (l. c). nachgewiesen.

Bienen (Apidae)

Von Aristoteles[43] bis zum Beginn des 19. Jahrhunderts galt das Dogma von der Bienenschädlichkeit der Schwalben uneingeschränkt. In seiner „Historia animalium" berichtet Aristoteles, die Imker machten deshalb in den Sümpfen auf Schwalben Jagd und duldeten in der Nähe von Bienenstöcken keine Nester. Plinius wußte zwar von der Abneigung römischer Imker gegen die Schwalben, behauptete jedoch — wenn man O. Keller[44] glaubt —, es würde ihnen trotzdem nicht nachgestellt. Auch Virgil stellte den Schwalben durchaus kein gutes Zeugnis aus. Im 13. Jahrhundert werden sie von Albertus Magnus als Bienenverfolger bezeichnet. Aldrovandi (1552 bis 1605) und Conrad Geßner (Ausgabe 1669) waren ebenso davon überzeugt, wie das 1727 erschienene „Dictionnaire des mots français" und das deutsche „Lexikon für Wissen" aus der Mitte des 18. Jahrhunderts. In seinen „Unterhaltungen aus der Naturgeschichte", die 1795 erschienen, schränkt Wilhelm diese Behauptung etwas ein: Die Schwalben fingen zwar Bienen, aber nur an regenreichen Tagen; jedoch erst Dewitt Clinton (1824)[45] erklärte für die amerikanische Rauchschwalbe hinsichtlich der Bienen: „they are in all respect innocent".

In Deutschland blieb es Joh. Friedr. Naumann 1833 vorbehalten, eindeutig für die Rauchschwalbe einzutreten und zu behaupten, es würden nur Drohnen gefangen und keine Arbeitsbienen. Das gleiche verfocht Constantin Lambert Gloger in seinem ein Jahr später erscheinenden „Handbuch der Naturgeschichte der Vögel Europas".

1849 sah Thompson in Irland zahlreiche Rauchschwalben bei Belfast Bienen fangen, gibt aber zu, es käme sehr selten vor. In dieser Zeit hatte im „Zoologist"[46] auch Chr. Holm sich über die aktuelle Frage ausgelassen „Do Swallows eat bee?" und damit eine fast das ganze 19. Jahrhundert andauernde Diskussion in ornithologischen, bienenzüchterischen und anderen Zeitschriften der verschiedensten Länder eröffnet. Daß Rauchschwalben hin und wieder der Sünde des Bienenfangs verfielen, ließ sich nicht ganz leugnen, seitdem Fürchtegott Gräßner im Sommer 1865 drei junge geschossen hatte, in deren Magen unter allerlei unverdauten Insektenresten auch die Leiber von Bienen

---

[43] *Strack*, Aristoteles' Naturgeschichte der Tiere, 1816.
[44] *Keller*, O., Die antike Tierwelt, Bd. 2, 1913.
[45] *Clinton*, Dewitt, Annals of the Lyceum of Natural History of New York, 1824.
[46] Chr. *Holm*, The Zoologist, Vol. III, 1845. Konnte den Schwalben nichts nachweisen.

und Wespen lagen mit deutlich wahrnehmbaren Hinterleibern einschließlich deren Stacheln, die also gefahrlos an sie verfüttert worden waren. Von anderen wurde wieder Joh. Fr. Naumann ins Feld geführt[47], der einer halbverhungerten Rauchschwalbe eine Arbeitsbiene gereicht haben sollte, die sie mit Abscheu wieder ausspie, dem inzwischen wirksam gewordenen Stich aber wenige Minuten später erlag. So wogte der Streit hin und her. In dem berühmten Buch des Bienengroßmeisters Huber stand Ende des 19. Jahrhunderts zu lesen, Schwalben könnten einen nah vom Brutplatz gelegenen Bienenstand sogar ganz entvölkern[48]. Um ähnliche Vorwürfe zu entkräften, hatte man schon um 1880 in Hessen eine ganze Rauchschwalbenfamilie, die vor einem Bienenstand gefüttert wurde, abgeschossen, im Magen aber nur Drohnenköpfe gefunden. Alles deutete darauf hin, daß es den um Bienenstände herum jagenden Schwalben hauptsächlich auf Drohnen und Bienenschmarotzer ankam: Wachszünsler (*Galleria melonella, Achroa grisella, Aphomia*) und Bienenkäfer (*Trichodes apiarius* und *alvearius*) und daß sie sehr wohl zwischen ihnen und den unter Umständen für sie gefährlichen Arbeitsbienen zu unterscheiden wußten[49]. Diese Erkenntnis wird auch dadurch kaum erschüttert, daß 1891 Giglioli im Magen einer Rauchschwalbe drei Exemplare der italienischen Biene, Apis mellifica var. ligustica, fand und in neuerer Zeit Stepe[50] in Jugoslawien zwei Rauchschwalben beobachtete, die über einem Wasser der Bienenjagd oblagen und in 1/2 Stunde elf Bienen zu Nest trugen.

Ameisen (Formicidae)

Da Ameisen oft in riesigen, wolkenartigen Schwärmen auftreten, ist die Vorliebe der Rauchschwalben für sie verständlich genug. So kannte sie auch schon Aldrovandi im 16. Jahrhundert als Ameisenjäger. In Jahren mit wenig anderer Nahrung scheinen Ameisen besonders als Ausweichnahrung wichtig zu sein, wie Kostka[51] auf ausgebrannten, verdorrten Wiesen in Ungarn feststellen konnte, wo sie sogar vom Boden aufgelesen wurden. Giglioli fand *Aphaenogaster barbara* in ihrem Magen[52], Csiky Vertreter der Gattungen *Formica* und *Myrmica*, Thomas in England *Lasius niger* und *Chtonolasius umbratus* als Futter für die Jungen. Jäckel sah 1891 riesige Ameisenschwärme von Schwalben verfolgt um einen Kirchturm wirbeln, doch bin ich hier der Zuverlässigkeit des bayerischen Ornithologen nicht ganz gewiß, da grade

---
[47] nach *Tant*, 1911/12. Mir selbst ist diese Stelle bei Naumann nicht bekannt.
[48] nach *Rhezak*, Ornith. Mschr., 1896, S. 171.
[49] *Glaser, L.*, Zool. Garten, 1883, S. 369.
[50] *Stepe*, Larus, 1949, S. 372.
[51] *Kostka*, Aquila, 1904.
[52] *Giglioli*, 1891, l. c.

um Kirchtürme auch wolkenartige Schwärme kleiner gelber Fliegen, die man leicht mit Ameisen verwechseln kann, schwärmen[53].

Gallwespen (Cynipidae)

Von Thomas (l. c.) wurden Vertreter der Gattungen Synergus und Eucoilea bei fütternden Rauchschwalben festgestellt.

Schlupfwesen (Ichneumonidae u. a.)

Ichneumoniden wurden von Giglioli und Rey als Nahrungsbestandteile festgestellt, *Ophioniden* von Giglioli, *Braconiden* (Erzwespen), *Chalcidier (Pteromalus spec)* und Pimpliden *(Lissonota basalis)* von Thomas. Der Anteil an Schlupfwespen kann natürlich unter Umständen ein recht beträchtlicher sein, wohl nie ein wirtschaftlich bedenklicher.

Zweiflügler *(Dipteren)*

Zweiflügler einschließlich ihrer Larven, soweit diese im Wasser leben, bilden wohl die Hauptnahrung der Rauchschwalben. Schon der im 14. Jahrhundert lebende Conrad von Megenberg, Domherr von Regensburg, sagt: „Hirundo haizt ain Swalb, der Vogel wird gespeist in seinem Flug von den snāken und von den mücken oder von den fliegen in der luft." Vor allem ist es die Strahlenmücke, *Dilophus febrilis,* die in Massen erbeutet wird, in Afrika der Moskito. So traf Bates[54] unendlich viele auf Moskitos jagende Rauchschwalben über den ausgetrockneten toten Armen des Nyong-Flusses im tropischen Westafrika. Auch große, weichhäutige Zweiflügler finden sich als Nahrungsbestandteile, wie die Schlammfliege *Eristalis arbustorum* mit 22 mm Flügelspanne und 10 mm Länge, sowie die Raubfliegen der Gattung *Asilus* mit 22 mm Länge. Wirtschaflich wichtig unter den Beutetieren sind Fritfliege und Moskito.

Mücken

Neben der Strahlenmücke wird auch die Zuckmücke *(Chironomus sp)* in Massen gefangen, vor allem wieder die ♂ während des Hochzeitsfluges. Als im Juli 1954 in Hann.-Münden von der Werra her ein starker Ausstoß schwärmender *Chironomus*-Mücken erfolgte, die vom Fluß her an die Nordseite des Schlosses getrieben wurden, bildeten sie tagelang ein willkommenes Ziel für Beutegesellschaften aus Rauch-, Mehlschwalben, Seglern, Finken und Haussperlingen, die sie um die Baumkronen, am Flußufer und längs der Schloßmauer erjagten oder am Boden auflasen.

Auch die der Wiesenkultur schädlichen Tipuliden werden anscheinend gern angejagt. Die folgende Tabelle soll einen Einblick in unser

---

[53] Gemeint ist eine Halmfliege, *Chlorops taeniopus*.
[54] *Bates,* nach *Bannerman,* 1939.

Tabelle 6. **Zweiflügler als Nahrung der Rauchschwalbe**

Nr.	Familie	Gattung	Art	deutscher Name	Autor	Bemerkung
1	*Bibionidae* Haarmücken	*Dilophus*	*febrilis*	Strahlenmücke	Thomas 1933/40 Rey, 1908	bis zu 50 % bei Fütterungen
2	*Sciaridae* Trauermücken	—	unbestimmt	—	Thomas 1933/40	
3	*Mycetophilidae* Pilzmücken	*Leia*	*fascipennis*	—	,, ,,	
4	*Ptychopteridae* Faltenmücken	*Ptychoptera*	spec	—	,, ,,	
5	*Chironomidae* Zuckmücken	*Anatopynia* *Chironomus*	spec *plumosus* ?	— —	Thomas v. Vietinghoff	s. Text
6	*Anisopodidae* Pfriemenmücke	—	unbestimmt	—	Thomas	
7	*Tipulidae* Schnaken	*Tipula* *Empeda* *Erioptera*	unbestimmt *oleracea* spec *cinerascens*	— Kohlschnake —	Giglioli Jäckel Gasow, 1944 Thomas	
8	*Stratiomyidae* Waffenfliegen	*Sargus* *Microchrysa* *Odontomyia*	*cuprarius* *polita* *viridula*		Thomas ,, ,,	
9	*Xylophagidae* Holzfliegen	*Beris* *Chorisops*	*vallata* *tibialis*		,, ,,	häufig
10	*Tabanidae* Bremsen	*Haematopoda* *Tabanus* *Tabanus* *Tabanus*	*pluvialis* *fulvus* *bovinus* *autumnalis*	Rinderbremse	,, Thomas u.Csiky Csiky u. Jäckel	

Fortsetzung von Tabelle 6

Nr.	Familie	Gattung	Art	deutscher Name	Autor	Bemerkung.
11	*Rhagionidae* (*Leptidae*) Schnepfenfliegen	*Chrysophilus* *Chrysophilus* *Rhagio*	cristatus aureus tringaria		Thomas " "	
12	*Asilidae* Raubfliegen	*Asilus*	spec		de Beaux 1950	22 mm lange Asilide.-Turin
13	*Therevidae* Stilettfliegen	*Thereva*	plebeja		Thomas	
14	*Empidae* Tanzfliegen	*Empis* *Empis* *Hilaria* *Tachydromia* *Tachydromia* *Tachydromia*	albinervis livida litorea notata cursitans candicans		Thomas " " " " "	
15	*Dolichopodidae* Langbeinfliegen	*Dolichopus* *Poecilobrothus*	spec nobilitatus		Jäckel Thomas	
16	*Lonchopteridae*	*Lonchoptera*	lutea		Thomas	
17	*Phoridae* Buckelfliegen	—	spec		Thomas	
18	*Syrphidae* Schwebfliegen	Allgemein *Chilosa* *Melanostoma* *Syrphus* *Eristalis* *Chilosia*	— honesta melinum ribesii arbustorum honesta	Blattlausfliege Schlammfliege	Jäckel Thomas " " " "	
19	*Scatophagidae* (*Cordularidae*)	*Scatophaga*	stercoraria	Kotfliege	Thomas	häufig am Nest
20	*Sepsidae* Schwingfliegen	*Sepsis*	cynipsea		Thomas	

Fortsetzung von Tabelle 6

Nr.	Familie	Gattung	Art	deutscher Name	Autor	Bemerkung.
21	*Lauxaniidae*	*Lauxania*	spec		Thomas	
22	*Ortalidae* oder *Trypetidae*	—	—		Rey, 1908	
23	*Spaeroceridae* Dungfliegen	*Sphaerocera*	subsultans		Thomas	
		Leptocera	spec		,,	
		Leptocera	sylvatica		,,	
		Copromyza	equina		,,	
		Borborus	similis		,,	
		Borborus	geniculatus		,,	
24	*Chlorpidae* Halmfliegen	*Oscinella*	frit	Fritfliege	Thomas	
25	*Ephydridae* Dornfliegen	*Notiphila*	spec	Dornfliege	Thomas	häufig!
		Opomyza	germinationis	Wiesenfliege	,,	
26	*Muscidae* Vollfliegen	Allgemein	caesarion		viele Autoren	zu Tausenden bei Hildesheim
		Orthella	calcitrans		Thomas	
		Stomoxys	tigrina		v. Staats	
		Caenosia	lineatipes		Thomas	
		Caenosia	spec	Blumenfliege	,,	
		Caenosia	spec	,,	,,	
		Fannia	irritans	,,	,,	häufig!
		Hydrotaea	dentipes	,,	,,	
		Hydrotaea	cilicruca	,,	,,	
		Hylemia	spec	,,	,,	
		Limnophora	borealis	,,	,,	
		Phaonia	spec	,,	,,	
		Phaonia				
27	*Tachinidae* Schmarotzer- und Aasfliegen.	*Lucilia*	caesar	Goldfliege	Csiky, 04	häufig!
		Pollenia	vespillo		Jäckel	
		Onesia	spec		Thomas	

bisheriges Wissen um die Ernährung durch Zweiflügler geben, das durch die Arbeiten von Thomas einen hoffnungsvollen Auftrieb erhalten hat (Tabelle 6).

Fliegen

Besonders häufig scheinen Wiesen-, Kot- und Stechfliegen erbeutet zu werden (Tabelle 6).

Lausfliegen (vgl. Kapitel Parasiten)

Hierher gehören Puppen und schlüpfende Imagines der Gattung Stenopteryx und Ornithomyia, die beim Wühlen im Nest von Rauchschwalben — besonders dem ♀ — fleißig abgesammelt und gefressen oder an Ort und Stelle an die Jungen verfüttert werden.

Köcherfliegen (Trichoptera)

In Kiel wurden im Mai 1951 unter Trauerseeschwalben und Zwergmöven auch alle drei Schwalbenarten und Mauersegler als Vertilger schlüpfender Köcherfliegen beobachtet[55].

Schmetterlinge (Lepidoptera)

Fast ausschließlich werden kleinere Arten erbeutet. Soweit größere gejagt werden, gelingt die Erbeutung nicht immer, oft entkommt der Schmetterling, wenn auch verletzt.

Als Kulturschädlinge gelten unter den Nahrungstieren: Kornmotte, Grüner Eichenwickler, Traubenwickler, Kiefernspanner, Nonne und Gammaeule.

Kornmotte *(Tinea granella)*. Sie wird bereits 1727 als Beute der Rauchschwalbe erwähnt[56]. Buffon (1779), I. A. Naumann (1833) und andere Naturforscher dieser Zeit kennen sie als solche. Auch über Frachtdampfern mit Kornladung, durch deren Luken die Kornmotten schwärmen, sieht man auf See Rauchschwalben kreisen[57], und nicht minder werden Getreidespeicher von ihnen umschwärmt[57a].

Eichenwickler *(Tortrix viridana)*. Im Jahr 1891 wurde als erster Jäckel auf die Hilfe von Rauchschwalben bei Eichenwicklerkalamitäten aufmerksam[58]. Bei einer großen Kalamität in Mittelschlesien 1908 sah Feucht, wie sich Rauchschwalben an den Fraßstellen sammelten und Unmengen von Raupen, die sich grade abspannen, erbeuteten[59]. Noch auffallender war eine Beobachtung Kennels[60]: Er sah

---

[55] *Schmidt*, G., Vogelwelt 74, 1953, S. 63.
[56] Dictionnaire des mots français, 1927.
[57] *Heinroth*, O., Journ. f. Ornith. 1903, S. 124.
[57a] Neuer Naumann, 1901, Bd. IV, S. 200. *Reuss*, L., Fauna des Unteren Donaukreises, 1832.
[58] *Jäckel*, A., Übersicht der Vögel Bayerns, 1891.
[59] *Feucht*, O., Kosmos, 1908, zit. aus *Gasow*, Der grüne Eichenwickler als Forstschädling, 1925. In Ceshire (England), brachten (*Boyd*, 1931) fütternde Rauchschwalben Eichenwickler zum Nest.
[60] *Kennel*, Die palärarktischen Tortriciden, Zoologica, 1908—1921.

an einem windigen Tage mit geringem Insektenflug eine kleine Schar Schwalben den befallenen Waldsaum entlangfliegen, dabei sichtlich die Zweige berührend und abstreifend, aus denen Wolken von Wicklern emporstoben und sofort angejagt wurden. Die Rauchschwalben wendeten hier also das gleiche „Mittel" an, das sie sonst so gern dem Menschen überlassen.

Bekreuzter Traubenwickler *(Polychrosis botrana)*. Er wird von *Bersot*[61] 1933 als Beute der Rauchschwalbe angegeben. Vielleicht wäre hier eine biologische Bekämpfungsmöglichkeit durch intensiven Schwalbenschutz und -ansiedlung in den nahen Ortschaften gegeben, die einen besseren Erfolg hätte als die vergeblichen Versuche mit Vogelschutzgehölzen und Nisthöhlenanbringung in Weinbergen.

Kiefernspanner *(Bupalus piniarius)*. Bei Kalamitäten des Kiefernspanners werden wohl Rauchschwalben ziemlich regelmäßig erscheinen, obwohl die Beobachtungen darüber noch sehr spärlich sind. Die Aufmerksamkeit darauf lenkt Trägårdh, der bei schwedischen Kalamitäten Rauchschwalben als Vertilger erwähnt[62].

Nonne *(Liparis monacha)*. In seinen „Waldverderbern" schreibt Ratzeburg 1856 von den Feinden: „Unter den höheren Thieren leisten ... ganze Züge von Schwalben sehr viel." Am 30. Juli 1935 sah Steinfatt bei der großen Nonnenkalamität in der Rominter Heide mehrere hundert Rauch- und Mehlschwalben. Der Falterflug war seit etwa acht Tagen im Gange, und die Schwalben, die diese Nahrungsfülle durch Zufall entdeckt haben mochten, flogen in 3 bis 5 m Höhe über dem Bestand oder am Rand der Kahlschlagflächen. Manche Falter schienen auch unmittelbar vom Baum abgenommen zu werden[63]. 1931 berichtet Mansfeld von einer Massenvermehrung der Nonne bei Koburg. Unter den vielen Vögeln, die dabei anzutreffen waren, befanden sich auch Schwalben und Segler, flogen mitten in den Wald und fingen die Falter in Massen[64].

Nicht bei allen Insektenkalamitäten — auch denen von Kleinschmetterlingen — treten aber die Rauchschwalben als Vertilger auf. Bisher ließ sie sich z. B. noch nicht bei solchen der Lärchenminiermotte *(Coleophora laricella)* feststellen, wie meine eigenen Beobachtungen sowohl wie die von Jung[65] ergaben.

Fehlstöße kommen besonders bei großen Beuteobjekten vor: Collenette[66] sah sie vergeblich auf Admirale *(Aglia)* und *Vanessa cardui*

---
[61] *Bersot*, Nos oiseaux, 1933, Nr. 112, S. 207. — In dem ausgezeichneten Buch *Stellwaags*, Die Weinbauinsekten, Berlin, 1928, ist über Schwalben nichts gesagt.
[62] *Escherich*, K., Forstw. Centralblatt 46, 1924, S. 440.
[63] *Steinfatt*, O., Die Nonne in Ostpreußen, 1933—1937, Berlin 1942.
[64] *Mansfeld*, Nachrichtenbl. f. d. deutsch. Pflanzenschutzdienst, 1949.
[65] *Jung*, Zeitschr. f. ang. Entom. 1942.
[66] *Collenette*, C. L., Proceed. Zool. Soc. London, 1935, I, S. 215.

Ernährungsbiologie

Tabelle 7. Liste der Schmetterlinge, die als Beute von Rauchschwalben festgestellt wurden

Nr.	Familie	Gattung	Art	deutscher Name	Autor	Bemerkung.
1	*Adelidae* Langhornmotten	*Adela*	spec		Jäckel	
2	*Glyphipterigidae* Wippenmotten	*Ochsenheimeria*	bisontella		Thomas	
3	*Tineidae* Motten	*Tinea* *Tinea*	granella lacunana	Kornmotte	versch. Autor. Jäckel	s. Text
4	*Aegeriidae (Sesiidae)* Glasflügler	Allgemein			Jäckel	
5	*Tortricidae* Wickler	*Tortrix* *Tortrix* *Polychrosis*	viridana sorbiana botrana	Gr. Eichenwickler bekr. Traub.-wickler	versch. Autor. Thomas Bersot, 1933	s. Text
6	*Pteryphoridae* Geist'chen	*Alucitae*			Naumann, 1901	
7	*Pyralidae* Zünsler	*Crambus* *Botys*	spec purpuralis —	Weinbau-Pyralide	Jäckel ,, Bersot, 1933	

Nahrung wird fliegend aufgenommen

Größere Arten

8	Geometridae Spanner	Bupulus (Geometra)	piniarius	Kiefernspanner	Escherich, 1924	
9	Lymantriidae Trägspinner	Lymantria	monacha	Nonne	versch. Autor.	vgl. Text
10	Noctuidae Eulen	Plusia Agrotis	gamma promuba	Gamma-Eule Hausmutter	Wilkison, 1951[98] Jäckel	50—60 mm klafternd
		und verschiedene nicht bestimmte Eulen				
11	Sphingidae Schwärmer	Macroglossa	stellatarum	Taubenschwanz	Jäckel	sehr großer Schmetterling!
12	Lycaenidae Bläulinge	Thestor Lycaena	ballus cordion	Bläuling silbergrüner	Irby, 1895[69] Collenette, 1935	für Gibraltar!
13	Pieridae Weißlinge	Pieris	rapae	Rübenweißling	Collenette, 1935	
14	Nymphalidae Fleckenfalter	Caenonympha	pamphilus	Kl. Wiesen- vögelchen	Collenette, 1935	
15	Satyridae Augenfalter	Maniola	jurtinae		Collenette, 1935	

[68] Wilkison, Denby, Br. Birds 44 (1951), S. 204.
[69] Irby, How., The Ornithology of the Straits of Gibraltar, 1875, 2. Aufl., 1895.

jagen, sowie mehr oder minder vergebliche Stöße auf „Meadow-Brown"-Falter, wobei der Schmetterling zwar verletzt, aber nicht erbeutet wurde. Einmal allerdings, als ein Großschmetterling von einem Spatzen erbeutet wurde, jagten ihm Schwalben diesen erfolgreich wieder ab. Als Höchstleistung darf wohl die Erbeutung eines Taubenschwanzes *(Macroglossa stellatarum)* gelten[67].

Spinnentiere *(Arachnoidea)*

Schon Lafontaine (1621 bis 1695) ließ die Spinne ein klagendes Opfer der Rauchschwalbe werden[70], und auch der Comte de Buffon (1707 bis 1788) wußte sehr wohl, daß tote Spinnen manchmal von Rauchschwalben aufgeschnappt werden. In Tunesien beobachtete Alexander Koenig[71] an kalten Januartagen des Jahres 1886 viele Rauchschwalben, die ausgehungert an Fensternischen nach Fliegen und Spinnen haschten, und Thienemann[72] ließ in diesen Jahren bei schlechtem Wetter gefangene Spinnen an der Wand seines Hauses entlanglaufen, die sofort von den hungrigen Rauchschwalben erhascht wurden. Rey[73] fand Spinnen als Mageninhalt einer im Mai untersuchten Rauchschwalbe.

3. Jagdflüge und Nahrungsaufnahme

Die J a g d f l ü g e der Rauchschwalben dehnen sich oft sehr weit aus. Massenweise schwärmende Insekten werden durch einen sehr feinen sozialen Instinkt und durch äußerst rasche „Nachrichtenübermittlung" als Nahrungsquelle erschlossen: Ameisen, die Halmfliege

---

[67] *Jäckel*, 1891, l. c.
[70] O Jupiter, deß Hirn auf neue Art
Seltsam geheimnisvoll entbunden ward
Von Pallas, die zur Feindin mir gegeben,
Hör' meine Klagen einmal nur im Leben!
Progne beraubt der Nahrung mich, sie streicht
Hoch durch die Lüfte, über's Wasser leicht.
Nimmt mir die Fliegen vor der Türe fort,
Die mein doch wären. Sicher voll und schwer
mein Netz ohn' den verwünschten Vogel wär'
Ich hab es festgewebt an gutem Ort,
Doch beutegierig, trotz des Tierchens Jammer schoß
Die Schwalbe durch die Luft, die Fliegen wegzufangen
Für ihre Jungen und sich erbarmungslos,
Denn die gefräß'ge Brut trug stets danach Verlangen.
Mit offnen Schnäbeln und beständig schreiend lagen
Die Kleinen in dem Nest, erbettelnd, was sie fand.
Die arme Spinne nur bestand
Aus Kopf und Beinen noch, die kaum mehr angewandt,
Da ward sie selbst auch fortgetragen.
Die Schwalbe streift' im Flug herunter das Gewebe
Dran hing das Tierlein in der Schwebe.
[71] *Koenig*, A., Journ. f. Ornith., 1886, S. 166.
[72] *Thienemann*, Fr. Aug. Ludw., Mittl. z. Schutz d. Vogelw. 1888, S. 310.
[73] *Rey*, E., Ornith. Mschr., 1908, S. 223.

Chorops taeniopus, ferner Blattläuse, Wickler, Kornmotten, Eintagsfliegen, Libellen, Apfelblütenstecher. Wenn Rauchschwalben sich zum Jagdflug versammeln, ist meist „etwas los", nur findet man nicht immer den Urheber. So wurden Ende August 1949 etwa 60 kreisende Rauch- und Mehlschwalben beobachtet, die sich auf die obersten Zweige eines Baumes setzten, sich dort putzten und sonnten, dann aber wieder an der Krone hochfliegend und flatternd augenscheinlich etwas in Massen erbeuteten, denn sie klemmten sich sogar leicht an die Blätter. Aber es blieb ein Geheimnis, was sie zu diesen Flugkünsten veranlaßte[74]. Sie jagen in Ostafrika über Sisalfeldern, in Ägypten über reifenden Kornfeldern[75], in China besuchen sie die Reisanpflanzungen[76]. In Siebenbürgen sah man über den Maisfeldern manchmal tausend Stück auf Nahrungssuche, und sie klammern sich in solchen Massen an die Maiskolben, daß diese ganz schwarz aussehen. Auch über Rapsfelder sieht man sie eifrig jagen.

Selten gehen die Rauchschwalben v e g e t a b i l i s c h e K o s t an. In den USA scheinen sie große Freunde der „Bay-berry"-Beere und der „wax-myrtle" (Myrica cerifera) zu sein[77] und fliegen besonders im Herbst zu Tausenden über den niedrigen Büschen, um ihre Kehle mit Beeren zu füllen.

Bei der Erschließung von Nahrungsquellen sind sie oft auf andere — Tiere oder Menschen — angewiesen. Wenn sie sehr hungrig sind, fliegen sie so nah um die Stiefel, daß man fürchten muß, sie zu zertreten. Solange es noch Schützenketten gab, achteten sie im Krieg wie im Frieden besonders auf Soldatenstiefel, die ihnen aufgestöberte Insekten verhießen, und es ist ein hoffnungsvoller Rückblick auf die völkervereinende Idee der Ornithologie, daß wiederum beide feindlichen Seiten diese Beobachtung im ersten Weltkrieg gemacht haben: Reboussin auf der französischen, Bacmeister auf der deutschen Seite[78]. Eigenartig war der Heldentod einer allzu militärfrommen Rauchschwalbe, die im tiefen Frieden bei Hildesheim einer vorgehenden Kompagnie folgte und bei dem altmodischen Kommando „Halt! Nieder!" sich grade unter dem Knie des allzu exakt diesen Befehl aus-

---

[74] *Geißbühler,* Ornith. Beob., 1949, 5 und Br. Birds 1949 (August).
[75] *Koenig, A.,* Journ. f. Ornith., 1919, für Ägypten und *Zink,* Vogelwarte 16, 1952, für Tanganjika.
[76] Auf einer chinesischen Tafel, die im Zoologischen Institut Hann.-Münden hängt, ist die Herstellung und Zucht des Reises (Oryza) zu sehen. Rund herum die Reisschädlinge, die von fliegenden Tieren vertilgt werden: Fledermäuse, Mantis, Libellen oder Amphibien (Frösche). Deutlich erkennbar sind auch Rauchschwalben! — Vergl. Abb. 17 nach S. 296.
[77] *Barrow,* zit. durch *Howell,* Birds of Alabama, 1924. Vgl. auch *Groebbels,* Der Vogel, 1932.
[78] *Reboussin,* Rev. franç. d'Ornith. 1917/18 und *Bacmeister,* Ornith. Monatsber. 24, 1916, S. 109.

führenden Soldaten befand, durch das sie zu Tode gedrückt wurde[79]. Rauchschwalben, die aus Not zu ihnen kamen, um in ihrer Nähe auffliegende Insekten zu erhaschen, hatte ja schon Gätke in jenen schicksalhaften Maitagen 1855 auf Helgoland[80] und Nicoll 1909 in Ägypten erlebt[18]. Im kalten August 1885 aber saß auf dem Boden des Tempelhofer Feldes bei Berlin alles voll von Rauchschwalben, die darauf warteten, daß Fußgänger ihnen Heuschrecken und Grillen hochmachten[82]. In den pußtaähnlichen Gefilden des österreichischen Burgenlandes habe ich ähnliches erlebt.

Erst recht trifft man Rauchschwalben im Gefolge von Maschinen (Eisenbahnzügen, Autos), die durch eine Grassteppe hindurchfahren[83], und natürlich hinter und um Reiter, Pferdegespanne, Schafherden, Kamelkarawanen, Reitdromedaren, aber auch hinter Motor-Rasenmähern und simplen Heuwendern. Bei Tieren wird ja ein doppelter Nutzen offenbar: Der des Aufwirbelns durch Hufe — wobei sogar versehentlich nach Kotspritzern gestoßen wird[84], die ähnlich wie Schneeflocken für Insekten gehalten werden — und der Anziehungskraft, die weidende Tiere und Zugtiere im Sommer auf Bremsen, Moskitos und Mücken haben. Weidevieh wird in den afrikanischen Winterquartieren ebenso gern überschattet wie Schafherden in Europa[85], und schon A. E. Brehm hatte 1861 bemerkt, daß Rauchschwalben oft stundenlang Viehherden, Reitern und Fahrenden folgten. In Ungarn las eine im Stall überwinternde Rauchschwalbe den Kühen die Kerfe vom Rücken[86] und bewahrheitete so die Kunst der Griechen, die das gleiche Motiv auf einer Tetradrachme dargestellt hatten. *Stomoxys calcitrans* wird bei Regen an Stallwänden rüttelnd abgelesen, wobei erstaunliche Resultate erzielt werden können[79].

Bei Jagdflügen über Wasser tunken sie sogar manchmal den Kopf unter — wahrscheinlich, um flach treibende Wasserinsekten zu erwischen. Das hatte dann wohl der Holländer Cornelius Nozemann[87] dahin mißverstanden, daß sie nach Fischbrut tauche. Auch auf Blütenstengeln lassen sie sich vorübergehend nieder, um kleine Insekten aus den Dolden abzulesen[88].

---

[79] *Staats v. Wacquant*, Mittlg. Ornith. Ver. Wien, 15. 1891, S. 84 ff.
[80] *Gätke*, Die Vogelwarte Helgoland, 1891, S. 435.
[81] *Nicoll*, Ibis 1909.
[82] *Matthes*, F., Gef. Welt 14, 1885.
[83] *Grote*, H., Beitr. Fortpfl.-biol. Vög., 11, 1935, S. 109.
[84] *Tullsen*, Condor, 1911.
[85] Z. B. bei Zürich, vgl. *Knopfli*, Ornith. Beob., 1906.
[86] *Koloman*, Mik., Aquila 1927., bzügl. Afrika vgl. *Bannerman and Priestley*, Ibis 94, 1952 (begleiten Viehherden in Marokko), *Zink*, G., Vogelwarte, Bd. 16, 1952, S. 98 (Tanganjika-Gebiet); *Geyr v. Schweppenburg*, Frhr., Journ. f. Ornith., 1924, S. 103; *Ticehurst*, Ibis, 1925, (begleiten Dromedare).
[87] *Nozema*, Cornelius, „Nederlandische Vogelen", Amsterdam, 1770.
[88] *Massey*, Br. Birds XI (1917/18).

Noch hat niemand die Entfernung gemessen, bis zu der Rauchschwalben ihre Ernährungsflüge ausdehnen. Je besser das Wetter und je mehr sie mit der Aufzucht von Jungen geplagt sind, um so enger wird sich dieser Kreis schließen, und bei 60 Fütterungen je Stunde kann ein Paar kaum über die Hofschwelle hinaus. In den USA fliegen sie manchmal nur in die Nachbarscheune und holen sich dort ihre Fliegen. Aber außerhalb dieser Zeit intensivster Nahrungsflüge geht der Flug oft sehr weit ab, in Finnland über Sümpfe und gemähte Wiesen in Gegenden, die fern von jeder Behausung liegen[89]. Mitte des vorigen Jahrhunderts berichtete Thompson[90] aus Irland von wahren „Exkursionen", welche die Rauchschwalben besonders bei Ebbe unternehmen. Er beobachtete, daß sie regelmäßig über den Flächen von Zostera maritima flogen und wie Kormorane auf Stangen aufblockten, die ihnen eine weite Übersicht gaben. Bei Flut saßen sie mit windwärts gehaltenem Kopf auf dem Sand und warteten auf die nahrungsreiche Ebbe, die sie bis zu fernen Felseneilanden führte, wo sie die einzigen Vögel überhaupt waren. Natürlich bleiben sie bei ihren Nahrungsflügen im allgemeinen nicht allein.

4. Vergesellschaftungen vornehmlich bei Jagdflügen

Vor allem lieben es die Rauchschwalben aller Rassen, mit nahe verwandten Schwalbenarten gemeinsam zu jagen. Sie nisten ja in allen Teilen der Erde gern mit Felsenschwalben zusammen und jagen dann auch mit diesen gemeinsam (Pyrenäen, Balkan, Ostsibirien). Im Tessin fand sie Corti[91] an der Maggia-Mündung in Gesellschaft von Mehl-Uferschwalben und Trauerseeschwalben jagend. Nicht so grundsätzlich als vielmehr zufällig — angezogen durch die gleiche örtlich zusammengeballte Nahrungsfülle — vergesellschaften sie sich vorübergehend sogar mit Mauerseglern[92], von denen ihr Lufthabitat sonst getrennt erscheint.

In Nordburma brütende südostasiatische Rauchschwalben füttern oft in Gemeinschaft mit Collocalia-Arten, Delichon, „Palmswift" und Hirundo striolata[93]. In Honduras jagen amerikanische Rauchschwalben

---

[89] *Hortling*, Ivar, Ornithologisk Handbok, Helsingfors, 1929.
[90] *Thompson*, W., Natural History of Ireland, 1849.
[91] *Corti*, U., Ornith. Beob. 1943, S. 144.
[92] So berichtet *Péguy* in Rev. franç. d'ornith. 1913/14 von gemeinsam jagenden Seglern und Rauchschwalben, die sich so in die Quere kamen, daß einer auf den Rücken des andern flog, um seine Beute zu erhaschen, aber natürlich war der Seglerflug schneller als der der Schwalben. Auch bei Sfax in Tunesien wurde das gemeinsame Jagen von Schwalben und Seglern beobachtet (*Bedé*, Rev. d'ornith. franç., Bd. IV, 1915/16). Bei uns müßte man noch mehr darauf achten. In Savoyen beobachtete es *Poncy* (Alauda VII, 1935, S. 171) im April. — In den vorhergehenden Kapiteln sind schon viele Beispiele genannt worden.
[93] *Standford* and *E. Mayr*, Ibis, 1941.

gern im Juni und Juli zusammen mit Panyptila sancti hieronymi, Chaetura rutila brunneitorques, Nephoecetes niger costaricensis und Tachycincta thalassina[94].

5. Nahrungsmenge

Über die Menge der von einer Rauchschwalbe — oder einer Familie — vertilgten Nahrung gehen die Berechnungen sehr auseinander. Frionnet jedenfalls übertrieb stark, als er für ein Paar 200 Fütterungsflüge je Stunde ansetzte und damit auf 324 000 Insekten im Monat kam[95]. Viel annehmbarer ist die Berechnung Purchons[96], der je Stunde durchschnittlich nur 33 Fütterungen ansetzte und dabei annahm, daß 40 Insekten gefüttert und selbst gefressen werden — oft enthält ja ein Rachen eine ganze Menge Insekten! —. Bei 15stündiger Fütterungsdauer im Sommer kam er für eine durchschnittliche Rauchschwalbenfamilie auf 1000 Insekten täglich und für die Nahrungssaison von Anfang Mai bis Ende September auf 100 000 Insekten. Morbach[97] gibt die Untersuchungen von Florent-Prévent wieder, der im April im Magen einer einzigen Rauchschwalbe 309 Mücken und Erdschnaken fand, bald darauf in einem anderen Magen 202 kleine Käfer! Florent berechnet danach für ein Paar mit zwei Bruten für die Saison 291 000 Insekten. Rechnen wir nur 100 000 Stück für ein Paar mit seinen Nachkommen zwischen Eintreffen und Wegzug, so würde sich die beachtliche, am Anfang des Kapitels über die Ernährungsbiologie stehende Menge von 3 Billionen Insekten für Europa ergeben. Die Zahl will aber wenig besagen.

Das starke Nahrungsbedürfnis der Rauchschwalbe ist physiologisch verständlich aus der Darmlänge, die viel kürzer ist als die der Alles- und Körnerfresser und eine Gesamtlänge von 25 bis 27,5 cm bei einer Länge des Vogels von 11,5 bis 15 cm besitzt[98]. Das G e w i c h t der Tagesration ist mit 19 g = 7,8 g Trockensubstanz berechnet worden, d. h. es beläuft sich auf etwa 43 %/o ihres Eigengewichtes, ein Verbrauch, der ebenfalls auf einen starken Stoffwechsel schließen läßt.

H u n g e r n : Ähnlich wie Segler — wenn auch wohl nicht ganz so lang — können Perioden völliger Nahrungslosigkeit überstanden werden. Entweder, bei Erwachsenen, durch Drusenbildung und temporären Schlaf, oder bei Jungen durch Regungslosigkeit und Inanspruchnahme der Fettreserven. Eine in Gefangenschaft gehaltene Rauchschwalbe, die versehentlich in eine Vase gefallen war und nach vier Tagen wiedergefunden wurde, zeigte nicht die geringsten Er-

---

[94] Vgl. The Wilson Bull, Dez. 1951, Vol. 63, Nr. 4.
[95] *Frionnet*, Les oiseaux de la Haute-Marne, 1925.
[96] *Purchon*, Proceed. Zool. soc. London, Vol. 18, 1948.
[97] *Morbach*, Joh., Vögel der Heimat, Esch-Alz, 1943.
[98] *Groebbels*, „Der Vogel", 1. Bd., 1932.

mattungserscheinungen[99]. Von anderer Seite wird ein Hungervermögen der Jungen von fünf bis sechs Tagen angenommen[100].

6. Niederschlag im wirtschaftlichen Denken des Menschen
(Beurteilung von „Nutzen" und „Schaden")

Seit Aristoteles und Plinius die Rauchschwalben schlechthin als „fleischfressend" bezeichnet hatten und griechische wie römische Imker ihren Haß gegen sie abkühlten, hatte ihr Charakterbild durch lange Zeiträume eher zu ihren Ungunsten als zu ihren Gunsten geschwankt. 1770 erschien ja im „Journal de Paris" jener Artikel, der ihren Nutzen wenigstens den Mücken gegenüber hervorhob, und Buffon berichtete bald darauf, Schwalben hätten in der kleinen Stadt, in der er wohnte, die Getreidespeicher von ihrer Geißel, der Kornmotte, befreit. Ganz begeistert über ihre Mückenbekämpfung schreibt Heerkens in seinen „Aves Frisiae" 1788: „Contraque hoc malum, hominibus et armentis pestiferum sicut in remedium a natura muscivorae aves datae sunt, ita inter beneficentissimos habendae sunt hirundines. Quae in muscarum venatione per omnem diem adque seram usque vesperam occupatos vides."

Naumann und Chr. Ludw. Brehm waren sich über die Nützlichkeit völlig einig, konnten es aber nicht verhindern, daß der Schwalbenfang noch über die Mitte des Jahrhunderts hinaus an einzelnen Stellen betrieben wurde. 1877 rief der Verfasser eines gut gemeinten Vogelschutzbuches[101] zum Schutz der Rauchschwalbe wegen ihrer Nützlichkeit auf. Später haben Frhr. v. Berlepsch, Hennicke, Haenel, Gasow, Pfeifer, Henze und andere Vogelschützer in Büchern und Worten immer wieder auf die Nützlichkeit und Schutzbedürftigkeit der Rauchschwalben hingewiesen. Etwas dem rationalistischen Geist seiner Zeit entsprechend konnte Hennicke[102] sich dabei auf eine Serie von 45 erlegten Rauchschwalben stützen, die an „schädlichen" Insekten 33 %, an neutralen 59 % und an „nützlichen" 8 % vertilgt hatten.

Wenn man noch vor kurzer Zeit empfehlen konnte, Rauchschwalben in Ställen anzusiedeln, um Stallfliegen zu vertilgen und über das Ruhigstehen der Kühe zu einem höheren Milchertrag zu kommen[103], so wird diese Wirkung allerdings heute mit DDT schneller und wirksamer erzielt. Ein solcher Stall, der mehr einem chemisch gereinigten Viehpalast und einer Milchfabrik entspricht, ist allerdings nicht jeder-

---
[99] *Perzina*, Ornith. Mschr., 1890, S. 370.
[100] *Staats. v. Wacquant*, 1891, l. c.
[101] *Giebel*, Vogelschutzbuch, 4. Aufl., 1877. Er betonte besonders, daß die Rauchschwalben Stechfliegen, Stubenfliegen und Kornmotten vertilgten.
[102] *Hennicke*, K., Handbuch des Vogelschutzes, 1912.
[103] Aus diesem Grund mit wurde die Massenansiedlung von Rauchschwalben im Boschhof bei Wolfratshausen seinerzeit vorgenommen.

manns Geschmack, wie denn überhaupt eine zu weit getriebene Hygiene schließlich farblos wird. Schwedische und amerikanische Daries zeigen diese hygienische Langeweile heute schon und sind natürlich von keiner Schwalbe besiedelt[104].

Den Vorwurf der Übertragung bakterieller Erkrankungen kann man jedenfalls den Schwalben nicht machen — ebensowenig, wie man ihnen etwa in dieser Beziehung die Vertilgung von Fliegen als ein Plus in Rechnung stellen könnte. Die Übertragung von Virosen durch Insekten wird stark bezweifelt[105]. Die Zeiten einer behördlich angeordneten Vernichtung von Rauchschwalbennestern zur Verhütung der Übertragung von Maul- und Klauenseuche sind damit vorüber[106]. Seit Buffon hat auch niemand mehr den Vorwurf gegen sie erhoben, in Olivenhainen durch Masseneinfall Schaden anzurichten. Übrig geblieben ist lediglich der Verdacht, daß sie sich hin und wieder an Arbeitsbienen vergreift und ihre viel weniger ins Auge fallende Vorliebe für gewisse Raubfliegen, Blattlausfliegen und Schlupfwespen, die wir ihr gern nachsehen wollen.

---

[104] In USA heißt die Rauchschwalbe allerdings „barn-swallow"; sie wird auch in Zeiten einer extensiveren Viehhaltung nicht nennenswert in Ställen gehaust haben.

[105] *Wellmann*, G., Berl. u. Münchener Tierärztliche Wochenschrift Nr. 8, 1950, S. 155—160.

[106] Lt. „Kosmos", 1908, wurde auf einem Gut durch behördliche Anordnung damals der gesamte Nestbestand an Rauchschwalben vernichtet, um eine Übertragung der Maul- und Klauenseuche zu verhindern.

XII. Verhalten

1. Natürliche Vertrautheit

Friedrich August Thienemann[1] erzählt die hübsche Geschichte von einer Rauchschwalbe, die ihn so gut kannte, daß sie — kam er aus der Stadt — ihm entgegenflog und ihn überall aufspürte, auch wenn er sich noch so gut vor ihr versteckte. In den seitdem vergangenen 100 Jahren ist eine recht umfangreiche Literatur über natürliche Vertrautheit und Dressurfähigkeit der Rauchschwalbe entstanden, aus der nur die eindruckvollsten Fälle erwähnt seien, Fälle, die besonders ihr ausgezeichnetes Unterscheidungsvermögen zwischen „Herrn" und Fremden, Freund oder Feind erkennen lassen. So berichtet Büttner[2] 1858 aus Kurland von einer Rauchschwalbe, die in seinem Vorhaus nistete und so zahm war, daß sie sich um ihn und seine Bekannten auch in nächster Nähe nicht im geringsten kümmerte. Sobald aber ein Fremder das Haus betrat, wurde sie unruhig und gab Warnungssignale, so daß Büttner, der Pastor war, jedesmal wußte, wenn ein unbekannter Besucher ins Haus getreten war. In Holland kannte van den Brink[3] eine Rauchschwalbe, die sich ruhig aus ihrem nur 1½ m hohen Nest herausnehmen und wieder hereinsetzen ließ. Bäseke, der viel mit Beringungen zu tun hatte, konnte Rauchschwalben am Schlafplatz mit dem Handschuh beiseiteschieben, ohne daß sie fortflogen, was man mit Finken z. B. nicht tun kann[4].

Horst[5] kannte ein Pärchen, dessen ♂ eine größere, natürliche Vertrautheit an den Tag legte als das ♀ und das unbekümmert weitersang, auch wenn man sich ihm mit dem Gesicht bis auf Hand-Spannweite näherte, ja es verübelte nicht einmal ein Zupfen an seinen Schwanzspießen und putzte sich ungeniert weiter. Nester mit Jungen kann man beliebig um-, ja sogar auf den Boden setzen, und aus dem Nest gefallene Junge, die man in der hohlen Hand hält, werden leicht von den heranfliegenden Alten weitergefüttert. Vaquez[6] konnte seine

---

[1] *Thienemann*, Fr. Aug., Mittl. d. Ver. z. Schutz d. Vo., 1888, S. 310.
[2] *Büttner*, Naumannia 8, 1858, S. 328.
[3] *Brink, van den*, Org. Club Ned. Vogelk VII. — Ähnlich verhielt sich eine andere Rauchschwalbe, von der *Siegel* (Mittlg. a. d. Vogelw., 10, S. 102) berichtet, daß sie sich nicht nur streicheln und aus dem Nest nehmen ließ, sondern auch noch auf dem Finger sitzen blieb.
[4] *Bäseke*, Dtsch. Vogelwelt, 1952, S. 130.
[5] *Horst*, F., Vogelwelt 73, 1952.
[6] *Vaquez*, M. P., Ornis XI, 1901.

"Zimmerschwalben" abends ruhig einschließen, ohne daß sie es übelnahmen, und er ließ sie morgens manchmal erst gegen 10 Uhr wieder heraus, um ihr Verhalten auszuproben.

Welche Vertrautheit sie in Gastwirtschaften und Vergnügungslokalen zeigt, wurde schon im Kapitel über Nistökologie erwähnt.

In anderen Ländern ist ihre Vertrautheit noch mehr in die Augen fallend. Die Südostasiatin nistet in Japan oft nur $1/2$ m über den Köpfen einer zahlreichen Familie[7], und auch in Sikkim fanden Europäer ein Pärchen, das kaum 30 cm von der vierköpfigen Familie entfernt seine Jungen hochzog[8]. In Tunesien setzte sich eine Rauchschwalbe Jourdain[9] sogar auf die Schulter, eine andere Rauchschwalbe hatte sich Withakers Logie auserkoren und nistete dicht über seinem Bett[10]. Auch Ernst Hartert wunderte sich über die außerordentliche Vertrautheit nordafrikanischer Rauchschwalben. Sie ließen sich in seinem Hotel in Colomb Bechar (Marokko) ruhig in die Hand nehmen und nachts wieder auf ihren Schlafplatz setzen[11]. In Schulklassen wurden Rauchschwalben während des Unterrichts in Algerien[12] wie in Böhmen angetroffen[13].

Verstärkt wird der Hang zur Menschennähe natürlich noch durch ungewöhnliche Umweltverhältnisse und die Not.

2. Rauchschwalben als Schiffsgäste — Vertrautheit in Not

Obwohl Mittelmeer, Biskaya, Schwarzes und Kaspisches Meer, aber auch Indischer Ozean, Teile des Atlantiks und der Golf von Mexiko ziemlich regelmäßig auf dem Zug überflogen werden, bedeutet doch auch hier jedes Schiff für Rauchschwalben eine willkommene Rast, und sie legen dann den Rest ihrer Scheu ab und werden mit anderen reisenden Vögeln: Bachstelzen, Wiedehopfen, Würgern und Turmfalken zu Schiffsgästen, die unbekümmert bis tief in die Kabinen eindringen und sich die sonderbarsten Dinge leisten. Daß sie dabei oft ein Opfer von Schiffskatzen, aber auch von mitreisenden Würgern und Turmfalken werden, sahen wir bereits. Schon Buffon erzählt 1779, daß Schwalben sich unterwegs auf das erste beste Schiff setzten, z. B. auf das des Admirals Wagner, als er im Frühjahr den Ärmelkanal durchfuhr, und alle Taue von ungeheuren Scharen ziehender Rauchschwalben bedeckt waren. Hier spielte bereits Hunger und Müdigkeit eine Rolle. Noch ermüdeter waren die Rauchschwalben, die sich im

---

[7] *Ingram*, Ibis, 1908.
[8] *Gammie* lt. *Sharpe* and *Wyatt*, 1894.
[9] *Jourdain*, Ibis, 1927.
[10] *Withaker*, J. J. S., "Birds of Tunesia", 1905.
[11] *Hartert*, E., Nov. Zool. 34, 1928.
[12] *Finger*, Zool. Garten, 1866, S. 167.
[13] *Peiter*, Journ. f. Ornith., 1898.

Oktober 1907 auf das Schiff niederließen, auf dem sich Admiral Lynes bei Kreta befand. Sie saßen in den Kabinen, im Kartenhaus, über 100 auf dem Zwischendeck, und eine von ihnen nahm auf der Mütze des 1. Offiziers Platz. Als dieser grüßte, flog sie weg, setzte sich aber sofort wieder auf ihren alten Platz und schlief auf der Mütze weiter[14].

Diese Vertrautheit kann aber einen so hohen Grad von Ermattung bedeuten, daß viele Rauchschwalben, auch ohne einem Verfolger zum Opfer zu fallen, nicht mehr den Abflug von Bord finden und zugrundegehen[15]. Andere benutzen das Deck, um von dort Exkursionen auf das Meer zu unternehmen und wieder zurückzukommen, so amerikanische Rauchschwalben, die im August 1937 im Golf von Mexiko an Bord eines Schiffes kamen[16]. Auf einer Karte meiner Arbeit über die geographische Verbreitung und den Zug der Rauchschwalbe[17] habe ich die weitesten Punkte eingezeichnet, auf der Rauchschwalben auf hoher See angetroffen wurden.

Wir wissen aber aus der Geschichte der Schwalbenzug-Katastrophen, daß Not auch auf dem Lande die Schwalben ihre letzte Scheu vor dem Menschen vergessen läßt. Zentralasiatische folgten im September 1878 der Schlittenkolonne, die sich vom Pamir aus in Bewegung setzte und in deren einem Schlitten der russische Forscher Severtzow saß, den sich die drei oder vier erschöpften Rauchschwalben denn auch abends als Schlafplatz aussuchten[18]. Mitte Mai 1882 flüchteten viele Rauchschwalben, die in Niederösterreich von einem dichten Schneetreiben überrascht wurden, in die Häuser, und in Mozambique kamen völlig erschöpfte Rauchschwalben in Haus und Küchen der Siedler, ließen sich streicheln und saßen vertraut auf den Fingern[19]. Auch in Dänemark ließen sich Anfang Mai 1915 in Not geratene Rauchschwalben ohne weiteres vom Fenstersims nehmen und auf die Hand setzen[20]. Die Beispiele ließen sich noch weiter vermehren.

3. Zähmung und Aufzucht

Unter diesen Umständen wundert man sich, wie lange die Rauchschwalbe (wahrscheinlich seit dem Talmud) für schlechthin unzähmbar galt. Plutarch sagte spottend, ebensogut könne man versuchen, eine

---
[14] *Lynes*, H., Br. Birds III (1909/10), S. 140.
[15] Vgl. Gef. Welt, 1880, S. 449.
[16] *Tyne*, van, Wilsons Bull., 1945.
[17] *Frhr. v. Vietinghoff-Riesch*, Bonner Zoolog. Beitr., Sonderheft 1955.
[18] *Severtzow*, Ibis 1883.
[19] *Monteiro*, zit. durch *Sharpe* and *Wyatt*, 1894.
[20] *Saxtorph*, Dansk Ornith. Tidsskr. XI, 1917. Auch in der Schweiz (Ornith. Beob. 1941) kreisten hungrige Rauch-, Mehlschwalben und Segler Mitte Juni 1941 dicht über den Köpfen der Menschen am Ufer der Aare. — Man kann ihnen dann etwas helfen, indem man Büsche und Bäumchen abschüttelt oder ihnen auch Mehlwürmer zuwirft.

Fliege zu zähmen! Der im 2. Jahrhundert n. Chr. lebende Aelian wagte es als erster, sie für zähmbar zu halten, und Albertus Magnus (1193 bis 1280) hatte selbst eine gezähmte Rauchschwalbe gesehen und sie in der Hand gehalten. Aber Caspar Schwenckfeld (um 1603) und Conrad Geßner (1516 bis 1556) hielten sie wieder für schlechthin unzähmbar. Ja selbst J. A. Naumann und Oken blieben in den 30er Jahren des vorigen Jahrhunderts dabei. Endlich gab A. E. Brehm 1861 zu, ihre Zähmung sei möglich, allerdings nur mit großer Mühe. Noch 1878 galt eine geglückte künstliche Käfigaufzucht als große Seltenheit[21], und erst Ende des Jahrhunderts gelang es, ein Pärchen Rauchschwalben erfolgreich im Käfig brüten und die Jungen hochziehen zu lassen[22]. Für die Zähmung werden folgende Vorschläge gemacht[23]:

1. Ausnehmen aus dem Nest acht Tage vor dem Flüggewerden.
2. Abtragen: Diese Phase dauert zwei bis drei Wochen. Wenn die Jungen locke geworden sind, freilassen! Sie folgen auf Ruf überall hin, setzen sich auf Finger usw. Alles hängt vom ersten Freiflug ab!
3. Diesen ersten Freiflug soll man erst dann geben, wenn sie völlig beflogen sind, sonst kommen sie nicht mehr zurück und setzen sich irgendwo hin. Sind sie aber selbständig, dann können sie wenigstens auch Nahrung finden.
4. Verluste durch Nichtwiederfinden treten vor allem in der Stadt ein.
5. Auf dem Lande entstehen diese Verluste nicht oder nur bei starkem Wind, von dem sie leicht davongetragen werden und dann anfangen, selbständig zu jagen.
6. Wenn man mit ihnen jagen will, kann man sie überall loslassen und dann wieder einholen. Nur bei heißem Wetter suchen sie Trinkgelegenheiten auf und kehren dann nicht gleich wieder zurück. Verirren sie sich, so muß man sie spätestens am übernächsten Tag wieder eingeholt haben, denn sie sind meist in schlechter Verfassung und werden so leicht die Beute von Katzen und Sperbern.
7. Steht ein Haus allein, so kann man sie leicht daran gewöhnen, dort selbständig ein- und auszufliegen. Aber auch die Stadthäuser finden sie wieder, besonders wenn sie bestimmte Gänge einzuhalten haben. Sogar an den Einflug in eine Voliere kann man sie gewöhnen.

Der Herausgeber dieser Anweisung fügt ihr noch eine amüsante Begebenheit zu: Er besaß einen Freund, der in einem 8 km entfernten Schloß in Frankreich wohnte und brachte bei seinen Besuchen stets die gezähmten Rauchschwalben mit, die er beim Eintreffen losließ und bei der Abfahrt wieder einholte. Eines Tages nun brachte er sie in die entgegengesetzte Richtung und ließ sie dort los, fand sie aber bei der Heimkehr nicht mehr wieder. Wie sich acht Tage später herausstellte, waren sie stracks von dort in die gewohnte Richtung — das Schloß des Freundes — geflogen und hatten diesen jedesmal, wenn er herausging, aufgeregt begrüßt und angebettelt. Der Freund nun glaubte

---

[21] *Schorler*, Zoologischer Garten, XI, 1878.
[22] Mittlg. Ornith. Ver. Wien 17, 1893.
[23] *Plocq*, Rev. franç. d'Ornith. 1913/14.

unser Herausgeber und Schwalbenpfleger sei sozusagen heimlich im Ort gewesen, ohne ihn zu besuchen, und machte ihm darob sogar Vorwürfe. In der Zwischenzeit hatten sich die Schwalben mit den wilden ortsansässigen vermischt und jagten, als ihr Pfleger kam, sie heimzuholen, 300 Meter abseits des Schlosses gemeinsam mit ihnen, kamen aber auf Ruf sofort herbei und ließen sich willig einholen.

Schon 1904 aber hatte Pays-Mellier[24] in Frankreich Nestjunge aufgezogen und sie frei im Park seines Schlosses fliegen lassen. Auch sie kamen auf Ruf sofort herbei, wenn sie sich grade in großer Höhe oder dicht über dem Boden mit wilden herumtummelten. Kam ihr Pfleger, so stürzten sie sich von ihren Ruheplätzen auf dem Dach des Schlosses sofort auf ihn, um einen Mehlwurm oder Käfer aus seiner Hand zu nehmen. Warf er sie wieder ab, so stiegen sie steil in die Lüfte. Abends wurden alle in einen Käfig eingesperrt. Als sie im Herbst um keinen Preis fortziehen wollten, mußte sich ihr Herr für einige Zeit unsichtbar machen, um seinen kleinen Freunden den Start zu erleichtern, was ihm denn auch schließlich gelang.

Anders verhalten sich natürlich gekäfigte Rauchschwalben zur Zugzeit: Sie werden dann sehr unruhig und dürfen nicht mehr frei im Zimmer herumfliegen, da sie sich sonst leicht stoßen. Im Käfig gewinnen sie ihre Ruhe auch erst nach der inneren Absolvierung ihres Zuges wieder[25].

Mit abgetragenen Rauchschwalben kann man regelrecht Fliegen „beizen"[26].

Im Zimmer freifliegend lassen sich Rauchschwalben unter Umständen bis zu neun Jahren halten[27].

Mit Wildlingen kann man auch eine Art Halbdressur durchführen: Man gewöhnt sie z. B. daran, durch das Fenster hereinzufliegen und sich irgend etwas zu holen. Ganz lustig ist es, ihnen zur Nestbauzeit weiße Wollflocken mit dem Winde entgegenzupusten, die sie ganz nah und sehr geschickt auffangen[28].

Als Futter für gekäfigte Rauchschwalben wird viel animalische Nahrung empfohlen: weichhäutige Insekten, frische Ameisenpuppen, Milchsemmel, Käsequark, mageres, rohes Fleisch, fein zermahlen oder auch Mischfutter aus Fleisch, Biskuit und Sämereien. Für Mehlwürmer sind Rauchschwalben stets zu haben. Auch ein Futtergemisch aus gequollenen Ameisenpuppen, gebrühtem und ausgedrücktem Weißwurm, wenig feinzerriebenen Möhren mit wechselnden Bei-

---

[24] *Pays-Mellier*, Bull. de la Soc. Nat. de France, 1904, ref. in Zoolog. Garten, XLVI, 1905.
[25] *Dreyfuß*, Gef. Welt, 1885.
[26] *Fuchs*, Gef. Welt, 1912, S. 351.
[27] Gef. Welt, 1878, S. 134.
[28] Gef. Welt 10, 1881.

gaben von feingewiegtem, gekochtem Ei und Fleisch hat sich bewährt. Große Futtermengen sind nötig, aber die Rauchschwalbe ist kein wählerischer Vogel. 12 cm lange Sitzstangen von verschiedener Dicke, auf denen sich die Rauchschwalben umdrehen können, ohne ihre Spieße zu beschädigen, haben sich bewährt, aber wenn die Käfigung zu lange dauert, können Fußkrankeiten auftreten. Mit anderen Vögeln vertragen sich die Rauchschwalben gut. Rauchschwalben nehmen Futternäpfe stets an. Jung aufgezogen, kann man sie aber auch durch Aufzucht im Einzelkäfig daran gewöhnen. Zum Füttern wird dann mit einer Pinzette Futter aus dem Napf genommen, die Pinzette nun in den Napf gehalten und im Futter bewegt. Der Übergang von Ameisenpuppenfutter auf Mischfutter ist nicht schwierig[29].

4. Eigenschaften und Gewohnheiten

Eine Charakterologie der Rauchschwalbe ist weder als tierpsychologische Studie noch als eine Aneinanderreihung von Schwalbenstories gedacht. Einige Beobachtungen am Verhalten könnten leicht unglaubwürdig erscheinen, wenn nicht der gleiche oder ein ähnlicher Tatbestand zu ganz verschiedenen Zeiten an verschiedenen Orten und von verschiedenen Menschen sozusagen protokolliert worden wäre. Außerdem dürfen wir nicht vergessen, daß in den rund 10 000 Jahren, die das Zusammenleben von Mensch und Schwalbe schon dauert, sich ein Kumpanverhältnis herausgebildet hat, ähnlich wie zwischen Mungo und Mensch in Indien.

Allerdings sind nicht alle Rauchschwalben charakterlich gleich, und nicht alle verdienen die Bezeichnungen „fröhlich, sozial, friedlich, klug, intelligent und tapfer", die ihnen ein belgischer Ornithologe gab[30]. Von drei in Not geratenen und hochgepflegten Rauchschwalben zeigte jede ein anderes Auffassungsvermögen: Die eine nahm nichts an, die andere fraß die hingeworfene Nahrung, verschwand aber dann auf Nimmerwiedersehen, die dritte wurde sofort sehr zutraulich und behielt ihren Pfleger in so gutem Gedächtnis, daß sie sich von den beiden anderen trennte und noch lange Zeit immer wieder zu ihm zurückkehrte[31].

---

[29] Vgl. hierzu: *Borchardt*, H., Natur, N.F., 4. Bd., 1878, S. 519; *Ebrard*, S., Feuill. d. jeun. natural., 4. Année, 1873—74 S. 36; *(E)nderes*, (Carl), Mittlg. Ornith. Ver. Wien, 1878, S. 25; *Schütte*, W., Zool. Garten 16, 1878, S. 26; *Stölker*, Carl, Ber. Thätigk. St. Gallischen naturw. Ges. (1866—67), 1867, S. 90; *Schütte*, Zool. Garten 19, 1878, S. 26; *Pleyl*, Gef. Welt 31, S. 48; *Hampe*, Gef. Welt, 1932, S. 406; Gef. Welt, 1935, S. 396; H. B. in Gef. Welt, 1938; *Schaller*, Zool. Garten 34 (1893), S. 286; *Bolan*, Zool. Garten 46 (1905); *Russ*, Vogelzuchtbuch, 1907, hrsg. von *Neunzig*; Csörgey, Titus, Aquila 34 (1927/28), S. 445.
[30] *Tant*, E., Le Gerfaut, 1911/12.
[31] Ornith. Mschr., 1882, S. 14.

Ihr Auge, das schon manchem Vogelliebhaber Rätsel aufgegeben hatte, entzückte Immanuel Kant so, daß er bekannte, ihm sei gewesen, als habe er in den Himmel gesehen[32], und er, der es ja eigentlich wissen mußte, schrieb ihr einen „verstandesmäßigen Naturtrieb" zu.

Das hervorragendste Charaktermerkmal ist wohl ihr hochentwickeltes Unterscheidungsvermögen zwischen einzelnen Personen, besonders zwischen Freund und Feind, Bekannt und Unbekannt, weiter ihre Fähigkeit, Schwierigkeiten, die beim Nestbau auftreten, zu überwinden und den Menschen zu „leiten". Schließlich eine fast an das Unglaubliche grenzende Fähigkeit, ihresgleichen zu Hilfe zu eilen.

5. Unterscheidungsvermögen

Wie genau die Rauchschwalbe beim Menschen unterscheidet, sahen wir schon an einigen Beispielen, so an dem des kurländischen Pastors und des alten Thienemann. Auch gekäfigte finden ihren Pfleger aus einer größeren Schar von Besuchern sofort heraus und begrüßen ihn mit Gezwitscher und Flügelschlagen[33].

Demgegenüber berichtete schon Tascanowski aus Ostsibirien[34], wo die Schwalben oft in größerer Zahl in verlassenen Burjätenhütten nisten, daß sie bei Annäherung von Menschen zunächst Alarm schlügen, woraufhin die Herbeieilenden den Besucher — dessen Absichten sie ja gar nicht erraten konnten — mit ihren Flügeln an Kopf und Gesicht schlügen. Die Wiedererkennung feindlicher Personen, die ihnen etwas Böses zugefügt haben — und sei es auch nur, daß sie ihnen die Türe vor der Nase zuschlugen — ist noch nach Jahresfrist lebendig und wird mit entsprechenden Warnlauten begleitet[35]. Auch Beringer werden zu den Feinden gezählt, und bereits beringte Rauchschwalben alarmieren die anderen — tritt der Beringer etwa mit einer Stallampe bewaffnet abends in den Stall — und umflattern den Eindringling mit Schreien. Von den nachts im Stall Schlafenden ist dann meist schon in der nächsten Nacht keine mehr am Ort, und nur wenige kehren nach

---

[32] *Leverkühn,* Ornith. Mschr., 1891, S. 206. Kant hatte eine Schwalbe in der Hand gehalten. — Weniger verständlich ist Kants Enthusiasmus, der ihn ergriff, als er in einem regenreichen und insektenarmen Königsberger Sommer tote Schwalben unter den Nestern am Boden fand und den „verstandesähnlichen Naturtrieb" bewunderte, der die Altvögel dazu trieb, ihre Jungen selbst aus den Nestern zu werfen, also zu opfern, um die übrigen zu erhalten. „Da stand mein Verstand still" sagt er (nach E. A. Ch. *Wasianski,* seinem Biographen) „da war nichts dabei zu tun, als hinzufallen und anzubeten." Dabei faltete er die Hände und eine hohe Andacht glühte auf seinem ehrwürdigen Gesicht. — Man muß fürchten, daß Kant den ganzen Vorgang falsch interpretiert hatte. Die Altschwalben besorgten bei diesem selektiven Vorgang nur das Geschäft des Nestsäuberns.
[33] *Abel,* H., Gef. Welt, 1932, S. 305.
[34] *Tascanowski,* Journ. f. Ornith., 1872.
[35] *Zielke,* Verh. Ornith. Ges. Bay. XXI, 3, 1938.

einigen Tagen wieder zurück[36]. Sogar Maler, die Fenster anstreichen, können zu Feinden erklärt werden, und eine Altschwalbe, die ich mit Farbanstrich kenntlich machen wollte, hat mir das tödlich übelgenommen und ist nie wieder erschienen, auch nicht im kommenden Jahr.

6. Adoption

Zu diesem hochentwickelten Differenzierungsvermögen steht allerdings in seltsamem Widerspruch, daß Rauchschwalben untergelegte, gefärbte Eier ohne weiteres tolerieren und sie weder entfernen noch das Brüten aufgeben[37].

Die von Gloger untergelegten Buchfinken- und Uferschwalbeneier wurden ausgebrütet; die Jungen, völlig großgezogen, fielen dann aber so häufig aus dem Nest, daß sie schließlich umkamen. Die miterbrütete Rauchschwalbe wurde erfolgreich aufgezogen. Leverkühn[38] bringt noch eine ganze Reihe von erfolgreich angenommenen Eierarten, so die von Nachtigall, Mönchsgrasmücke, Dorngrasmücke. Auch halbflügge weiße Bachstelzen wurden angenommen, trotzdem die eigenen Jungen bei der Einquartierung zugrundegingen. Doch lassen sich auch hier keine Regeln für ihr Verhalten aufstellen. So wurden in ein leeres Nest, dessen Junge fünf bis sechs Tage zuvor ausgeflogen waren, aus einem 300 m entfernten, zufällig zerstörten Nest vier halbflügge Junge eingebracht. Schon vier Stunden später fütterten die beiden Altschwalben, warfen aber ihre Schwalben-Adoptivkinder, als sie fast flügge waren, ohne sichtlichen Grund aus dem Nest, kümmerten sich nicht mehr um sie und begannen am nächsten Tag mit dem Legen zur zweiten Brut[39]. Schneller noch fand eine Test-Versetzung in der Steiermark ihr Ende, als man ein aus dem Nest gefallenes Junges in ein anderes Rauchschwalbennest setzte, das eben vollendet worden war. Beide Eigentümer des Nestes packten das Junge und warfen es auf den Boden. Die legitimen Eltern und sogar fremde Schwalben kamen daraufhin angeflogen, und es entstand ein wildes Raufen und Durcheinander[40]. Das freiwillige Mitfüttern von Hausrotschwänzen scheint nicht einmal so ganz selten vorzukommen, wenn diese verwaist sind[41].

---

[36] Vgl. Aquila, 1910.
[37] *Rensch*, B., Journ. f. Ornith., 1924, S. 468 und *Gloger*, C. L., Journ. f. Ornith,, 1853.
[38] *Leverkühn*, Fremde Eier im Nest, Berlin 1891, zitiert Chernel *v*. Chernelhaza, C. L. *Gloger* und *Kollibay* (Ornith. Centralbl., 1880, S. 133).
[39] *David*, Karl, Ber. Ver. Schles. Ornith, 26/1941, S. 54.
[40] *Tschusi*, v., VI. Jahresber. (1889) in Ornis V.
[41] Vgl. *Karlsberger*, Ornith. Mschr., 1888, S. 54, und *Dersch*, Ornith. Mschr. 1913, S. 335.

7. Heimfinden zum Nest auf Umwegen und Leiten

Hier handelt es sich nicht um ein Heimfinden versetzter Rauchschwalben, von dem wir schon berichtet haben, sondern um ein Finden zum Nest, wenn der gewohnte Eingang dazu versperrt ist. Ich selbst versuchte in Steinkrug, ihre Erfindungsgabe zu testen, indem ich das Fenster schloß, durch das die fütternden Altschwalben hereinzufliegen gewöhnt waren, und dafür ein anderes auf der entgegengesetzten Seite des Forsthauses und weiter von dort die Tür zu dem Korridor öffnete, in dem das Nest stand. Die Rauchschwalben suchten bis zur Bewußtlosigkeit durch das ihnen bekannte Fenster einzudringen, fanden aber die andere Lösung nicht, so daß ich das Fenster schließlich wieder öffnen mußte. Ihre Erfindergabe scheint sich aber in solchen Fällen auf eine andere Weise zu bewähren: So berichtet Langkavel[42] von einem Nest auf dem Balken einer Scheunendiele. Die Rauchschwalben saßen nachts eingeschlossen in der Scheune, bis morgens die Tür geöffnet wurde. War Regen und Futtermangel, so flogen sie durch ein Innenfenster in den angrenzenden Stall und jagten dort auf Fliegen. Während das ♀ in der Brutzeit einmal unterwegs war, wurde die Tür versehentlich geschlossen, und es blieb draußen. Es flog nun durch ein offenes Fenster in die Küche, wo es durch laute Rufe seine Aufregung solange kundgab, bis man aufmerksam wurde und ihm das Tor zur Scheune aufschloß. Das gleiche hatten schon früher Rauchschwalben getan, die sich ebenfalls ausgeschlossen sahen und die nun auf einem Apfelbaum im Hof warteten, bis die ihnen bekannte Beschließerin kam. Um diese flogen sie sofort schreiend herum und streiften, als sie nicht gleich reagierte, mit den Flügeln ihr Gesicht. Das wiederholte sich so lange, bis sie zum Stall ging und die Tür öffnete, woraufhin sich das ♀ sofort auf seine Eier niederließ[43]. Dieses „Leiten" oder „Verleiten", wie man beim Hund sagen würde, kommt anscheinend auch bei anderen Gelegenheiten vor[44].

8. Ausbalancieren des Nestes und Sicherungen

Im Kapitel Nestbau ist hierüber schon Manches gesagt, was nicht wiederholt zu werden braucht. Aus allem geht die Fähigkeit hervor, einen beim Nestbau oder später beim Schwererwerden einer hängenden Seite durch heranwachsende Junge eintretenden gefährlichen Überhang auszukompensieren und Notlösungen zu finden[45]. Etwas mysteriös erscheinen mir die von Tant[46] mitgeteilten Fälle eines

---
[42] *Langkavel*, B., Zoolog. Garten XXX, 1889.
[43] *Buxbaum*, Zoolog. Garten XXII, 1882.
[44] *Fuchs*, F., Gef. Welt, 1912, S. 31.
[45] Vgl. u. a. *Zielke*, O., Verh. Ornith. Ges. Bay. XXI, 1938.
[46] *Tant*, Eugen, Le Gerfaut I/II, 1911/12.

Schlauchbaues zwischen Klingelzug und Nest, um bei dem lästigen Zurren dieser altmodischen Einrichtung unserer Großväter nicht in dauernder Bewegung zu sein, und der Errichtung einer Lehmwand gegen den Wind, um damit das einzig überlebende Junge einer Brut zu schützen.

9. Scheuchflüge

Schon bei der Erbeutung festsitzender Eichenwickler hatten wir den Scheuchflug kennengelernt. Wer vermag zu urteilen, ob er angeboren oder eine zweckgerichtete „Erfindung" ist? Der Kuckuck streift ja auch im Niedrigflug die Wiesengräser ab, beobachtet die dort auffliegenden Bodenbrüter und legt dann seine Eier in ihre Nester! Ähnlich wie die auf Eichenwickler jagenden Rauchschwalben ging eine einzelne Rauchschwalbe vor, die in dem bekannten kaiserlichen Jagdgut Bellyle in Ungarn überwinterte und nie sitzende Fliegen im Kuhstall fing, sondern immer nur fliegende, die sie äußerstenfalls hochbrachte, indem sie sie mit den Flügeln scheuchte[47].

10. Rauchschwalben als Wetterpropheten

Die uralte Meinung, Schwalben könnten Wetter durch Hoch- oder Tiefflug ansagen, grenzt hart an Aberglauben. Die Erklärung dazu liegt ja zu nah auf der Hand, aber die meisten Menschen geben sich nicht einmal die Mühe, darüber nachzudenken, daß die Rauchschwalbe Insekten jagt und diese dann durch die Höhe ihres Fluges das Wetter ansagen müßten — sie zeigen höchstens dessen gegenwärtigen Stand an —; die Höhe des Insektenfluges ist nun keineswegs immer eine Funktion des Luftdrucks, sondern wird von Luftströmungen bewirkt, die wiederum mit der zukünftigen Wetterlage nichts zu tun haben. Hätte die Rauchschwalbe ein Wettervorempfinden, so würden gewiß nicht die ungeheuren Verluste während ihres Zuges eintreten. Nur ganz nahen, visuell erkennbaren, drohenden Wetterlagen wird sie in besonderen Fällen ausweichen können. Von einem solchen Fall berichtet Lynes, der nahe der ostafrikanischen Küste bei Mombassa truppweise niedrig ziehende Rauchschwalben beobachtete, die auf eine sich in sieben Meilen Entfernung am Meer abzeichnende Sturm- und Regenwolke rechtzeitig dadurch reagierten, daß sie in Jagdflug übergingen und sich solange stauten, bis die Gefahr vorübergegangen war, woraufhin sie weiter zur Küste und an dieser entlangzogen.

In seiner „Sonnenfinsternis", die er um 1852 schrieb, schildert Adalbert Stifter auch die Unruhe, von der die Rauchschwalben Wiens

---

[47] *Pfennigberger*, Aquila II, 1895, S. 87.

ergriffen wurden, als die Sonnenscheibe ganz verdeckt war, und wie ihr befreites Zwitschern aufklang, als es wieder hell wurde. Bei der totalen Sonnenfinsternis vom 15. Mai 1836 hatte Thompson[48] in Irland beobachtet, daß Krähen und Spatzen zur Ruhe übergingen, während Rauchschwalben wie sonst herumflogen. Wiederum bei der vom 8. Juli 1842 sah Bailey[49] die Schwalben in großer Zahl noch bis gegen Mitte der Finsternis herumfliegen, dann aber verschwanden sie und kamen erst wieder, als die ersten Sonnenstrahlen hervorstießen. Auch vor einem Erdbeben sollen sich einmal die Schwalben sonderbar verhalten haben, solchen Beobachtungen muß man aber immer mit Skepsis begegnen, denn sie sind ja „Vorausahnungen".

11. Beistand

Die Liebe zu ihren Jungen ist bei der Schwalbe fast so sprichwörtlich geworden, wie beim Pelikan — und doch ist sie gar nicht so vorbildlich, denn sie wirft ihre Jungen, wie wir gesehen haben, unter Umständen aus dem Nest oder zieht bei Spätbruten auch fort und läßt sie im Stich. Anderseits verteidigt sie ihre Jungen — etwa gegen herumstreunende Katzen — geradezu mit Löwenmut.

Aldrovandi[50] war so fest von ihrer grenzenlosen Liebe überzeugt, daß er erzählt, sie flöge, wenn eine Schlange ins Nest eindringe, herbei, stimme ein trauriges Lied an und kreise dann solange um den geöffneten Rachen der Schlange, bis sie von ihr aufgefressen werde. — 1779 berichtet Buffon von einer Schwalbe, die bei ihrer Rückkehr das Haus in Flammen fand, nichtsdestoweniger sich aber noch hereinstürzte, um ihren Jungen Nahrung und Hilfe zu bringen. Eine weitere Begebenheit würde ich ins Reich der Fabel verweisen, wenn sie sich nicht ganz ähnlich an ganz verschiedenen Stellen und zu ganz verschiedenen Zeiten ereignet hätte. Sie betrifft das Emportragen heruntergefallener Nestjungen über den Flügel.

Bei dem ungarischen Fall[51] hatte die Schwalbe hierbei eine mindestens gleichschwere Last heraufzutragen. Der Altvogel setzte sich dabei neben das Junge und breitete den Flügel wie eine Brücke aus. — Den anderen bringt in ähnlicher Version der Hallenser Anatom Paul Eisler[52]. Hier waren es sogar beide Elternschwalben, die gemeinsam durch Untergreifen mit den Flügeln eine Brücke bildeten und das abgestürzte Junge emportrugen.

Die sozialen Instinkte der Rauchschwalben äußern sich noch in zwei weiteren Richtungen: in dem hin und wieder beobachteten sozialen Nestbau und in dem, was man vielleicht zu menschlich mit „Hilfe bei

---

[48] *Thompson*, Natural History of Ireland, London 1849.
[49] *Bailey*, zit. durch *Thompson*, l. c.
[50] 1522—1605.
[51] *Csörgey*, Aquila XXXIV, 1927/28, S. 445 mit Beobachtungszeugen.
[52] Vgl. Gef. Welt, 1925, S. 439.

Unglücksfällen" bezeichnen würde. Vom kollektiven Nestbau haben wir schon berichtet. Cornel Schmitt[53] ließ sich von einem seiner Schüler als Augenzeugen ferner noch erzählen, wie ein Nest heruntergefallen sei und auf die Alarmrufe einer Rauchschwalbe schließlich zwölf bis vierzehn andere herangeflogen waren, um — bis zu neun gleichzeitig — in Gemeinschaftsarbeit ein neues Nest in kürzester Zeit zu errichten. Bis dahin findet der ungewöhnliche Vorfall Parallelen[54]. Mysteriös wird er dann, wenn weiter berichtet ist, daß die Mutterschwalbe sich mit einer anderen um ein ins Stroh gefallenes Ei bemüht habe, bis es schließlich einer von ihnen gelang, es in den Schnabel zu bugsieren und ins Nest zu tragen, wo bald darauf ein zweites, dazugelegtes Ei zu finden war. Aber wenn Schwalben sich um das Emportragen von Jungen bemühen, weshalb nicht um ein verlorenes Ei, das der Kuckuck ja auch schließlich im Schnabel in ein hochgelegenes Nest zu tragen versteht.

Schon Bailly[55] schildert die Aufregung, die unter Rauchschwalben eintritt, wenn eine von ihnen verunglückt — sich etwa irgendwo verwickelt hat. Dupont[56] berichtet von den Rauchschwalben der Pariser Tuilerien und des Pont Neuf, die in großen Mengen einer so verunglückten Kameradin zu Hilfe eilten, bis der Unglücksfaden riß.

Wie weit oder wie wenig weit man mit vermenschlichenden Auslegungen bei Gemütsbewegungen der Rauchschwalbe gehen kann, ist Geschmackssache; letzthin wird ja doch alles vom Menschlichen her erkannt und erhält dadurch einen Schuß Interpretation. In einer sehr ernsthaften ornithologischen Zeitschrift der Schweiz wird z. B. von einem Rauchschwalbenpaar erzählt, sein Liebesverhältnis sei so verfehlt gewesen, daß beide traurig und niedergeschlagen dagesessen hätten, aber nach acht Tagen hätten sie sich augenscheinlich doch „gefunden". Trotzdem ging diese erste Ehe „auseinander", eines Tages

---

[53] *Stadler*, Gef. Welt, 1917, zit. Cornel Schmitt, handschriftl.
[54] Außer dem schon Genannten beziehe ich mich auf eine Notiz aus London (Göttinger Tageblatt v. 17. 6. 1954), wonach in der Grafschaft Essex nach einem Brande Rauchschwalben sich vergeblich um einen Nestbau bemühten, bis es durch Gemeinschaftsarbeit von 14 Rauchschwalben schließlich innerhalb angeblich nur 17 Minuten geschafft wurde.
[55] *Bailly*, l. c. (1853). Dieser Befreiungsversuch ist freilich schon vom Menschlichen her gedeutet. Zunächst bedeutet er nichts weiter als ein Sich-Drängen um den Verunglückten, der dann wohl absichtslos befreit wird. — Das Gleiche geschah bei einer 1895 in der Nähe von Barmen verunglückten Rauchschwalbe, die mit dem Fuß in einer Windvogelleine hängengeblieben war und nach Alarmierung durch eine in der Nähe befindliche Artgenossin alsbald von einem etwa 20 Rauchschwalben zählenden Flug umgeben war, die sie so eng umflogen, daß der Faden riß und sie frei wurde.
[56] Zit. durch *Tant* (1911/12) ohne nähere Angaben. Diese an sich glaubhafte Erzählung wird durch einen Blütenkranz von vermenschlichten Gemütsbewegungen umrahmt, zu dem auch die Glückwünsche der Befreier gehören.

lagen alle Jungen und das ♂ tot am Boden, das ♀ verschwand, kam mit einem neuen Gemahl wieder, und diese Ehe wurde dann auch „glücklich" und erzeugte Nachkommen[57].

12. Die Stimme

Wir können zwischen Balzgesang, Zwitschern, Lockruf, Alarm- oder Angstruf und den verschiedenen Lautäußerungen der Jungen unterscheiden. Alle diese stimmlichen Äußerungen sind aber modulationsfähig und können auch eine individuelle Färbung haben.

Gesang

Der Gesang (Balzgesang) ist ein plauderndes Gezwitscher mit eingestreutem dünnen, aber durchdringenden Schnurren. Alfred Edmund Brehm hatte ihn in ein oft wiederholtes Vorspiel „wirz-wirz-wirz, wide-witt" und eine Endstrophe „wid-weio-woid-zerr" eingeteilt; Kleinschmidt[1] gab ihn mit „wirb wirb werb-widwischit" als Einleitung wieder und übernahm Brehms Formulierung für die Endstrophe. Der musikalische B. Hoffmann[2] betrachtete den normalen Ruf „w(u)it" in seiner Betonung als a 4, der sich bei Erregung auf ein C 5 und darüber steigern könne. Manchmal würden verschiedene Tonstufen ansteigend verbunden, z. B. „w(u)it-wit-wit", und daneben ließen die Rauchschwalben zweisilbige Rufe wie Jisi ./.../. oder djissi./..ǀ. hören, zu dem wohl vorwiegend die ersten Töne der fünften Oktave erklingen. Auch den Ruf „dsissit" schlage die Rauchschwalbe gern an, außerdem Rufe wie „dsisisiss, sissije, dsisisejit, sesedsisijed, sosijid, u. a. Ernst Hartert[3] beschränkte sich auf die Beschreibung des Gesanges und nannte ihn ein angenehm kurzes Trillern, vermischt mit locker plaudernden schwätzenden Strophen. Christoleit[4] beschrieb die Endstrophe mit „weedi woida werrk" und kannte noch ein von den gleichen Vögeln an dessen Stelle vorgebrachtes eigentümliches, oft verdoppeltes „wirun", das sich entfernt wie „wirre", oder „wurre" anhörte.

In seinem „Exkursionsbuch zum Studium der Vogelstimmen" teilt A. Voigt das Lied in ein lockeres Plaudern, ähnlich dem des Stieg-

---

[57] Vgl. Ornith. Beob. XIX, 1921/22, S. 76. Anführungsstriche von mir.
Etwas rührend und an das Märchen von Oskar Wilde „Der glückliche Prinz" erinnernd ist die Erzählung im Courrier de Lyon vom 1. März 1855 (wiedergegeben Naumannia, 1855) von der verletzten Schwalbe, die beim Wegzug ihrer Gefährten im Nest bleiben mußte und von einer anderen betreut ward, die bei ihr bleiben wollte. Als der Winter kam, wurden sie mit Sämereien gefüttert.
[1] *Kleinschmidt*, Otto, Singvögel der Heimat, 3. Aufl., 1921.
[2] *Hoffmann*, Bernhard. Verh. Ornith. Ges. Bay. XV, 1923, S. 349.
[3] *Hartert*, Ernst, Die Vögel der paläarkt. Fauna, 1910.
[4] *Christoleit*, Beitr. Fortpfl.-biol. Vög. 11, 1935, S. 210.

litzes, und in einen schnurrenden Triller ein, der kürzer oder länger sein könne, wodurch sogar mehrere Triller entstehen könnten. Die Tonhöhe bestimmte er in den meisten Fällen als ein dreigestrichenes a[5].

Der Gesang der amerikanischen Rauchschwalbe wird im Audubon-Guide von 1946 so beschrieben: „A series of energetic, bubbling, twittery notes at different pitches; liquid, distinctive, and not unmelodious." Etwas mehr sagt Bent[6] darüber: „A long pleasing song of many jumbled bubbling, rapid notes, culminating with a queer estatic trilling sound, which Ralph Hoffmann aptly terms a very curious rubbery note." — Bent führt weiter Towsend (1920) an: „His song is always full charme, soft and lovely devoid of all roughness."

Verschiedenheiten in der Lautäußerung beider Geschlechter

Den Altschwalben steht eine Fülle von Lautäußerungen zur Verfügung. Bei beiden Geschlechtern sind Zwitschern (nicht Balzgesang!), Lock- und Alarmrufe gleich. Nur der echte Gesang ist beim ♂ ein volles, tönendes melodiöses Singen, das mit einem Schnurren endet, während er beim ♀ viel schwächer vorgetragen wird und keine Endstrophe besitzt. Horst[7] hörte ein ♀ manchmal während des Brütens auf dem Nest singen, ich selbst hörte Ende Mai einen „kleinen" Gesang des ♀.

Individuelle Besonderheiten des Gesanges

Als Friedrich August Thienemann[8] 1841 auf einem Weinberg in der Nähe Dresdens seine Rauchschwalbenstudien betrieb, konnte er die Stimme „seines" bei ihm wohnenden und ihm stets entgegenfliegenden Rauchschwalbenmännchens von allen übrigen unterscheiden. Aber das war ein normaler Gesang. Anders ist es mit den Gesangesabarten, die auch bei der Rauchschwalbe auftreten und dem gleichen Individuum das ganze Leben hindurch anhaften, so daß es sehr leicht von anderen Artgenossen zu unterscheiden ist. Erstmalig berichtete O. Büsing 1920[9] über einen solchen Fall, der das Schnurren verdrängte.

Dieses „jät", das er mit „bit" oder „fit" wiedergab, verglich Büsing, als er es in Thüringen hörte, mit einem hellen, weichen Pfiff, den aber das ♂ am Schluß der Strophe an die Stelle des Schnurrens setzte, das dadurch völlig verschwand. Auch Frieling[10] hörte diesen Laut

---

[5] *Voigt*, A., Exkursionsbuch zum Studium der Vogelstimmen, 3. Aufl., 1905; 11. Aufl., 1950.
[6] *Bent*, 1942, l. c.
[7] *Horst*, 1952; während des Brütens hörte er allerdings von einem ♀ eine Gesangstrophe, die so laut war, wie die des ♂.
[8] *Thienemann*, Friedrich, August, 1888, l. c.
[9] *Büsing*, O., Ornith. Mschr. 1920, S. 190.
[10] *Frieling* u. *Büsing*, O., Beitr. Fortpfl.-biol. Vög. 12, 1936.

mehrmals und gab ihn mit „diph" wieder, er bedeutete aber seiner Ansicht nach keinen Höhepunkt des Gesanges, wie das Schnurren, noch ähnelte er etwa dem Goldammerlied, vielmehr machte er auf ihn den Eindruck des „Übergeschnappten und Unmotivierten". Einen vom e 4 zu d hinabgedrückten Pfeiflaut kannte Christoleit aus Ostpreußen, er nannte ihn aber eine besondere Zierde des Schwalbenliedes[11].

Zwitschern und Locken

Neben dem echten Gesang (Balzgesang) haben wir als klanglich verwandte, jedoch anders gerichtete Lautäußerung zunächst das Zwitschern zu betrachten, das meist beim Anflug zum oder vom Nest und bei kurzen Ruhepausen vorgetragen wird und ♂ wie ♀ in gleicher Weise zukommt, beim ♂ aber leicht in echten Balzgesang übergeht. Ich bin im folgenden auf meine eigenen Beobachtungen angewiesen:

Für das Zwitschern ist charakteristisch, daß ihm das Schnurren am Ende fehlt und daß es laut wie leise von beiden Partnern vorgetragen wird. Mit diesem Zwitschern — laut oder leise — kommen also ♂ wie ♀ zum Nest angeflogen, entführt das ♂ das ♀ und umgekehrt vom Nest ins Freie, und es wird von beiden Partnern oft gleichzeitig bei kleinen Ruhepausen in Nestnähe vorgetragen. Auch die Begrüßung des einfliegenden Gatten durch den am Nest zurückgebliebenen, kann mittels dieses Zwitscherns erfolgen, das bei freudiger Erregung recht laut wird. Ich habe auch ♂ beobachtet, die lange zwitschernd nach der Fütterung am Nestrand verharrten. Das Zwitschern ist also ein deutlicher Akt der Verständigung zwischen beiden Ehegatten. Am deutlichsten wird sie, wenn nach erfolgter Nistplatzwahl — etwa am alten Nest — das ♂ vor dem ♀ mit lautem Zwitschern in den Brutraum hereingeschossen kommt. Doch ist das nur die Einleitung zur eigentlichen dringenden Aufforderung an das ♀, den Brutplatz anzuerkennen, die durch ein gradezu leidenschaftlich geschrienes „wi-wi-wi" ... fortgesetzt wird, Laute, auf die das in der Nähe sitzende ♀ nur mit einem leisen „witt" anwortet. Dieses „wi-wi" oder „wieh-wieh" ist ein für sich bestehender Lockruf, der das ♀ zum Nest führen soll oder von vereinsamten ♂ ausgestoßen wird, die damit um einen Partner werben.

Auch das Locken hat also verschiedene Intensitätsstufen, vom kaum vernehmbaren, zarten „witt" bis zum geschrienen „wiet", das von entsprechenden heftigen Bewegungen begleitet wird.

In allen „witt"- oder „wiet"-Formen ist eine Aufforderung oder eine Verständigung enthalten. Mit leisem „witt" kommen ♂ und ♀ zu den erst wenige Tage alten Jungen geflogen, um sie zum Sperren zu veranlassen. Manchmal wird es lauter vorgetragen; ich habe es

---

[11] Vgl. auch *Voigt*, A., Exkursionsbuch, 11. Aufl., 1950.

aber auch erlebt, daß das ♀ sein „witt-witt" gradezu herausschrie, wenn es die noch blinden und leise vor sich hingierenden Jungen zum Sperren bringen wollte und es resigniert einsehen mußte, daß ihm nicht ein sofortiger Erfolg beschieden war, so daß es bis zu zehnmal von der Lampe zum Nest und zurück flattern mußte, bis wenigstens ein Junges sich zum Sperren bequemte.

Das „witt" dient aber auch zur Verständigung zwischen beiden Ehegatten und ist dann meist leise. Etwa: Das ♂ hat gefüttert, das ♀ fliegt inzwischen zum nahen Lampenschirm. Beide unterhalten sich jetzt mit „witt-witt". — Oder: Das ♀ fliegt, ähnlich wie nach dem Zwitschern, mit „witt-witt" vom Nest weg, und das ♂ folgt ihm mit „witt" antwortend.

Im Schrifttum finde ich der Modulationsfähigkeit des „witt" und „wieh" entsprechend eine Reihe von Wiedergaben, von denen ich nur eine Auswahl bringe:

A. E. Brehm (1876) ...... „wit, widwitt-it"
Voigt, A (1903) .... „wit-wit" (gleichzeitig auch Bittruf der Jungen).
E. Hartert (1910) .... „wit wit" oder „zwit ziwit".
B. Hoffmann (1923) .... „w(u)it, Hauptton ungefähr a 4.
O. Kleinschmidt (1923) .. „wit, ziwitt, widewidewit".
G. Niethammer (1937) .. „witte witte witt" und einzeln „witt".
Bent (1942) für USA .... „kvik kvik, wit-wit".

Manchmal ruft das ♀, wenn das ♂ während der Brutzeit am Nest erscheint, „chirre-chirre"[12].

De Braey hörte das ♂ mit Nahrung zum Nest fliegend ein „wiet-wiet" rufen, woraufhin das ♀ sein Nest verließ. Auch beim Abfliegen ließ das ♂ den gleichen Ton hören, doch flog das ♀ stets lautlos zum Nest und schrie nur, wenn das ♂ dort bereits saß. Auch das Abfliegen geschah stets lautlos. — Ich habe diese Lautlosigkeit ebenfalls erlebt, aber sie war stets das Zeichen äußerster Besorgnis des ♀. Es trat zum Beispiel ein, als wir das ♂ während der Fütterungsperiode vorübergehend verfrachtet hatten und das ♀ dadurch aufs Äußerste in Anspruch genommen war, ferner bei beiden Ehegatten, wenn nach einer stundenweisen Schlechtwetterperiode der Himmel sich aufhellte und das bei Füttern Versäumte in kurzer Frist nachgeholt werden mußte.

Der Alarmruf

Es gibt zwei Arten von Alarmstufen: Die eine drückt sich in Agressivität aus und wird mit heftigen, schrillen Rufen begleitet; die nächste bedeutet höchste Gefahr und wird durch ganz gedämpfte Laute ausgelöst. Der typische Alarmruf ertönt beim Erscheinen von einigen Raubvögeln (s. diese), beim Auftauchen von Katzen oder unbeliebten

---

[12] *De Braey*, Le Gerfaut 36, 1946.

Menschen. Er wird wiedergegeben als „zissit, zissit", „bibist, bibist" — „biwist" — „dibist" oder einem zweisilbigen „ziwitt", das schrill, hell und laut erklingt. Braey, der ihn mit „tsiwiet" oder „tsi-wit" wiedergibt, fand diesen weiblichen Alarmruf weniger aufgeregt klingend als den des ♂[13]. Der Todesangstlaut ist gedämpft. Schon A. E. Brehm gab ihn 1876 mit „dewihlik" an, Ernst Hartert mit einem ängstlichen „zibist". Daneben kommt noch ein angstvolles „zetsch"[14] oder „tsätsätsä"[15] vor. Snell, der die Verfolgung von Rauchschwalben durch Wanderfalken beobachtete, sprach von einem tiefen, flötenden Ton, wie „flüh-flüh"[16].

Auf den Alarmruf hin werden manche Raubvögel und Katzen in die Flucht geschlagen. Nilsson wunderte sich schon 1817 darüber, daß junge Hühner und Tauben, die noch nie mit Raubvögeln Bekanntschaft gemacht hätten, die Bedeutung dieses Warnrufes erkannt hätten und sich danach verhielten[17]. Auch Kleinvögel, wie Distelfinken, fühlen sich gewarnt, wenn Katzen erscheinen, die von wütenden Rauchschwalben mit biwist-Rufen verfolgt werden[18]. In einem Fall begleiteten Rauchschwalben einen Mann mit erbittertem Geschrei, der einen Kuhstall betrat, obwohl die dort befindlichen Nester längst von Jungen verlassen waren. Der Warnruf ist also nicht an das gefährdete Tier, sondern an den Neststand geknüpft[19]. Ähnliches weiß man ja vom Weidenlaubvogel.

Stimmlaute der Jungen

Die Jungen der amerikanischen Rauchschwalbe geben vom dritten Tag an leise Töne von sich, bei uns sind sie bis zum sechsten Tage noch stumm, von da an hört man ein leises „si sisi"[20]. B. Hoffmann bezeichnet es mit „Ji-Jid"[21]. Ab neunten Tag rufen die Nestlinge „swi-swi-swi-"; ich möchte das aber nicht gern mit „Gieren" bezeichnen, denn sie tun es automatisch, auch dann, wenn sie gar nicht hungrig sind und nicht sperren wollen. Vom 14. Tag ab klingt der Ruf mehr wie „swiet-swiet" und geht nun langsam in ein „twiet-twiet" über, um allmählich die Klangfarbe des „Witt-witt" der Alten zu bekommen. Ausgeflogene Junge können noch im gleichen Jahr einen ausge-

---

[13] Er gibt ihn mit „wit-wi" aber zu zart an.
[14] *Russ*, Karl, Vögel der Heimat, 1887.
[15] *Niethammer*, Günther, Handbuch der deutschen Vogelkunde, 1937, Bd. 1, S. 443.
[16] *Snell*, F. H., Zool. Garten XI, 1870, Nr. 1.
[17] *Nilsson*, Ornithologica svecica, 1817, S. 282 (lat.).
[18] Condor, 1948.
[19] *May*, D. J., Br. Birds 41 (1948), S. 119.
[20] *De Braey*, 1946 — ihm folge ich auch bei der Darstellung der Jungenlaute im Nest weiter.
[21] *Hoffmann*, B., 1923, l. c.

sprochenen Jugendgesang haben, den man Mitte August, aber noch bis zum Wegzug unter Umständen im Oktober hören kann[22].

Das Schnabelknacken

Von den Alten hört man manchmal ein Schnabelknacken, das auch nachts in Ruhe ausgestoßen wird und so laut wird, daß man es mit dem des Waldkauzes verwechseln kann[23]. De Braey, der es nur vom ♀ hörte, nannte es einen schmatzenden Laut, und er hörte es auch vom brütenden Vogel. Das Knacken oder Klappern wird aber auch von fliegenden und nach Insekten jagenden Rauchschwalben ausgestoßen, und zwar, wie Naumann schon 1833 richtig beobachtete, auch bei Fehlschlägen[24].

Das Chorsingen

Auf einen sehr eigenartigen Gesang der Rauchschwalben ist man erst vor kurzem aufmerksam geworden, und er ist auch nicht im „British Handbook" beschrieben. Bei gutem Wetter und wolkenlosem Himmel mit wenig Wind ertönt längere Zeit vor Sonnenaufgang einsetzend und etwa eine Stunde dauernd, zwischen Mitte August und Mitte September aus großen Höhen ein gemeinschaftliches Singen, das man mit „Chorgesang" bezeichnet hat[25]. Mit leicht gleitendem Flügelschlag, aber ganz anders, als wenn sie Insekten jagen, schweben Scharen von Rauchschwalben singend umher. Erst mit Zunahme des Lichtes kommen sie allmählich in normale Flughöhe herab und zerstreuen sich lautlos. — Dabei ist noch nicht klar, ob dieser Gemeinschaftsgesang den ganzen Sommer über andauert oder ob er sich auf bestimmte Zeiten — etwa Paarung oder Zug — beschränkt und unter welchen meteorologischen Bedingungen er vorkommt. Man weiß auch noch nicht, wie groß das Gebiet ist, aus dem sich die Rauchschwalben zu so großen Flügen zusammenfinden. Ähnliches hat man ja auch in den USA beobachtet. Bent[26] schreibt darüber: „. . . he delights in singing in chorus. It is a sweet and cheerfull, song, full of little trills and joyful bubbles of music at times clear and sparkling, at times oozing and rubberby. Like the music of brook it flows an indefinitely. At times the old barn is permeated with its melody." Hier ist also offensichtlich der Chorgesang nicht mit einem frühmorgendlichen Aufsteigen in große Höhen verbunden[27].

---

[22] *Purchon*, 1948; *Lunau*, Vogelwelt 73, 1952, S. 138.
[23] *Horst*, 1952; *De Braey*, 1946.
[24] *Naumann*, J. A., Naturgeschichte der Vögel Deutschlands, 1833.
[25] *Van Beneden*, Br. Birds 44, 1951.
[26] *Bent*, 1941.
[27] Ich selbst beobachtete einen abendlichen Chorus-Flug Ende August 1949 in Westfalen. Er wurde von 20 bis 30 Stück umfassenden Gruppen sehr hoch vollführt, deutete weder auf Jagd noch auf Zug hin, war aber nur von „witt"-Rufen begleitet.

Jahreszeit des Gesanges

Verschiedene Ornithologen haben von einem richtigen Gesang in den Winterquartieren berichtet. Die Mauser unterbricht jedenfalls die Gesangeslust nicht, nur das „Engagement" während der Fütterungs- und Versorgungsperioden der Brutzeit. In einer geräumigen Voliere frei herumfliegende Rauchschwalben sangen noch um Weihnachten und sogar bei künstlichem Licht[28].

Auf dem Heimzug befindliche Rauchschwalben singen einen regelrechten Balzgesang um den Partner herumkreisend, wie das Balsac in Westafrika — allerdings als Ausnahmeerscheinung — beobachtet hat[29]. Beim Eintreffen in der Heimat ist der Balzgesang natürlich in vollem Gange, er flaut dann während der Fütterungsperiode ab, nimmt in der Zwischenzeit zwischen beiden Bruten beim ♂ wieder zu, kann etwa Anfang Juli sogar recht intensiv sein[30] und dauert noch bis in den August. In den USA wurde er bis Ende August, ja sogar in den September hinein noch beobachtet[31], und auch bei uns singen Rauchschwalben-♂ Mitte August noch recht lebhaft.

Tageszeitliche Verteilung des Gesanges

Die Rauchschwalbe ist einer unserer frühsten Sänger. Altum sprach davon, daß sie eine bis zwei Stunden vor Sonnenaufgang zu singen beginne[32]. In den Vereinigten Staaten wurde sie schon 2.51 Uhr früh verhört, sie singt aber auch — wie Tischler in Ostpreußen und Robien in Pommern beobachtet haben[33] — nachts in ihren Schilfruheplätzen. Ende Juli 1949 sang ein altes nach der ersten Brut unbeweibt gebliebenes ♂ von Tagesanbruch bis etwa 6.30 Uhr unermüdlich vom Nestrand aus, flog dann fort und rief bei seinen weiteren erfolglosen Lockbesuchen am Nest nur noch „witt-witt" oder den typischen Nestlockruf „wieh-wieh".

Ort des Gesanges

Eifrig wird auf allen Ruheplätzen gesungen, also auf allen möglichen Pfählen, Leitungsdrähten, auf Dachfirsten, Giebeln, Gesimsen und trockenen Baumspitzen, aber auch während des Fluges; dabei wird meist die Endstrophe — das Schnurren — fortgelassen, jedoch nicht immer. Ich beobachtete im Frühjahr Schwalbenmännchen, die beim Jagdflug den ganzen Gesang einschließlich des Schnurrens brachten.

---

[28] *Fuchs,* Gef. Welt, 1913, S. 31.
[29] *Balsac,* H. et T. H. de, Alauda XIX, 1951, Nr. 2.
[30] *Hagen,* W., Journ. f. Ornith., 1926, S. 127.
[31] *Bent,* 1942, l. c.
[32] *Altum,* B., Forstzoologie, Bd. II, 1890.
[33] *Tischler,* Fr., Vögel Ostpreußens, 1941; Robien, P., Deutsche Vogelwelt, 1952, S. 138.

Spotten der Rauchschwalbe und Imitation des Rauchschwalbengesanges durch andere Vögel

Auch der Rauchschwalbe ist ihr Gesang nicht arteigentümlich angeboren. Junge, die O. Heinroth aufzog, brachten ihn nur dann rein zum Vortrag, wenn ein artgleicher Vogel ihr Lehrmeister war[34], andernfalls bestand er aus allerlei Lauten, die anderen Vögeln abgelauscht waren. Eine solche jung aufgezogene Rauchschwalbe begann ihr Lied nicht mit „witt-witt", sondern mit dem oft wiederholten „ki ki ki ki" des Kleinspechtes und brachte Stücke des Buchfinkenschlages. In Weißrußland fiel es Fenk auf, daß die Rauchschwalben der Scara vor dem witt-witt oder dem Zwitschern Stieglitztöne brachten, die derart täuschend nachgeahmt waren, daß man sie von echten nicht unterscheiden konnte[35]. Carey kannte 1874 in England eine Rauchschwalbe, die wie ein Kanarienvogel sang[36] — vielleicht hatte sie in dessen Nähe ihre Jungenzeit verlebt.

Diesen wenigen Fällen eines Spott-Talentes der Rauchschwalbe stehen jedoch sehr viel mehr solche gegenüber, bei denen der Rauchschwalbengesang als Motiv von artfremden Vögeln vorgetragen wird. Am häufigsten geschieht das zweifellos durch den Sumpfrohrsänger, bei dem mindestens das „wit-wit" als konstantes Motiv erscheint. Sick[37] kennt als Imitatoren außerdem noch Braunkehlchen, Dorngrasmücke, Gelbspötter, Schilfrohrsänger und Feldlerche. Ein besonderes Talent zeigt die Heidelerche, wenn sie unter anderm die Strophen der Rauchschwalbe in seltener Vollendung bringt[38]. Auch die Haubenlerche kann den Gesang imitieren[39].

Vollendet verstand es ein in Gefangenschaft gehaltenes weißsterniges Blaukehlchen, den vollständigen Gesang der Rauchschwalbe einschließlich des vollen Schnurrens zu bringen[40]. In Lappland ahmt das rotsternige Blaukehlchen den Gesang täuschend nach[41].

Natürlich stehen die Würger anderen Imitatoren nicht nach. Vom rotrückigen Würger berichtet das Oskar Heinroth, während ein Zwitschern aus der Kehle eines Rotkopfwürgers bewies, daß auch er den Rauchschwalbengesang nachzuahmen versteht[42].

---

[34] *Heinroth*, Oskar, Vögel Mitteleuropas, Bd. 1.
[35] *Fenk*, R., Journ. f. Ornith., 1920, S. 311.
[36] *Carey*, C. B., Zoologist, 2. Ser., Vol. 9, 1874.
[37] *Sick*, H., Ber. Ver. Schles. Ornith. 20, 1935, S. 12.
[38] *Krampitz*, Vogelwelt, 1952.
[39] *Rückert*, P., Gef. Welt, 1915.
[40] *Kosk*, F., Gef. Welt, 1916.
[41] *Schulz*, E. F., Ornith. Mschr., 1911.
[42] *Riedel*, Jos., Beitr. Fortpfl.-biol. Vög., 1952.

Die Bedeutung des Schwalbenliedes in der Antike[43]

In den Epigrammen des Euenos[44] trägt die Schwalbe das Epiteton „melidreptos", d. h. „die mit Honig ernährte", ob ihrer süßen Stimme. Im neunten anakreontischen Gedicht und einem davon abhängigen Epigramm des Agathias stört allerdings die früh zwitschernde Schwalbe den schlummernden Dichter, und Aristophanes verspottet den griechischen Volksführer Kleophon damit, auf seinen geschwätzigen Lippen lärme schrecklich eine thrazische Schwalbe. Diese Persiflage des Schwalbengesanges ist nur verständlich, weil bei den Griechen alles thrazische als barbarisch galt. Noch Homer und Anakreon spendeten der Rauchschwalbe Lob, erst allmählich, und zweifellos unter dem Einfluß der Pythagoräer, wandelte sich diese Vorliebe in ihr Gegenteil. Doch darf man den Vorwurf der Schwatzhaftigkeit auch nicht zu einseitig nehmen: Geschwätzigkeit konnte bei den Griechen die Neigung zu barbarischen Sitten bedeuten, ebenso aber auch eine den Frauen eigene und gar nicht einmal unsympathische Art des Geplauders: Äschylus läßt Kassandra nach Art der Schwalbe eine unverständliche Barbarensprache reden[45], dagegen läßt Lycophron Kassandra sich selbst „eine von Phoebus begeisterte Schwalbe" nennen. Aristophanes vergleicht die Stimme des Barbarengottes Triballos mit der Stimme der Schwalbe, nach einem Epigramm des Philippus dagegen ähnelt die Schwalbenstimme wieder dem vertrauten Geräusch des Weberschiffchens. Auch ein Epigramm des Leonidas beginnt mit den Worten: „Jetzt ist die Zeit wieder günstig für die Schiffahrt, denn schon ist die plaudernde Schwalbe wiedergekommen und der liebliche Zephyr." Wer aber schlechte Erfahrungen mit Frauen gemacht hatte, konnte wohl mit Philemon rufen: „Die Schwalbe, oh Weib, schwätzt nur den Sommer über — du aber das ganze Jahr hindurch[46]." Die Römer nannten das Schwalbenlied „murmurare" oder „zinzinare"[47]. Marcus Terentius Varro (116—27 v. Chr.) brachte es in ein Gedicht:

„Trinsat hirundo vaga
Regulus atque Merops et rubro pectore Progne
Consili modo zinzinzulare sciunt."[48]

---

[43] *Pischinger*, A., Der Vogelgesang bei den griechischen Dichtern, Eichstätt, 1901.
[44] Lebte zwischen 50 vor und 50 nach Chr. — Der älteste griechische Epigrammatiker; Mnasalaks (3. Jahrh. v. Chr.) nannte die Schwalbe mit deutlicher Anspielung auf die abscheuliche Tereus-Sage „Du, mit stammelndem Laut klagende Jungfrau, Tochter des Pandion".
[45] Das „barbarizein" oder „chelidonizein".
[46] Vgl. die Kapitel über den „Mensch als Feind der Rauchschwalbe" und „Die Rauchschwalbe in der Literatur".
[47] *Gerlach*, Die Gefiederten, Hamburg 1946.
[48] Nach *Oken*, 1837.

Als süß wurde der Schwanengesang sich ins Wasser gemeinsam versenkender Rauchschwalben im ausgehenden Mittelalter angesehen. Er hieß „cantus svavissimus"[49].

Volkskundliche Deutungen des Schwalbengesanges

Die Nähe des Menschen zur Schwalbe hat dichterisch und mundartlich eine Menge volkskundlicher Gesangesdeutung entstehen lassen. In den meisten erkennt man ganz deutlich das Schnurren der Endstrophe.

Mark Brandenburg und (mundartlich etwas anders) Mecklenburg[50]

> Ich wollt' meinen Kittel flicken
> Hab keinen Zwirn
> Hab nur noch ein klein End'chen
> Das müßt' ich lang zirren.

Elsaß[51]

Die Schwalben sangen von den am Brunnen klatschenden Mädchen: „Die Wiwere (Weiber) die rätsche und dätsche, und wenn sie heimkämmen, isch niene ke Fünkele Fierr ..."

Thüringen (ähnlich Sachsen)[52]

> Wenn ich wegzieh
> Sind Kisten und Kasten voll
> Wenn ich wiederkomm, wenn ich wiederkomm
> Ist alles leer.

Bayern (Lech)[52]

> Wann ich wegzieh
> San Kist und Kasten voll
> Wann ich wiederkimm, wann ich wiederkimm
> Ist alles cheziärt.

Westfalen[52]

> As ik weagtrokk, as ik weagtrokk
> Woren Kisten und Kasten vull
> As ik wijerkam, as ik wijerkam
> War alles verrieten.
> Versliden, versplieten
> Verquikkelt, verquakkelt
> Verdömset.

---

[49] *Olaus*, Magnus, 1558.
[50] *Bink-Zscheuschler*, Marg. Ornith. Mschr. 54, 1929.
[51] *Petry*, Karl, Gef. Welt, 1926, und *Frenzel*, Gef. Welt, 3. Jahrg., 1874.
[52] *Erk.*, L., Deutscher Liederhort, Bd. 3, Leipzig 1894.

Niedersachsen[53]
As ik wegtög, wö dütt Fack full
Wö dat Fack full
Nu doa ik wierkoam, is alls ferschlickert, ferschlackert und ferschliern.

Mecklenburg[54]
As ik wecketöhh, as ik wecketööh, wier huus un Schüün vull
As ik wedderkeem, as ik wedderkeem, wier alles verslieksIacksliert.
 Ein alter Mecklenburger sagte dazu: „Dat secht je jo richtig, dat hüren wi jo all."
Die männliche Schwalbe singt: „wit, witt, wiwervolk!!"
Und sie sagt: „Wenn du wierst, wo ik wier, süßt mal sehn, wo smutzig und smerig du wirst." — Das bezieht sich wahrscheinlich auf ihr früheres Brüten in Schornsteinen! In Estland, wo die Rauchschwalbe „laulu paosekene", d. h. Singschwalbe, heißt, gibt es ein Sprüchlein, das ihr Gezwitscher widergibt[55]:
 „Kidli, kadli, madli
 Mis Ristitab minud upernau
 Mem wiskab memerkaku achju kazirrr..."

13. Putzen — Baden — Trinken

Das Putzen des Gefieders hat De Braey[56] sehr eingehend geschildert. Ich beobachtete drei Phasen des Sich-Putzens alter Vögel:
1. Der Kopf wird nach Singvogelart geputzt, indem die Kralle hinter und über die Schwinge herumfährt.
2. Um sich einzufetten, dreht die Schwalbe den Schwanz ab und berührt mit dem Schnabel die Bürzeldrüse.
3. Von Zeit zu Zeit wird der Flügelbug mit dem Schnabel derart geputzt, daß dabei die jeweils vorgenommene Handschwinge nach oben geschlossen abgedreht wird.
Außerdem wird natürlich auch noch das mit dem Schnabel sonst erreichbare Kleingefieder zurechtgezupft, eingefettet und die Haut überall dort, wo es juckt, bekratzt.
Über das Baden ist im Schrifttum nicht allzuviel gesagt[57]. Auf eine Notiz[58] hin erhielt ich eine Reihe von Zuschriften, aus denen im wesentlichen folgendes hervorgeht:

---

[53] *Brinkmann*, 1933 für Iburg, ähnlich bei Hildesheim.; *Quantz*, Gef. Welt, 1919, S. 23, vgl. auch Kuhn, Norddeutsche Sagen, S. 453.
[54] *Wossidlo, R.*, Mecklenburgische Volksüberlieferungen, Wismar 1899.
[55] *Otto, Fred*, mündlich.
[56] *De Braey*, 1946, l. c.
[57] *Naumann* sagt davon: „... versteht auch die Kunst, fliegend sich zu baden, weshalb sie dicht über dem Wasserspiegel dahinschießt, schnell eintaucht, so einen Augenblick im Wasser verweilt und nun, sich schüttelnd,

Das Stoßbaden ist wohl zu unterscheiden vom bloßen Flugtrinken, bei dem die Wasseroberfläche nur leicht berührt wird und die Flügel nur einen kurzen Moment in der Schwebe bleiben. Es geht im allgemeinen so vor sich, daß kleinere oder größere Gesellschaften von einer bestimmten Seite aus in leichtem Bogen eine Wasserfläche anfliegen, dicht über dem Wasserspiegel plötzlich eintauchen — manchmal verschwinden sie dabei ganz, oder das Wasser spritzt bei diesem Stoß so hoch auf, daß sie es mit den Flügeln heftig flatternd auf das Gefieder verteilen können —, dann ein Stück weiter und in einer Kurve höher fliegen, umkehren, zurückfliegen, wieder stoßtauchen und so das Spiel längere oder kürzere Zeit wiederholen.

Als Wasserflächen werden am liebsten kleine Dorfweiher, Feuerlöschteiche, versumpfte Ziegelei- oder Lehmausstiche mit entsprechend großem Wasserspiegel, aber stets nur solche Wasserflächen benutzt, die nicht zu groß sind und möglichst keinen Wellenschlag haben[59]. Daher wird meist windstilles Wetter abgewartet. Auch Bäche werden zum Stoßbaden ausgenutzt, und zwar so, daß die Schwalben aus der Längsrichtung kommend bequem eintauchen können. Ist der Bach gewunden, so rüttelt die Schwalbe über einer toten Stelle und taucht senkrecht ein, so daß ihr das Wiederhochkommen mit nassen Flügeln rechte Mühe macht. Besonders interessant waren die Beobachtungen Munns in Radolfzell am Bodensee. Allabendlich, bevor die Schwalben in einer unter Wasser stehenden und mit Schilf bewachsenen alten Lehmgrube zum Schlafen einfielen, sammelten sie sich über der Fläche kreisend zu größeren, bis mehrere hundert zählenden Scharen und begannen dann dicht über dem Schilf zu jagen. Dabei begannen gewöhnlich die ersten Rauchschwalben auch zu baden und gleich so heftig, daß sie im aufspritzenden Wasser verschwanden. Sobald sich alle anwesenden Schwalben über der Wasseroberfläche versammelt hatten, näherte sich der Höhepunkt: Die Rauchschwalben flogen in Kreisen niedrig über das Wasser, und einzelne unterbrachen dauernd diesen Kreisflug, um sich ins Wasser zu stürzen. Das Interessanteste ereignete sich im Kreismittelpunkt: dort konzentrierten sich die Schwalben so dicht wie die Bienen, ausschließlich, um zu baden, und Einzelheiten konnte Munn überhaupt nicht mehr unterscheiden. Das Bild glich einem unbeschreiblichen Durcheinander, so daß er anfangs fürchtete, die Schwalben

---

weiterfliegt. Ein solches Eintauchen, welches den Flug kaum einige Augenblicke unterbricht, wiederholt sie oft mehrere Male hintereinander..." — *Gengler* (Verh. Ornith. Ges. Bay. XVII, 1925, Sonderheft) sagt von Mittelfranken: „... in großen Scharen abends vor Einbruch der Dunkelheit im Flug tauchend..."

[58] „Stoß-Baden der Rauchschwalbe" — Ornith. Mittlg., 6. Jahrg., H. 10, 1954.
[59] Eine Zuschrift spricht allerdings davon, daß auch bei Wellenschlag gebadet wird, wobei die Rauchschwalben regelrecht durch die Wellen stoßen (W. *Heveling*, Anhalt).

könnten dabei Schaden nehmen. Durch das intensive Stoßbaden geriet die ganze Wasserfläche in Bewegung, und es entstanden richtige kleine Wellen. So rasch das Baden der Schwalben einsetzte, so unmittelbar hörte es auch auf, die Gesamtdauer hatte etwa 15 Minuten gedauert. Der Alarmruf einer Schwalbe genügt, um dem eindrucksvollen Spiel ein Ende zu bereiten — und er ist oft auch nötig, da grade Sperber Rauchschwalben, die mit Baden beschäftigt sind, gern überraschen.

Das Baden scheint vor allem im Juli, August und September stattzufinden, und zwar meist in den Abendstunden; ich selbst beobachtete es im nördlichen Taunus gegen 17 Uhr. Bei größerer Hitze kommt es aber auch in den Vormittagsstunden vor[60].

In den USA beschrieb Bent[61] das Baden.

Eine sehr eigenartige Badezeremonie beobachtete Newmarch in England, als im September 1949 früh nach starkem Tau, der dem Gartengras ein silbern-zuckerglänzendes Aussehen gab, 15 bis 18 Rauchschwalben, die auf Drähten saßen oder über das Gras flogen, plötzlich in dem kurzen und nassen Gras landeten und alle miteinander in leidenschaftlicher Form ein Bad nahmen, den Tau um sich schlagend und dabei eine Haltung einnehmend, die an eine Haushenne erinnerte, die ein Staubbad nimmt: Mit schnellen und geschmeidigen Bewegungen des Körpers und der Flügel und bei locker gehaltenen Federn wurde erst die eine, dann die andere Körperseite „gebadet". Bei keinem Vogel dauerte diese Prozedur länger als eine bis zwei Minuten, aber viele badeten mehrere Male hintereinander, und nur zwei blieben ohne zu baden auf den Drähten sitzen[62].

---

[60] *Formazin*, Ulrich, briefl. v. 31. 10. 1954.
[61] *Bent*, l. c. (1942), zit. *Towsend* (1920), der von großen Mengen rastender Rauchschwalben schreibt: „... Then they all flew close to the water an every now and then hurled themselves at it so that the quiet surface of the pound was pitted with splashes as from a bombardement. Their heads, backs an wings were soused in the water, which they shook off in showers as they arose. At times they would dip ligthly several times in succession."
[62] *Staton*, I., Br. Birds 43, 1950, S. 300. Die gleiche Beobachtung machte der Verfasser im Mai 1940 an Fitis und Gartengrasmücke, natürlich mit anderen Einzelheiten.

XIII. Hege

1. Allgemein

Da die meisten Völker — Primitivvölker und Araber noch mehr als geistig säkularisierte Nationen — die Schwalbe stets als Glücksvogel angesehen haben, ist auch auf dem ganzen Erdenrund viel zu ihrem Schutz und ihrer Hege geschehen.

Die Anbringung von Nistgeräten ist wahrscheinlich uralt und führt bis in die mittelminoische griechische Kulturepoche zurück[2]. Als v. Schrenck Mitte des vorigen Jahrhunderts den Unteren Amur besuchte, fand er in den Behausungen der Giljaken, Mangunen und Golde Borkenplatten verschiedener Größe im Dachstuhl aufgehängt, wohin die Rauchschwalben durch das Rauchloch in der Wand und durch Fensteröffnungen immer freien Zuflug hatten[3]. Aus Japan berichtete Seebohm[4], jedes Haus habe gleich hinter der Tür ein oder zwei kleine Brettchen, auf denen die Schwalben ihr Nest bauen konnten, ohne belästigt zu werden. Sie seien den Japanern so heilig, wie irgendeiner ihrer Hausgötter. Przwalski[5] fand sie in den Zelten der Mongolen nistend und hier überall von ihnen geschützt. In Südchina setzen noch heute die Kaufleute eine kleine Plattform aus gewobenem Bambus über die Tür ihres Geschäftshauses oder auf einen Balken im Zimmer[6]. Auch die Synker — die Einwohner des indischen Staates Sikkim im Himalaya — bringen zur Erleichterung des Nistens für die Rauchschwalbe da und dort kleine Brettchen an[7].

In Marokko[7] ist bei den Arabern und Berbern der Glaube verbreitet, eine Schwalbe zu töten hieße Allah beleidigen. Schwalbe und Storch sind von ihm dazu ausersehen, das Land vor schädlichen Insekten zu bewahren und die Ernte zu sichern. Die Schwalbe könne also als Gegenleistung auch einen gewissen Schutz durch die Menschen verlangen. — Von den Vereinigten Staaten schreibt Bent[8], viele Farmer

---

[1] *Stöß*, Gef. Welt, 1934, S. 576.
[2] Vgl. Kapitel Kunst.
[3] *v. Schrenck*, Die Vögel des Amurlandes, Ulm 1856, S. 388.
[4] *Seebohm*, Henry, The Birds of the Japanes Empire, London 1890.
[5] *Sharpe* and *Wyatt*, 1894, zit. *Przwalski* ohne nähere Angaben.
[6] *Caldwell*, South-China Birds, Shanghai 1931.
[7] *Sharpe* and *Wyatt*, 1894, l. c.; *Irby*, Ornithology of the Straits of Gibraltar, 1895.
[8] *Bent*, A. Cl., Life histories of North American Swallows, 1942, l. c.

schnitten ein kleines Loch in ein Scheunentor, um Rauchschwalben anzusiedeln.

In Europa war wohl Buffon (1779) der erste, der gegen die sinnlose Schwalbenjagd Front machte und den Nutzen der Rauchschwalben hervorhob; aber praktische Folgen hat sein Eintreten noch nicht gehabt — wir sahen, daß sogar im Herzen Europas die Schwalbenjagd, wenn auch vereinzelt, bis über die Mitte des 19. Jahrhunderts vorkam. In Finnland scheint es schon zu Beginn des vorigen Jahrhunderts künstliche Schwalbengeräte gegeben zu haben[9]; Hortling hebt 1929 ausdrücklich ihr Brüten in ihnen hervor[10]. Auch der schwedische Bauer scheint sich schon früh für ihren Schutz bemüht zu haben[11], und das lag ja auch auf der Hand, denn solange man aus ihrem Nestbau noch den Reichtum der künftigen Ernte ersehen zu können glaubte, war es wichtig, einen so prophetischen Vogel zu erhalten. Die Bemühungen um ihren Schutz unter der ländlichen Bevölkerung waren auch in Dänemark so lange selbstverständlich, als es noch „abergläubische" Menschen gab, d. h. solange das Denken noch nicht säkularisiert und die Ställe noch nicht chemisch gereinigt waren. In Deutschland hatten die Klassiker der Ornithologie den Boden für einen Schutz der Schwalbe schon lange vorbereitet, vor allem waren es Brehm, Vater und Sohn, und Chr. L. Gloger. 1876 erfolgte von anderer Seite ein Vorstoß, man solle die Schwalbenhege durch Leisten und Brettchen unterstützen[12]. Damals waren mit Anbringung derartiger künstlicher Unterlagen auf den Gütern des Erzherzogs Albrecht von Österreich in Schlesien, Galizien und Ungarn schon mehrjährige gute Erfahrungen eingesammelt worden[13].

Die Anwendung von künstlichen Nistgeräten für Schwalben spielt natürlich auch im modernen Vogelschutz eine Rolle, obwohl ökologische Maßnahmen, die ihnen einen höheren Siedlungsimpuls geben könnten, viel durchgreifender wären; sie haben dafür aber leider den Nachteil, nicht immer mit den Forderungen einer intensiven Landeskultur und einer hygienischen Viehhaltung in Einklang zu stehen, sind also „Opfer". Um aber zu verhindern, daß spät eintreffende Rauchschwalben mit der Errichtung eines Nestes, für das sie weite Flüge machen müssen, viel Zeit verlieren, also der Prozentsatz an Zweitbruten zurückgeht, um ferner zu verhindern, daß die Todesrate durch unnötige Fernflüge steigt, sind die fertigen Nistgeräte noch besser als Nistleisten und -stützen oder Brettchen, denn sie brauchen ja von der

---

[9] *Latham, J.*, General History of Birds, Vol. VII, 1823.
[10] *Hortling, I.*, Ornitologisk Handbok, Helsingfors, 1929.
[11] *Kolthoff* und *Jägerskiöld*, Nordens Fäglar, Stockholm 1898 (schwedisch).
[12] Vgl. Monatsschr. z. Sch. d. Vo., Bd. 3, 1878.
[13] Gef. Welt 7, 1878. — 1887 empfahl Karl *Ruß* (Vögel der Heimat) die Anbringung von Brettchen und Stützen.

Rauchschwalbe nur ausgepolstert zu werden und werden gern angenommen. An Stelle der Geräte aus Ton und Zement oder Papiermasse haben sich Holzbetonmischungen gut bewährt. Sofern Nistgeräte, in die noch ein Nest gebaut werden muß, und die aus Holz bestehen, sich eingeführt haben, nimmt man Erlen- oder Birkenholz, um ein Reißen zu verhüten. Ein Gipskranz setzt die Nistnische nach dem Rand ab. — Die Geräte werden zweckmäßig möglichst dicht unter der Decke angebracht, aber so, daß die Alten und Jungen bequem auf ihrem Rand sitzen können. Niedriger Stand — den die Schwalben übrigens selbst oft wählen — erhöht die Gefahr durch Nesträuber. Man sollte nicht näher als 3 cm und nicht weiter als 10 cm an die Decke herangehen. Nach Löhrl sind die Erfahrungen mit den jetzt üblichen Nistgeräten durchaus gut[14]. 1947 in Frankreich fabrikmäßig hergestellte Schwalbennistgeräte haben sich leider nicht bewährt, wohl dagegen die in der Schweiz[15].

Um die Nestbaunot zu lindern, die ja tatsächlich eine Folge der fortschreitenden Technisierung des landwirtschaftlichen Betriebs ist, hat man vorgeschlagen, flache, künstliche Lehmpfützen im Hof zu unterhalten oder abends in Ortschaften mit geteerten Straßen den Staub zusammenzukehren und mit Wasser zu besprühen[16]. Alles das sind Notbehelfe, und wenn der Landwirt nicht selbst am Schwalbenschutz interessiert ist oder niemand da ist, der ihn dazu anhält und interessiert, wird der Erfolg nur ein geringer sein. Viel wichtiger scheint mir, in allen landwirtschaftlichen Betrieben mit darauf zu achten, daß den Schwalben wenigstens ein freier Ein- und Ausflug in die Ställe und andere Räume gesichert ist. Leider sind ja auch die zweiteiligen Türen, die es früher in Hofgebäuden und Bauernhäusern gab, immer mehr verschwunden und damit wieder eine Möglichkeit der Besiedlung geschlossener Räume.

2. Transport von Schwalben bei Zugkatastrophen

Erstmalig wurde eine Rettungsaktion für „steckengebliebene" Zugschwalben im Oktober 1905 vom ornithologischen Verein in Luzern vorgenommen, und zwar vom St. Gotthard nach Chiasso. Diesem tierliebenden Beispiel schlossen sich verschiedene weitere Schweizer Orte

---

[14] *Löhrl*, H., Ornith. Mittlg., 6. Jahrg., 1954, S. 5.
[15] *Nicod*, L., Nos oiseaux 19, 1947/49 und 1952. Nicod führt die Zunahme in der Schweiz während der Jahre 1950 und 1951 neben der Gunst meteorologischer Verhältnisse auch auf das Anbringen künstlicher Nistgeräte zurück. Von 70 kontrollierten Bruten kamen 16 in künstlichen Nestern hoch. Auch in Luxemburg (Bull. Ligué Luxemb. 32, 1952, IV, Nr. 30) hatte man gute Erfolge mit künstlichen Schwalbennestern. Über Mißerfolge mit künstlichen Schwalbengeräten in den Niederlanden vgl. *Koefoed*, Limosa 17, 1923.
[16] Bull. Ligue Luxemb. 30, 1950, Nr. 20.

an, in Deutschland die Vogelschutzvereinigung „Ornis" in Speyer, von wo 1500 Rauchschwalben verschickt wurden[17].

Als 1931 die Zugkatastrophe hereinbrach, wurden aus Ungarn große Schwalbenmengen nach Istanbul erstmalig im Flugzeug verschickt und dort losgelassen. Der Wiener Tierschutzverein mußte, um allen Einsendungen erschöpfter Rauchschwalben gerecht zu werden — es gingen Posten von einzelnen bis zu 5000 Stück ein! — eilends ein geheiztes Schutzhaus errichten, in dem für die Schwalben Drähte gespannt wurden. Dort fütterte man sie mit Mehlwürmern und verfrachtete sie dann in Flugzeugen oder geheizten Lastwagen, die täglich nach Venedig starteten. Allein in einem Lastwagen fanden von insgesamt 89 000 5000 Schwalben Platz, die ins Land der Zitronen abgingen. Bis auf den ersten Flug, bei dem noch Verluste eintraten, weil es an Mehlwürmern mangelte, trafen alle Transporte mit höchstens 5 % Abgängen wohlbehalten ein.

Als 1936 im Oktober ein plötzlicher Kälteeinbruch Bayern heimsuchte, wurde der Münchner Tierschutzverein vor seine Probe gestellt, die er glänzend bestand. Es bewährte sich, daß man die Schwalben nicht mehr alle zusammen in große Behälter verfrachtete, sondern in Kartons zu 20 bis 40 Stück mit Sitzstangen und unter Mehlwurmfütterung. So wurde dem gefährlichen Wärmeverlust bestens vorgebeugt, und es kam zu keinen „Drusenbildungen". Während des Flugzeugtransports versanken die 5000 Schwalben in einen so tiefen Schlaf daß sie bei ihrer Ankunft in Venedig erst aufgeweckt werden mußten. Dann aber flogen sie munter davon. Nur wenige wurden andern Tags noch auf dem Flugplatz von Venedig gesehen, die meisten waren sofort in Richtung Lido abgeflogen.

Man wird diesen Bemühungen um die Rettung Tausender von Rauch- und Mehlschwalben seine Hochachtung nicht versagen können und sie als Ausdruck der Tierliebe und des Opfersinns sehr anerkennen müssen. Daß sie einen Einfluß auf die Erhaltung der Siedlungsdichte in den Ursprungsländern der steckengebliebenen Rauchschwalben haben, ist sehr unwahrscheinlich, da die Zahl der geretteten im Verhältnis zu der der umgekommenen immer noch sehr gering bleibt und die Todesrate dadurch kaum berührt wird.

---

[17] Gef. Welt, 1905, S. 367.

XIV. Fang zum Zwecke der Markierung

Im Stall fängt man Rauchschwalben am besten nachts beim Schein einer abgeblendeten Taschenlampe und erleuchtet hinterher den Raum, damit sich die Schwalben leichter wieder auf die Nester zurückfinden. Tagsüber kann man Netze benutzen, die vor die Stalltüren gehängt werden. Boley[1] gelang es auf diese Weise, in vier Jahren 1235 Rauchschwalben zu fangen und zu beringen. Das von den Vogelwarten herausgegebene „Merkblatt für die Schwalbenberingung" empfiehlt dazu möglichst einen Käscher aus Zellhorn mit anhängendem Beutel zu benutzen[2]. Wie leicht aber Altschwalben solche Störungen übelnehmen, haben wir schon gesehen, und vergleichende Siedlungsstatistiken ergeben durch solche Eingriffe oft ein ganz falsches Bild.

Jungvögel können im Nest immer noch bis zum Ausfliegen gegriffen werden, sie fliegen nur dann weg, wenn die Alten sie fortlocken. Verlassen sie doch vorzeitig das Nest, so setzt man sie wieder herein; sie bleiben dann ruhig darin sitzen. Unruhige Jungschwalben besänftige man damit, daß man sie mit dem Kopf gegen die Wand drückt. Wenn man wartet, bis die Alten den Stall verlassen haben, gelingt auch noch das Fangen der Jungschwalben darin ganz leicht.

Brütende Schwalben zu beringen ist nicht ratsam, da sie manchmal das Gelege verlassen und nicht mehr zurückkommen.

Im Freien werden die alten Spiegel-Spann- und Stecknetze wieder verwendet. Beim Spiegelnetz liegen drei Netzflächen übereinander und zwar so, daß zwei sehr großmaschige Netze ein engmaschiges einschließen. Der anfliegende Vogel haftet an diesem mittleren Netz und zieht es in der Flugrichtung bruchsackartig durch die nächste große Masche. Diese Netze haben verschiedene Größen, sind etwa 2 m hoch, einige Meter lang und müssen ein dünnes, unauffällig gefärbtes Garn, am besten von einer schmutziggrünen Farbe haben. An beiden Schmalseiten wird ein starker Stock befestigt, so daß das Netz straffsteht, wobei das reichlich gehaltene Innennetz allerdings mehr lose liegt. Man kauft solche Netze, deren Haltbarkeit unbegrenzt ist, am besten fertig in einer Netzfabrik.

---

[1] *Boley*, A., Vogelring 3, 1931.
[2] Abbildung in: *Schäfer*, W., Vogelring 11, 1, S. 58—73, vgl. Ref. i. Vogelzug 10, 1939, S. 204.

Die Netze dürfen keinesfalls unbeaufsichtigt bleiben, da sich Schwalben leicht im Garn verwickeln und dann nur mit Mühe aus den Fäden gelöst werden können. Vor allem dürfen sie nie über Nacht stehen bleiben.

Man riegelt mit einem solchen Netz, wie das schon die zünftigen Vogelfänger taten, einen Schwalbenpaß — etwa einen Bach, eine Gebüschreihe oder eine Geländelücke — ab.

Gute Erfahrungen hat die Schweizer Vogelwarte Sempach mit der Zusammenstellung eines Hoch- und Tiefnetzes in etwa 3 m Entfernung gemacht, weil die über das Tiefnetz hinwegfliegenden Schwalben dann leicht die Beute des Hochnetzes werden. Auch die Italiener hat man sich wieder zum Vorbild genommen und mit dem Fang an Schwalben-Übernachtungsplätzen gute Beringungsergebnisse erzielt. Um die Schwalben vor Belästigung durch Wasserhühner oder vor dem Ertrinken zu bewahren, muß das Netz, das am besten in einer durchgehauenen Schneise aufgebaut wird, mindestens 50 cm von der Wasseroberfläche abstehen und eine Größe von 10 × 2 m besitzen.

Das Herausnehmen und Beringen der Schwalben erfolgt vom Boot aus. Bei Wetzlar wurden an solchen Schlafplätzen des Lahnufers in den Jahren 1932 bis 1939 über 900 Rauchschwalben gefangen.

Bei der Buntfärbung von Schwalben muß besondere Vorsicht walten. Verdünnte Schellackfarben haben sich nicht bewährt, da sie die feine Haut des Vogels durchdringen und der Alkoholgehalt schädigt. Man kann die Schwänze mit verschiedenen Farben kennzeichnen, die einzelnen Exemplare jeder Serie wieder mit einer anderen Farbe — möglichst nahe dem Hals, wo die Farbe mit dem Schnabel nicht beseitigt werden kann[3]. Färbung nehmen die Rauchschwalben aber besonders übel!

---

[3] *Wodzicki*, Acta Ornith. Musei Zoologici Polonici, Bd. I, 1934, Nr. 8.

XV. Die Schwalbe in Brauchtum und Aberglaube[1]

1. Die Schwalbe als Bedeutungsträger

Zweifellos stand jahrhundertelang der Aberglaube um die Wasserversenkung und den Schwalbenstein im Glanze naturphilosophischen und medizinischen Denkens. Aber beide hatten eine reale Basis, auf der die Phantasieblume nur allzu üppig blühte: Die Wasserversenkung in der Tatsache, daß man verkrampfte Schwalben im Eis fand, die in der Wärme wieder lebendig wurden, und daß weder ein christliches noch ein heidnisch-griechisches Denken irgend etwas daran finden konnte, einen Vogel, der gleichzeitig mit dem Wasser geschaffen ward oder aus dem Urelement Wasser entstanden war, in diese seine Urheimat zeitweilig zurückkehren zu sehen! Der „Schwalbenstein" aber lag ja für jedermann sichtbar im Nest oder konnte aus dem Magen einer Jungschwalbe herausgeschnitten werden!

Uns bleibt nur noch übrig, von der Schwalbe als Bedeutungsträger und Heilmittel zu berichten[2].

Man kennt den Ursprung des Sprichworts „Eine Schwalbe macht noch keinen Sommer"[3]. Er ist dem Repertoire der griechischen Bekleidungsindustrie entnommen, die damit einen jungen Mann geißelte, der angesichts einer Schwalbe darauf verzichten zu können glaubte, sich einen neuen Mantel anzuschaffen. Das griechische Schwalbensingen soll sich bis heute erhalten haben, ehedem gab es sogar schwarz und weiß gekleidete Vorsänger, die eine tönerne Schwalbenplastik in

---

[1] Vgl. Frhr. v. *Vietinghoff-Riesch*, A., Die Schwalbe, besonders die Rauchschwalbe (Hirundo r. rustica L.) in Glaube und Brauch, in: Rhein. Jahrb. für Volkskunde 3, 1953, S. 205—243, und die Kapitel: „Aberglaube um die Überwinterung im Wasser und unter Eis" und „Der Mensch als Feind der Rauchschwalbe" in diesem Buch, S. 48 und 189.

[2] Auf einen seltsamen Aberglauben muß ich allerdings hier noch hinweisen, nämlich auf den, der die Schwalbe als Baumeister umfaßt. Noch im Jahre 1756 erschien eine Schrift, die sich auf *Plinius* und *Aldrovandi* stützte und von dem Staudamm bei Heracleoticum im Nildelta berichtete, der innerhalb einer Nacht von Schwalben zum Schutze gegen Überschwemmungen errichtet worden war. Ebenso hätten die Schwalben nahe Copton eine der Isis geweihte Insel in nächtelanger Arbeit und unter schweren Verlusten erhalten. In die gleiche Kerbe schlägt ja der Glaube an das Einmauern von Sperlingen, den *Albertus Magnus* aus eigener Schau zu nähren wußte, und der tatsächlich kein reines Phantasiegebilde mehr ist, da auch aus neuerer Zeit Beobachtungen darüber vorliegen (vgl. Anm. 1). Im 17. Jahrhundert verlegten ganz verwegene Phantasten den Winteraufenthalt der Schwalben sogar bis in den Mond!

[3] *Äsop*, Fabel 304; *Aristoteles*, Eth. Nic. I, 6.

der Hand hielten und „Schwalbensänger" genannt wurden. Der Verkünder der ersten Schwalbe erhielt einen Botenlohn. Die Übersetzung des heute noch üblichen Schwalbenliedes aus dem Neugriechischen soll lauten:

>Die Schwalbe, die Schwalbe, sie kommt
>Sie kommt vom Weißen Meer
>Sie setzt sich nieder und singt:
>Oh März, oh März, mein schöner,
>Du blauer Februar,
>Magst schneien oder regnen
>Riechst doch nach Frühling schon."

Jahrhundertelang waren in Deutschland die Türmer angewiesen, den Frühlingsboten Schwalbe durch einen Trompetenstoß anzukündigen, und sie erhielten dafür vom Magistrat im Rathauskeller einen Ehrentrunk. An anderen Orten wurde ihre Ankunft von der Ortsbehörde durch Ausklingeln bekanntgegeben. Vielerorts ging auf dem Land der Hausherr mit seinem Gesinde der ersten Schwalbe in feierlicher Prozession entgegen.

Der Anblick der ersten Schwalbe hatte aber auch engere Wohlfahrtsbedeutungen: Er vertrieb Sommersprossen, Rückenschmerzen und — Flöhe, heilte die Augen, gab die Fähigkeit, Geister und Hexen zu erkennen und verhieß — beim Kuckuck hat er sich erhalten — Geld. Natürlich nicht ohne weiteres, sondern nur, wenn man die jeweils vorgeschriebenen rituellen Handlungen dabei vornahm. So war es auch beim Liebeszauber. Die Schwalbe verhieß dem Mädchen baldige Hochzeit, zeigte dem Burschen die Haarfarbe seiner Zukünftigen an und erfüllte ihm seine Wünsche, wenn er seiner Liebsten einen Goldring schenkte, der neun Tage lang in einem Schwalbennest gelegen hatte. Dasselbe erreichte man allerdings auch einfacher, wenn man sich ein getrocknetes Schwalbenherz um den Hals hing.

Über die Bedeutung der Schwalbe um das Wohlergehen von Haus, Hof, Vieh und Angehörigen haben wir schon gesprochen. Die schwedischen Bauern ausgangs des Mittelalters glaubten aus der Lage des Nestes jeweils ersehen zu können, wo sie im Frühjahr ihr Getreide aussäen sollten. Blieben die Schwalben aus, so fürchteten sie, ihr Strohdach würde zusammenfallen. Etwas Ähnliches erlebte der gute Kenner Thüringer Vögel, K. Th. Liebe, als er Ende des vorigen Jahrhunderts ein vom Feuer halbzerstörtes Dorf besuchte und die Bauern auf die noch stehenden Gehöfte wiesen und dazu bemerkten, sie würden wohl auch noch bald abbrennen, die Schwalben hätten „auf Raub" d. h. liederlich gebaut. Bei den letzten Cholera-Epidemien, Mitte des 19. Jahrhunderts, in Paris und London hieß es allgemein, die Schwalben hätten die Seuche sofort gemerkt und die Städte verlassen[4]. Als große Ausnahme kann es gelten, wenn zu Beginn des Dreißigjährigen Krieges eine Stadt im heutigen Schleswig-Holstein, die von der Pest heimgesucht wurde, von allen Vögeln verlassen war, mit Ausnahme der Schwalbe, die den Einwohnern treublieb[5].

2. Die Schwalbe in der Medizin

Ein ganzes System von Glaubens- und Beziehungsformen hat sich um die Schwalbe in der Medizin entwickelt. Körperorgane und bestimmte Teile haben dabei jeweils eine besondere Bedeutung. Vor allem war es das Schwalbenauge und der Schwalbenstein, die eine große Rolle spielten.

Der Glaube an die Regenerationskraft des Schwalbenauges stammt von Aristoteles, der auf Samos eine weiße Schwalbe aufwachsen sah, die nach Blendung ihr Augenlicht wiedergewann. Er und Plinius d. Ä. glaubten allgemein, den Schwalben wüchsen ausgestochene Augen nach, und zwar dadurch, daß die Altschwalbe dem geblendeten Jungen das berühmte Schwalbenkraut auflegte, das davon den botanischen Namen „Chelidonium" erhielt und über das Praetorius sich in seinem schwülstigen, 1678 in Leipzig gedruckten Gedicht weitläufig ausgelassen hat. Später kam es wegen des Phänomens des Nachwachsens der Schwalbenaugen zu Differenzen zwischen Philosophen und Ärzten: Die Philosophen behaupteten, die Augen wüchsen nach, weil sie noch unvollkommen, die Ärzte deshalb, weil sie feucht seien.

Von den inneren Organen war das Herz für Liebeszauber gut, es wirkte sich aber auch auf die Treffsicherheit im Schießen aus und galt, in Milch gesotten, als Heilmittel für Gedächtnisschwäche, Fieber, Fallsucht und Atembeschwerden. Schwalbengalle wurde als Mittel gegen Enthaarung, das Gehirn als Mittel gegen den Grauen Star empfohlen. Gegen eine große Zahl von Krankheiten machte sich der Genuß von Schwalbenfleisch bezahlt; es galt auch als geburtenfördernd und erhöhte die Scharfsichtigkeit. Ein Epileptiker mußte das zuerst dem Ei entschlüpfte Junge eines Schwalbengeleges essen, um gesund zu werden. Schwalbenasche wurde schon von den assyrischen Königen gegen Trunksucht verordnet, Plinius empfahl sie als humanes Mittel gegen Schwachsinn, Triefaugen, Mandelentzündung usw. Dazu mußten allerdings die jungen Schwalben bei Vollmond geblendet werden. Man wartete dann darauf, daß das Schwalbenkraut seine Pflicht tat, verbrannte aber die Köpfe der Geheilten und vermengte ihre Asche mit Honig. Das half dann auch gegen die Tollwut; mit Wolfsmilch gemischt ergaben die Reste sogar noch ein Kosmetikum gegen

---
[4] *Briggs*, Zoologist, 1855, S. 4558.
[5] *Diethen*, 1733.

unbequeme Haare an den Augenlidern. Als sehr heilsam galt der Schwalbenkot, besonders, wenn er mit dem Speichel eines Jünglings vermischt ward; in guter Milch gekocht förderte er das Sprießen zarter Barthaare und wirkte gegen Halskrankheiten. Gegen viele Krankheiten half auch das Schwalbenblut.

Bei manchen Seuchen, die durch alle möglichen Schwalbenderivate zu bekämpfen waren, konnte man statt ihrer auch Schwalbennester nehmen. Plinius ermunterte sogar Diphtheriekranke dazu, ganze Schwalbennester zu essen, obwohl es keineswegs Salanganen waren! Auch in der Tierarzneikunde spielte das Schwalbennest eine große Rolle, z. B. in der 366 n. Chr. erschienenen „Ars veterinaria" des Pelagonius. Bei Bluterguß soll man ein Schwalbennest herunternehmen, es — bevor es den Boden berührt hat — in Wasser tauchen, dieses durchseihen und dem betroffenen Pferd zu trinken geben. „Du wirst Dich wundern!" schließt der hoffnungsvolle Veterinärarzt seine Aufforderung an den Pferdebesitzer. In altem Wein zerriebene Nester waren gut bei Schlangenbiß. Am wenigsten sympathisch ist eigentlich die Empfehlung des 1706 erscheinenden „Neu Curiosen Eydgenössischen Schweitzerischen Hausbuchs", das in Fällen von Halskrankheiten oder Kniegeschwülsten den Rat erteilt, ein Schwalbennest mit Ziegenkot gesotten äußerlich auf die betroffene Stelle zu legen. Den breitesten Raum nimmt aber der S c h w a l b e n s t e i n ein. Wie so viele Mythen, stammt der Glaube an seine Wunderkraft wiederum aus dem Altertum, dem ja nur verhältnismäßig wenige Vögel bekannt waren, die dann eine um so größere Rolle spielten. Plinius, der den Stein in die magischen Wissenschaften einführt, nennt ihn „lapis chelidonii"[6]. Und ebenfalls von Plinius stammt die Anweisung, bei Fallsucht Steinchen aus dem Schwalbenmagen zu entnehmen und sie an den linken Arm zu binden. Alexander von Myndos, der sein Zeitgenosse war, kannte schon die Einteilung der Schwalbensteine in einen vielfarbigen und einen einfarbigen Typus. Konrad von Megenburg (14. Jahrhundert) liebte besonders den einfarbigen, roten: er besänftige die Mondsüchtigen, ließe das Fieber fallen und mache den Menschen wohlredend und angenehm. In einem kleinen Tuch mitgeführt sei er gut für Geschäftsleute. Er mildere den Zorn der Mächtigen und mache das Gesicht scharf. Olaus Magnus, der große Initiator der Wasserversenkungslehre, verbürgt sich dafür, selbst den zweifarbigen Schwalbenstein in Händen gehabt zu haben. Leider trugen nicht alle Nestlinge Steine im Magen oder in der Leber, und wenn es schon schwierig war, sie bei zunehmendem Mond suchen und nach glücklich vollbrachter Durchschneidung der Jungen in eine Hirschhaut stecken zu müssen, damit sich ihre Wirksamkeit erweise, so riskierte man noch obendrein

---
[6] Chelidon = Schwalbe.

daß man überhaupt keinen fand! Man glaubte nun, Jungschwalben, die einen der begehrten Steine in sich hatten, daran erkennen zu können, daß sie mit den Schnäbeln zueinandergekehrt im Nest saßen[7]. — Mitte des 18. Jahrhunderts beginnt der Glaube an die Schwalbensteine brüchig zu werden. Man beschrieb sie ausführlich, aber sie hießen schon manchmal „Krötensteine" oder „Meerwolf". Schließlich brach Buffon auch mit dieser Vorstellungswelt, indem er die Herkunft der Schwalbensteine sehr einfach damit erklärte, die Schwalbe sammle manchmal kleine Steinchen von der Erde auf und verfüttere sie an die Jungen. Und damit hatte er auch absolut Recht.

Demungeachtet verfaßte noch 1847 Longfellow in seinem „Evangeline" auf den Schwalbenstein ein Gedicht:

„Often in the barns they climbed to the populous nests on the rafter
Seeking with eager eyes that wondrous stone, which the swallow
Brings from the shore of the sea to restore the sight of its fledgings
Lucky was he, who found that stone in the nest of the swallow!"

---

[7] Die 1766 erschienene „Encyclopedie... des sciences" sagt schon, man fände den Schwalbenstein im Sand und nicht im Magen der Schwalbe. Um 1866 wurde aber im englischen Volk dem Schwalbenstein bei Augenleiden immer noch Heilkraft zugeschrieben (*Labour*, The Zoologist, 1866, S. 523).

XVI. Die Schwalbe in den Schönen Künsten

1. Die Schwalbe in der Dichtung

Mythologie

In der griechischen Mythologie war die Schwalbe als Schutzgöttin abgeschlossener Frauengemächer der Aphrodite heilig — allerdings außerdem noch allen möglichen Winkelgottheiten —. Sophokles nennt sie „Botin des Zeus" des Diosangelos. Im alten Germanien wurde sie als die geflügelte Botin der Göttin Iduna angesehen, die den Menschen jährlich frisches Grün brachte. Im Gilgamesch-Epos[1] läßt Hasisatra eine Schwalbe aus der Arche, um zu erkunden, ob Land in der Nähe sei. Mehrfach kommt die Schwalbe bei Homer vor. Im Bogenkampf klingt die Sehne wie der helle Ton einer Schwalbe, und in der Freiermord-Szene schwingt sich Pallas Athene, einer Schwalbe gleichend, auf den First des rauchigen Saales, nachdem sie dem zögernden Odysseus Mut zugesprochen hat.

Bibel

In der Bibel gibt es eine Reihe von Schwalbenstellen:

Psalm 84, 4: Der Vogel hat sein Haus gefunden und die Schwalbe ihr Nest, da sie Junge hecken.

Sprüche 26, 2: Wie ein Vogel dahinfährt und eine Schwalbe fliegt, also ein unverdienter Fluch trifft nicht.

Jeremias 8, 7: Ein Storch unter dem Himmel weiß seine Zeit, eine Turteltaube und Schwalbe merken ihre Zeit.

Tobias 2, 11: Es begab sich auf einen Tag, da Tobias heimkam — entschlief er und eine Schwalbe schmeißte aus ihrem Nest, das fiel ihm also heiß in die Augen. Davon ward er blind.

Jesaias 38, 14: Ich winselte wie ein Kranich und Schwalbe und girrte wie eine Taube, meine Augen wollten mir brechen ...

3. Mose 11—19 (dasselbe 5. Mose 14, 18): Und dies sollt Ihr scheuen unter den Vögeln, daß Ihr nicht esset: den Adler, den Habicht, den Fischaar. ... den Storch, den Reiger, den Heher mit seiner Art, den Wiedehopf und die Schwalbe.

Baruch 6, 21: Und die Nachtigallen, Schwalben und andere Vögel setzten sich auf ihre Köpfe.

---

[1] Babylonisch, um 2000 v. Chr. mit Sintflut-Sage, später von der Bibel übernommen.

Legende

Im serbischen Physiologus[2] wird erzählt, einst sei eine Schwalbe, um Futter für Junge zu holen, nach Jerusalem geflogen und hätte dabei einen Streit mit einer Schlange gehabt. Als sie nun in der Arche Noah war, schickte die Schlange eine Hornisse aus, um zu sehen, welches Blut das süßeste sei. Die Schwalbe, die das alles hörte, erwartete die Hornisse, und als sie erfuhr, daß es sich um Menschenblut handelt, riß sie der Hornisse den Kopf ab.

Die rotbraune Kehle wurde ihr ganz verschieden ausgelegt: Nach der griechischen Sage wurde sie damit gezeichnet, weil Progne — die ja daraufhin in eine Schwalbe verwandelt worden war, um der Rache ihres Mannes zu entgehen — ihren Sohn ermordet hatte:

„Neque adhuc de pectore caedis
Excessere notae, signatuque sanguine
pluma est . . ."

sagt Ovid in seinen Metamorphosen.

Als Ehrenmal faßt die rote Kehle eine christliche Legende auf, die z. B. in der Charente inferieure, aber auch in Oberitalien, Portugal und Deutschland „Poule de Dieu", „Herrgottsvögelchen" usw. genannt wurde, weil sie sich verletzt habe, als sie versuchte, die Dornen aus dem Kranze des Erlösers am Kreuz herauszuziehen[3].

Eine Legende in Frankreich sagt:

Einst hatten die Schwalben weißes Gefieder und sollten Gottes Segen überall hineintragen und den Menschen die warme Jahreszeit künden. Da zerstörte ein böser Mann das Schwalbennest unter seinem Dach, und andere Rohlinge lachten darüber, daß die Jungen auf die Erde fielen. Da flogen die Schwalben gen Himmel, und als die letzte verschwand, wurde es Winter. Noch einmal versuchte es Gott mit den Menschen, aber wieder ging es der Schwalbe schlecht, ein Mensch sperrte sie in einen Turm und riß ihnen die weißen Federn aus. Gott verzieh den Menschen noch ein zweites Mal, bestimmte aber, daß die Schwalben nur sechs Monate bei den Menschen bleiben sollen, und zum Andenken an deren böse Taten wurde ihr Gefieder dunkel.

Von den Heiligen der katholischen Kirche wird außer Franz von Assissi auch der hl. Gandolfus, ein 1260 gestorbener Franziskaner-

---
[2] *Ender*, Mittlg. d. ornith. Ver. Wien 14, 1890, S. 117.

[3] Nach einer dänischen Legende sind drei Vögel um Christi Kreuz herumgeflogen: ein Storch, welcher rief „stärke ihn", die Schwalbe, welche rief „kühle ihn" und der Kiebitz, der daraufhin verflucht wurde, „peinige ihn"!
Eine schwedische Legende sagt, die Schwalben seien zwitschernd um den gekreuzigten Heiland herumgeflogen und hätten einander zugerufen „swala, swala, honom" (tröste ihn), woher sie auch ihren Namen bekommen hätten, der schwedisch „swala" heißt. Eine andere Legende besagt, daß die Schwalben dem Heiland Gutes tun wollten, indem sie die Nägel zu seinem Kreuze fortschleppten und versteckten. Quellen: *Bink-Zscheuschler*. Marg., Ornith. Monatsschr. 54, 1929; *Knortz*, K., Die Vögel in Geschichte und Brauchtum, München 1913; *Hermann*, R., Ornith. Monatsschr. 1917, S. 173; *Eder*, R., Mittlg. Ornith. Ver. Wien, 1890.

mönch aus Sizilien, und der hl. Gutlacus, ein 714 verstorbener Mönch des Klosters Repton in England, mit Schwalben in Zusammenhang oder zur Darstellung gebracht[4].

Eine wendische Sage läßt den Teufel den Versuch machen, eine Schwalbe herzustellen. Als er damit fertig war, setzte er sie auf seine Hand, um sie fortfliegen zu lassen. Da sie aber ruhig sitzen blieb, sprach er ärgerlich „Les doch skrodawa!" (Flieg doch, du Kröte!). Da fiel sie herunter und wurde eine Kröte.

Fabeln

Eine ganze Reihe von Fabeldichtern haben die Schwalbe als volkstümlichen Stoff gewählt, so Äsop (6. Jahrh. v. Chr.)[5], Phädrus (1. Jahrh. n. Chr.) mit seiner Fabel „Aves et Hirundo", Lafontaine (1621 bis 1695), dessen Fabel, in der eine Schwalbe die klagende Spinne verzehrt, wir brachten, Gellert (1715 bis 1769):

> Zwo Schwalben sangen um die Wette
> Und sangen mit dem größten Fleiß ...
> Doch wenn die eine schrie, daß sie den Vorzug hätte,
> Gab doch die andre sich den Preis.
> Die Lerche kommt. Sie soll den Streit entscheiden
> Und beide stimmten herzhaft an,
> Nun, hieß es, sprich, wer von uns beyden
> Am meisterlichsten singen kann?
> Das weiß ich nicht, sprach die bescheiden,
> Und sah sie ganz mitleidig an
> Und wollte sich nach ihrer Höhe schwingen.
> Doch nein, sie suchten ihr den Ausspruch abzuzwingen.
> So, sprach sie, will ichs denn gestehn!
> Die kann so gut wie jene singen,
> Doch singt, so lang ihr wollt, es singt doch keine schön.
> Hört man das Lied geistreicher Nachtigallen,
> So kann uns eures nicht gefallen!

Der russische Dichter Krylow (gest. 1844) bringt die Äsopsche Fabel „Eine Schwalbe macht noch keinen Sommer" in neuer Verkleidung.

Wilhelm Hey, der 1833 fünfzig Fabeln für Kinder schrieb, apostrophiert die Schwalbe:

> Schwälbchen, du liebes, nun bist du ja
> Wieder von der Reise da
> Erzähle mir doch, wer sagte dir
> Daß es wieder Frühling hier?

und der Wiener Fabeldichter Pfeffel brachte 1791 einen Dialog zwischen Storch und Schwalbe, in dem die Schwalbe sich bitter über die Zerstörung ihres Nestes durch einen „Magister von hohen Schulen" beklagt.

---
[4] *Sales*, F. v., Heilige und Selige der Röm.-kath. Kirche, Leipzig 1929.
[5] Nachtigall und Schwalbe. — Schwalbe und Krähe. — Eine Schwalbe macht noch keinen Sommer u. a.

Märchen

Märchen aus Nordafrika, Kleinasien, Kroatien, Estland, Dänemark und von den Eskimos beschäftigen sich mit dem Stoff der Schwalbe:

So erzählt Isman Al Absiki in Tunesien den Gläubigen[6]: „Ein Schwalbenmännchen hatte sich auf den Thron Salomos gesetzt und machte seinem Weibchen den Hof. Als dieses sich ihm nicht hingeben wollte, sagte er: Du willst mich nicht, und doch, wenn ich wollte, könnte ich diesen Thron umstoßen. — Salomo, der das hörte, ließ die Schwalbe kommen und sagte: Woher kommt es, daß du diese Sprache führst? Oh, Prophet Gottes, antwortete die Schwalbe, man darf Liebende für das Ansinnen, das sie haben, nicht strafen! — Mit Salomo beschäftigt sich auch das Märchen aus Klein-Asien[7]: Er hatte jedem Tier bestimmt, was es fressen könnte, nur der Schlange sagte er, sie könne sich von Menschenblut nähren. Das verdroß die Menschen, und sie beklagten sich. Da fragte Salomo die Tiere, welches Blut das beste sei? Die Schwalbe antwortete, das des Frosches, die Mücke aber war anderer Meinung, und damit sie vor Salomo das nicht behaupten könne, biß ihr die Schwalbe die Zunge weg. Das ärgerte wiederum die Schlange, und um sich zu rächen, sprang sie hoch, konnte aber nur noch die Schwanzfedern erwischen. Diese riß sie der Schwalbe aus, und seitdem hat sie einen gegabelten Schwanz, und seitdem sind die Menschen ihr dankbar.

An den gegabelten Stoß knüpft auch ein kroatisches Märchen an: „Es war einst eine Kammerzofe, die stahl ihrer Herrin eine goldene Schere. Um ihre Unschuld zu betonen, rief sie: ich will gleich in eine Schwalbe verwandelt werden, wenn ich gestohlen habe! — Im gleichen Augenblick geschah das, und zur Erinnerung behielt sie die scherenartigen Schwanzfedern."

Ein anderes kroatisches Märchen beschäftigt sich, diesmal weltlich, mit dem roten Kehlfleck:

„Die Schwalbe war von jeher sehr neugierig und guckte den Menschen immer ins Fenster, um zu sehen, was da passierte. Das ärgerte den Finken, und er stellte ein Faß mit roter Tinte auf und schrieb daran: Hier ist ein Geheimnis drin! — Sofort kam die Schwalbe angeflogen und sah in das Spundloch. Der Fink stieß sie mit dem Kopf in die Tinte, und seit der Zeit hat sie den roten Kehlfleck."

Mit dem Schornsteinleben beschäftigt sich ein walaisches Märchen[8]:

„Die Rauchschwalbe war einst ein Mädchen, das stets mit seinen Eltern haderte und andere verleumdete. Zur Strafe wurde sie in ihre jetzige Gestalt verwandelt und muß ihr Nest in Schornsteinen bauen, dem schwärzesten Ruß ausgesetzt."

Ihre Stimme bringt ein estnisches Märchen gut zum Ausdruck[9]:

---

[6] *Quirtschitsch*, l'oiseau IX, 1939, S. 293.
[7] *Bink-Zscheuschler*, Ornith. Mschr., 1929; *Schiller*, C., Zum Thier- und Kräuterbuch des Mecklenburgischen Volkes, Gymn. Fridr. Schwerin, 1861, S. 16.
[8] *Schott*, Walaische Märchen, 1845.
[9] *Jansen*, H., Märchen und Sagen des Estnischen Volkes, 1888.

„Da war ein Trunkenbold von einem Weber, der sein Kind totprügelte und sein Weib halbtotschlug, bis es in eine Schwalbe verwandelt ward und schwirrend aufs Gebälk flog. Als es von da ins Freie wollte, zog der Unhold ein Messer, traf sie aber nicht und hieb ihr nur den Schwanz entzwei. Seitdem singt die Schwalbe das Lied:

> Witt witt dewelick
> Schlug den Webstuhl in Stück
> Zi zi zehr
> Schlug mich selbst so schwer
> Biwist biwist
> Und mein Kind ermordet ist

und sie trägt zur Trauer ein schwarzes Tuch auf dem Kopf, ein rotes um den Hals, ein hübsches weißes Hemd und ein kohlschwarzes Röckchen.

Christian Andersen aber weiß von Däumlinchen zu erzählen, die in einem langen Gang eine erfrorene Schwalbe findet und sie auf die geschlossenen Augen küßt, sie wärmt und hegt, bis sie allmählich aufwacht und ihr berichtet, wie sie sich die Flügel verletzt habe. Den ganzen Winter über blieb sie bei Däumlinchen, und erst im Frühling ward ein Loch geöffnet, aus dem sie herausflog. Däumlinchen mußte Vorbereitungen für die Hochzeit mit dem abscheulichen Maulwurf treffen, aber bevor es Abend wurde, kam die Schwalbe nochmals vorbei und ließ sie durch eine Blume grüßen. Da setzte sich Däumlinchen auf ihren Rücken, und sie flogen zusammen in wärmere Länder.

Bei den Eskimos erzählt man: kluge kleine Kinder hatten sich am Rande eines Felsens Spielhäuser gebaut, wurden aber plötzlich in Vögel verwandelt. Als solche fuhren sie fort, in der Nähe von Menschen Wohnungen aus Lehm an Felswände zu bauen. Sie waren zu Schwalben geworden. Und noch heute sollen Eskimokinder den Schwalben gern beim Nestbau zuschauen[10].

Das jüngste und vielleicht schönste Schwalben-Märchen schrieb Oskar Wilde und nannte es „Der glückliche Prinz". Es spielt in einer englischen Stadt, auf deren Marktplatz die Statue eines Prinzen steht. Der Körper des Prinzen ist von oben bis unten mit Feingoldplättchen bedeckt, und auf ihm hat sich eine rastende Schwalbe niedergelassen, die nun mit dem Prinzen in ein eigenartig faszinierendes Gespräch kommt. Ihn jammert das Elend der Armen dieser Stadt, und er bittet sie, ihm seine Augen aus Saphir auszupicken und ihn seines ganzen Goldes zu entledigen, um es den Armen zu schenken. Die Schwalbe gehorcht, vergißt aber darob ihr Reiseziel, und da sie den Prinzen liebgewonnen hat, bleibt sie auch bei ihm, als es Winter wird und

---
[10] *Knortz*, K., Die Vögel in Geschichte, Sage, Brauchtum und Literatur, München 1913.

fällt schließlich tot auf den Sockel zu seinen Füßen. Das nunmehr so häßliche Denkmal aber wird von den Stadtvätern abgerissen und eingeschmolzen. Nur das bleierne Herz des Prinzen bleibt übrig.

„Bring mir die beiden kostbarsten Dinge aus dieser Stadt", sagte Gott zu einem Engel. Und der Engel brachte ihm das bleierne Herz und die tote Schwalbe.

„Deine Wahl ist gut", sagte Gott, „in meinem Paradiesgarten soll dieser kleine Vogel in Ewigkeit singen".

Unter den zeitgenössischen Kindermärchen, die sich mit der Schwalbe befassen, nenne ich „Das neugierige Lieschen" von Ipf[11]. Auch im „Struwwelpeter" kommt die Schwalbe vor:

> „Einst ging er an des Ufers Rand
> Mit der Mappe in der Hand
> Nach dem blauen Himmel hoch
> Sah er, wo die Schwalbe flog."

Die Schwalbe in Lied und Dichtung

Altgriechische Literatur

Seit Anakreon hat es eine ziemlich üppige Schwalbenliteratur gegeben. Außer Anakreon selbst, der ihr eine Reihe von Oden widmete, waren es die Epigrammatiker, wie Philippus, Antipatros (Mitte des 2. Jahrh. v. Chr.) und Euenos, welche die „stammelnde" oder „geschwätzige" Schwalbe und ihre Nöte vor Medea (Die Kolcherin) und der tückischen Natter besangen. Von den griechischen Schwalben-Empfangsliedern lernten wir schon eins kennen. Recht prosaisch lautet ein anderes, das die Bettler[12] sangen:

> Schwalbe, liebe Schwalbe du
> Bringst den Frühling wieder
> Jagest ohne Rast und Ruh
> Im schwarz-weißen Mieder
> Frau'chen, kugle Nüsse 'raus
> Laß vom Wein uns nippen
> Schenk uns — hast ja voll das Haus —
> Ein paar Käseschrippen.

In der griechischen Prosa hat sich vor allem Aristophanes der Schwalben angenommen, wenn er die Frühlingssehnsucht in der Person der Schwalbe erscheinen läßt. Im Wolkenkuckucksheim rät die Schwalbe dazu, den Winterpelz zu verkaufen und sich ein luftiges Kleid zu erstehen.

---

[11] *Ipf*, Das neugierige Lieschen, Verl. Jos. Scholz, Mainz, Erscheinungsjahr nicht erkennbar, um 1950.

[12] Deutscher Liederhort von Ludwig *Erk*, bearb. v. Fr. *Böhme*, 1894. Die Bettelnden waren vermutlich als Schwalben gekleidete Kinder, die vor den Toren der Reichen auf Rhodos sangen.

Ein **spanisches Gedicht**[13] über die Schwalbe lautet:

>Hijo mio, no hagas daño
>A las pobres golondrinas
>Que al Señor crucificado
>Le sacaron las epinas.
>
>En el monte Calvario
>Las golondrinas
>Le quitaron á Christo
>Tre mil espinas.

Auch die **französische** Dichtung bringt das Schwalbenmotiv. Denon[14]:

>„Je vis dans le desert des hirondelles d'un gris clair, comme la sable sur lequel ils volaient".

Béranger[15] läßt einen gefangenen französischen Krieger angesichts der Schwalbe sich seiner fernen Heimat erinnern:

>So seh' ich Schwalben euch noch einmal wieder
>Feldflücht'ge, wenn der rauhe Winter naht?
>So seufzte, von der Kettenlast darnieder
>gebeugt, am Strand der Mauren ein Soldat
>Ihr, denen Hoffnung lächelnd nachgezogen,
>bis hierher, wo zum Pfeile wird das Licht
>gewiß, aus Frankreich seid ihr hergeflogen
>sprecht ihr von meinem Vaterlande nicht?

Eindrucksvoll ist die Szene in Macbeth, in der **Shakespeare** von der jährlichen Wiederkehr der Schwalbe spricht[16]:

>This guest of sommer, does approve
>By his loved mansionary, that the heaven breath
>Smells wooingly here. No jutting freeze
>Buttrice, nor coigne of vantae but this bird has made

---

[13] Mein Sohn, tue keinen Schaden
Den armen Schwalben,
Denn dem Gekreuzigten
Zogen sie die Dornen aus.
Auf dem Calvarienberg
Entfernten die Schwalben
Christus 3000 Dornen.

[14] *Denon,* Voyage dans la basse et haute Égypte, 1802.

[15] *Béranger,* geb. 1780, gest. 1857.

[16] Von den verschiedenen Übersetzungen wähle ich die folgende:
Dieser sommerliche Gast, der seine Liebe zur Heimat beweist durch seine jährliche Wiederkehr, er zeigt, daß die himmlischen Winde duftig hier verweilen. Es gibt keinen schneidenden Hauch, noch wilden Sturm — infolgedessen hat die Schwalbe ihr Bettchen und ihre nimmerleere Wiege Dorthin gesetzt, wo sie das meiste Brot und die beste Jagd hat — wie oft habe ich die besonders milde Luft beobachtet.

> His pedant bed and procreant craddle
> Where they most bread an haunt I have observed
> The air is delicate.

Und im „Sommernachtstraum" läßt er Zettel singen:
> Die Schwalbe, die den Sommer bringt,
> Der Spatz, der Zeisig fein,
> Die Lerche, die sich lustig schwingt
> Bis in den Himmel 'nein ....

Einige weitere Shakespeare-Zitate gibt Harting[17]:
> The swallow follows not summer more willingly than
> we your lordship, nor more willingly leaves winter
> such summer birds are men   (Timon von Athen III, 6)
>
> Swallows have built
> In Cleopatras sails their nest, that augurs
> say, they know not, they cannot, tell, look grimly,
> And dare not speak their knowledge
>   (Antonius und Kleopratra, IV, 10)
>
> And I have horse will follow where the game
> Makes way and run like swallows on the plain
>   (Titus Andronikus, II, 2)
>
> True hope is swift and flies with swallow wings
>   (Richard III., Akt V, 2).

Ein kroatischer Lyriker, Senoa, läßt die Schwalbe sich von einem Mädchen berichten, das sie auf ihrer Reise sah[18]:
> ... am Fenster saß ein Mädchen, schön wie Gold
> Und spann vom flockigen Flachs
> Das Antlitz blühte rosenblumenhold
> Sie sang den ganzen Tag.
>
> Schwalbe segelt' übers Meer
> Über Berge kam sie her,
> Ließ gemach
> Sich auf's Dach
> Sprach ich: Schwalbe sage mir
> Was du sahest unter dir
> Schwalbe sprach:
> Beim Fenster lehnt die Maid und siecht dahin
> Von welken Blumen umstellt ....

Chinesische Gedichte
Aus der T'ang-Zeit (600 n. Chr.)

Zwei Gaben an die Geliebte

> Der Liebsten gab ich eine Pfirsichblüte,
> Ist doch ihr blütenhafter Mund nicht größer;
> Und einem Nest entnahm ich eine Schwalbe

---

[17] *Harting*, J. E., The Birds of Shakespeare. — Zoologist 2, 1867, S. 533.
[18] *Spicer*, Kroatische Lieder und Erzählungen, Erfurt 1896.

Mit schwarzen Schwingen, ähnlich ihren Braun'n.
Die Blüte welkte und das Schwälblein floh;
Alein ihr Mund bleibt Pfirsichblüte
Und ihre schwarzgeschwung'nen
        Brau'n sind nicht entflogen.

Im alten Königreiche Yu
Pereunt etiam ruinae

Der Prinz Kian-sien, den Feind besiegend — kehrte
Strahlend wie Sonne in sein Reich zurück,
Der letzte der Soldaten schritt in Seide
Und all die Schönen in Palästen sangen.
Jetzt fliegen Schwalben — nistend in Ruinen. —

Und schließlich ein Gedicht des Chinesen Paut-Tschau:

Vom Wolkenberg zogen zwei Schwalben,
Sich haschend bald hier bald dort
In das Frauengemach im Süden
Durch die hohe Halle im Nord.

In meines Geliebten Kammer
Ein Nest sie möchten erbaun
Doch leider unter der Decke
Ein Balken ist nicht zu erschaun.

Sie klagen laut, daß zu Ende
Der blühende Lenz schon sich neigt,
Und daß, derweil sie so flattern,
Die Frühlingspracht schon entweicht.

So ziehn sie traurig zwitschernd
Von dem einst Geliebten fort,
Lehmstückchen im Schnabel, suchen
einen Freund sie am andern Ort[19].

Am reichsten an Schwalbenmotiven ist aber wahrscheinlich doch die deutsche Literatur. Etwas wundersam heißt es im mittelhochdeutschen Alexanderlied[20]:

In dem velde, da wir lagen
Fliegen wir sagen
Alse tuben und ledersvalen
Daz ne beviel uns niwit wale!
Si heten menschenzane.
Si azen uns allizane
Nasen unde oren.

Ein Schwalbenvers aus dem 13. Jahrhundert[21]:

---

[19] *Forke*, A., Blüten chinesischer Dichtung, Magdeburg 1899.
[20] *Knortz*, K., Die Vögel in Geschichte, Sage, Brauchtum und Literatur, München 1913.
[21] Nach *Löwis of Menar*, O. v., Unsere Baltischen Vögel, Reval 1895. Beachte die Aliteration in der letzten Zeile!

> Nu merket baz der swalewen art
> Die si zu stunden wiset
> Si vliuget und schlinzet her wieder
> Du diep, du diep, si schriet

wobei der Alarmruf gut herauskommt.

Von Luthers Tischreden, in denen er auch auf die Schwalbe kommt, war schon die Rede. Paul Gerhardt[22] dichtete:

> „Die Glucke führt ihr Völklein aus
> Der Storch baut und bewohnt sein Haus
> Das Schwälblein speist die Jungen ..."

Unter den Lyrikern des 18. Jahrhunderts existiert ein längeres Gedicht von Ludwig Gleim[23]:

> Liebe, kleine, kommst du wieder
> Zu dem Alten, der dich liebt ...

und ein anderes von Gottfried August Bürger:

> Huscht' doch die Freud auf Flügeln schnell
> Wie Schwalben vor uns her ...

Goethe hielt sich an das uralte Sprichwort von der einen Schwalbe, die noch keinen Frühling macht, wenn er schrieb:

> Die Schwalbe selber lüget
> Die Schwalbe selber lüget
> Warum? Sie kommt allein!
>   Doch kommen wir zu zweien
>   Doch kommen wir zu zweien
> Gleich ist der Sommer da.

Aus „Des Knaben Wunderhorn" nehme ich folgendes Schwalbengedicht[24]:

> Es fliegen zwei Schwalben ins Nachbar sein Haus
> Sie fliegen bald hoch und bald nieder
> Aufs Jahr, da kommen sie wieder,
> Und suchen ihr voriges Haus.
> Sie gehen jetzt fort ins neue Land
> Und ziehen jetzt eilig herüber:
> Doch kommen sie wieder herüber
> Das ist einem jeden bekannt.
> Und kommen sie wieder zu uns zurück
> Der Baur geht ihnen entgegen:
> Sie bringen ihm vielmal den Segen
> Sie bringen ihm Wohlstand und Glück.

In einem Frühlingslied hat sich Adalbert von Chamisso[25] der Schwalbe angenommen, die in Vers 6 und 8 vertreten ist:

---

[22] 1607—1676.
[23] 1719—1803, nach *Knortz* (Nr. 10).
[24] *Arnim,* L. A. von, und Cl. *Brentano,* Des Knaben Wunderhorn.
[25] 1781—1803, nach *Knortz* (Nr. 10).

> Sieh dort am Tor, was die Schwalben tun
> Wie emsig sie fliegen, sie werden nicht ruhn
> Bis fertig ihr Nest'chen sie schauen.
> Ich sang, wie der Vogel, mein munteres Lied,
> Vergaß ein Nest mir zu bauen.
>
> Ich habe gesungen, was sagest du nun?
> Sieh dort am Tor, was die Schwalben tun,
> Was sollt' es uns nicht gelingen?
> Frau Wirtin, Frau Mutter, sie kommt eben recht,
> Sie soll noch ihr Amen uns singen.

Nah verwandt im Motiv ist auch sein Hochzeitslied:

> Rosen in dem Maien
> Und der Liebe Fest
> Schwalben und die Lieben
> Bauen sich ihr Nest ...

Aber alles, was man gemeinhin von der Schwalbe aus dem Mund von Dichtern und Musikern weiß, ist ja Rückerts „Aus der Jugendzeit" und das Lied aus der „Csardasfürstin"[26]; vielleicht noch der von Franz Abt vertonte „Abschied" von Karl Herloßsohn „Wenn die Schwalben heimwärts ziehn / Wenn die Rosen nicht mehr blühn"[27].

Das Gedicht „Aus der Jugendzeit" ist so bekannt, daß man es ruhig übergehen kann, auch das Gedicht „Kleiner Haushalt", in dem die Schwalbe Mörtel herbeiträgt, kann füglich übergangen werden. Weniger bekannt sind zwei Gedichte, die Rückert auf Schwalben gedichtet hat:

> Schwalbe, du bist mir ein lieber Gast
> Suchst du in meinem Hause Rast?
> Könnt' ich ein Nest dir zeigen!
> Das Haus ist nicht mein eigen.
>
> Warte nur, eben bau ich eins
> Mir ein größeres, dir ein klein's
> Da wollen wir zwei verträglich
> Zusammensein alltäglich

und „die vertriebenen Schwalben":

> Schwalben hatten meinen Sims besiedelt
> Jeden Morgen weckend mit Gezwitscher.
> Handwerksleute, bestellt vom Herrn des Hauses
> Anzutünchen die Wand und auszuflicken
> Haben lärmend gescheucht die frommen Vögel
> Die auswanderten, wie mit Sack und Packe
> Musen wandern, wo aufgeschlagen werden
> Philosophische Lehrsystemgerüste ..."

worin Rückert sehr Recht hatte!

---

[26] „Machen wir's den Schwalben nach, bauen uns ein Nest."
[27] „Wanderlied", 1842.

Viel Stimmung vermittelt das „Schwalbenmärchen" von Ferdinand von Freiligrath, in dem auch die Schwalben, wie in so vielen Gedichten, von ihrer Reise erzählen, nur daß sie es der Unkenkönigin berichten:

> ... Wasserlilienkelche fließen
> Auf des Teiches dunklem Spiegel
> Und die ersten Schwalben schießen
> Drüberhin mit schnellem Flügel.
> Aus den zarten Schnäbeln leise
> Tönt Gezwitscher in den Wellen,
> Viele Grüße von der Reise
> Haben wir dir zu bestellen.
> Lange waren wir in fremden
> Sandbedeckten heißen Ländern
> Wo in weiten Kaftanhemden
> Träge Turbanträger schlendern.
> Purpurfarbne Wunderpflanzen
> Dienten uns zu Meilenweisern
> Gelbe Mauren sahn wir tanzen
> Nackt vor ihren Leinwandhäusern.

Von Fritz Reuter sind zwei Schwalbengedichte erhalten, von denen das eine, die Hanne Nüte, deshalb interessant ist, weil sich Fritz Reuter, hier allerdings durch den Mund der Hanne, zur Wasserversenkungslehre bekennt. — In dem andern heißt es:

> Un de Swölk de zwitschert un wippt und stippt
> ehre Flüchten in't water, wenn's röbber swippt.

Ein heimwehkrankes Gedicht, das mit den Zeilen beginnt:

> „O sieh die Schwalbe, Knabe mein!
> Sie sitzt am Simse tief bekümmert,
> Indes dein schadenfroher Stein
> Das Nest, das traute, ihr zertrümmert
> ......"

schrieb Karl Beck (1817—1879); es ist ein rechtes Lehrgedicht mit etwas reichlich sentimentalem Einschlag. Ins Pietistische schlagen dafür die „Lebensblüten in Liedern" von Kritzinger, die 1857 entstanden:

> Ich hört am offnen Fenster das Schwalbenpaar
> Das manchen lieben Sommer zur Herberg bei mir war
> Ich grüßt mit frohem Munde und fragte nach der Reis'
> Da fing es an zu singen, das klang wie lauter Preis:
> Es hat mich sanft getragen des treuen Gottes Hand,
> Bewahrt auf großen Wässern, gespeist in fernem Land.

Inniger haben dagegen Richard Dehmel oder Dauthendey die Schwalbe besungen:

> Wenn wir Sonntags durch die Felder gehen,
> mein Kind
> und über den Ähren weit und breit
> das blaue Schwalbenvolk blitzen sehen

und
>
o, dann fehlt uns nicht das bißchen Kleid
um so schön zu sein, wie die Vögel sind —
nur Zeit! — (Dehmel)

Die Schwalben schossen vorüber, tief dir zu Füßen
als sei ihr Flug ihr Zeichen, tief dich zu grüßen.
Schwalben, die früh bis spät in Freiheit schwammen,
die halten sich in Liebe eng zusammen. (Dauthendey)

Als Dritter dieses Gestirns hat auch Cäsar Flaischlen sich die Schwalbe auserkoren, mit dem bekannten Motiv ihrer Ankunft:

Du, die Schwalben sind da
Nun ist es Frühling...
......
Und seit gestern sind auch Deine...
Meine... Unsere kleinen
Lieben, alten
Treuen Schwalben wieder da!
Die Schwalben? Wahrhaftig!
Die Schwalben sind da!
Nun wird es wirklich Frühling, ach ja!
Schon wieder und warm.
Nun glaub ich es auch!
Die Schwalben, die wissen ja besser als wir
So weit sie weg
Wann es Zeit ist für hier!
Schwalben am Himmel und Knospen am Strauch
Ja, ja es wird!
Ich glaub' es nun auch!

In seinem Roman „Die Bataver" schlägt Felix Dahn die gleiche Saite an:

Wonnig wähn' ich
Den lieben Lenz, den lichten,
Wann er wieder erwacht
Nach des Winters Weh
Voraus ihm schwingt sich
Schwirrend die Schwalbe!

Hermann Löns konnte auf dieses schon etwas stark mitgenommene Empfangsmotiv verzichten. Im Winter sinnt er:

Über die Heide geht mein Gedenken
Annemarie nach Dir, nach Dir allein
Über die Heide flogen die Schwalben
Annemarie, sie grüßten Dich von mir
Über die Heide riefen die Raben
Annemarie Antwort von Dir.

Von den zeitgenössischen Dichtern haben sich nur wenige des Stoffes bemächtigt, am eindrucksvollsten Ernst Toller, in dessen Zelle im Festungsgefängnis Niederschönenfeld 1922 zwei Schwalben nisteten[28].

---

[28] *Toller*, Ernst, Das Schwalbenbuch, Potsdam, Verl. Gustav Kiepenhauer.

Tollers Schwalbenbuch ist voll köstlicher Schwalbendichtung. Außer Oskar Wilde, der auch das Gefängnis kannte, hat wohl niemand so viel Tröstung aus der Schwalbe gezogen und so viel Schönes in sie hineingelegt:

„Über mir über mir
Auf dem Holzrahmen des halbgeöffneten Gitterfensters,
das in meine Zelle sich neigt in erstarrter
Steife, so als ob es sich betrunken hätte
und im Torkeln gebannt ward von einem
hypnotischen Blick
Sitzt
Ein
Schwalbenpärchen
Sitzt
Wiegt sich! Wiegt sich!
Tanzt! tanzt! tanzt!
. . . . . .
Von den Ufern des Senegal, vom See Omandaba
Kommt Ihr, meine Schwalben,
Von Afrikas heiliger Landschaft.
Was trieb Euch zum kalten April des kalten Deutschland?
Auf den griechischen Inseln habt Ihr gerastet,
Sangen nicht heitre Kinder Euch heiteren Gruß?
Warum nicht bautet Ihr Tempel in des Archipelagos
Ehrwürdigen Locken?
. . . . . .
Im Nest
Gebettet in weiße daunige Federn
Liegen
Fünf braunbesprenkelte Eier.
Fünf festliche Tempel keimenden Lebens.
. . . . . .
Der Schwalbe Flug — wie Unnennbares nennen?
Der Schwalbe Flug — wie Unbildbares bilden?
Lebte ein Gott
Sein Zorn:
Der Schwalbe schnellendes Pfeilen,
Sein Lächeln:
Der Schwalbe innigweises Spiel,
Seine Liebe:
Der Schwalbe trunkenes Sichverschenken.
Europa preis seine Äroplane,
Ich aber, ich Nummer 44,
Will mit den schweigenden Akkorden meines Herzens
Den Flug der Schwalbe preisen.

Die Schwalben von St. Marien

Unermüdlich reiche Bogen
gleiten sie vom Turme nieder,
schweben auf und kehren wieder
und besinnen, was sie flogen.

Was der Mensch aus heilgem Triebe
in die hohen Formen gab,
schmiegen sie in frommer Liebe
leichthin aus der Wölbung ab.
Aus dem Schwung der Fenster deuten
sie des Fluges Symphonien,
den sie bis zum Abendläuten
hoher, kühner, weiter ziehn.
Immer schönere Spiralen
kreisen sie im Dankgebet
dessen Nähe zu ermalen,
der im Licht vorüberweht.   (Herbert Böhme)

Schwalbenflug

Heiter sich heben, schwebend verweilen,
zärtlich erstreben, liebend enteilen,
schwarzweißes Segel der Sehnsucht die Brust,
gleiten sie schwingend sich selber zur Lust.
Trägt sie die Erde, treiben die Winde,
ist es der Sonne befracktes Gesinde,
eilt so geschäftig im Vorraum der Zeit?
Kurz bleibt der Sommer, der Weg noch so weit.
Zwitschernd verstreichen spielend sich fangen,
kühn sich erreichen doch ohne Verlangen,
und eines Abends atemlos stammeln,
wenn sich die Paare zum Abflug versammeln.
Weiter die Kreise nun fassen,
gelassen folgen dem weise anführenden Leiter
langwerdender Reise. Auf Wiedersehn.
Wolken schon sind sie, ziehn hin und vergehen.

(Herbert Böhme)

Ein etwas schnoddriges Schwalbengedicht steht in Eugen Roths „Tierleben"[29]:

Die Schwalbe kommt,
April und Mai
Meist einzeln,
höchstens zwei und drei,
das alte Sprichwort meint deshalb:
den Sommer macht nicht eine Schwalb.

Und damit wären auch wir am Ausgangspunkt dieser literarischen Betrachtung über die Schwalbe angelangt, wenn es nicht noch gälte, einen kurzen Blick in die Prosa und die Ballade als gesonderte Formen der Dichtung zu tun:

Theodor Storm schreibt in St. Jürgen:

„Es ist ein schmuckloses Städtchen, eine Vaterstadt, sie liegt in einer baumlosen Küstenebene, und ihre Häuser sind alt und finster. Dennoch habe ich sie immer für einen angenehmen Ort gehalten, und zwei den Men-

---

[29] Eugen *Roth's* Tierleben, Carl Hanser Verlag, München.

schen heilige Vögel scheinen diese Meinung zu teilen. Bei hoher Sommerluft schweben fortwährend Störche über der Stadt, die ihre Nester unter den Dächern haben, und wenn im April die ersten Lüfte aus dem Süden wehen, so bringen sie gewiß die Schwalben mit, und ein Nachbar sagt's dem andern, daß sie gekommen sind. — So ist es jetzt. Unter meinem Fenster im Garten blühen die ersten Veilchen, und drüben auf der Planke sitzt schon die erste Schwalbe und zwitschert ihr altes Lied „als ich Abschied nahm", und je länger sie singt, je mehr gedenke ich einer längst Verstorbenen, der ich für manche gute Stunde meiner Jugend zu danken habe...."

Nur zwei Balladen sind der Schwalbe gewidmet. Die eine ist in in P. Lavens „Trier und Umgebung in Sagen und Liedern"[30] enthalten, die andere dichtete kein geringerer als Börries Frhr. v. Münchhausen:

Bischof Egbert in Trier

Meßgebete, Lieder wallen
Durch des Domes weite Hallen,
Und es steht am Hochaltar
Bischof Egbert im Talar
Durch den offnen Fensterbogen
Kommen Schwalben hergeflogen
Fliegen zum Altar herbei
Fliegen ringsher mit Geschrei
Fliegen kreischend immer kühner
daß der arme Messendiener
Nicht des Bischofs Worte hört,
Daß der Lärm den Bischof stört
Kaum kann er die Messe enden
Und den letzten Segen spenden
Horch: Am Hochaltare dort
Ruft der Bischof nun das Wort:
„Schwalben, weil ihr hier mich störtet
Und das Beten mir verwehrtet
Kommt noch eine je von euch
In den Dom — sie sterbe gleich!
Und ich sprech' in Gottes Namen
Auch zu diesem Wunsche Amen.
Schwalben, die ihr jetzt hier schwebt
Fallt zu Boden unbelebt!"
Und es fielen in der Halle
Ungesäumt die Schwalben alle
Leblos, durch des Wortes Kraft
Aus der Luft hinabgerafft.
Jede Schwalbe, die noch heute
Fliegt ins innre Domgebäude
Fällt durch Egberts Nachtgebot
Jetzt noch gleich zu Boden tot.

---

[30] *Laven*, P., Trier und Umgebung in Sagen und Liedern, Trier 1851.

Wie Bayard Nordland überwand
von Börries Frhr. v. Münchhausen

Die Schwalbe, die zu Neste flog
Die Schwalbe trug ein Frauenhaar
Und als Bayard gen Schonen zog
War Inge Thorsten achtzehn Jahr
Und als Bayard gen Süden fuhr
Nachdem er Nordland überwand
Zog manche Schwalbe seine Spur
Die auch kein Nest in Schonen fand.

2. Die Schwalbe in der Kunst

Die erste bildliche Darstellung einer Schwalbe stammt aus der Eiszeit — dem Magdalénien —, das man auf etwa 30 000 bis 10 000 Jahre v. Chr. verlegt. Es ist ein aus Rentiergeweih geschnitzter Vogelkopf, der jedenfalls einer Schwalbe ungeheuer ähnlich sieht, und diente wohl als Messergriff (Abb. 18). Man fand ihn 1883 bei Ausgrabungen in der Nähe von Andernach.

Abb. 18. Vogelkopf, einer Schwalbe sehr ähnlich, aus Rentiergeweih als Messergriff, gefunden 1883 am Martinsberg bei Andernach. Magdalénien (Ende der Eiszeit). (Aus: Mannus, Ztschr. f. Vorgeschichte, Würzburg, 1910)

Die nächsten Funde werden der mittelminoischen Zeit zugeschrieben (etwa 1700 bis 1550 v. Chr.), die eine besondere Vorliebe der damaligen Kreter für Schwalbenmotive zeigt. Die Minoer hatten bereits Tongefäße an ihren Hauswänden angebracht, die augenscheinlich für Schwalben bestimmt waren. Eine Hauswand in Knossos zeigt Freskenfragmente mit einer Schwalbe. Andere Freskenfragmente aus dem Palast von Phylakopi auf Milos lassen Gewänder der Knossischen Schule erkennen, auf deren Vorderteil fliegende Schwalben eingestickt sind oder das Gürtelband einer Dame mit einer Schwalbe als Abschlußmedaillon. „The Ladies in blue" wird eine Freske bezeichnet, die in Knossos auf Kreta zwei Gestalten zeigt, von denen die eine unter dem Gürtel auf ihrem Gewand zwei Schwalben eingestickt trägt, die in entgegengesetzter Richtung auseinanderfliegen. Auch ein Prismasiegel existiert, auf dessen Seite ein Metallgefäß abgebildet ist, das auf die mittelminoische Zeit schließen läßt, während auf der anderen Seite eine zwischen jungen Zweigen fliegende Schwalbe den Frühling symbolisiert.

Bei den Ägyptern war die Schwalbe das Hieroglyphenzeichen für die Buchstaben „wr" und bedeutete „groß". Man gebrauchte dieses Zeichen schon vor der 2. Dynastie (etwa 3000 v. Chr.), es erhielt sich bis in die römische Zeit um Decius in Gestalt und gegabeltem Schwanz, nur die Farben änderten sich. Da für Schwalbe stets „groß" gesetzt wurde, fand man die Hieroglyphe in den meisten bekannten Grabinschriften, z. B. in Medum, wo der zur 4. Dynastie, um 2750, gehörende Rahotep begraben liegt, oder im Grab von Beni Hassan, der um 2000 ein Gaufürst war, aber auch auf Vasenscherben, in die Königsnamen eingeritzt waren, so der des Königs Zoser aus der 3. Dynastie.

In den Flachreliefs auf Kalkstein an den Grabwänden der Vornehmen des alten Ägypten findet man nur ein einziges Mal die Abbildung einer Schwalbe aus dem 25. Regierungsjahr des Pharaonen Thutmosis III. aus dem Jahr 1476 v. Chr.

Aus dem 16. Jahrhundert v. Chr. stammen die von Schliemann entdeckten Schachtgräber von Mykene im Peloponnes. Schliemann beschreibt ein goldenes Schmuckblech, das er dort ausgrub: „Die Darstellung ist vorn leicht getrieben, über felsigem Gelände fliegen zwei Schwalben nach rechts. Geringe lokale Nachahmung eines trefflichen minoischen Vorbildes, wie der lebendige Flug der Schwalben beweist."

Wir kehren nun zur griechischen Kunst zurück und verfolgen sie vom 7. bis 3. Jahrhundert v. Chr.

Die Friese der griechischen Tempel hatten Füllflächen, die man Metopen nennt. Auf einer solchen Metope des Apollo-Tempels von Thermos erscheint der Ithos-Mythos im 7. Jahrhundert: Zwei Frauen, von denen die rechte durch eine Beischrift als „Chelidon", Schwalbe, bezeichnet ist, neigen sich über einen zwischen ihnen liegenden Jüngling. Vor allem aber zeigen griechische Grabmäler auf Vasen gern Schwalbenmotive. Das einzige Vorkommen auf einer pontischen Vase ist allerdings eine kleine Amphore, die aus dem 6. Jahrhundert v. Chr. stammt und eine fliegende Schwalbe darstellt. Auch auf den gleichzeitig auf Rhodos entstehenden Vasen soll es Schwalbenmotive geben. Die bekannteste Vase ist jedoch die 1835 in Vulci gefundene Amphore, die in Athen von Euphorius um 500 v. Chr. gemalt wurde. Sie hatte ein seltsames Schicksal: Ende des 19. Jahrhunderts wurde sie vom Grafen Gurjew erworben und nach Moskau gebracht, im Kartenspiel aber an den damaligen russischen Finanzminister Abasa

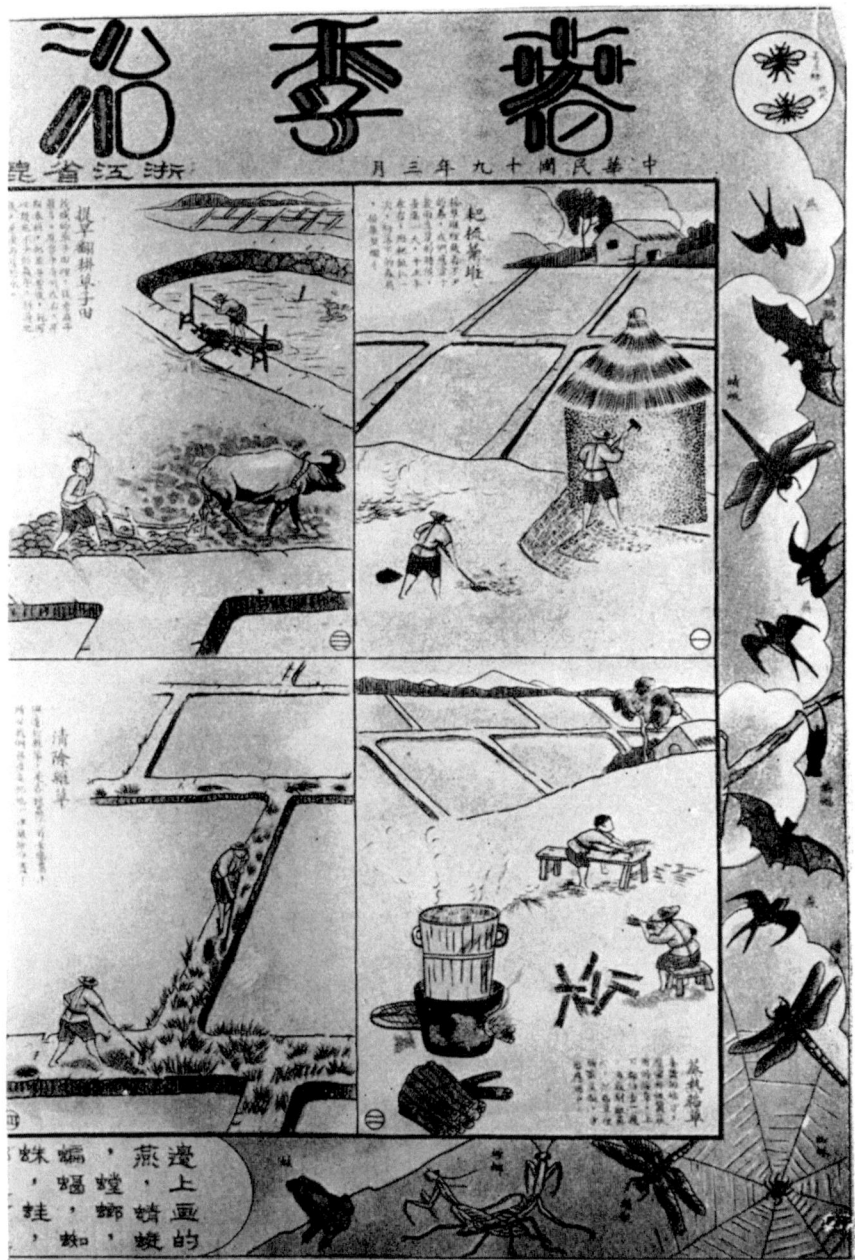

Abb. 17. Rechte Seite einer zeitgenössischen chinesischen Schädlingsbekämpfungstafel von Reisschädlingen. Auf den beiden Seiten Reisschädlinge vertilgende Räuber und Parasiten, darunter neben Libellen und Fledermäusen auch Rauchschwalben.

Abb. 19. Plastik einer Schwalbe aus dem 5. Jahrh. v. Chr. aus Kameiros (Insel Rhodos). Die Plastik ist ohne jegliches Beiwerk, die Schwalbe steht auf einem kleinen Untersatz. Kameiros war seit 1100 v. Chr. von griechischen Doriern besiedelt.

Abb. 20. Ludw. Richter. 1803—1884. Zeichnung eines sinnend in die Ferne blickenden Mädchens, das unter einem Strauch sitzt. Im Rankenwerk über ihrem gescheitelten Haar drei Rauchschwalben. (Aus: L. Richter, Auswahl von Zeichnungen und Probedrucken der Holzschnitte. Verl. Hugo Schmidt, München, 1917.)

Abb. 21. Meister des Marienlebens. 14.—16. Jahrhundert. Heimsuchung Mariae. (Mit Genehmigung der Bayer. Staatsgemäldesammlung)

Abb. 22. Adrian Collaert, Schwalbe und Ente. Kupferstich um 1560. Collaert, ein flämischer Kupferstecher, war ein sicherer Zeichner von Fischen und Vögeln. (Kupferstichkabinett Berlin).

Abb. 23. Virgil Solis. 1514, Nürnberger Kupferstecher und Holzschneider (nicht erstklassiger Meister).

verloren. Nach dessen Tod verkaufte sie die Witwe an die Eremitage, wo sie ein eifersüchtiger Konservator hinter Büchern versteckte, um sie den Blicken der Zuschauer zu entziehen. Als dieser starb, wurde sie von den Abasa'schen Erben wieder entdeckt und auf ihren Ehrenplatz gebracht.

Die Amphore stellt einen Jüngling, einen Alten und ein Kind dar, über ihnen fliegt eine Schwalbe. Der Jüngling: „Schau, eine Schwalbe!" — Der Alte: „Wahrhaftig, beim Herakles!" — Das Kind: „Das ist sie!" — Zwischen dem Alten und dem Knaben steht: „Jetzt ist der Frühling da!"

Auf einer Lekythos-Vase in Athen ist eine Schwalbe zu sehen, die sich auf dem Blätterkapitell einer Säule niedergelassen hat, vor der ein junger Krieger steht; auf seinen Fingern sitzt ebenfalls ein kleiner Vogel.

Pontische und griechische Grabmäler — z. B. an der Via Latina bei Rom — zeigen hin und wieder Schwalben als Sinnbilder der Wehklage um den Toten. Auch am Grabe des Sophokles soll eine Schwalbe angebracht gewesen sein.

Aus dem 5. Jahrhundert v. Chr. stammt die einzige figürliche Plastik der alten Zeit: Die Schwalbe von Kameiros (Abb. 19). Ohne jegliches Beiwerk steht der Vogel auf einem kleinen Untersatz. Kameiros, an der Nordwestküste von Rhodos, war seit 1100 v. Chr. von griechischen Doriern besiedelt.

Auch Münzen und künstliche Glassteine (Pasten) werden mit Schwalbenmotiven versehen: Auf einer Münze des 5. vorchristlichen Jahrhunderts sieht man eine Kuh, die sich den vorgestreckten Hinterlauf beleckt. Auf ihr sitzt eine Schwalbe. Es handelt sich um ein Tetradrachmon von der Insel Euböa, die sich im Britischen Museum von London befindet. Ebenfalls aus dem 5. Jahrhundert ist eine hellblaue Glaspaste, die sich früher in der Sammlung Bartholdy in Rom befand und von dort in die Lanna'sche Sammlung nach Prag kam. Aus dem 3. Jahrhundert datiert das Medeabild des griechischen Malers Timomachus, der Medea vor ihrem Haus auf die Ermordung ihrer Kinder sinnen läßt. Gleichsam als Gegensatz zu der Grauenhaftigkeit dieser Szene ist unter dem Dach ein Schwalbennest abgebildet, aus dem hungrige Junge ihrer futterbringenden Mutter entgegengieren.

F r ü h c h r i s t l i c h beeinflußt sind die griechische Physiologushandschrift und die Kommentare zur Apokalypse von Beatus und Liébana aus dem 10. Jahrhundert. Die Zeichnung zur Physiologushandschrift stellt zwei Feldarbeiter dar, über denen vier überdimensionale Schwalben, den Morgen symbolisierend, hinwegfliegen. Bei den Bildern zu den Kommentaren der Apokalypse interessiert hier nur der

„Engel von Pergamos", der in zwei Schwalbenflügel, wie in einen Mantel gehüllt ist.

Im 14. Jahrhundert beginnen sich die religiösen Maler für die Schwalbe zu interessieren und geben ihren Engeln typische Schwalbenflügel. Da läßt ein unbekannter österreichischer Maler seine „Heilige Familie" von Engeln mit Schwalbenflügeln umflattern, und Gentile da Fabrino, der 1427 starb, setzte die Gottesmutter mit dem Kind in ein Oval, das aus Schwalbenflügeln gebildet wird.

Engel mit Schwalbenflügeln sind es, die auf den Bildern der Deutschen Schule um 1500 und vor allem der Kölner Malerschule von Beginn des 14. bis Mitte der 16. Jahrhunderts immer wieder erscheinen. Sie umschweben das Kreuz, an dem Christus hängt, umringen den Erlöser, der zum Tod seiner Mutter herabschwebt oder flattern über ihm, wenn er vor dem Tisch steht und das Brot an seine knienden Jünger austeilt. Eine besondere Vorliebe für Schwalben hatte Stephan Lochner († 1451); seine Engel trugen nicht nur Schwalbenflügel, sondern waren ihnen oft auch in ihren dunkelblauen Gewändern und ihrem Schweben angepaßt. Da ist vor allem die „Heimsuchung Mariä", eine Begegnung zwischen Maria und Elisabeth in einer Hügel- und Tempellandschaft. Die beiden Frauen heben sich wirkungsvoll von dem Goldhimmel ab, an dem Engel um sie herumfliegen, die man in einiger Entfernung für richtige Schwalben halten könnte (Abb. 21). Noch drei andere Bilder Stephan Lochners zeigen die innige Andacht der schwalbenflügligen Engel: Es ist die „Geburt Christi" (Gemäldegalerie München), die „Darbringung des Kindes" im Museum von Darmstadt und das zwei Meter hohe Gemälde „Die Madonna mit dem Veilchen".

Zu der Kölner Schule gehören auch die „Meister der heiligen Sippe" und die „Meister des Marienlebens". Von ersteren stammt eine im Pariser Louvre befindliche „Darstellung im Tempel", von letzteren „Christus am Kreuz", bei dem drei Schwalbenengel das Blut des Erlösers aus den Nägelmalen am Kreuz in einen Kelch sammeln. Wir erinnern uns der frommen Legende, die Rauchschwalbe habe ihre rote Kehle diesem Liebesakt zu verdanken.

Aber auch die Altdeutsche Malerei bemächtigte sich des Schwalbenflügels als religiösen Emblems. Auf einem recht überfüllten Bild eines Mittelrheinischen Meisters um 1420 sieht man Ritter, Pferde und Frauen unter drei Kreuzen. Eine Frau umklammert das Kreuz Christi, und vier Schwalbenengel umkreisen sie. Auf einem Bild Michael Wohlgemuts, „Die Geburt Christi", sitzen recht realistisch gemalte Vögel — aber keine Schwalbe — auf dem Fenstersims, über den man in die Straße einer Stadt, wahrscheinlich Nürnberg, blickt. Maria hält das Kind, und ein kleiner Engel hat die Windel von unten ergriffen. Oben links im Bild sind wieder schwalbenflüglige singende Engel. Schwalben-Engel an der Kreuzigung und Auferstehung zeigen Bilder von Martin Schongauer (1450—1491) und Hans Fries (1501), während Konrad Laib, ein Nördlinger Meister, 1449 in seiner „Anbetung der Könige" einige echte Rauchschwalben auf das Dach des Palastes setzt, vor dem die heiligen drei Könige das Kind auf dem Schoß der Gottesmutter anbeten und noch eine auf ein Stöckchen, das aus der Fensterluke herausragt.

Als Buchillustrationen, auf Holz- und Kupferstichen, findet man Schwalbenmotive durch Jahrhunderte. Aus der Mitte des 15. Jahrhunderts stammt eine spanische Buchmalerei, der „Phädon des Plato", die Jorge Inglès für den Markgrafen von Santillana malte. Unter dem Bild, das Sokrates darstellt, wie er den Giftbecher nimmt, halten zwei Schwalbenengel ein Wappen. Auf die Bibelstelle — Tobias 2, 11 — geht der sehr amüsante Holzschnitt eines Anonymus aus dem Jahr 1483 zurück. Da steht Tobias, dem soeben eine Schwalbe ihr Exkrement ins Auge fallen ließ, recht betroffen da, während die Schwalbe eilends davonfliegt. In der linken Ecke befindet sich der übliche Schwalbenengel.

Auch Albrecht Dürer zeigt sich als Meister des Holzschnitts und Kupferstiches dem Schwalbenmotiv zugänglich. Über der „Heiligen Familie" wölbt sich ein heiterer Himmel, auf leichtem Gewölk schwebt Gottvater selbst mit einer Taube und segnet Mutter und Kind. Vögel, darunter Schwalben, fliegen am Himmel. Ein Kupferstich stellt ein Schwälbchen auf der Stange dar, die aus dem Giebel des Vaterhauses herausragt. Im Vordergrund des Gehöftes der verlorene Sohn, der mit gefalteten Händen und von Schweinen umringt ein Selbstbildnis Dürers sein könnte.

Vier Meister haben sich in ähnlicher Weise während der folgenden Jahrhunderte des Schwalbenmotivs angenommen. Adrian Collaert (Abb. 22), ein Flame, geschickter Zeichner von Fischen und Vögeln, aber ungeschickter Komponierer seiner Blätter (um 1560), Virgil Solis (Abb. 23), Nürnberger Kupferstecher und Holzschneider (1514), Nikolas Robert, Französische Schule, geboren 1614, mit seinem „Recueil d'Oyseaux les plus rares, tirez de la Menagerie Royalle du Parc de Versailles, 1676", und der bekannte Vogeldarsteller des 19. Jahrhunderts, Felix Bracquemont, mit seinen „Schwalben über dem Wasser".

Doch nun zurück zu den Italienern des ausgehenden Mittelalters: In der Nationalgalerie von London befindet sich das Bild Vincenzo Foppas (1427—1515) „The Adoration of the Kings". Hier steht Maria an eine Säule gelehnt, auf der oben eine Rauchschwalbe sitzt, während sie bei Carlo Crivelli (1430—1495), einem Venezianer, steif auf einem gemauerten Thron sitzt, dessen Säulen oben durch einen Sims verbunden sind, auf den sich soeben eine Rauchschwalbe niedergelassen hat. Der dritte Italiener dieser Epoche, Ludovico Brea, bringt die Schwalben wieder mit Engeln in Verbindung und stellt in seinem Altargemälde, „Die heilige Katharina", zwei Engel mit schwarzblauen Schwalbenflügeln und weißen Gewändern dar. Im oberen Extraausschnitt ist der Engel, der zur knienden Maria kommt, mit richtigen Schwalbenflügeln ausgestattet, die auf der Innenseite ihre weißen Federchen zeigen.

Die Niederländer des 16. und 17. Jahrhunderts kennen das religiöse Schwalbenmotiv nur mehr als realistische Darstellung. Peter Paul Rubens und Jan Brueghel d. Ä. malen im Gemälde „Adam und Eva" ein zusammengekauertes Schwälbchen, das irgendwie traurig ist, als ob ihm der Sündenfall leid täte. Auf dem „Vogelkonzert" von Snyders (1579—1657) sieht man neben Papageien, Pfauen, Adlern, Reihern und einer kleinen Fledermaus, links unten auch zwei fröhlich zwitschernde Rauchschwalben. Ebenso prächtig ist das Bild Melchior Hondecoeters (1636—1695) „Die gerupfte Krähe", um die völlig verstörte Vögel herumstehen oder sitzen, darunter auch zwei Rauchschwalben. Typisch niederländisch in seinem Milieu ist ferner Roeland Saverys „Landschaft mit Tieren", auf Holz gemalt mit einer hohen Ruine, im Vordergrund geruhsam liegender Kuh, einem Hirsch und viel anderem Getier; am Himmel fliegen Schwalben hinter einem Storch einher. „Bauern vor der Schenke" nennt sich ein Bild im Rijksmuseum von Amsterdam des Cornelius Saftleven, der das beliebte Motiv einer Schwalbe bringt, die auf einem Balken sitzt, der zum Dachgiebel herausgeht. Auch das italienische Barock ist bei aller Prachtentfaltung der Schwalbe nicht abhold. In einem prunkvollen Deckengemälde des Casino Ludovici in Rom, das Quercino im 17. Jahrhundert entwarf, fährt Aurora auf einem mit schäumenden Rossen bespannten Wagen. Kleine Putten werfen ihr Blumen zu, Vögel — darunter deutlich auch eine Schwalbe — umkreisen sie.

Dann aber tritt die Schwalbe als Motiv in der Kunst mehr und mehr zurück. Franz Pforr (1788—1812), ein Neffe Tischbeins und gleichzeitig dessen Schüler, malt sie für seinen Meister Overbeck in dem Bild „Sulamith und Maria". Overbeck selbst tritt durch die Gartenpforte in eine italienische Landschaft. In einem Gemach, das die deutsche Sehnsucht Pforrs versinnbildlicht, sieht man die Mutter Gottes, über diesem Raum sitzt eine Schwalbe. Auch der gemütvolle Romantiker Ludwig Richter hat sich Schwalben zum Modell genommen (Abb. 20).

Die moderne Kunst bringt Rauchschwalben manchmal als Wandgemälde. Ein solches auf Marmor sah ich in der Halle des Hotels Viktoria in Casa di Tirrheni bei Neapel; ein recht schwungvolles

Schwalbenmotiv zeigt die Wandmalerei des neuen Gebäudes der Städtischen Sparkasse in Göttingen.

Schließlich gehören ja auch Darstellungen auf Briefmarken zur Kunst. Da gibt es eine Flugpostmarke zu 10 Rappen, die das Fürstentum Liechtenstein 1939 herausgab, und eine 1-Schilling-Marke der Republik Österreich.

Literatur zu „Die Schwalbe in der Kunst"

Archäologisches Institut, Göttingen, Sammlung Pontinischer Vasen.
Bernt, W., Die Niederländischen Maler des 17. Jh., München 1948, Centralinstitut f. Kunstgeschichte, München.
Deusch, W. R., Malerei der dtsch. Romantiker u. ihrer Zeitgenossen, Berlin 1937.
Domeniguez, Bordona Jesús, Die spanische Buchmalerei des 7. bis 17. Jhrh., Bd. 1, München 1930.
Evans, Joan, The Palace of Minos, London 1921.
Fechtheimer, H., Die Plastik der Ägypter, Berlin 1922.
Firth, C. M. and Quibell *Lecaise*, Kings Names incised on Vases, 1935.
Förster, Otto, H., Stefan Lochner, Frankfurt 1938.
Gläser, K., Die Altdeutsche Malerei, München 1924.
Goering, M., Italienische Malerei des 17. Jhrh., Berlin 1936.
Griffith, Ell., Collection of Hieroglyphs, London 1898.
Hanfstaengel, Photos a. d. Coll. Brüssel und London, München, Centralinstitut für Kunstgeschichte.
Hausenstein, W., Das Bild, Atlanten z. Kunst, München 1922.
Heidrich, E., Altdeutsche Malerei, Jena 1942.
Imhoof-Blumer u. *O. Keller*, Thiere und Pflanzenbilder auf Münzen u. Gemmen d. Klass. Altertums, Leipzig 1889.
Karo, G., Schachtgräber von Mykenä, München 1930/33.
Kähler, H., Das Griechische Metopenbild, München 1949.
Keller, O., Antike Thierwelt, Leipzig 1909—13.
Nüchter, A. Dürer, Sein Leben u. eine Auswahl seiner Werke, München 1923.
Oettingen, C., Altdeutsche Malerei der Ostmark, Wien 1942.
Pischinger, A., Das Vogelnest bei den griechischen Dichtern des Klassischen Altertums, Eichstädt 1907.
Schaafhausen, H., Die vorgeschichtliche Ansiedlung i. Andernach, Jahrbücher d. Vereins v. Altertumsfreunden im Rheinld., Heft 86, Bonn 1888.
Secchi, Giampietro, antico sepolcro greco scoperto in Roma, 1843.
Singer, H. Wolfg., Ludwig Richter, Auswahl von 100 Zeichnungen und Probedrucken der Holzschnitte, München 1917.
Springer, J., Sammlung Dürer'scher Kupferstiche, Basel 1914.
Stackelberg, O. M. v., Die Gräber der Griechen in Bildwerken und Vasengemälden, Berlin 1937.
Strzygowski, J., Bilderkreis des griechischen Physiologus, Leipzig 1899.
Venturi, A., Malerei des 15. Jh. in Oberitalien, Berlin 1931.
Waldhauer, O., Die Schwalbenvase, Archäologischer Anzeiger, Berlin 1927, Sp. 70—75, Beil. 1 u. 2.
Winkler, Auszug a. d. Sachkatalog d. Kupferstichkabinetts, Berlin 1949.
Wreskinski, W., Atlas zur Altägyptischen Kulturgeschichte, Leipzig 1923.
Zumstein, Briefmarkenkatalog 1949, Bern.

Berichtigungen zu
Vietinghoff-Riesch, Die Rauchschwalbe

Seite VIII, 8. Zeile v. u.: den Künstlern statt die Künstler.

Seite XVI, letzte Zeile vom Inhaltsverzeichnis: „Bücher über die Rauchschwalbe" zu streichen.

Seite 8, 9. Zeile unter d. Tabelle: 19,7 statt 12,7.

Seite 13, 5. Zeile v. o.: 60° E statt 60° N.

Seite 17, 9. Zeile v. o.: (Karte 4) statt (Karte 3).

Seite 31, 4. Zeile v. o.: Isepiptesen statt Isepintesen.

Seite 106, 15. Zeile v. o.: outer tail = äußere Steuerfeder statt outer tail = äußere Schwungfeder.

Seite 111, 13. Zeile v. o.: acht Jungen aus zwei Bruten statt neun Jungen einer Zweitbrut.

Seite 172, 12. Zeile v. u.: drei Viertel bis 80 % statt drei Viertel der 80 %.

Seite 182 Anm. 33: „und in den Alpen" zu streichen.

Seite 221, 12. Zeile v. o.: Feldschrecken statt Feldschnecken.

Printed by Libri Plureos GmbH
in Hamburg, Germany